普通高等学校计算机教育
"十二五"规划教材

卓越工程师培养计划推荐教材
——软件开发类

Oracle
数据库
管理、开发与实践

■ 杨永健 刘尚毅 主编 ■ 陈云志 李洪发 陈士磊 副主编

U0336415

人 民 邮 电 出 版 社
北 京

图书在版编目（CIP）数据

Oracle数据库管理、开发与实践 / 杨永健，刘尚毅
主编. -- 北京 ： 人民邮电出版社，2012.12（2021.7重印）
普通高等学校计算机教育"十二五"规划教材
ISBN 978-7-115-30061-4

Ⅰ．①O… Ⅱ．①杨… ②刘… Ⅲ．①关系数据库系统
－高等学校－教材 Ⅳ．①TP311.138

中国版本图书馆CIP数据核字(2012)第307572号

内 容 提 要

本书系统全面地介绍了有关 Oracle 开发所涉及的各类知识。全书共分 16 章，内容包括数据库概念、Oracle 11g 体系结构、Oracle 数据库的安装与配置、SQL Plus 命令、SQL 语言基础及调优、PL\SQL 编程、过程、函数、触发器和包、数据表对象、视图、索引、序列、同义词、管理表空间和数据文件、控制文件和日志文件、表分区与索引分区、用户管理与权限分配、数据导出和导入、Oracle 闪回技术与系统调优、综合案例——企业人事管理系统。全书每章内容都与实例紧密结合，有助于学生理解知识、应用知识，达到学以致用的目的。

本书附有配套 DVD 光盘，光盘中提供有本书所有实例、综合实例、实验、综合案例和课程设计的源代码、制作精良的电子课件 PPT 及教学录像、体验版学习软件。其中，源代码全部经过精心测试，能够在 Windows XP、Windows 2003、Windows 7 系统下编译和运行。

本书可作为本科计算机专业、软件学院、高职软件专业及相关专业的教材，同时也适合 Oracle 爱好者、初、中级的 Web 程序开发人员参考使用。

◆ 主　编　杨永健　刘尚毅

副 主 编　陈云志　李洪发　陈士磊

责任编辑　刘 博

◆ 人民邮电出版社出版发行　北京市丰台区成寿寺路 11 号
邮编　100164　电子邮件　315@ptpress.com.cn
网址　http://www.ptpress.com.cn
固安县铭成印刷有限公司印刷

◆ 开本：787×1092　　1/16
印张：23.25　　　　　　　2012 年 12 月第 1 版
字数：623 千字　　　　　2021 年 7 月河北第 10 次印刷

ISBN 978-7-115-30061-4

定价：52.00 元（附光盘）

读者服务热线：(010)81055256　印装质量热线：(010)81055316
反盗版热线：(010)81055315

前　言

Oracle 数据库是甲骨文公司推出的新一代数据库，它是当今最主流的数据库之一。目前，无论是高校的计算机专业还是 IT 培训学校，都将 Oracle 数据库作为教学内容之一，这对于培养学生的计算机应用能力具有非常重要的意义。

在当前的教育体系下，实例教学是计算机语言教学的最有效的方法之一，本书将 Oracle 数据库知识和实用的实例有机结合起来，一方面，跟踪 Oracle 数据库发展，适应市场需求，精心选择内容，突出重点、强调实用，使知识讲解全面、系统；另一方面，设计典型的实例，将实例融入到知识讲解中，使知识与实例相辅相成，即有利于学生学习知识，又有利于指导学生实践。另外，本书在每一章的后面还提供了习题和实验，方便读者及时验证自己的学习效果（包括理论知识和动手实践能力）。

本书作为教材使用时，课堂教学建议 50~55 学时，实验教学建议 10~15 学时。各章主要内容和学时建议分配如下，老师可以根据实际教学情况进行调整。

章	主 要 内 容	课堂学时	实验学时
第 1 章	数据库基本概念、关系型数据库的基本理论	1	
第 2 章	体系结构概述、逻辑存储结构、物理存储结构、服务器结构及数据字典	2	
第 3 章	Oracle 数据库安装与卸载、管理工具、启动与关闭数据库实例	2	1
第 4 章	设置 SQL*Plus 运行环境、常见 SQL*Plus 命令、格式化查询结果	4	1
第 5 章	SQL 语言简介、用户模式、检索数据、Oracle 常用系统函数、子查询、操作数据库、事物处理、常规 SQL 语句优化、优化器的使用、Oracle 性能顾问	6	1
第 6 章	PL/SQL 简介、数据类型、变量和常量、流程控制语句、PL/SQL 游标及异常处理	5	1
第 7 章	存储过程、函数、触发器及程序包的定义与使用	3	1
第 8 章	数据表概述、创建数据表、维护数据表、数据完整性和约束性	2	1
第 9 章	视图、索引、序列和同义词的创建与管理	3	1
第 10 章	表空间与数据文件的关系、Oracle11g 默认表空间、创建表空间、维护表空间、管理表空间	2	1
第 11 章	管理控制文件、管理重做日志文件、管理归档日志文件	2	1
第 12 章	分区技术简介、表分区策略、创建、管理表分区和索引分区	4	1
第 13 章	用户与模式的关系、创建与管理用户、用户权限管理、角色管理、资源配置	3	1

章	主 要 内 容	课堂学时	实验学时
第 14 章	EXPDP 导出数据、IMPDP 导入数据、SQL*Loader 工具	4	1
第 15 章	闪回技术简介、闪回表、闪回丢弃、调整初始化参数、SGA 优化、排序区优化	2	1
第 16 章	综合案例——企业人事管理系统，包括需求分析、总体设计、数据库设计、公共模块设计、系统主要模块开发、程序打包与安装	6	

由于编者水平有限，书中难免存在疏漏和不足之处，敬请广大读者批评指正。

编　者

2012 年 6 月

目　录

第1章
数据库概念

本章要点：

- 什么是数据库
- 数据库系统的组成
- 关系型数据库的基本理论

数据库发展到今天，已经从最初简单的单机时代，步入到如今复杂的网络时代。并与网络通信技术、面向对象技术相互融合，发展成为庞大的数据库系统。现在，数据库已经深入人们生产、生活的各个角落，并正在改版这人们的生活方式。

1.1　什么是数据库

在计算机系统中，将各种字母和数字符号的组合、语音、图形、图像等统称为数据，它是载荷信息的各种物理符号。通常情况下，我们将一些有联系的数据，按照规定的数据结构组织到一起，而数据库正是用来存放这类数据的仓库。由此可以得出对于数据库较为全面的定义：在计算机系统中按照一定的数据模型组织、存储和使用互相关联的数据集合。

数据库发展至今，已经具备了比较完整的理论，并且在商业应用中展现了强大的生命力。无论是现在还是将来，数据存储都是计算机领域不可缺少的重要内容。本节将为大家全面的介绍数据库。

1.1.1　数据库的发展史

数据库的历史可以追溯到半个世纪以前，那时的数据管理非常简单。通过大量的分类、比较和表格绘制的机器运行数百万穿孔卡片来进行数据的处理，其运行结果在纸上打印出来或者制成新的穿孔卡片。1951 年雷明顿兰公司(Remington Rand Inc)推出了一秒钟可以输入数百条记录的磁带驱动器，引发了数据存储的变革。

数据库系统的萌芽出现在 20 世纪 60 年代。当时计算机开始广泛地应用于数据管理，传统的文件系统已经不能满足人们的需要。能够统一管理和共享数据的数据库管理系统应运而生。于是出现了 3 种数据模型：网状模型、层次模型和关系模型。

数据库发展大事记：

1951：Univac 系统使用磁带和穿孔卡片作为数据存储。

1956：IBM 公司在其 Model 305 RAMAC 中第一次引入了磁盘驱动器。

1961：通用电气(GE)公司的 Charles Bachman 开发了第一个数据库管理系统——IDS。

1969：E.F. Codd 发明了关系数据库。

1973：由 John J.Cullinane 领导 Cullinane 公司开发了 IDMS——一个针对 IBM 主机的基于网络模型的数据库。

1976：Honeywell 公司推出了 Multics Relational Data Store——第一个商用关系数据库产品。

1979：Oracle 公司引入了第一个商用 SQL 关系数据库管理系统。

1983：IBM 推出了 DB2 数据库产品。

1985：为 Procter & Gamble 系统设计的第一个商务智能系统产生。

1991：W.H. "Bill" Inmon 发表了 "构建数据仓库"。

1.1.2 数据模型

1. 数据模型的概念

数据模型是数据库系统的核心与基础，是描述数据与数据之间的联系、数据的语义、数据一致性约束的概念性工具的集合。

数据模型通常是由数据结构、数据操作和完整性约束 3 部分组成的。

（1）数据结构：是对系统静态特征的描述，描述对象包括数据的类型、内容、性质和数据之间的相互关系。

（2）数据操作：是对系统动态特征的描述，是对数据库中各种对象实例的操作。

（3）完整性约束：是完整性规则的集合。它定义了给定数据模型中数据及其联系所具有的制约和依存规则。

2. 常见的数据模型

常用的数据库数据模型主要有层次模型、网状模型和关系模型，下面分别进行介绍。

（1）层次模型：用树型结构表示实体类型及实体间联系的数据模型称为层次模型。它具有以下特点。

① 每棵树有且仅有一个无双亲结点，称为根。

② 树中除根外的所有结点有且仅有一个双亲。

（2）网状模型：用有向图结构表示实体类型及实体间联系的数据模型称为网状模型。用网状模型编写的应用程序极其复杂，且数据的独立性较差。

（3）关系模型：以二维表来描述数据。在关系模型中，每个表有多个字段列和记录行，每个字段列有固定的属性（数字、字符、日期等）。关系模型的数据结构简单、清晰、具有很高的数据独立性，因此是目前主流的数据库数据模型。

关系模型的基本术语如下。

① 关系：一个二维表就是一个关系。

② 元组：就是二维表中的一行，即表中的记录。

③ 属性：就是二维表中的一列，用类型和值表示。

④ 域：每个属性取值的变化范围，如性别的域为{男，女}。

关系中的数据约束如下。

① 实体完整性约束：约束关系的主键中属性值不能为空值。

② 参照完整性约束：关系之间的基本约束。

③ 用户定义的完整性约束：它反映了具体应用中数据的语义要求。

1.1.3　数据库系统的体系结构

数据库具有一个严谨的体系结构，这样可以有效地组织、管理数据，提高数据库的逻辑独立性和物理独立性。数据库领域公认的标准结构是三级模式结构。

1. 数据库三级模式结构

数据库系统的三级模式结构是指模式、外模式和内模式。下面分别进行介绍。

- 模式

模式也称逻辑模式或概念模式，是对数据库中全体数据的逻辑结构和特征的描述，是所有用户的公共数据视图。一个数据库只有一个模式。模式处于三级结构的中间层。

　　定义模式时不仅要定义数据的逻辑结构，而且要定义数据之间的联系，定义与数据有关的安全性、完整性要求。

- 外模式

外模式也称用户模式，它是数据库用户（包括应用程序员和最终用户）能够看见和使用的对局部数据的逻辑结构和特征的描述，是数据库用户的数据视图，是与某一应用有关的数据的逻辑表示。外模式是模式的子集。一个数据库可以有多个外模式。

　　外模式是保证数据安全性的一个有力措施。

- 内模式

内模式也称存储模式，一个数据库只有一个内模式。它是对数据物理结构和存储方式的描述，是数据在数据库内部的表示方式。

2. 三级模式之间的映射

为了能够在内部实现数据库的 3 个抽象层次的联系和转换，数据库管理系统在三级模式之间提供了两层映射。

- 外模式/模式映射

同一个模式可以有任意多个外模式。对于每一个外模式，数据库系统都有一个外模式/模式映射。当模式改变时，由数据库管理员对各个外模式/模式映射做相应的改变，可以使外模式保持不变。这样，依据数据外模式编写的应用程序就不用修改，其保证了数据与程序的逻辑独立性。

- 模式/内模式映射

数据库中只有一个模式和一个内模式，所以模式/内模式映射是唯一的，它定义了数据库的全局逻辑结构与存储结构之间的对应关系。当数据库的存储结构改变时，由数据库管理员对模式/内模式映射进行相应的改变，可以使模式保持不变，应用程序也相应地不变动。这样，保证了数据与程序的物理独立性。

1.1.4　数据库系统的组成

数据库系统（Database System，DBS）是一个复杂的系统，是采用了数据库技术的计算机系统。数据库系统不仅是一组数据进行管理的软件，它是存储介质、处理对象和管理系统的集合体，由数据库、硬件、软件和数据库管理员组成。

1. 数据库

数据库是为了满足管理大量的、持久的共享数据的需要而产生的。从物理概念上讲，数据库是存储于硬盘的各种文件的有机结合。数据库能为各种用户共享，具有最小冗余度、数据间联系密切、较高的独立性等特点。

2. 数据库管理系统（软件支持）

数据库管理系统（Database Management System，DBMS）是数据库系统的软件支持。DBMS是管理数据库的软件。软件支持为开发人员提供高效率、多功能的交互式程序设计系统，为应用系统的开发提供了良好的环境，并且与数据库系统有良好的接口。

3. 硬件支持

硬件支持包括中央处理器、内存、输入/输出设备等。硬件中存储大量的数据，还需要有较高的通道能力，保证数据的传输。

4. 数据库管理员

数据库管理员（Database Administrator，DBA），DBA 负责数据库的运转，DBA 必须兼有系统分析员和运筹学的知识，对系统的性能非常了解。并熟悉企业全部数据的性质和用途。DBA 负责控制数据整体结构和数据库的正常运行，承担创建、监控和维护整个数据库结构的责任。

1.2　关系型数据库的基本理论

在数据库系统中，数据模型主要有层次模型、网状模型和关系模型 3 种（另外一种面向对象模型还处在探索研究中）。目前理论成熟、使用普及的模型就是关系模型——即关系型数据库的理论基础。

1.2.1　关系型数据库概述

关系型数据库是建立在关系模型基础上的数据库，借助于集合代数等数学概念和方法来处理数据库中的数据，现实世界中的各种实体以及实体之间的各种联系均用关系模型来表示。

关系模型以二维表来描述数据。在关系模型中，每个表有多个字段列和记录行，每个字段列有固定的类型属性（如数字、字符、日期等类型）。关系模型数据结构简单、清晰、具有很高的数据独立性，因此是目前主流的数据库数据模型。

在关系数据模型中，关系可以看成由行和列交叉组成的二维表格，表中一行称为一个元组，可以用来标识实体集中的一个实体。表中的列称为属性，给每一列起一个名称即为属性名，表中的属性名不能相同。列的取值范围称为域，同列具有相同的域，不同的列也可以有相同的域。表中任意两行（元组）不能相同。能唯一标识表中不同行的属性或属性组（即多个属性的组合）称为主键或复合主键。

尽管关系与传统的二维表格数据文件具有类似之处，但是它们又有区别，严格地说，关系是一种规范化的二维表格，它具有如下性质：

- 属性值具有原子性，不可分解。
- 没有重复的元组，即没有重复的行。

- 理论上没有行序，但是有时使用时可以有行序。

在关系型数据库中，关键码（简称键）是关系模型的一个非常重要的概念，它通常是行（元组）的一个或几个列（属性）。如果键是由一个列组成的，则称之为唯一键；若是由多个列（属性）组成的，则称之为复合键，键的主要类型如下：

- 超键：在一个关系中，能唯一标识元组的属性或属性集称为关系的超键。例如，在"学生信息表"中设置学号、姓名、性别、年龄、院系、班级等列。在该表中，通过"学号"和"院系"可以标识一名学生，因此，如果将"学号"和"院系"作为一个属性集，那么这个属性集就可以作为该表的超键。

- 候选键：如果一个属性集能唯一标识元组，且又不含有多余的属性，那么这个属性集称为关系的候选键。例如，在包含学号、姓名、性别、年龄、院系、班级等列的"学生信息表"中，"学号"能够标识一名学生，因此，它可以作为候选键，而如果规定，不允许有同名的学生，那么姓名也可以作为候选键。

- 主键：如果一个关系中有多个候选键，则选择其中的一个键为关系的主键。用主键可以实现关系定义中"表中任意两行（元组）不能相同"的约束。例如，在"学生信息表"中设置学号、姓名、性别、年龄、院系、班级等列。在该表中，"学号"就能够唯一标识一名学生，因此，把学号作为主键是最佳的选择，而如果把"姓名"列作为主键则会存在问题，因为有可能存在同名的学生。为此，最好创建一个单独的键将其明确地指定为主键，这种唯一标识符在现实生话中很普遍，例如，身份证号、银行卡号、手机号、发票号等。

- 外键：如果一个关系 R 中包含另一个关系 A 的主键所对应的属性组 T，则称此属性组 T 为关系 R 的外键，并称关系 A 为参照关系，关系 R 是依赖关系。为了表示关联，可以将一个关系的主键作为属性放入另外一个关系中，第二个关系中的那些属性就称为外键。

这里以商品销售为例，在填写一张商品销售单时，可以将商品销售信息分为两大类：第一类是单据的主体信息（销售主表），例如，销售单号、销售金额、销售日期、收款人；第二类是单据的明细信息（销售明细表），例如，商品序号、商品名称、商品数量等。在数据库的"销售主表"中通常以"销售单号"作为主键；在"销售明细表"中，为了标识被销售出去的商品隶属于哪张单据，需要对每一条商品销售记录标明"单据编号"。在这种情况下，销售明细表中的"销售单号"就被称为该表的外键，因为"销售单号"是其所在表以外（主体表）的一个主键。

当出现外键时，主键与外键的列名称可以是不同的。但必须要求它们的值集相同，即"销售明细表"中出现的"销售单号"一定要和主体表中的值匹配。

1.2.2　关系型数据库的 E–R 模型

在设计关系型数据库时，首先需要为它建立逻辑模型。关系型数据库的逻辑模型可以通过实体和关系组成的图形来表示，这种图形称之为 E-R 图，它实现将现实世界中的实体和实体之间的联系转换为逻辑模型。使用 E-R 图形表示的逻辑模型被称为 E-R 模型，一个标准的 E-R 模型主要由实体、属性和联系 3 部分组成。

1. 实体和属性

实体是一个数据对象，是指客观存在并可以相互区分的事物，如一个教师、一个学生、一个雇员等。每个实体由一组属性来表示，例如，一个具体的学生拥有学号、姓名、性别和班级等属性，其中学号可以唯一标识具体某个学生这个实体。具有相同属性的实体组合在一起就构成实体集—即实体集是实体的集合，而实体则是实体集中的某一个特例，例如，王同学这个实体就是学生实体集中的一个特例。

在 E-R 模型中，实体用矩形表示，矩形内注明实体名。实体名常用以大写字母开头的有具体意义的英文名词来表示，联系名和属性名也采用这种方式。图 1-1 为一个图书档案的 E-R 图。

图 1-1 图书档案实体 E-R 图

2. 联系

在实际应用中，实体之间是存在联系的，这种联系必须在逻辑模型中表现出来。在 E-R 模型中，联系用菱形表示，菱形框内写明"联系名"，并用"连接线"将有关实体连接起来，同时在"连接线"的旁边标注上联系的类型，两个实体之间的联系类型可以分为以下 3 类。

● 一对一：若对于实体集 A 中的每一个实体，在实体集合 B 中最多有一个实体与之相关；反之亦然，则称实体集 A 与实体 B 具有一对一的联系，可标记联系为 1∶1。例如，在电影院中，观众与座位之间、乘车旅客与车票之间都是一对一联系。

● 一对多：若对于实体集 A 中的每一个实体，在实体集 B 中有多个实体与之相关；反之，对于实体集 B 中的每一个实体，在实体集 A 中最多有一个实体与之相关，则称实体集 A 与实体集 B 具有一对多的联系，可标记联系为 1∶n。例如，一个读者可以有多个图书借还记录，而一个借还记录只能隶属于一个读者，这样"读者档案实体"与"读者借还实体"之间就存在一对多的联系（即 1∶n），那么这两个实体之间的联系如图 1-2 所示。

图 1-2 读者档案实体与读者借还实体之间的联系图

● 多对多：若对于实体集 A 中的每一个实体，在实体集 B 中有多个实体与之相关；反之，对于实体集 B 中的每一个实体，在实体集 A 中也有多个实体与之相关，则称实体集 A 与实体集 B

具有多对多的联系，可标记联系为 m : n。例如，一位老师可以有多个学生，而一个学生也可以有多位老师，这样老师与学生之间就存在多对多联系（即 m : n）。

1.2.3　关系型数据库的设计范式

在数据库中，数据之间存在着密切的联系。关系型数据库由相互联系的一组关系所组成，每个关系包括关系模式和关系值两个方面。关系模式是对关系的抽象定义，给出了关系的具体结构；关系值是关系的具体内容，反映关系在某一时刻的状态。一个关系包含许多元组（记录行），每个元组都是符合关系模式结构的一个具体值，并且都分属于相应的属性。在关系数据库中的每个关系都需要进行规范化，使之达到一定的规范化程度，从而提高数据的结构化、共享性、一致性和可操作性。

规范化是把数据库组织成在保持存储数据完整性的同时最小化冗余数据的结构的过程。规范化的数据库必须符合关系模型的范式规则。范式可以防止在使用数据库时出现不一致的数据，并防止数据丢失。关系模型的范式有第一范式（1NF）、第二范式（2NF）、第三范式（3NF）、巴德斯科范式（BCNF）、第四范式（4NF）和第五范式（5NF）等多种。通常数据库只要满足前 3 个范式就足够用了，下面举例介绍前 3 个范式。

1. 第一范式（1NF）

第一范式是第二和第三范式的基础，是最基本的范式。第一范式包括下列指导原则：

- 数据组的每个属性只可以包含一个值。
- 关系中的每个数组必须包含相同数量的值。
- 关系中的每个数组一定不能相同。

在任何一个关系数据库中，第一范式是对关系模式的基本要求，不满足第一范式（1NF）的数据库就不是关系型数据库。

如果数据表中的每一个列都是不可再分割的基本数据项——即同一列中不能有多个值，那么就称此数据表符合第一范式，由此可见第一范式具有不可再分解的原子特性。

在第一范式中，数据表的每一个行只包含一个实体的信息，并且每一行的每一列只能存放实体的一个属性。例如，对于学生信息，不可以将学生实体的所有属性信息（如学号、姓名、性别、年龄、班级等）都放在一个列中显示，也不能将学生实体的两个或多个属性信息放在一个列中显示，学生实体的每个属性信息都放在一个列中显示。

如果数据表中的列信息都符合第一范式，那么在数据表中的字段都是单一的，不可再分的。如表 1-1 就是不符合第一范式的学生信息表，因为"班级"列中包含了"系别"和"班级"两个属性信息，这样"班级"列中的信息就不是单一的，是可以再分的；而表 1-2 就是符合第一范式的学生信息表，它将原"班级"列的信息拆分到"系别"列和"班级"列中。

表 1-1　　不符合第一范式的学生信息表

学　号	姓　名	性别	年龄	班级
9527	东*方	男	20	计算机系 3 班

表 1-2　　符合第一范式的学生信息表

学　号	姓　名	性别	年龄	系别	班级
9527	东*方	男	20	计算机	3 班

2. 第二范式（2NF）

第二范式（2NF）是在第一范式的基础上建立起来的，即满足第二范式（2NF）必先满足第一范式（1NF）。第二范式（2NF）要求数据库表中的每个实体（即各个记录行）必须可以被唯一地区分。为实现区分各行记录通常需要为表设置一个"区分列"，用以存储各个实体的唯一标识。在学生信息表中，设置了"学号"列，由于每个学生的编号都是唯一的，因此每个学生可以被唯一地区分（即使学生存在重名的情况下），那么这个唯一属性列被称为主关键字或主键。

第二范式要求实体的属性完全依赖于主关键字，即不能存在仅依赖主关键字一部分的属性，如果存在，那么这个属性和主关键字的这一部分应该分离出来形成一个新的实体，新实体与原实体之间是一对多的关系。

例如，这里以"学生成绩表"为例，若以（学号、课程）为组合关键字（即复合主键），就会存在如下决定关系。

（学号，课程）→（决定）（姓名、性别、班级、班主任、课程学分、成绩）

在上面的决定关系中，还可以进一步拆分为如下两种决定关系。

（学号）→（决定）（姓名、性别、班级、班主任、成绩）

（课程）→（决定）（课程学分）

其中，学号决定了学生的基本信息（包括姓名、性别、班级、班主任等）；而课程决定了课程学分，所以这个关系表不满足第二范式。

对于上面的这种关系，可以把上述两个关系表更改为如下 3 个表。

学生表：STUDENT（学号，姓名，性别、班级、班主任）

课程表：LESSON（课程，课程学分）

学生成绩表：ACHIEVEMENT（学号、课程、成绩）

3. 第三范式（3NF）

第三范式（3NF）是在第二范式（2NF）的基础上建立起来的，即满足第三范式（3NF）必先满足第二范式（2NF）。第三范式要求关系表不存在非关键字列对任意候选关键字列的传递函数依赖，也就是说，第三范式要求一个关系表中不包含已在其他表中已包含的非主关键字信息。

所谓传递函数依赖，就是指如果存在关键字段 A 决定非关键字段 B，而非关键字段 B 决定非关键字段 C，则称非关键字段 C 传递函数依赖于关键字段 A。

例如，这里还以学生表（STUDENT）为例，该表中包含学号、姓名、性别、班级、班主任等信息，该关系表的关键字为"学号"，因此存在如下决定关系：

（学号）→（决定）（姓名、性别、班级、班主任）

上面的这个关系表是符合第二范式的，但它不符合第三范式，因为该关系表内部隐含着如下决定关系：

（学号）→（决定）（班级）→（决定）（班主任）

上面的关系表存在非关键字段"班级"对关键字段"学号"的传递函数依赖。对于上面的这种关系，可以把这个关系表更改为如下两个关系表。

学生表：STUDENT（学号、姓名、性别、班级）

班级表：LESSON（班级、班主任）

对于关系型数据库的设计，理想的设计目标是按照"规范化"原则存储数据，因为这样做能够消除数据冗余、更新异常、插入异常和删除异常。

知识点提炼

（1）数据库（database）是数据存储仓库的简称，它是指在计算机系统中按照一定的数据模型组织、存储和使用互相关联的数据集合。

（2）数据模型是数据库系统的核心与基础，是描述数据与数据之间的联系、数据的语义、数据一致性约束的概念性工具的集合。

（3）数据库管理系统（Database Management System，DBMS）是数据库系统的软件支持。DBMS 是管理数据库的软件。

（4）关系型数据库是建立在关系模型基础上的数据库，借助于集合代数等数学概念和方法来处理数据库中的数据，现实世界中的各种实体以及实体之间的各种联系均用关系模型来表示。

习 题

1-1　简述数据库的发展史。

1-2　简述数据库系统的组成。

1-3　简述关系型数据库的设计范式。

第2章
Oracle 11g 体系结构

本章要点:

- 了解 Oracle 11g 体系结构概述
- 掌握逻辑存储结构
- 掌握物理存储结构
- 熟悉 Oracle 11g 服务器结构
- 熟悉 Oracle 11g 常用的数据字典

Oracle 的体系结构是从某一角度来分析数据库的组成和工作过程,以及如何管理数据库和组织数据。对于初学者而言,在学习本章的过程中,会涉及大量的新概念和术语,希望读者对这些概念和术语深入理解,为后续章节的学习打好基础。

2.1 Oracle 11g 体系结构概述

Oracle 体系结构主要用来分析数据库的组成、工作过程与原理,以及数据在数据库中的组织与管理机制。Oracle 数据库是一个逻辑概念,而不是物理概念上安装了 Oracle 数据库管理系统的服务器。

在 Oracle 数据库管理系统中有 3 个重要的概念需要理解,那就是实例(Instance)、数据库(Database)和数据库服务器(Database Server)。其中,实例是指一组 Oracle 后台进程以及在服务器中分配的共享内存区域;数据库是由存储于磁盘上的数据文件、控制文件、日志文件、参数文件、归档日志文件等组成的物理文件集合;数据库服务器是指管理数据库的各种软件工具(例如,sqlplus、OEM 等)和实例及数据库 3 个部分。从实例与数据库之间的辩证关系来讲,实例用于管理和控制数据库;而数据库为实例提供数据。一个数据库可以被多个实例装载和打开;而一个实例在其生存期内只能装载和打开一个数据库。

2.2 逻辑存储结构

逻辑存储结构是 Oracle 数据库存储结构的核心内容,对 Oracle 数据库的所有操作都会涉及其逻辑存储结构。逻辑存储结构是从逻辑的角度分析数据库的构成,是对数据存储结构在逻辑概念上的划分。Oracle 的逻辑存储结构是一种层次结构，主要由表空间、段、区间、数据块等概念组成。逻辑结构是面向用户的，当用户使用 Oracle 设计数据库时，其使用的就是逻辑存储结构。Oracle 的逻辑存储结构中所包含的多个结构对象从数据块到表空间形成了不同层次的粒度关系，如图 2-1 所示。

图 2-1　Oracle 的逻辑存储结构

从图 2-1 中可以看到，Oracle 数据库是由多个表空间组成（可见数据库自身也属于逻辑概念），而表空间又是由多个段组成，段由多个数据区组成，数据区又是由多个数据块组成。

2.2.1　数据块

数据块（Data Blocks）是 Oracle 逻辑存储结构中的最小的逻辑单位，也是执行数据库输入输出操作的最小存储单位。Oracle 数据存放在 "Oracle 数据块" 中，而不是 "操作系统块" 中。通常 Oracle 数据块是操作系统块的整数倍，如果操作系统块的大小为 2048B，并且 Oracle 数据块的大小为 8192B，则表示 Oracle 数据块由 4 个操作系统块构成。Oracle 数据块有一定的标准大小，其大小被写入到初始化参数 DB_BlOCK_SIZE 中。另外，Oracle 支持在同一个数据库中使用多种大小的块，与标准块大小不同的块就是非标准块。

【例 2-1】　通过 V$PARAMETER 数据字典来查询 Oracle 标准数据块的大小，具体代码如下。（实例位置：光盘\MR\源码\第 2 章\2-1）

```
SQL> col name format a30;
SQL> col value format a20;
SQL> select name,value from v$parameter where name = 'db_block_size' ;
```

本例运行结果如图 2-2 所示。

图 2-2　Oracle 标准数据块的大小

在上面的代码中，首先格式化 "name" 列和 "value" 列的大小，以方便在同一行显示，然后使用 "select" 语句获得参数 "db_block_size" 的值（即 VALUE 列的值），该值也就是标准数据块的大小。

数据块中可以存放表数据、索引数据和簇数据等，无论存放哪种类型的数据，其结构都是相同的。数据块由块头、表目录、行目录、空余空间（自由空间）和行数据这 5 部分组成，如图 2-3 所示。

数据块中各个组成部分的介绍如下。

- 块头：存放数据块的基本信息，如块的物理地址、块所属的段的类型。
- 表目录：存放表的相关信息。如果数据块中存储的数据是表数据，则表目录中存储有关这些表的相关信息。
- 行目录：如果块中有行数据存在，则这些行的信息将被记录在行目录中。这些信息包括行的地址等。
- 空余空间：空余空间是一个块中未使用的区域，这片区域用于新行的插入和已经存在的行的更新。

图 2-3　数据块的结构

- 行数据：用于存放表数据和索引数据的地方，这部分空间已被数据行所占用（如表中的若干行数据记录）。

通常把块头、表目录、行目录这 3 部分组合起来称为头部信息区，头部信息区不存放数据，它存放整个块的引导信息，起到引导系统读取数据的作用。所以头部信息区若遭到破坏，则 Oracle 系统将无法读取这部分数据。另外，空余空间和行数据共同构成块的存储区，用于存放真正的数据记录。

2.2.2　数据区

数据区（Extent，也可称作数据扩展区）是由一组连续的 Oracle 数据块所构成的 Oracle 存储结构，一个或多个数据块组成一个数据区，一个或多个数据区再组成一个段（Segment）。当一个段中的所有空间被使用完后，Oracle 系统将自动为该段分配一个新的数据区，这也正符合 Extent 这个单词所具有的"扩展"的含义，可见数据区是 Oracle 存储分配的最小单位，Oracle 就以数据区为单位进行存储空间的扩展。

数据区是用来保存特定数据类型的数据，也是表中数据增长的基本单位。在 Oracle 数据库中，分配存储空间就是以数据区为单位的。一个 Oracle 对象包含至少一个数据区。设置一个表或索引的存储参数包含设置它的数据区大小。

2.2.3　段

段（Segment）是由一个或多个数据区构成，它不是存储空间的分配单位，而是一个独立的逻辑存储结构，用于存储表、索引或簇等占用空间的数据对象，Oracle 也把这种占用空间的数据对象统一称为段。一个段只属于一个特定的数据对象，每当创建一个具有独立段的数据对象时，Oracle 将为它创建一个段。

段是为特定的数据对象（如表、索引、回滚等）分配的一系列数据区。段内包含的数据区可以不连续，并且可以跨越多个文件，使用段的目的是用来保存特定对象。一个 Oracle 数据库通常有以下 4 种类型的段：

（1）数据段：数据段中保存的是表中的数据记录。在创建数据表时，Oracle 系统将为表创建数据段。当表中的数据量增大时，数据段的大小自然也随着变大，数据段的增大过程是通过向其添加新的数据区来实现的。当创建一个表时，系统自动创建一个以该表的名字命名的数据段。

（2）索引段：索引段中包含了用于提高系统性能的索引。一旦建立索引，系统自动创建一个以该索引的名字命名的索引段。

（3）回滚段：回滚段（也可称作撤销段）中保存了回滚条目，Oracle 将修改前的旧值保存在回滚条目中。利用这些信息，可以撤销未提交的而操作，以便为数据库提供读入一致性和回滚未提交的事务，即回滚段是用来回滚事务的数据空间。当一个事务开始处理时，系统为其分配回滚段，回滚段可以动态创建和撤销。Oracle 11g 系统有个默认的回滚段，其管理方式既可以是自动的，也可以是手工的。

（4）临时段：当执行创建索引、查询等操作时，Oracle 可能会使用一些临时存储空间，用于暂时性地保存解析过的查询语句以及在排序过程中产生的临时数据。Oracle 系统将在专门用于存储临时数据的表空间中为操作分配临时段。

在执行 "CREATE INDEX"、"SELECT ORDER BY"、"SELECT DISTINCT" 和 "SELECT GROUP BY" 等几种类型的 SQL 语句时，Oracle 系统就会在临时表空间中为这些语句的操作分配一个临时段。

在数据库管理过程中，若经常需要执行上面这类 SQL 语句，最好调整 SORT_AREA_SIZE 初始化参数来增大排序区，从而使排序操作尽量能够在内存中完成，以获得更好的执行效率，但同时这对数据库服务器的内存空间提出了更大的要求。

2.2.4　表空间

Oracle 使用表空间（TableSpace）将相关的逻辑结构（如段、数据区等）组合在一起，表空间是数据库的最大逻辑划分区域，通常用来存放数据表、索引、回滚段等数据对象（即 Segment），任何数据对象在创建时都必须被指定存储在某个表空间中。表空间（属逻辑存储结构）与数据文件（属物理存储结构）相对应，一个表空间由一个或多个数据文件组成，一个数据文件只属于一个表空间；Oracle 数据的存储空间在逻辑上表现为表空间，而在物理上表现为数据文件。举个例子来说，表空间相当于操作系统中的文件夹，而数据文件就相当于文件夹中的文件。每个数据库至少有一个表空间（即 SYSTEM 表空间），表空间的大小等于所有从属于它的数据文件大小的总和。

由于表空间在物理上（即磁盘上）包含操作系统中的一个或多个数据文件，因此在表空间中创建的数据对象就存在以下两种情况。

（1）若表空间只包含一个数据文件，则该表空间中的所有对象都存储在这个数据文件中。

（2）若表空间包含多个数据文件，则 Oracle 即可将数据对象存储在该表空间的任意一个数据文件中，也可以将同一个数据对象中的数据分布在表空间的多个数据文件中。

在创建数据库时，Oracle 系统会自动创建多个默认的表空间，这些表空间除了用于管理用户数据的表空间之外，还包括用于管理 Oracle 系统内部数据（比如，数据字典）的表空间，下面列举了 Oracle 11g 版本默认创建的主要表空间。

（1）SYSTEM 表空间。

SYSTEM 表——即系统表空间，它用于存放 Oracle 系统内部表和数据字典的数据，例如，表名、列名、用户名等。Oracle 本身不赞成将用户创建的表、索引等存放在系统表空间中。表空间中的数据文件个数不是固定不变的，可以根据需要向表空间中追加新的数据文件。

【例 2-2】　通过 dict 查看数据库中数据字典的信息，具体代码如下。

```
SQL> col table_name for a30;
SQL> col comments for a30;
SQL> select * from dict;
```

【例 2-3】　通过 v$fixed_view_definition 查看数据库中内部系统表的信息，具体代码如下。

```
SQL> col view_name format a30;
```

```
SQL> col view_definition format a30;
SQL> select * from v$fixed_view_definition;
```

（2）SYSAUX 表空间。

SYSAUX 表空间是 Oracle 11g 新增加的表空间，是随着数据库的创建而创建的，它充当 SYSTEM 的辅助表空间，降低了 SYSTEM 表空间的负荷，主要存储除数据字典以外的其他数据对象。SYSAUX 表空间一般不存储用户的数据，由 Oracle 系统内部自动维护。

（3）UNDO 表空间。

UNDO 表空间——即撤销表空间，它是用于存储撤销信息的表空间。当用户对数据表进行修改操作（包括插入、更新、删除等操作）时，Oracle 系统自动使用撤销表空间来临时存放修改前的旧数据。当所做的修改操作完成并执行提交命令后，Oracle 根据系统设置的保留时间长度来决定何时释放掉撤销表空间的部分空间。一般在创建 Oracle 实例后，Oracle 系统自动创建一个名字为 "UNDOTBS1" 的撤销表空间，该撤销表空间对应的数据文件是 "UNDOTBS01.DBF"。

（4）USERS 表空间。

USERS 表空间——即用户表空间，它是 Oracle 建议用户使用的表空间，可以在这个表空间上创建各种数据对象。例如，创建表、索引、用户等数据对象。Oracle 系统的样例用户 SCOTT 对象就存放在 USERS 表空间中。

除了 Oracle 系统默认创建的表空间外，用户可根据应用系统的实际情况及其所要存放的对象类型创建多个自定义的表空间，以区分用户数据与系统数据。此外，不同应用系统的数据应存放在不同的表空间上，而不同表空间的文件应存放在不同的盘上，从而减少 I/O 冲突，提高应用系统的操作性能。

2.3　物理存储结构

逻辑存储结构是为了便于管理 Oracle 数据而定义的具有逻辑层次关系的抽象概念，不容易理解；但物理存储结构比较具体和直观，它用来描述 Oracle 数据在磁盘上的物理组成情况。从大的角度来讲，Oracle 的数据在逻辑上存储在表空间中，而在物理上存储在表空间所包含的物理文件（即数据文件）中。

Oracle 数据库的物理存储结构由多种物理文件组成，主要有数据文件、控制文件、重做日志文件、归档日志文件、参数文件、口令文件和警告日志文件等等，如图 2-4 所示。下面将对这些物理文件进行讲解。

图 2-4　Oracle 的物理存储结构

2.3.1　数据文件

数据文件是用于保存用户应用程序数据和 Oracle 系统内部数据的文件，这些文件在操作系统中就是普通的操作系统文件，Oracle 在创建表空间的同时会创建数据文件。Oracle 数据库在逻辑上由表空间组成，每个表空间可以包含一个或多个数据文件，一个数据文件只能隶属于一个表空间，如图 2-4 所示的数据文件部分。

在创建表空间的同时，Oracle 会创建该表空间的数据文件。在表空间中创建数据对象（例如，表、索引、簇等）时，用户是无法指定使用哪一个数据文件来进行存储的，只能由 Oracle 系统负责为数据对象选择具体的数据文件，并在其中分配物理存储空间。一个数据对象的数据可以全部存储在一个数据文件中，也可以分布存储在同一个表空间的多个数据文件中。

在读取数据时，Oracle 系统首先从数据文件中读取数据，并将数据存储在内存的高速数据缓冲区中。如果用户要再次读取数据库中的某些数据，而请求的数据又不在内存的高速数据缓冲区中，则需要从相应的数据文件中读取数据并存储在缓冲区中。当修改和插入数据时，Oracle 不会立即将数据写入数据文件，而是把这些数据保存在数据缓冲区中，然后由 Oracle 的后台进程 DBWR 决定如何将其写入到相应的数据文件中。这样的存取方式减少了磁盘的 I/O 操作，提高了系统的相应性能。

【例 2-4】　通过查询 dba_data_files 或 v$datafile 数据字典来了解 Oracle 系统的数据文件信息，具体代码如下。（实例位置：光盘\MR\源码\第 2 章\2-2）

```
SQL> col file_name for a50;
SQL> set linesize 100;
SQL> select file_name,tablespace_name from dba_data_files;
```

本例运行结果如图 2-5 所示。

图 2-5　Oracle 系统的数据文件信息

在上面的代码运行结果中，可以看到 3 种类型的数据文件：系统数据文件（SYSTEM01.DBF 和 SYSAUX01.DBF）、撤销数据文件（UNDOTBS01.DBF）和用户数据文件（USERS01.DBF、EXAMPLE01.DBF、TBSP_1.DBF 和 TBSP_2.DBF），下面对这 3 种类型的数据文件进行介绍。

（1）系统数据文件。

用于存放"特殊"的用户数据和 Oracle 系统本身的数据，如用户建立的表名、列名及字段类型等，这些属于用户数据范畴，这些数据被存放在系统表空间所包含的数据文件中；而 Oracle 系统内部的数据字典、系统表（如 dba_data_files、dba_temp_files 等）中所存储的数据属于 Oracle 系统的内部数据，这些数据也存放在系统表空间所包含的数据文件中。

（2）撤销数据文件。

撤销数据文件隶属于撤销表空间。如果修改 Oracle 数据库中的数据，那么就必须使用撤销段，撤销段用来临时存放修改前的旧数据，而撤销段通常存放在一个单独的撤销表空间中，这个撤销表空间所包含的数据文件就是撤销数据文件。

（3）用户数据文件。

用户数据文件用于存放用户应用系统的数据,这些数据包括与应用系统有关的所有相关信息,例如,在上面代码运行结果中的"TBSP_1.DBF"和"TBSP_2.DBF"文件就是一个具体应用系统的两个数据文件。

在上面的代码运行结果中并没有看到临时表空间所包含的数据文件,这是由于临时数据文件本身的特殊性,从 Oracle 9i 以后,Oracle 将临时表空间所对应的临时数据文件与一般数据文件分开,要了解 Oracle 系统的临时数据文件信息,可以从 dba_temp_files 或 v$tempfile 数据字典中查询。

【例 2-5】 通过查询 dba_temp_files 或 v$tempfile 数据字典来查看临时文件的信息,具体代码如下。(实例位置:光盘\MR\源码\第 2 章\2-3)

```
SQL> col file_name format a50;
SQL> col tablespace_name format a20;
SQL> select file_name,tablespace_name from dba_temp_files;
```

本例运行结果如图 2.6 所示。

图 2-6　查看临时文件的信息

2.3.2　控制文件

控制文件是一个二进制文件,它记录了数据库的物理结构,其中主要包含数据库名、数据文件与日志文件的名字和位置、数据库建立日期等信息。控制文件一般在 Oracle 系统安装时或创建数据库时自动创建,控制文件所存放的路径由服务器参数文件 spfile 的 control_files 参数值来指定。Spfile 文件基于不同的操作系统平台,其默认文件名会有所不同。

由于控制文件存放有数据文件、日志文件等的相关信息,因此,Oracle 实例在启动时必须访问控制文件。如果控制文件正常,实例才能加载并打开数据库;但若控制文件中记录了错误的信息,或者实例无法找到一个可用的控制文件,则实例无法正常启动。

当 Oracle 实例在正常启动时,系统首先要访问的是服务器参数文件 spfile,然后 Oracle 为系统全局区(SGA)分配内存。这时,Oracle 实例处于安装状态,并且控制文件处于打开状态;接下来 Oracle 会自动读出"控制文件"中的所有数据文件和日志文件的信息,并打开当前数据库中所有的数据文件和所有的日志文件以供用户访问。

每个数据库至少拥有一个控制文件,一个数据库可以同时拥有多个控制文件,但是一个控制文件只能属于一个数据库。控制文件内部除了存放数据库名及其创建日期、数据文件、日志文件等的相关信息之外,在系统运行过程中,还存放系统更改号,检查点信息及归档的当前状态等信息。

Oracle 数据库系统出于安全考虑,在安装 Oracle 数据库或创建数据库时,系统会自动创建两个或 3 个控制文件,每个控制文件记录相同的信息。这样可确保在数据库运行时,如果某个控制文件损坏,Oracle 会自动使用另外一个控制文件,当所有控制文件都损坏时,系统将无法工作。

【例 2-6】 通过查询 v$controlfile 数据字典来查看 Oracle 系统的控制文件信息,具体代码如下。(实例位置:光盘\MR\源码\第 2 章\2-4)

```
SQL> col name format a60;
SQL> select name from v$controlfile;
```
本例运行结果如图 2-7 所示。

```
NAME
E:\APP\ADMINISTRATOR\ORADATA\ORCL\CONTROL01.CTL
E:\APP\ADMINISTRATOR\FLASH_RECOVERY_AREA\ORCL\CONTROL02.CTL
```
图 2-7 Oracle 系统的控制文件信息

 当数据库的物理组成更改时，Oracle 自动更改该数据库的控制文件。数据恢复时，也要使用控制文件。

2.3.3 日志文件

日志文件的主要功能是记录对数据所作的修改，对数据库所做的修改几乎都记录在日志文件中。在出现问题时，可以通过日志文件得到原始数据，从而保障不丢失已有操作成果。Oracle 的日志文件包括重做日志文件（Redo Log File）和归档日志文件（Archive Log File），它们是 Oracle 系统的主要文件之一，尤其是重做日志文件，它是 Oracle 数据库系统正常运行所不可或缺的。下面将介绍这两种日志文件。

1. 重做日志文件

重做日志文件用来记录数据库所有发生过的更改信息（修改，添加、删除等信息）及由 Oracle 内部行为（创建数据表、索引等）而引起的数据库变化信息，在数据库恢复时，可以从该日志文件中读取原始记录。在数据库运行期间，当用户执行 COMMIT 命令（数据库提交命令）时，数据库首先将每笔操作的原始记录写入到日志文件中，写入日志文件成功后，才把新的记录传递给应用程序，所以，在日志文件上可以随时读取原始记录以恢复某些数据。

为了保障数据库系统的安全，每个 Oracle 实例都启用一个日志线程来记录数据库的变化。日志线程由若干"日志组"构成，而每个日志组又由一个或者多个日志文件构成。

【例 2-7】 若要了解 Oracle 系统的日志文件信息，可以通过查询 v$controlfile 视图来实现，代码如下。（实例位置：光盘\MR\源码\第 2 章\2-5）

```
SQL> col member for a50;
SQL> select name from v$controlfile;
```
本例运行结果如图 2-8 所示。

```
NAME
E:\APP\ADMINISTRATOR\ORADATA\ORCL\CONTROL01.CTL
E:\APP\ADMINISTRATOR\FLASH_RECOVERY_AREA\ORCL\CONTROL02.CTL
```
图 2-8 Oracle 系统的日志文件信息

Oracle 系统在运行过程中产生的日志信息，首先被临时存放在 SGA（系统全局区）的"重做日志缓冲区"中，当发出 Commit 命令（或日志缓冲区信息满 1/3 时），LGWR 进程（日志写入进程）将日志信息从"重做日志缓冲区"中读取出来，并将"读取的日志信息"写入日志文件组中序列号较小的文件里，一个日志组写满后接着写另外一个日志组。当 LGWR 进程将所有能用的日志文件都使用过一遍之后，它将再次转向第一个日志组重新覆写。

2. 归档日志文件

在所有的日志文件被写入一遍之后，LGWR 进程将再次转向第一个日志组进行重新覆写，这样势必会导致一部分较早的日志信息被覆盖掉，但 Oracle 通过归档日志文件解决了这个问题。

Oracle 数据库可以运行在两种模式下，即归档模式和非归档模式。非归档模式就是指在系统运行期间，所产生的日志信息不断地记录到日志文件组中，当所有重做日志组被写满后，又重新从第一个日志组开始覆写。归档模式就是在各个日志文件都被写满且即将被覆盖之前，先由归档进程（ARCH）将即将被覆盖的日志文件中的日志信息读出，并将"读出的日志信息"写入到归档日志文件中，而这个过程又被称为归档操作。

在归档操作进行的过程中，日志写入进程（ARCH）需要等待归档进程（ARCH）的结束才能开始覆写日志文件，这样就延迟了系统的响应时间，而且归档日志文件本身又会占用大量的磁盘空间，这些都会影响系统的整体性能。所以在默认情况下，Oracle 系统不采用归档模式运行。

【例 2-8】 可以通过 v$database 视图来查看当前 Oracle 系统是否采用归档模式，代码如下。（实例位置：光盘\MR\源码\第 2 章\2-6）

```
SQL> col name format a30;
SQL> select dbid,name,log_mode from v$database;
```

本例运行结果如图 2-9 所示。

图 2-9　查看当前 Oracle 系统的归档模式

如果将 Oracle 数据库系统设置成在归档模式下运行，则可以通过服务器参数文件 spfile 的 log_archive_dest 参数来确定归档日志文件的所在路径。

【例 2-9】 可以使用下面的语句来查询归档日志文件的所在路径，代码如下。（实例位置：光盘\MR\源码\第 2 章\2-7）

```
SQL> set pagesize 30;
SQL> show parameter log_archive_dest;
```

本例运行结果如图 2-10 所示。

图 2-10　归档日志文件的所在路径

2.3.4　服务器参数文件

服务器参数文件 SPFILE（Server parameter File）是二进制文件，用来记录 Oracle 数据库的基本参数信息（如数据库名、控制文件所在路径、日志缓冲大小等）。数据库实例在启动之前，Oracle 系统首先会读取 SPFILE 参数文件中设置的这些参数，并根据这些初始化参数来配置和启动实例。例如，设置标准数据块的大小（即参数 db_block_size 的值）、设置日志缓冲区的大小（即参数 log_buffer 的值）等，所以 SPFILE 参数文件非常重要。服务器参数文件在安装 Oracle 数据库系统时由系统自动创建，文件的名称为 SPFILEsid.ora，sid 为所创建的数据库实例名。

与早期版本的初始化参数文件 INITsid.ora 不同的是，SPFILE 中的参数由 Oracle 系统自动维护，如果要对某些参数进行修改，则尽可能不要直接对 SPFILE 进行编辑，最好通过企业管理器（OEM）或 ALTER SYSTEM 命令来修改，所修改过的参数会自动写到 SPFILE 中。

1. 查看服务器参数

用户可以通过如下两种方式查看数据库的服务器参数。

（1）查询视图 v$Parameter，可利用该动态性能视图来确定参数的默认值是否被修改过，以及是否可以用 ALTER SYSTEM 和 ALTER SESSION 命令修改。

【例 2-10】　查询视图 V$PARAMETER 中的"name"、"value"、"ismodified"列的值，代码如下。（实例位置：光盘\MR\源码\第 2 章\2-8）

```
SQL> col name for a30;
SQL> col value for a30;
SQL> select name,value,ismodified from v$parameter;
```

本例运行结果如图 2-11 所示。

NAME	VALUE	ISMODIFIED
log_archive_duplex_dest		FALSE
log_archive_min_succeed_dest	3	FALSE
standby_archive_dest	%ORACLE_HOME%\RDBMS	FALSE
fal_client		FALSE
fal_server		FALSE
log_archive_trace	0	FALSE
log_archive_config		FALSE
log_archive_local_first	TRUE	FALSE
log_archive_format	ARC%S_%R.%T	FALSE
redo_transport_user		FALSE
log_archive_max_processes	3	FALSE
log_buffer	5611520	FALSE
log_checkpoint_interval	0	FALSE
log_checkpoint_timeout	1800	FALSE

图 2-11　查询视图 V$PARAMETER

（2）可以使用 SQL*Plus 的 SHOW PARAMETER 命令显示服务器的参数。

【例 2-11】　通过 show parameter 命令显示服务器参数，代码如下。

```
SQL> show parameter;
```

本例运行结果如图 2-12 所示。

2. 修改服务器参数

修改数据库的服务器参数，主要通过企业管理器（OEM）或 ALTER SYSTEM 命令来实现。

（1）通过企业管理器（OEM）修改，首先使用 SYSTEM 用户登录 OEM，然后选择"服务器"

页面中的"初始化参数"项，将打开如图 2-13 所示的"初始化参数"页面，在该页面的"值"列中就可以修改参数值，然后保存就可以。

```
NAME                             TYPE         VALUE
remote_login_passwordfile        string       EXCLUSIVE
remote_os_authent                boolean      FALSE
remote_os_roles                  boolean      FALSE
replication_dependency_tracking  boolean      TRUE
resource_limit                   boolean      TRUE
resource_manager_cpu_allocation  integer      2
resource_manager_plan            string
result_cache_max_result          integer      5
result_cache_max_size            big integer  2112K
result_cache_mode                string       MANUAL
result_cache_remote_expiration   integer      0
resumable_timeout                integer      0
```

图 2-12　显示服务器参数

名称	帮助	修订	值▽
max_dump_file_size	ⓘ		unlimited
background_core_dump	ⓘ		partial
db_name	ⓘ		orcl
db_unique_name	ⓘ		orcl
instance_name	ⓘ		orcl
service_names	ⓘ		orcl
recyclebin			on ▾
shadow_core_dump	ⓘ		none
ldap_directory_sysauth			no
query_rewrite_integrity	ⓘ		enforced ▾
log_archive_dest_state_1	ⓘ		enable ▾
log_archive_dest_state_11	ⓘ		enable ▾
log_archive_dest_state_12	ⓘ		enable ▾

图 2-13　OEM 中的初始化参数页面

（2）使用 ALTER SYSTEM 命令修改服务器参数。

【例 2-12】　通过 ALTER SYSTEM 命令修改标准数据块的大小为 4096 字节，代码及运行结果如下。

```
alter system set db_block_size=4096;
SQL>系统已更改。
```

2.3.5　密码文件、警告文件和跟踪文件

Oracle 系统运行时，除了必须的数据文件、控制文件、日志文件及服务器参数文件外，还需要一些辅助文件，如密码文件、警告文件和跟踪文件，下面将对这些辅助文件进行简单的介绍。

1. 密码文件

密码文件是 Oracle 系统用于验证 sysdba 权限的二进制文件，当远程用户以 sysdba 或 sysoper 连接到数据库时，一般要用密码文件验证。

Oracle 11g（这里以发行版 2 为例）密码文件的默认存放位置在%dbhome_1%\database 目录下，

密码文件的命名格式为 PWD<sid>，其中 sid 表示数据库实例名。创建密码文件既可以在创建数据库实例时自动创建，也可以使用 ORAPWD.EXE 工具手动创建，创建密码文件的命令格式如下：

```
C:\>ORAPWD FILE=<filename> PASSWORD=<password> ENTRIES=<max_users>
```

● filename：表示密码文件名称。

● password：表示设置 internal/sys 账户口令。

● max_users：表示密码文件中可以存放的最大用户数，对应允许以 sysdba/sysoper 权限登录数据库的最大用户数。

创建了密码文件后，需要设置初始化参数 remote_login_passwordfile 来控制密码文件的使用状态，通常有 3 种状态值：NONE 表示只要通过操作系统验证，就不用通过 Oracle 密码文件验证；SHARED 表示多个数据库实例都可以采用此密码文件验证；EXCLUSIVE 表示只有一个数据库实例可以使用此密码文件验证。

【例 2-13】　创建一个密码文件，其 SYS 口令为 012345，代码如下。

```
C:\>ORAPWD FILE=E:\app\Admin\product\11.2.0\dbhome_1\database\PWDorcl.ora password=
012345 entries=40
```

2. 警告文件

警告文件（即警告日志文件）是一个存储在 Oracle 系统目录下的文本文件（名称通常为 alert_orcl.log），它用来记录 Oracle 系统的运行信息和错误信息。运行信息一般包括 Oracle 实例的启动与关闭、建立表空间、增加数据文件等；错误信息包括空间扩展失败、启动实例失败等。

当 Oracle 系统安装完毕后，其实例日常运行的基本信息都会记录在警告文件中。警告文件的路径可通过 Oracle 系统的 background_dump_dest 参数值来查看，并且该参数值由服务器进程和后台进程写入。

【例 2-14】　在 v$parameter 视图中查看当前实例的警告文件的路径，代码及运行结果如下。

```
SQL> col name for a20;
SQL> col value for a50;
SQL> select name, value from v$parameter where name = 'background_dump_dest';

NAME                 VALUE
-------------------- -------------------------------------------------
background_dump_dest e:\app\administrator\diag\rdbms\orcl\orcl\trace
```

　　　　　随着时间的推移，警告文件会越来越大，数据库管理员应该定期删除警告文件。

3. 跟踪文件

跟踪文件包括后台进程跟踪文件和用户进程跟踪文件。后台进程跟踪文件用于记录后台进程的警告或错误消息。后台进程跟踪文件的磁盘位置由初始化参数 BACKGROUND_DUMP_DEST 确定，后台进程跟踪文件的命名格式为<sid>_<processname>_<spid>.trc，例如：orcl_cjq0_5172.trc。用户进程跟踪文件用于记录与用户进程相关的信息，它主要用于跟踪 SQL 语句。通过用户进程跟踪文件，可以判断 SQL 语句的执行性能。用户进程跟跟踪文件的位置由初始化参数 user_dump_dest 确定，用户进程跟踪文件的命名格式为<sid>_ora_<spid>.trc，例如：orcl_ora_4888.trc。

【例 2-15】　在 v$parameter 视图中查看当前实例的用户跟踪文件的路径，代码及运行结果如下。

```
SQL> select value from v$parameter where name = 'user_dump_dest';

VALUE
```

```
--------------------------------------------------
e:\app\administrator\diag\rdbms\orcl\orcl\trace
```

2.4　Oracle 11g 服务器结构

Oracle 服务器主要由实例、数据库、程序全局区和前台进程组成，如图 2-14 所示。其中，实例就是图 2-14 中的 Instance 区域，用来提供管理数据库的功能；数据库就是图 2-14 中的 Database 区域，由 Oracle 数据库文件组成，用来存储系统数据。

实例可以进一步划分为系统全局区(SGA)和后台进程（PMON、SMON 等）两部分，其中，SGA 使用操作系统的内存资源，而后台进程需要使用 CPU 与内存资源；数据库（Database）中包含数据文件（Data files）、控制文件（Control files）和重做日志文件（Redo log file），数据库文件存放在硬盘中；程序全局区（PGA）是一个非共享的内存区域，用于管理用户进程的私有资源；前台进程可以再划分为用户进程和服务器进程，它们需要使用 CPU 与内存资源。上节已经对数据库的三种物理文件进行过详细讲解，本节主要对实例、程序全局区和前台进程进行详细的讲解。

图 2-14　Oracle 服务器结构模型图

2.4.1　系统全局区

系统全局区（System Global Area，SGA）是所有用户进程共享的一块内存区域，也就是说，SGA 中的数据资源可以被多个用户进程共同使用。SGA 主要由高速数据缓冲区、共享池、重做日志缓存区、Java 池和大型池等内存结构组成。SGA 随着数据库实例的启动而加载到内存中，当数据库实例关闭时，SGA 区域也就消失了。

1. 高速数据缓冲区

高速数据缓冲区（Database buffer cache）中存放着 Oracle 系统最近访问过的数据块（数据块在高速缓冲区中也可称为缓存块）。当用户向数据库发出请求时（例如，检索某一条数据），如果在高速数据缓冲区中存在请求的数据，则 Oracle 系统会直接从高速数据缓冲区中读取数据并返回给用户，否则，Oracle 系统会打开数据文件读取请求的数据。

若无法在高速数据缓冲区中找到所需要的数据，则 Oracle 首先从数据文件中读取指定的数据块到缓冲区，然后再从缓冲区中将请求的数据返回给用户。由于高速数据缓冲区被所有的用户所共享，只要数据文件中的某些数据块被当前用户或其他用户请求过，那么这些数据块就会被装载到高速数据缓冲区中。这样当任何用户再次访问相同的数据时，Oracle 就不必再从数据文件中读取数据，而是可以直接将缓冲区中的数据返回给用户。经常或最近被访问的数据块会被放置到高速数据缓冲区前端，不常被访问的数据块会被放置到高速数据缓冲区的后端，当高速数据缓冲区填满时，会自动挤掉一些不常被访问的数据块。

以存取速度来看，内存的读取速度远快于物理硬盘，所以高速数据缓冲区的存在可大大降低对物理磁盘的读取频率，从而达到提高数据库服务器性能的目的。为了便于管理 SGA 的内存数据，Oracle 把高速数据缓冲区分为以下 3 个部分。

- 脏数据区

脏数据区中存放着已被修改过的数据，这些数据等待被写入数据文件中。当一条更新或删除语句对某些数据块中的数据修改后，那么这些数据块就被标记为"脏"，然后等待提交命令并通过后台进程 DBWR 将其写入到数据文件中。

- 空闲区

空闲区中的数据块不包含任何数据，这些数据块可以被写入数据，Oracle 可以从数据文件中读取数据块，并将其存放到该区中。

- 保留区

保留区包含那些正在被用户访问的数据快和明确保留以作为将来使用的数据块（即缓存块），这些数据块将被保留在缓冲区中。

2. 重做日志缓冲区

重做日志缓冲区（Red log buffer cache）用于存放对数据库进行修改操作时所产生的日志信息，这些日志信息在写入到重做日志文件之前，首先存放到重做日志缓冲区中，然后，在检查点发生或重做日志缓冲区中的信息量到达一定峰值时，最后由日志写入进程（LGWR）将此缓冲区的内容写入到重做日志文件。

重做日志缓冲区的大小由 LOG_BUFFER 参数指定，该参数也可以在实例启动后动态修改。相对于高速数据缓冲区而言，重做日志缓冲区的大小对数据库性能的影响较小，通常较大的重做日志缓冲区能减少重做日志文件对 I/O 的读写次数，对数据库的整体性能有一定的提高。

3. 共享池

共享池（Shared Pool）是 SGA 保留的内存区域，用于缓存 SQL 语句、PL/SQL 语句、数据字典、资源锁、字符集以及其他控制结构等。共享池包含库高速缓冲区（Library cache）和字典高速缓冲区（Dictionary cache）。

（1）库高速缓冲区。

库高速缓冲区（Library cache）是共享池的一部分，主要包括共享 SQL 区和私有 SQL 区两个组成部分。库高速缓冲区中存放最近用过的 SQL 语句、PL/SQL 语句的文本和执行计划。当下一次执行相同的 SQL 语句或 PL/SQL 语句时，可以直接在库高速缓冲区中找到之前已生成的执行计划，而不需要再次解析相同的 SQL 语句或 PL/SQL 语句，从而提高系统的执行效率。

每条被缓存的 SQL 或 PL/SQL 语句都被分成两个部分，分别被存放在共享 SQL 区和私有 SQL 区中。共享 SQL 区存放 SQL 或 PL/SQL 语句的语法分析结果和执行计划，如果以后要再次执行类似的语句,则可以利用共享 SQL 区中已缓存的语法分析结果和执行计划。私有 SQL 区存放 SQL

语句中的绑定变量、环境和会话等信息，这些信息属于执行该语句的用户的私有信息，其他用户则无法共享这些信息。

（2）字典高速缓冲区。

字典高速缓冲区（Dictionary cache）用于存放 Oracle 系统内部管理所需要的数据字典信息，例如，用户名、数据对象和权限等。

共享池的内存空间大小是可以动态改变的，一般通过修改参数 SHARED_POOL_SIZE 的值来实现。

【例 2-16】 修改 Oracle 共享池的内存空间大小 30MB，代码及运行结果如下。

```
SQL>alter system set shared_pool_size=30m;
系统已更改。
```

注意：Oracle 共享池的空间不是越大越好，因为系统的内存资源是有限的，而且操作系统本身也要消耗一定的内存空间。

4. 大型池

大型池（Large pool）在 SGA 区中不是必须的内存结构，只在某些特殊情况下，实例需要使用大型池来减轻共享池的访问压力，常用的情况有以下几种。

当使用恢复管理器进行备份和恢复操作时，大型池将作为 I/O 缓冲区使用。

使用 I/O Slave 仿真异步 I/O 功能时，大型池将被当作 I/O 缓冲区使用。

执行具有大量排序操作的 SQL 语句。

当使用并行查询时，大型池作为并行查询进程彼此交换信息的地方。

大型池的缓存区大小是通过 LARGE_POOL_SIZE 参数定义的，在 Oracle 11g 中，用户可以使用 alter system 命令动态地修改其缓存区的大小。

【例 2-17】 修改 Oracle 大型池的缓存区大小为 16MB，代码及运行结果如下。

```
SQL> alter system set large_pool_size = 16m;

系统已更改。

SQL> show parameter large_pool_size;

NAME                                 TYPE        VALUE
------------------------------------ ----------- ------------------------------
large_pool_size                      big integer 16M
```

注意：如果在 SGA 区中没有设置大型池，则在实例需要时，Oracle 系统会在共享池或 PGA 中分配一定的缓存空间，这样势必会影响到共享池或 PGA 的工作效率。

5. Java 池

用来提供内存空间给 Java 虚拟机使用，目的是支持在数据库中运行 Java 程序包，其大小由 JAVA_POOL_SIZE 参数决定。

6. 流池

Oracle 流池用于在数据库与数据库之间进行信息共享。如果没有用到 Oracle 流，就不需要设置该池。流池的大小由参数 STREAMS_POOL_SIZE 决定。

2.4.2　程序全局区（PGA）

程序全局区（Program Global Area，PGA）也可称作用户进程全局区，它的内存区在进程私有区而不是共享区中。虽然 PGA 是一个全局区，可以把代码、全局变量和数据结构都可以存放在其中，但区域内的资源并不像 SGA 一样被所有的用户进程共享，而是每个 Oracle 服务器进程都只拥有属于自己的那部分 PGA 资源。

在程序全局区（PGA）中，一个服务进程只能访问属于它自己的那部分 PGA 资源区，各个服务进程的 PGA 区的总和即为实例的 PGA 区的大小。通常 PGA 区由私有 SQL 区和会话区组成。

1. 私有 SQL 区

私有 SQL 区用于存储变量以及 SQL 语句运行时的内存结构信息，当每个用户连接到实例时，都会在实例中创建一个会话。这些会话可能会在 SGA 区中创建一个共享 SQL 区，但在 PGA 区中可能会创建多个私有 SQL 区。把一个私有 SQL 区与对应的共享 SQL 区合并在一起，就可以获得一条 SQL 语句的完整缓存数据。

另外，每个会话的私有 SQL 区可以再分为静态区和动态区两部分。静态区的信息在会话过程中保持不变，只有当会话结束时，静态区才会被释放掉；而动态区的信息在整个会话过程中是不断变化的，一旦 SQL 语句指定完毕，即使会话还没有结束，动态区就被释放掉。

2. 会话区

会话区用于存放用户的会话信息（如，登录用户名）。如果数据库处于共享服务器连接模式下，则会话区将位于 SGA 区域，而不是 PGA 中，这点需要用户特别注意。

查看程序全局区（PGA）的信息可以通过显示 pga 参数的内容来实现。

【例 2-18】　显示当前用户进程的 PGA 信息，代码及运行结果如下。

```
SQL> show parameter pga;

NAME                                 TYPE        VALUE
------------------------------------ ----------- --------------------
pga_aggregate_target                 big integer 18M
```

2.4.3　前台进程

前台进程包括用户进程和服务器进程，它不属于实例的一部分，但是用户在不知不觉中经常会用到它，使用前台进程能够实现用户与实例的沟通，下面对这两种前台进程进行讲解。

1. 用户进程

用户进程是指那些能够生成或执行 SQL 语句的应用程序，无论是 SQL*Plus，还是其他应用程序，只要是能生成或执行 SQL 语句，就都被称作用户进程。

在用户进程中有两个非常重要的概念：连接和会话。连接是一个用户进程与实例之间建立的通信渠道，这个渠道可以通过操作系统上的相关通信机制或网络连接来实现。会话是指在用户进程与实例之间建立连接后形成的用户与实例之间的交互方式，一般是用户发出请求，数据库实例为用户返回响应消息的方式。例如，用户在 SQL*Plus 中发出 "connect system/1qaz2wsx" 的请求命令，若用户名和密码都正确，则数据库实例返回 "已连接" 的响应消息。

2. 服务器进程

服务器进程就是用于处理用户会话过程中向数据库实例发出的 SQL 语句或 SQL*Plus 命令，它可以分为专用服务器模式和共享服务器模式。在专用服务器模式下，每个用户进程都有一个专用的服务器进程，这个服务器进程代表用户进程执行 SQL 语句，必要时还可以回传执行结果给用户进程。在共享服务器模式下，每个用户进程不直接与服务器进程连接，而是连接到分派程序，每个分派程序可以同时连接多个用户进程。

2.4.4　后台进程

Oracle 后台进程是一组运行于 Oracle 服务器端的后台程序，是 Oracle 实例的重要组成部分。这组后台进程有若干个，它们分工明确——分别完成不同的系统功能，如图 2-15 所示。其中，SMON、PMON、DBWR、LGWR 和 CKPT 这 5 个后台进程必须正常启动，否则将导致数据库实例崩溃。此外，还有很多辅助进程，用于实现相关的辅助功能，如果这些辅助进程发生问题，只是某些功能受到影响，一般不会导致数据库实例崩溃。下面将对其中的主要进程进行讲解。

图 2-15　主要后台进程

1. 数据写入进程

数据写入进程（DBWR）的主要任务是负责将内存中的"脏"数据块回写到数据文件中。所谓的"脏"数据块是指高速数据缓冲区中的被修改过的数据块，这些数据块的内容与数据文件中的数据块内容不一致。但 DBWR 并不是随时将所有的"脏"数据块都写入数据文件，只有满足一定的条件时，DBWR 进程才开始成批量地将"脏"数据块写入数据文件，Oracle 这样做的目的是为了尽量减少 I/O 操作，提高 Oracle 服务器性能。通常在以下几种情况发生时，DBWR 进程会将"脏"数据块写入到数据文件。

●　当用户进程执行插入或修改等操作时，需要将"新数据"写入到高速数据缓冲区，如果在高速数据缓冲区中没有找到足够用的空闲数据块来存放这些"新数据"，这时，Oracle 系统将启动 DBWR 进程并将"脏"数据块写入到数据文件，以获得空闲数据块来存储这些"新数据"。

●　检查点进程启动后，它会强制要求 DBWR 将某些"脏"数据块写入到数据文件中。

●　当"脏"数据块在高速数据缓冲区中存放超过 3s，DBWR 进程会自行启动并将某些"脏"数据块写入到数据文件中。

在某些比较繁忙的应用系统中，可以修改服务器参数文件 SPFILE 的 DB_WRITER_

PROCESSES 参数，以允许使用多个 DBWR 进程。但是 DBWR 进程的数量不应当超过系统处理器的数量，否则多余的 DBWR 不但无法发挥作用，反而会耗费系统资源。

2. 检查点进程

检查点进程（CKPT）可以看做是一个事件，当检查点事件发生时，CKPT 会要求 DBWR 将某些"脏"数据块回写到数据文件。当用户进程发出数据请求时，Oracle 系统从数据文件中读取需要的数据并存放到高速数据缓冲区中，用户对数据的操作是在缓冲区中进行的。当用户操作数据时，就会产生大量的日志信息并存储在重做日志缓冲区，当 Oracle 系统满足一定条件时，日志写入进程（LGWR）会将日志信息写入到重做日志文件组中，当发生日志切换时（写入操作正要从一个日志文件组切换到另一组时），就会启动检查点进程。

另外，DBA 还可以通过修改初始化参数文件 SPFILE 中的 CHECKPOINT_PROCESS 参数为 TRUE 来启动检查点进程。

3. 日志写入进程

日志写入进程（LGWR）用于将重做日志缓冲区中的数据写入到重做日志文件。Oracle 系统首先将用户所做的修改日志信息写入日志文件，然后再将修改结果写入数据文件。

Oracle 实例在运行中会产生大量日志信息，这些日志信息首先被记录在 SGA 的重做日志缓冲区中，当发生提交命令、或者重做日志缓冲区的信息满 1/3、或者日志信息存放超过 3 秒钟时，LGWR 进程就将日志信息从重做日志缓冲区中读出并写入日志文件组中序号较小的文件中，一个日志组写满后接着写另外一组。当 LGWR 进程将所有的日志文件都写过一遍之后，它将再次转向第一个日志文件组重新覆盖，如图 2-16 所示。当 LGWR 进程写满一个日志文件组而转向写另外一组时，我们称之为日志切换。

4. 归档进程

归档进程（ARCH）是一个可选择的进程，只有当 Oracle 数据库处于归档模式时，该进程才可能起到作用。若 Oracle 数据库处于归档模式，当各个日志文件组都被写满而即将被覆盖之前，先由归档进程（ARCH）把即将被覆盖的日志文件中的日志信息读出，然后再把这些"读出的日志信息"写入到归档日志文件中，如图 2-17 所示。

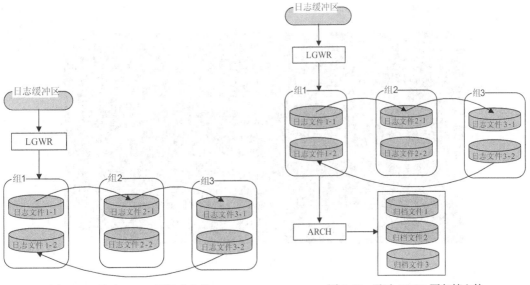

图 2-16　通过 LGWR 写日志文件　　　　图 2-17　通过 ARCH 写归档文件

当系统比较繁忙而导致 LGWR 进程处于等待 ARCH 进程时，可通过修改 LOG_ARCHIVE_MAX_PROCESSES 参数启动多个归档进程，从而提高归档写磁盘的速度。

5. 系统监控进程

系统监控进程（SMON）是在数据库系统启动时执行恢复工作的强制性进程。例如，在并行服务器模式下，SMON 可以恢复一个处于失败的数据库，使系统切换到另外一台正常的服务器上。

6. 进程监控进程

进程监控进程（PMON）用于监控其他进程的状态，当有进程启动失败时，PMON 会清除失败的用户进程，释放用户进程所用的资源。

7. 锁进程

锁进程（LCKN）是一个可选进程，并行服务器模式下可以出现多个锁定进程以利于数据库通信。

8. 恢复进程

恢复进程（RECO）是在分布式数据库模式下使用的一个可选进程，用于数据不一致时进行恢复工作。

9. 调度进程

调度进程（DNNN）是一个可选进程，在共享服务器模式下使用，可以启动多个调度进程。

10. 快照进程

快照进程（SNPN）用于处理数据库快照的自动刷新，并通过 DBMS_JOB 包运行预定的数据库存储过程。

以上讲解了 Oracle 11g 中的若干个典型进程，不同版本的 Oracle 后台进程也不同，默认情况下，Oracle 11g 会启动 200 多个后台进程。

【例 2-19】 从 V$BGPROCESS 数据字典中查询当前实例进程信息，代码如下。（实例位置：光盘\MR\源码\第 2 章\2-8）

```
SQL> set pagesize 50;
SQL> select name,description from v$bgprocess;
```

本例运行结果如图 2-18

图 2-18 当前实例进程信息

2.5　数据字典

数据字典是 Oracle 存放关于数据库内部信息的地方，其用途是用来描述数据库内部的运行和管理情况。例如，一个数据表的所有者，创建时间，所属表空间，用户访问权限等信息，这些信息都可以在数据字典中查找到。当用户操作数据库遇到困难时，就可以通过查询数据字典来提供帮助信息。

2.5.1　Oracle 数据字典命名规则

Oracle 数据字典的名称由前缀和后缀组成，使用下划线"_"连接，其代表的含义如下。

- DBA_：包含数据库实例的所有对象信息。
- V$_：当前实例的动态视图，包含系统管理和系统优化等所使用的视图。
- USER_：记录用户的对象信息。
- GV_：分布式环境下所有实例的动态视图，包含系统管理和系统优化使用的视图。
- ALL_：记录用户的对象信息及被授权访问的对象信息。

2.5.2　Oracle 常用数据字典

虽然通过 Oracle 企业管理器（OEM）操作数据库比较方便，但它不利于读者了解 Oracle 系统的内部结构和应用系统对象之间的关系，所以建议读者尽量使用 SQL*Plus 来操作数据库。为了使读者方便了解 Oracle 系统内部的对象结构和进行高层次的数据管理，下面给出最常用的数据字典及其说明。

1. 基本数据字典

基本数据字典主要包括描述逻辑存储结构和物理存储结构的数据表，另外，还包括一些描述其他数据对象信息的表，如 dba_views、dba_triggers、dba_users 等。基本数据字典及其说明如表 2-1 所示。

表 2-1　　　　　　　　　　　　　　基本数据字典及其说明

数据字典名称	说　　明
dba_tablespaces	关于表空间的信息
dba_ts_quotas	所有用户表空间限额
dba_free_space	所有表空间中的自由分区
dba_segments	描述数据库中所有段的存储空间
dba_extents	数据库中所有分区的信息
dba_tables	数据库中所有数据表的描述
dba_tab_columns	所有表、视图以及簇的列
dba_views	数据库中所有视图的信息
dba_synonyms	关于同义词的信息查询
dba_sequences	所有用户序列信息
dba_constraints	所有用户表的约束信息

续表

数据字典名称	说　明
dba_indexs	关于数据库中所有索引的描述
dba_ind_columns	在所有表及簇上压缩索引的列
dba_triggers	所有用户的触发器信息
dba_source	所有用户存储过程信息
dba_data_files	查询关于数据库文件的信息
dba_tab_grants/privs	查询关于对象授权的信息
dba_objects	数据库中所有的对象
dba_users	关于数据库中所有用户的信息

2. 常用动态性能视图

Oracle 系统内部提供了大量的动态性能视图，之所以说是"动态"，是因为这些视图的信息在数据库运行期间会不断地更新。动态性能视图以 v$作为名称前缀，这些视图提供了关于内存和磁盘的运行情况，用户只能进行只读访问而不能修改它们。常用的动态性能视图及其说明如表 2-2 所示。

表 2-2　　　　　　　　　　　　　　　常用动态性能视图

数据字典名称	说　明
v$database	描述关于数据库的相关信息
v$datafile	数据库使用的数据文件信息
v$log	从控制文件中提取有关重做日志组的信息
v$logfile	有关实例重置日志组文件名及其位置的信息
v$archived_log	记录归档日志文件的基本信息
v$archived_dest	记录归档日志文件的路径信息
v$controlfile	描述控制文件的相关信息
v$instance	记录实例的基本信息
v$system_parameter	显示实例当前有效的参数信息
v$sga	显示实例的 sga 区的大小
v$sgastat	统计 sga 使用情况的信息
v$parameter	记录初始化参数文件中所有项的值
v$lock	通过访问数据库会话，设置对象锁的所有信息
v$session	有关会话的信息
v$sql	记录 SQL 语句的详细信息
v$sqltext	记录 SQL 语句的语句信息
v$bgprocess	显示后台进程信息
v$process	当前进程的信息

上面介绍了 Oracle 数据字典的基本内容，实际上 Oracle 数据字典的内容非常丰富，这里因篇幅有限，不能一一列举，需要读者在学习和工作中逐渐积累。运用好数据字典技术，可以使用户

能够更好地了解数据库的全貌，这样对于数据库优化、管理等有极大的帮助。

　　　　　　　Oracle 数据字典是一个不断发展和变化的内部表，读者在参考某些资料时，要注意所使用的数据库版本是否与资料内容一致。

知识点提炼

　　（1）Oracle 逻辑存储结构是从逻辑的角度分析数据库的构成，是对数据存储结构在逻辑概念上的划分。

　　（2）数据块是 Oracle 逻辑存储结构中的最小的逻辑单位，也是执行数据库输入输出操作的最小存储单位。Oracle 数据存放在"Oracle 数据块"中，而不是"操作系统块"中。

　　（3）段（Segment）是由一个或多个数据区构成，它不是存储空间的分配单位，而是一个独立的逻辑存储结构，用于存储表、索引或簇等占用空间的数据对象，Oracle 也把这种占用空间的数据对象统一称为段。

　　（4）表空间是数据库的最大逻辑划分区域，通常用来存放数据表、索引、回滚段等数据对象（即 Segment），任何数据对象在创建时都必须被指定存储在某个表空间中。

　　（5）数据文件是用于保存用户应用程序数据和 Oracle 系统内部数据的文件，这些文件在操作系统中就是普通的操作系统文件，Oracle 在创建表空间的同时会创建数据文件。

　　（6）控制文件是一个二进制文件，它记录了数据库的物理结构，其中主要包含数据库名、数据文件与日志文件的名字和位置、数据库建立日期等信息。

　　（7）服务器参数文件 SPFILE（Server parameter File）是二进制文件，用来记录 Oracle 数据库的基本参数信息（如数据库名、控制文件所在路径、日志缓冲区大小等）。

　　（8）数据字典是 Oracle 存放关于数据库内部信息的地方，其用途是用来描述数据库内部的运行和管理情况。

习　　题

　　2-1　简述 Oracle 数据库的逻辑存储结构。

　　2-2　简述 Oracle 数据库的服务器结构。

　　2-3　列举 Oracle 数据库的常用数据字典。

第3章
Oracle 数据库的安装与配置

本章要点:
- Oracle 11g 的安装
- Oracle 11g 的卸载
- Oracle 11g 的管理工具
- 启动与关闭数据库实例

要学习 Oracle 数据库的第一步就是要在自己的计算机上安装 Oracle 数据库,Oracle 数据库比较庞大,因此在安装时应该选择拥有足够的磁盘空间进行安装。另外,在 Oracle 数据库的安装过程中也有很多的注意事项,在本章中都有很详细的介绍。除了 Oracle 数据库的安装外,本章还为大家介绍了 Oracle 11g 的管理工具、启动与关闭数据库实例等内容。

3.1 Oracle 11g 的安装与卸载

3.1.1 Oracle 11g 的安装

Oracle 11g 的安装与升级都是一项比较复杂的工作,为了便于 Oracle 11g 数据库管理系统可以安装在多种操作平台上(例如,Windows 平台、Linux 平台和 Unix 平台等),Oracle 11g 提供了一个通用的安装工具——Oracle Universal Installer,该工具是基于 Java 语言开发的图形界面安装工具,利用它可以实现在不同操作系统平台上安装 Oracle 11g 数据库。本小节主要介绍 Oracle 11g 在 Windows 平台上的安装。

Oracle 11g 数据库服务器由 Oracle 数据库软件和 Oracle 实例组成。安装数据库服务器就是将管理工具、实用工具、网络服务和基本的客户端等组件从安装盘复制到计算机硬盘的文件夹结构中,并创建数据库实例、配置网络和启动服务等。下面对 Oracle 11g 的安装过程进行详细的说明,这里以 Oracle Database 11g 发行版 2 为例(Oracle 11g 其他版本的安装可参考此版本),具体安装过程如下。

(1)在数据库安装光盘或安装文件夹中双击 setup.exe 文件,将启动 Oracle Universal Installer 安装工具,并出现如图 3-1 所示的命令行窗口,然后会在该窗口中出现用于检测计算机软件、硬件安装环境的提示信息,若安装环境不满足系统安装的最小需求,则程序会终止继续执行。

32

图 3-1　启动 Oracle Universal Installer

（2）在 Oracle Universal Installer 安装工具检测完当前系统的软、硬件环境之后，将弹出"配置安全更新"界面。该界面主要用来设置系统的在线更新方式，若数据库所安装的机器没有连接因特网，则无需进行系统在线更新配置。这样在该界面上可以取消"我希望通过 My Oracle Support 接收安全更新"复选框的标记，并将"电子邮件"文本框置空，然后单击"下一步"按钮，如图 3-2 所示。

图 3-2　配置安全更新界面

（3）单击"下一步"按钮后，系统会弹出"未指定电子邮件地址"的信息提示框，如图 3-3 所示。这里选择"是"按钮，表示对上一步的设置进行确认就可以了。

（4）单击"是"按钮后，会弹出"选择安装选项"界面，该界面用于选择"安装选项"，这里选择"创建和配置数据库"选项，然后单击"下一步"按钮，如图 3-4 所示。

图 3-3　"未指定电子邮件地址"提示框

图 3-4　"选择安装选项"界面

（5）单击"下一步"按钮后，会弹出"系统类"界面，如图 3-5 示。该界面用来选择数据库被安装在哪种操作系统平台上（Windows 主要有桌面版和服务器版两种），这要根据当前机器所安装的操作系统而定，本演示实例使用的是 Windows 7 操作系统（属于桌面类系统），所以选择"桌面类"，然后单击"下一步"按钮。

图 3-5　"系统类"界面

（6）单击"下一步"按钮后，会弹出"典型安装配置"界面。在该界面中，首先设置"文件目录"，在默认情况下，安装系统会自动搜索出剩余磁盘空间最大的磁盘作为默认安装盘，当然也可以自定义安装磁盘；然后选择"数据库版本"，安装系统提供的数据库版本包括"企业版"、"标准版"、"个人版"和"定制版"4 种，通常选择"企业版"就可以；接着输入"全局数据库名"

和"登录密码"（需要记住，该密码是 SYSTEM、SYS、SYSMAN、DBSNMP 这 4 个管理账户共同使用的初始密码。另外，用户 SCOTT 的初始密码为 tiger），其中"全局数据库名"也就是数据库实例名称，它具有唯一性，不允许出现两个重复的"全局数据库名"；最后单击"下一步"按钮，如图 3-6 所示。

图 3-6　典型安装配置界面

（7）单击"下一步"按钮后，会弹出"执行先决条件检查"界面，该界面用来检查安装本产品所需要的最低配置，检查结果会在下一个界面中显示出来，如图 3-7 所示。

图 3-7　执行先决条件检查界面

（8）检查完毕后，会弹出如图 3-8 所示的"概要"界面，在该界面中会显示出安装产品的概要信息，若在上一步中检查出某些系统配置不符合 Oracle 安装的最低要求，则会在该界面的列表中显示出来，以供用户参考，然后单击"完成"按钮即可。

图 3-8　概要界面

（9）单击"完成"按钮后，会弹出"安装产品"界面，该界面会显示产品的安装进度，如图 3-9 所示。

图 3-9　安装产品界面

（10）当"安装产品"界面中的进度条到达 100%后，会弹出"Database Configuration Assistant"界面——即数据库配置助手界面，如图 3-10 所示。在该界面中，单击"停止"按钮，可以随时停止文件复制。

图 3-10　数据库配置助手界面

（11）当"数据库配置助手"界面中的进度条到达 100%后，表示 Oracle 11g 数据库安装所需的文件已经复制完毕，这时会弹出一个包含"安装信息"的对话框，如图 3-11 所示。

图 3-11　包含"安装信息"的对话框

（12）在上面的对话框中单击"口令管理"按钮，会弹出如图 3-12 所示的"口令管理"对话框，在该对话框中可以为某些用户重新设置口令或者解除某些用户的锁定状态（例如，SCOTT 用户默认处于锁定状态）。

（13）在"口令管理"对话框中单击"确定"或"取消"按钮就可以返回到如图 3-11 所示的包含"安装信息"的对话框，在该对话框中单击"确定"按钮将打开"完成"界面，如图 3-13 所示。另外，需要用户在这个界面记住 Oracle 企业管理器（OEM）的连接地址，这是一个 Web 形式的企业管理器，它的地址通常默认为"https://localhost:1518/em"。至此，Oracle 11g 数据库安装完毕，单击"关闭"按钮完成 Oracle 11g 数据库的安装。

图 3-12　口令管理对话框

图 3-13　完成界面

3.1.2　Oracle 11g 的卸载

Oracle 11g 的卸载主要有两种方式，一种是使用 Oracle Universal Installer 管理工具，该工具以向导的模式卸载数据库；另一种是运行"deinstall.bat"批处理文件来卸载数据库。由于第 1 种卸载方式以向导模式进行，比较简单，这里不做过多介绍。这里主要讲解第 2 种卸载数据库的方式——使用"deinstall.bat"批处理文件卸载数据库，具体步骤如下。

（1）首先打开 Windows 7 的"组件服务"窗口中，然后停止所有的 Oracle 后台服务程序，如图 3-14 所示。

图 3-14 停止 Oracle 所有的后台服务

（2）然后运行 "E:\app\Administrator\product\11.2.0\dbhome_1\deinstall\deinstall.bat" 这个批处理文件（这个目录要根据自己实际安装的位置来确定），会出现如图 3-15 所示的命令行窗口界面，然后等待程序提取"卸载"信息。

图 3-15 第一个命令行界面

（3）"卸载"信息提取完毕后，会出现如图 3-16 所示的第 2 个命令行界面，用以取消配置 LISTENER 单实例监听程序。

图 3-16 第 2 个命令行界面

（4）接着出现如图 3-17 所示的第 3 个命令行界面，在该界面的提示符位置输入全局数据库名称，若存在多个数据库，则数据库名称之间使用逗号分隔（这里输入"orcl"），然后回车（或者什么也不输，直接按"Enter"键即可）。

图 3-17　第 3 个命令行界面

（5）这时会出现第 4 个命令行界面，如图 3-18 所示。在该界面提示符的位置输入"y"字符，然后回车。

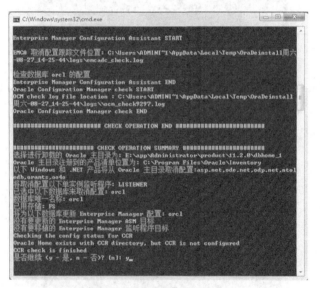

图 3-18　第 4 个命令行界面

（6）这时会出现第 5 个命令行界面，如图 3-19 所示，等待卸载 Oracle 11g 数据库，卸载操作可能要持续几分钟，耐心等待。

（7）卸载完成，命令行界面会自动退出，由于这种自动卸载并不完全彻底，还需要手动清除安装目录中的剩余文件。

图 3-19　第 5 个命令行界面

3.2　Oracle 11g 的管理工具

Oracle 11g 提供了多种数据库管理工具，这里主要介绍常用的 SQL*Plus、Oracle 企业管理器
（Oracle Enterprise Manager）和数据库配置助手（Database Configuration Assistant）。

3.2.1　SQL*Plus 工具

在 Oracle 11g 数据库系统中，用户对数据库的操作主要是通过 SQL*Plus 来完成的。SQL*Plus
作为 Oracle 的客户端工具，既可以建立位于数据库服务器上的数据连接，也可以建立位于网络中
的数据连接，下面将介绍如何启动 SQL*Plus 和如何使用 SQL*Plus 连接到数据库。

（1）选择并运行"开始"/"所有程
序"/"Oracle-OraDb11g_home1"/"应用
程序开发"/"SQL*Plus"，出现如图 3-20
所示的 SQL*Plus 启动界面。

（2）在命令提示符的位置输入登录用
户（如 SYSTEM 或 SYS 等系统管理账户）
和登录密码（密码是在安装或创建数据库

图 3-20　SQL*Plus 启动界面

时指定的），若输入的用户名和密码正确，则 SQL*Plus 将连接到数据库，如图 3-21 所示。

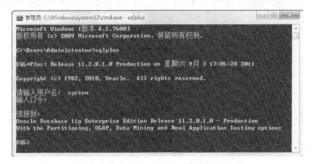

图 3-21　使用 SQL*Plus 连接数据库界面

另外，还可以通过在"运行"中输入 cmd 命令来启动命令行窗口，然后在该窗口输入 SQL*Plus 命令来连接数据库，如图 3-22 所示。使用 SQL*Plus 命令连接数据库实例的语法格式如下：

```
SQLPLUS username[/password][@connect_identifier] [AS SYSOPER|SYSDBA];
```

- username 表示登录用户名。
- password 表示登录密码。
- @connect_identifier 表示连接的全局数据库名，若连接本机上的默认数据库，则可以省略。

图 3-22　使用 SQL*Plus 命令连接数据库实例界面

　　在输入 Oracle 数据库命令时，其关键字不区分大小写（例如，输入 sqlplus 或 SQLPLUS 都可以），但参数区分大小写。

3.2.2　Oracle 企业管理器

Oracle Enterprise Manager （OEM）是基于 WEB 界面的 Oracle 数据库管理工具。启动 Oracle 11g 的 OEM 只需在浏览器中输入其 URL 地址——通常为 https://localhost:1518/em，然后连接主页即可；也可以在"开始"菜单的"Oracle 程序组"中选择"Database Control - orcl"菜单命令来启动 Oracle 11g 的 OEM 工具。

如果是第一次使用 OEM，启动 Oracle 11g 的 OEM 后，需要安装"信任证书"或者直接选择"继续浏览此网站"即可。然后就会出现 OEM 的登录页面，用户需要输入登录用户名（如 SYSTEM、SYS、SCOTT 等）和登录口令，如图 3-23 所示。

图 3-23　登录 OEM 界面

在输入用户名和口令后，单击"登录"按钮，若用户名和口令都正确，就会出现"数据库实例"的"主目录"属性页，如图 3-24 所示。

图 3-24　"主目录"界面

OEM 以图形的方式提供用户对数据库的操作，虽然操作起来比较方便简单，不用需要使用大量的命令，但这对于初学者来说减少了学习操作 Oracle 数据库命令的机会，而且不利于读者深刻地理解 Oracle 数据库。因此，建议读者强制自己使用 SQL*Plus 工具，另外，本书实例的讲解也都主要在 SQL*Plus 中完成，以帮助读者更好地学习 SQL*Plus 命令。

3.2.3　数据库配置助手

在安装 Oracle 11g 数据库管理系统的过程中，若选择"仅安装 Oracle 数据库软件"，则系统安装完毕后，需要手动创建数据库才能够实现对 Oracle 数据库的各种操作。在 Oracle 11g 中，可以通过 Database Configuration Assistant（DBCA）数据库配置助手来实现创建和配置数据库。

在开始菜单中选择"所有程序"/"Oracle - OraDb11g_home1"/"配置和移植工具"/"Database Configuration Assistant"菜单命令，就会弹出如图 3-25 所示的界面。

图 3-25　启动数据库配置助手界面

　　然后，用户只需要按照 DBCA 向导的提示逐步进行设置，就可以实现创建和配置数据库。

3.3　启动与关闭数据库实例

3.3.1　启动数据库实例

Oracle 数据库实例的启动过程分为 3 个步骤，分别是启动实例、加载数据库、打开数据库。用户可以根据实际情况的需要，以不同的模式启动数据库，启动数据库所使用的命令格式如下。

```
STARTUP [nomount | mount | open | force] [resetrict] [pfile=filename];
```

- nomount 表示启动实例不加载数据库。
- mount 表示启动实例、加载数据库并保持数据库的关闭状态。
- open 表示启动实例、加载并打开数据库，这个是默认选项。
- force 表示终止实例并重新启动数据库。
- resetrict 用于指定以受限制的会话方式启动数据库。
- pfile 用于指定启动实例时所使用的文本参数文件，filename 就是文件名。

Oracle 数据库实例在启动时必须读取一个初始化参数文件，以便从中获得有关实例启动的参数配置信息。若在 startup 语句中没有指定 pfile 参数，则 Oracle 首先读取默认位置的服务器初始化参数文件 spfile，若没有找到默认的服务器初始化参数文件，则将读取默认位置的文本初始化参数文件。下面将分别讲解 startup 语法中列举出的几种启动模式。

1. NOMOUNT 模式

　　这种启动模式只会创建实例（即创建 Oracle 实例的各种内存结构和服务进程），并不加载数据库，也不会打开任何数据文件。下面的示例代码显示了如何使用 NOMOUNT 模式启动数据库实例。

【例 3-1】　启动数据库实例到 NOMOUNT 模式下，代码及运行结果如下。（实例位置：光盘\MR\源码\第 3 章\3-1）

```
SQL> connect system/1qaz2wsx as sysdba;
已连接。
SQL> shutdown immediate;
数据库已经关闭。
已经卸载数据库。
ORACLE 例程已经关闭。
SQL> startup nomount;
ORACLE 例程已经启动。

Total System Global Area  535662592 bytes
Fixed Size                  1375792 bytes
Variable Size             226492880 bytes
Database Buffers          301989888 bytes
Redo Buffers                5804032 bytes
```

　　在上面的示例代码中，首先用户要以 sydba 的身份登录，才具有关闭和启动数据库实例的权限。在使用 shutdown 命令关闭数据库实例之后，然后使用 startup nomount 命令启动数据库实例。

通常在创建新数据库或重建控制文件时，使用 NOMOUNT 模式启动数据库实例。

2. MOUNT 模式

这种模式将启动实例、加载数据库并保持数据库的关闭状态，下面的示例代码显示了如何使用 MOUNT 模式启动数据库实例。

【例 3-2】　启动数据库实例到 MOUNT 模式下，代码及运行结果如下。（实例位置：光盘\MR\源码\第 3 章\3-2）

```
SQL> shutdown immediate;
数据库已经关闭。
已经卸载数据库。
ORACLE 例程已经关闭。
SQL> startup mount;
ORACLE 例程已经启动。

Total System Global Area  535662592 bytes
Fixed Size                  1375792 bytes
Variable Size             226492880 bytes
Database Buffers          301989888 bytes
Redo Buffers                5804032 bytes
数据库装载完毕。
```

上面的代码中，首先使用 shutdown 命令关闭数据库实例，然后再使用 startup mount 命令启动数据库实例。

MOUNT 模式通常在进行数据库维护时使用。例如，执行数据库完全恢复操作、更改数据库的归档模式等。

3. OPEN 模式

这种模式将启动实例、加载并打开数据库，这就是常规的启动模式，用户想要对数据库进行多种操作，就必须使用 OPEN 模式启动数据库实例。下面的示例代码显示了如何使用 OPEN 模式启动数据库实例。

【例 3-3】　启动数据库实例到 OPEN 模式下，代码及运行结果如下。

```
SQL> startup;
ORACLE 例程已经启动。

Total System Global Area  535662592 bytes
Fixed Size                  1375792 bytes
Variable Size             226492880 bytes
Database Buffers          301989888 bytes
Redo Buffers                5804032 bytes
数据库装载完毕。
数据库已经打开。
```

在上面的代码中，startup 命令的后面不带有任何参数，就表示以 OPEN 模式启动数据库实例。

4. FORCE 模式

这种模式将终止实例并重新启动数据库，这种启动模式具有一定的强制性。例如，在其他启动模式失效时，可以尝试使用这种启动模式。下面的示例代码显示了如何使用 FORCE 模式启动数据库实例。

【例 3-4】 启动数据库实例到 FORCE 模式下，代码及运行结果如下。

```
SQL> startup force;
ORACLE 例程已经启动。

Total System Global Area  535662592 bytes
Fixed Size                  1375792 bytes
Variable Size             226492880 bytes
Database Buffers          301989888 bytes
Redo Buffers                5804032 bytes
```

数据库装载完毕。

数据库已经打开。

3.3.2 关闭数据库实例

与启动数据库实例相同，关闭数据库实例也分为 3 个步骤，分别是关闭数据库、卸载数据库、关闭 Oracle 实例。在 SQL*Plus 中，可以使用 shutdown 语句关闭数据库，其具体语法格式如下：

```
SHUTDOWN [normal | transactional | immediate | abort];
```

参数说明如下：

- normal 表示以正常方式关闭数据库。
- transactional 表示在当前所有的活动事务被提交完毕之后，关闭数据库。
- immediate 表示在尽可能短的时间内立即关闭数据库。
- abort 表示以终止方式来关闭数据库。

下面将分别讲解在 shutdown 语法中列举出的 4 种关闭数据库实例的方式。

1. NORMAL 方式

这种方式称作正常关闭方式，如果对关闭数据库的时间没有限制，通常会使用这种方式来关闭数据库。下面的代码显示了如何使用 NORMAL 方式关闭数据库。

【例 3-5】 使用 NORMAL 方式关闭数据库，代码及运行结果如下。

```
SQL> shutdown normal;
数据库已经关闭。
已经卸载数据库。
ORACLE 例程已经关闭。
```

从上面的代码可以看出，Oracle 在执行 shutdown 命令后，所返回的响应信息就是关闭数据库实例的过程。当以正常方式时关闭数据库时，Oracle 将执行如下操作。

- 阻止任何用户建立新的连接。
- 等待当前所有正在连接的用户主动断开连接。
- 当所有的用户都断开连接后，将立即关闭数据库。

2. TRANSACTIONAL 方式

这种方式称作事务关闭方式，它首要任务是能够保证当前所有的活动事务都可以被提交，并在尽可能短的时间内关闭数据库。下面的代码显示了如何使用 TRANSACTIONAL 方式关闭数据库。

【例 3-6】 使用 TRANSACTIONAL 方式关闭数据库，代码及运行结果如下。

```
SQL> shutdown transactional;
```

数据库已经关闭。

已经卸载数据库。

ORACLE 例程已经关闭。

以事务方式关闭数据库时，Oracle 将执行如下操作。

- 阻止用户建立新连接和开始新事务。
- 等待所有活动事务提交后，再断开用户连接。
- 当所有的活动事务提交完毕、所有的用户都断开连接后，将关闭数据库。

3. IMMEDIATE 方式

就跟 IMMEDIATE 单词的含义一样，这种方式称作立即关闭方式，这种方式能够在尽可能短的时间内关闭数据库。下面的代码显示了如何使用 IMMEDIATE 方式关闭数据库。

【例 3-7】　使用 IMMEDIATE 方式关闭数据库，代码及运行结果如下。

```
SQL> shutdown immediate;
数据库已经关闭。
已经卸载数据库。
ORACLE 例程已经关闭。
```

在这种关闭方式下，Oracle 不但会立即中断当前用户的连接，而且会强行终止用户的当前活动事务，将未完成的事务回退。以立即关闭方式关闭数据库时，Oracle 将执行如下操作。

- 阻止用户建立新连接和开始新事务。
- 将未提交的活动事务回退。
- 关闭数据库。

4. ABORT 方式

这种方式称作终止关闭方式，终止关闭方式具有一定的强制性和破坏性。使用这种方式会强制中断任何数据库操作，这样可能会丢失一部分数据信息，影响数据库的完整性。除了由于使用其他 3 种方式无法关闭数据库而使用它之外，应该尽量避免使用这种方式。

以立即关闭方式关闭数据库时，Oracle 将执行如下操作。

- 阻止用户建立新连接和开始新事务。
- 取消未提交的活动事务，而不是回退。
- 立即终止正在执行的任何 SQL 语句。
- 立即关闭数据库。

3.4　综合实例——安装 Oracle 11g 数据库

Oracle 11g 有 4 个版本，分别为企业版、标准版、标准版 1 和个人版，读者可以选择合适的版本来进行安装，安装步骤可参考 3.1.1 小节。

知识点提炼

（1）Oracle 数据库的"全局数据库名"也就是数据库实例名称，它具有唯一性，不允许出现两个重复的"全局数据库名";。

（2）Oracle 11g 的卸载主要有两种方式，一种是使用 Oracle Universal Installer 管理工具，该工具以向导的模式卸载数据库；另一种是运行"deinstall.bat"批处理文件来卸载数据库。

（3）Oracle 数据库实例的启动过程分为 3 个步骤，分别是启动实例、加载数据库、打开数据库。

（4）Oracle 数据库关闭数据库实例也分为 3 个步骤，分别是关闭数据库、卸载数据库、关闭 Oracle 实例。

习　　题

3-1　启动数据库实例。

3-2　关闭数据库实例。

实验：使用 ABORT 方式关闭数据库

实验目的

（1）熟悉关闭数据库实例语法。

（2）熟悉使用 ABORT 方式关闭数据库的特点。

实验内容

使用 ABORT 方式关闭数据库实例。

实验步骤

（1）以 system 身份登录 SQL Plus。

（2）在 SQL Plus 中输入以下语句。

```
SQL> shutdown abort;
```

第4章
SQL* Plus 命令

本章要点：

- 了解 SQL*Plus 与数据库的交互功能
- 熟悉 SQL*Plus 环境的设置
- 掌握常用的 SQL*Plus 命令
- 掌握如何格式化查询结果

SQL*Plus 是一个被系统管理员（DBA）和开发人员广泛使用的功能强大而且很直观的 Oracle 工具，也是一个可以通用在各种平台上且操作几乎完全一致的工具。SQL*Plus 可以执行输入的 SQL 语句和包含 SQL 语句的文件和 PL/SQL 语句，通过 SQL*Plus 可以与数据库进行对话。

4.1　设置 SQL*Plus 运行环境

SQL*Plus 是一个基于 C/S 两层结构的客户端操作工具，包括客户层（即命令行窗口）和服务器层（即数据库实例），这两层既可以在一台主机上，也可以在不同主机上。SQL*Plus 是一个非常重要的操作 Oracle 数据库的实用工具，本书中大多数关于 SQL 和 PL/SQL 的示例都是在 SQL*Plus 环境下进行演示的。

SQL*Plus 的运行环境是用来输入、执行 SQL*Plus 命令和显示返回结果的场所，设置合适的 SQL*Plus 运行环境，可以使 SQL*Plus 能够按照用户的要求运行和执行各种操作。SET 命令也称 SET 变量或维护系统变量，利用它可为 SQL*PLUS 交互建立一个特殊的环境。如设置屏幕上每一行能够最多显示字符数、设置每页打印的行数、设置某个列的宽度等。下面将对 SET 命令进行详细讲解。

4.1.1　SET 命令基本语法

在 Oracle 11g 数据库中，用户可以使用 SET 命令来设置 SQL*Plus 的运行环境，SET 命令的语法格式为：

```
SET system_variable value;
```

参数说明如下：

- system_variable：变量名。
- value：变量值。

SET 命令的常用变量名、可选值及其说明如表 4-1 所示。

表 4-1　　　　　　　　　　SET 命令的常用变量名、可选值及其说明

变量名	变量可选值	说　明
ARRAY[SIZE]	20(默认值)|n	设置一批的行数，是 SQL*PLUS 一次从数据库获取的行数，有效值为 1~5000。大的值可提高查询和子查询的有效性，可获取许多行，但也需要更多的内存。当超过 1000 时，其效果不大
AUTO[COMMIT]	OFF(默认值)|ON|IMM[EDIATE]	控制 ORACLE 对数据库的修改的提交，设置为 ON 时，在 ORACLE 执行每个 SQL 命令或 PL/SQL 块后对数据库自动提交修改；设置为 OFF 时，则制止自动提交，需要手工地提交修改（即需要执行 COMMIT 命令）；IMMEDIATE 功能同 ON
BLO[CKTERMINATOR]	.(默认值)|C	设置非字母数字字符，用于结束 PL/SQL 块。要执行块时，必须发出 RUN 命令或/命令
CMDS[EP]	;|C|OFF(默认值)|ON	设置非字母数字字符，用于分隔在一行中输入的多个 SQL/PLUS 命令，ON 或 OFF 控制在一行中是否能输入多个命令。ON 时将自动地将命令分隔符设为分号(;)，其中 C 表示所置字符
ECHO	OFF|ON	控制 START 命令是否列出命令文件中的每一命令，若设置为 ON 时，则列出命令；若为 OFF，则制止列清单
FLU[SH]	OFF|ON(默认值)	控制输出送至用户的显示设备。设置为 OFF 时，运行操作系统做缓冲区输出；设置为 ON 时，不允许缓冲。仅当非交互方式运行命令文件时使用 OFF，这样可减少程序 I/O 总是，从而改进性能
HEA[DING]	OFF|ON(默认值)	控制报表中列标题的打印。设置为 ON 时，在报表中打印列标题；为 OFF 时禁止打印列标题
LIN[ESIZE]	80(默认值)|n	设置 SQL*PLUS 在一行中显示的最多字符总数，它还控制在 TTITLE 和 BTITLE 中对准中心的文本和右对齐文本。可定义 LINESIZE 为 1 至最大值，其最大值依赖于操作系统
NEWP[AGE]	1(默认值)|n	设置一页中空行的数量，默认值为 1
NULL	text	设置表示空值(null)的文本，如果 NULL 没有文本，则显示空格(缺省时)。使用 COLUMN 命令中的 NULL 子句可控制 NULL 变量对该列的设置
NUMF[ORMAT]	格式	设置显示数值的缺省格式，该格式是数值格式.
PAGES[IZE]	14(默认值)|n	设置从顶部标题至页结束之间的行数
PAU[SE]	OFF(默认值)|ON|text	设置 SQL*Plus 输出结果是否滚动显示。当设置为 ON 时，表示输出结果的每一页都暂停，用户按后回车键后继续显示。在设置 PAUSE 的值为 ON 之后，若再设置字符串时——即设置 text 的值，则每次暂停都将显示该字符串
RECSEP	WR[APPED](默认值)|EA[CH]|OFF	指定显示或打印记录分行符的条件。一个记录分行符是由 RECSEPCHAR 指定的字符组成的单行，空格为 RECSEPCHAR 的默认字符

续表

变量名	变量可选值	说　　明
SERVEROUT[PUT]	OFF|ON [SIZE n]	控制在 SQL*PLUS 中的存储过程是否显示输出。若设置为 OFF，则禁止；若设置为 ON，则显示输出。SIZE 设置缓冲输出的字节数，缺省值为 2000，n 不能小于 2000 或大于 1 000 000
SHOW[MODE]	OFF(默认值)|ON	控制 SQL*PLUS 在执行 SET 命令时是否列出其新老值 old 或 new 的设置。其中，ON 值表示列出新老值
SPA[CE]	1(默认值)|n	设置输出列之间空格的数目，其最大值为 10
SQLCO[NTINUE]	>;(默认值)|文本	在一附加行上继续某个 SQL*PLUS 命令时，SQL*PLUS 以该设置的字符序列进行提示
SQLN[UMBER]	OFF|ON(默认值)	为 SQL 命令和 PL/SQL 块的第二行和后继行设置提示。若为 ON，则提示行号；若为 OFF 时，则提示设置为 SQLPROMPT 的值
TI[ME]	OFF(默认值)|ON	控制当前日期的显示。若为 ON 时，则在每条命令提示前显示当前时间；若为 OFF，则禁止时间的显示
TIMI[NG]	OFF(默认值)|ON	控制时间统计的显示。若为 ON，则显示每一个运行的 SQL 命令或 PL/SQL 块的时间统计；若为 OFF，则禁止每一个命令的时间统计
UND[ERLINE]	-(默认值)|C|OFF|ON(默认值)	设置用在 SQL*PLUS 报表中下划线列标题的字符。ON 或 OFF 将下划线置成开或关状态
VER[IFY]	OFF|ON(默认值)	控制 SQL*PLUS 用值替换前、后是否列出命令的文本。若为 ON，则显示文本；若为 OFF，则禁止列清单
WRA[P]	OFF|ON(默认值)	控制 SQL*PLUS 是否截断数据项的显示。若为 OFF，则截断数据项；若为 ON，则允许数据项缠绕到下一行

例如，用户可以设置在 SQL*Plus 命令提示符"SQL>"前面显示当前的系统时间。但需要注意的是，通过 SET 命令设置的环境变量是临时的，不是永久的。当用户退出 SQL*Plus 环境后，用户设置的环境参数会全部丢失。

【例 4-1】　使用"set time on"命令设置在 SQL*Plus 命令提示符"SQL>"前面显示当前的系统时间，具体代码及运行结果如下。

```
SQL> set time on;

10:27:06 SQL>
```

4.1.2　使用 SET 命令设置运行环境

在对 SET 命令的功能及其若干常用变量选项了解之后，本节针对在 Oracle 操作过程中经常用到的几个变量选项及其实例应用进行详细讲解。

1. PAGESIZE 变量

该变量用来设置从顶部标题至页结束之间的行数，其语法格式如下：

```
SET PAGESIZE value;
```

value 变量的默认值为 14，根据实际情况的需要，用户可以修改 value 的值，该值是一个整数。当 SQL*Plus 返回查询结果时，它首先会显示用户所选择数据的列标题，然后在相应列标题下显示数据行, 上下两个列标题所在行之间的空间就是 SQL*Plus 的一页。一页中所显示的数据行的数量就是 PAGESIZE 变量的值。若要查看当前 SQL*Plus 环境中的一页有多少行, 可以使用命令 show pagesize 命令。

【例4-2】 使用命令 show pagesize 命令显示当前 SQL*Plus 环境中的一页有多少行, 具体代码如及运行结果下。

```
SQL> show pagesize;
pagesize 14
```

 不要把当前窗口区域内能够显示的行数看做是 SQL*Plus 环境中一页的行数, 一页的行数由 PAGESIZE 变量值来决定。

如果默认的 14 行不符合实际情况的需要, 可以修改 PAGESIZE 变量的值。

【例4-3】 使用 set pagesize 命令修改一页的行数为 18, 然后再使用新的 pagesize 值显示数据行, 具体代码如下。(实例位置: 光盘\MR\源码\第 4 章\4-1)

```
SQL> set pagesize 18;
SQL> select user_id,username,account_status from dba_users;
```

本例运行结果如图 4-1 所示。

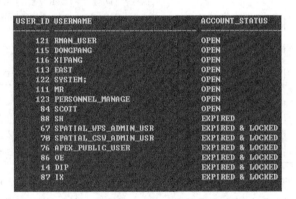

图 4-1　使用 set pagesize 命令修改行数

 一页内的数据行包括两个列标题之间的数据行、上面的一个列标题、分割线和空行。

2. NEWPAGE 变量

该变量用来设置一页中空行的数量, 其语法格式如下:

```
SET NEWPAGE value;
```

value 的默认值为 1, 根据实际情况的需要, 用户可以修改 value 的值, 该值是一个整数。

【例4-4】 首先显示当前 SQL*Plus 环境中的一页有多少空行, 然后使用 set newpage 命令修改空行的数量, 并通过检索数据记录来观察空行的改变, 具体代码如下 (实例位置: 光盘\MR\源码\第 4 章\4-2)

```
SQL> show newpage;
newpage 5
SQL> set newpage 1;
SQL> select user_id,username,account_status from dba_users;
```

本例运行结果如图 4-2 所示。

图 4-2　使用 set newpage 命令修改空行

3. LINESIZE 变量

该变量用来设置在 SQL*Plus 环境中一行所显示的最多字符总数，其语法格式如下：

```
SET LINESIZE value;
```

value 的默认值为 80，根据实际情况的需要，用户可以修改 value 的值，该值是一个整数。

如果数据行的宽度大于 LINESIZE 变量的值，当在 SQL*Plus 环境中按照 LINESIZE 指定的数量输出字符时，数据就会发生折行显示的情况。如果适当调整 LINESIZE 的值，使其值等于或稍大于数据行的宽度，则输出的数据就不会折行。所以在实际操作 Oracle 数据库的过程中，要根据具体情况来适当调整 LINESIZE 的值。

【例 4-5】　首先 show line 命令显示当前 SQL*Plus 环境中一行可以显示的最多字符数量，然后使用 set linesize 命令修改一行中可以显示的最多字符数量为 100，具体代码如下。

```
SQL> show line;
linesize 40
SQL> set linesize 100;
```

4. PAUSE 变量

该变量用来设置 SQL*Plus 输出结果是否滚动显示，其语法格式如下：

```
SET PAUSE value;
```

value 变量值有以下三种情况：

- OFF：这是默认值，返回结果一次性输出完毕，中间的每一页不会暂停。
- ON：表示输出结果的每一页都暂停，用户按后回车键后继续显示。
- TEXT：在设置 PAUSE 的值为 ON 之后，若再设置 TEXT 的值，则每次暂停都将显示该字符串。当 PAUSE 的值为 OFF 时，设置 TEXT 值没有任何意义。

当在 SQL*Plus 环境中显示多行数据时，并且一页无法容纳下这么多数据行。如果 PAUSE 变量值为 OFF 时，则 SQL*Plus 窗口输出的数据行会快速滚动，非常不利于用户查看。这就需要数据行在滚动时最好能够按页暂停，以便于用户逐页地查看输出结果。当把 PAUSE 变量的值设置为 ON 时，就可以实现控制 SQL*Plus 在显示完一页后暂停滚动，直到按回车键后才继续显示下一页。另外，在设置 PAUSE 变量值为 ON 之后，还可以通过 PAUSE 变量设置暂停后显示的字符串，以便于提示用户操作。

【例 4-6】 使用 SET PAUSE 命令设置显示结果按页暂停,并在暂停后显示"按<enter>键继续"字符串,具体代码如下。(实例位置:光盘\MR\源码\第 4 章\4-3)

```
SQL> set pause on;
SQL> set pause '按<enter>键继续';
SQL> select user_id,username,account_status from dba_users;
```

本例运行结果如图 4-3 所示。

按<enter>键继续

USER_ID	USERNAME	ACCOUNT_STATUS
121	RMAN_USER	OPEN
115	DONGFANG	OPEN
116	XIFANG	OPEN
113	EAST	OPEN
122	SYSTEM;	OPEN
111	MR	OPEN
123	PERSONNEL_MANAGE	OPEN
84	SCOTT	OPEN
88	SH	EXPIRED
67	SPATIAL_WFS_ADMIN_USR	EXPIRED & LOCKED
70	SPATIAL_CSW_ADMIN_USR	EXPIRED & LOCKED
76	APEX_PUBLIC_USER	EXPIRED & LOCKED
86	OE	EXPIRED & LOCKED
14	DIP	EXPIRED & LOCKED
87	IX	EXPIRED & LOCKED

按<enter>键继续

USER_ID	USERNAME	ACCOUNT_STATUS
65	MDDATA	EXPIRED & LOCKED
89	PM	EXPIRED & LOCKED

图 4-3　使用 SET PAUSE 命令设置显示结果按页暂停

 当不再需要按页暂停时,可以使用"SET PAUSE OFF"命令取消显示结果的暂停功能,同时屏幕上不再有"提示字符串"输出。

5. NUMFORMAT 变量

该变量用来设置显示数值的缺省格式,该格式是数值格式,其语法格式如下:

```
SET NUMFORMAT format;
```

format 为数值的掩码,数值的常用掩码及其说明如表 4-2 所示。

表 4-2　　　　　　　　　　　　数值的常用掩及其说明

掩 码	说 明	举 例
9	查询结果中数字替换格式中的掩码	999
0	格式中的掩码屏蔽掉查询结果中的数字	999.00
$	在查询结果中的数字前添加美元前缀	$999
S	为数字显示符号类型,通常用于显示查询结果中的正负数字	S999
,	在字符"," 位置上放置逗号	999,99

当用户查询数据库中的数值时,SQL*Plus 环境将使用默认的格式显示数值,即以 10 个字符的宽度和常规格式来显示数字。

【例 4-7】 在 SQL*Plus 环境中,使用默认的格式显示 scott.emp 表中的雇员工资(即 SAL 字段的值),具体代码如下。

```
SQL> select ename,job,sal from scott.emp;
```
本例运行结果如图 4-4 所示。

在图 4-4 中，SAL 字段列出了雇员的工资，工资的格式为默认格式。但在显示和打印工资时，通常习惯性把金额显示成带有两位小数的数值，并且为了便于阅读大金额，还需要给金额加上逗号分隔符和货币种类符号。

【例 4-8】　在 SQL*Plus 环境中，使用 "$999,999,999.00" 格式显示 scott.emp 表中的雇员工资，具体代码如下。（实例位置：光盘\MR\源码\第 4 章\4-4）

```
SQL> set numformat $999,999,999.00;
SQL> select ename,job,sal from scott.emp;
```
本例运行结果如图 4-5 所示

ENAME	JOB	SAL
SMITH	CLERK	800
ALLEN	SALESMAN	1600
WARD	SALESMAN	1250
JONES	MANAGER	2975
MARTIN	SALESMAN	1250
BLAKE	MANAGER	2850
CLARK	MANAGER	2450
SCOTT	ANALYST	3000
KING	PRESIDENT	5000
TURNER	SALESMAN	1500
ADAMS	CLERK	1100

ENAME	JOB	SAL
JAMES	CLERK	950
FORD	ANALYST	3000
MILLER	CLERK	1300

已选择14行。

图 4-4　显示 scott.emp 表中的雇员工资

ENAME	JOB	SAL
SMITH	CLERK	$800.00
ALLEN	SALESMAN	$1,600.00
WARD	SALESMAN	$1,250.00
JONES	MANAGER	$2,975.00
MARTIN	SALESMAN	$1,250.00
BLAKE	MANAGER	$2,850.00
CLARK	MANAGER	$2,450.00
SCOTT	ANALYST	$3,000.00
KING	PRESIDENT	$5,000.00
TURNER	SALESMAN	$1,500.00
ADAMS	CLERK	$1,100.00

ENAME	JOB	SAL
JAMES	CLERK	$950.00
FORD	ANALYST	$3,000.00
MILLER	CLERK	$1,300.00

已选择14行。

图 4-5　格式化工资

4.2　常用 SQL*Plus 命令

在 SQL*Plus 环境中操作 Oracle 数据库，除了使用 SQL 语句外，用户接触比较多的就是 SQL*Plus 命令，它执行完成后，不会保存在 SQL 缓冲区中。下面将介绍一些常用的 SQL*Plus 命令。

4.2.1　HELP 命令

SQL*Plus 工具提供了许多操作 Oracle 数据库的命令，并且每个命令都有很多选项，把所有命令的选项都记住，这对于用户来说非常困难。为了解决这个难题，SQL*Plus 提供了 HELP 命令来帮助用户查询指定命令的选项。HELP 可以向用户提供被查询命令的标题、功能描述、缩写形式和参数选项（包括必选参数和可选参数）等信息。HELP 命令的语法形式如下。

```
HELP|? [topic]
```
?表示一个命令的部分字符,这样就可以通过提供命令的部分字符以模糊查询的方式来查询命令格式; topic 参数表示将要查询的命令的完整名称。若省略 "?" 和 "topic" 参数，直接执行 HELP 命令，则会输出 HELP 命令本身的语法格式及其功能描述信息。

【例 4-9】 startup 命令用来启动数据库实例，下面使用 HELP 命令查看 startup 命令的语法格式及功能描述，具体代码如下。

```
SQL> help startup
```

本例运行结果如图 4-6 所示。

图 4-6　startup 命令

如果用户无法记清所要使用的 SQL*Plus 命令，则可以使用 help index 命令来查看 SQL*Plus 命令清单。

【例 4-10】 使用 help index 命令来查看 SQL*Plus 命令清单，具体代码如下。

```
SQL> help index
```

本例运行结果如图 4-7 所示。

图 4-7　SQL*Plus 命令清单

4.2.2　DESCRIBE 命令

在 SQL*Plus 的众多命令中，DESCRIBE 命令可能是被使用的最频繁的一个，它用来查询指定数据对象的组成结构。例如，通过 DESCRIBE 命令查询表和视图的结构，查询结果就可以列出其各个列的名称、是否为空及类型等属性。DESCRIBE 命令的语法形式如下：

```
desc[ribe] object_name;
```

describe 可以缩写为 desc，object_name 表示将要查询的对象名称。

【例 4-11】 下面通过 DESCRIBE 命令查看 dba_tablespaces 数据字典表（用来存储表空间信息的内部表）的结构，代码如下：

```
SQL> desc dba_tablespaces;
```
本例运行结果如图 4-8 所示。

图 4-8 查看 dba_tablespaces 数据字典表结构

相信很多用户都遇到过这种情况，在 sql*plus 中敲了很长的命令后，突然发现想不起某个列的名字了，如果取消当前的命令，待查询后再重敲，那是非常麻烦的事，这里可以使用"#desc object_name"的命令格式来随时查看数据对象的结构。

【例 4-12】 在 scott.emp 表中查询销售员（SALESMAN）的编号、姓名和工资，在编写 SQL 语句的过程中，使用"#desc scott.emp"命令查询 scott.emp 表中工资字段的名称（sal），代码及运行结果如下：

```
SQL> select empno,ename,
  2  #desc scott.emp
 名称                是否为空?    类型
 -----------        ---------   -----------------

 EMPNO              NOT NULL    NUMBER(4)
 ENAME                          VARCHAR2(10)
 JOB                            VARCHAR2(9)
 MGR                            NUMBER(4)
 HIREDATE                       DATE
 SAL                            NUMBER(7,2)
 COMM                           NUMBER(7,2)
 DEPTNO                         NUMBER(2)

  2  sal from scott.emp where job='SALESMAN';

EMPNO               ENAME        SAL
----------          ----------   ----------
    7499            ALLEN        1600
    7521            WARD         1250
    7654            MARTIN       1250
    7844            TURNER       1500

SQL>
```

DESCRIBE 命令不仅可以查询表、视图的结构，而且还可以查询过程、函数和程序包等 PL/SQL 对象的规范。

4.2.3　SPOOL 命令

SPOOL 命令可以把查询结果输出到指定文中，这样可以保存查询结果并方便打印。SPOOL 命令的语法格式如下：

```
SPO[OL] [file_name[.ext] [CRE[ATE] | REP[LACE] | APP[END]] | OFF | OUT];
```

参数 file_name 用于指定脱机文件的名称，默认的文件扩展名为 LST。在该参数后面可以跟一个关键字，该关键字有以下几种情况：

- CRE[ATE]：表示创建一个新的脱机文件，这也是 SPOOL 命令的默认状态。
- REP[LACE]：表示替代已经存在的脱机文件。
- APP[END]：表示把查询结果附加到一个已经存在的脱机文件中。
- OFF | OUT：表示关闭 spool 输出。

【例 4-13】　使用 spool 命令生成 emp.txt 文件，并将 scott.emp 表中销售员（SALESMAN）的记录保存到该文件中，代码及运行结果如下。（实例位置：光盘\MR\源码\第 4 章\4-5）

```
SQL> spool c:\emp.txt;
SQL> select empno,ename,job,sal from scott.emp where job='SALESMAN';

     EMPNO ENAME      JOB              SAL
---------- ---------- --------- ----------
      7499 ALLEN      SALESMAN        1600
      7521 WARD       SALESMAN        1250
      7654 MARTIN     SALESMAN        1250
      7844 TURNER     SALESMAN        1500

SQL> spool off;
```

上面程序的执行结果是：从 spool 命令开始（但不包括该命令行），一直到 spool off 命令行（包括该命令行）之间的所有内容都被写入 emp.txt 文件中。

 只有使用 spool off 或 spool out 命令关闭输出，才会在输出文件中看到输出的内容，否则输出文件中无内容或无更新内容。

4.2.4　其他常用命令

除了上面介绍的几个最常用 SQL*Plus 命令之外，还有一些比较常用，且非常简单的 SQL*Plus 命令。下面进行简单的介绍。

1．DEFINE 命令

该命令用来定义一个用户变量并且可以分配给它一个 CHAR 值，其语法格式如下：

```
DEF[INE] [variable] | [variable = text];
```

参数说明如下：

- variable：表示定义的变量名。
- text：变量的 CHAR 值。

【例 4-14】　使用 define 命令定义 vjob 变量，并给它分配一个 CHAR 值 "'SALESMAN'"，代码如下：

```
SQL> define vjob='SALESMAN';
SQL> define vjob;
DEFINE VJOB            = "SALESMAN" (CHAR)
```

2. SHOW 命令

该命令用来显示 SQL*Plus 系统变量的值或 SQL*Plus 环境变量的值，其语法格式如下：

```
SHO[W] option;
```

option 表示要显示的系统选项，常用的选项有 ALL、PARAMETERS [parameter_name]、SGA、SPOOL、USER 等。

【例 4-15】　使用 show 命令显示当前数据库实例的数据块大小，代码及运行结果如下：

```
SQL> show parameters db_block_size;

NAME                         TYPE        VALUE
---------------------------  --------    ------
db_block_size                integer     8192
```

3. EDI[T]命令

SQL 语句或 PL/SQL 块在执行完毕之后，可以被存储在一个被称为 SQL 缓冲区的内存区域中，用户可以从 SQL 缓冲区中重新调用、编辑或运行那些最近输入的 SQL 语句。若要编辑 SQL 缓冲区中的最近一条 SQL 语句或 PL/SQL 块，即可以在 SQL*Plus 环境中直接编辑，也可以使用 EDIT 命令实现在记事本中编辑。EDIT 命令用来编辑 SQL 缓冲区或指定磁盘文件中的 SQL 语句或 PL/SQL 块，其语法格式如下：

```
ED[IT] [file_name[.ext]]
```

● file_name：要编辑的磁盘文件名。

若在 SQL*Plus 中只输入 "EDIT" 命令，而不指定 file_name 参数的值，则表示编辑 SQL 缓冲区中的最近一条 SQL 语句或 PL/SQL 块。

执行 EDIT 命令后，SQL*Plus 工具将打开一个包含有 SQL 语句或 PL/SQL 块的记事本，用户可以在记事本环境下编辑 SQL 语句或 PL/SQL 块。

4. SAVE 命令

该命令实现将 SQL 缓冲区中的最近一条 SQL 语句或 PL/SQL 块保存到一个文件中，其语法格式如下：

```
SAVE file_name
```

参数 file_name 表示要保存的文件名，如果不为保存的文件指定路径，则该文件会保存在 Oracle 系统安装的主目录中（但不建议这样做）。如果不为保存的文件指定扩展名，则默认扩展名为 SQL，即保存的文件为一个 SQL 脚本文件。

【例 4-16】　使用 save 命令保存 SQL 缓冲区中的 SQL 语句到 "c:\dept.sql" 文件中，代码及运行结果如下。（实例位置：光盘\MR\源码\第 4 章\4-6）

```
SQL> select * from scott.dept;

    DEPTNO          DNAME          LOC
----------------  --------------  -------------
        10          ACCOUNTING     NEW YORK
        20          RESEARCH       DALLAS
        30          SALES          CHICAGO
        40          OPERATIONS     BOSTON
SQL> save c:\dept.sql
已创建 file c:\dept.sql
```

如果要清空 SQL 缓冲区中的内容，可以使用 clear buffer 命令。

5. GET 命令

该命令实现把一个 SQL 脚本文件的内容放进 SQL 缓冲区，其语法格式如下：

```
GET [FILE] file_name[.ext] [LIST | NOLIST]
```

参数说明如下：

- file_name：要检索的文件名，如果省略了文件的扩展名，则默认文件的扩展名为 SQL。
- LIST：指定文件的内容加载到缓冲区时显示文件的内容。
- NOLIST：指定文件的内容加载到缓冲区时不显示文件的内容。

执行 GET 命令时，如果 file_name 参数不包括被检索文件的路径，则 SQL*Plus 工具会在 Oracle 系统安装的主目录下检索指定文件。在 SQL*Plus 找到指定文件后，会把文件中的内容加载到 SQL*Plus 缓冲区，并显示该文件的内容。

【例 4-17】 首先在 "c:\dept.sql" 文件中写入 SQL 脚本，然后通过 GET 命令将 C:\dept.sql 文件的内容加载到 SQL*Plus 缓冲区，最后使用运行命令 "/" 执行 SQL*Plus 缓冲区的语句，代码如下。

```
SQL> get c:\dept.sql
  1* select * from scott.dept
SQL> /
```

本例运行结果如图 4-9 所示。

DEPTNO	DNAME	LOC
10	ACCOUNTING	NEW YORK
20	RESEARCH	DALLAS
30	SALES	CHICAGO
40	OPERATIONS	BOSTON

图 4-9　加载并执行 SQL 脚本文件

6. start 和 @命令

这两个命令都可以用来执行一个 SQL 脚本文件，它们的语法格式如下：

```
STA[RT] {url|file_name[.ext]} [arg ...];
@ {url|file_name[.ext]} [arg ...];
```

参数说明如下：

- url：表示要执行的 SQL 脚本文件的路径。
- file_name：表示包含 SQL 脚本的文件名。
- arg：其他参数。

【例 4-18】 使用 start 命令执行包含有 "select count(*) from scott.emp;" SQL 脚本的 emp.txt 文件，代码及运行结果如下：

```
SQL> start c:\emp.txt;

  COUNT(*)
----------------
        14
```

上面的代码若使用 "@ c:\emp.txt" 命令可以得到同样的结果。

4.3　格式化查询结果

为了在 SQL*Plus 环境中生成符合用户需要规范的报表，SQL*Plus 工具提供了多个用于格式化查询结果的命令，使用这些命令可以实现设置列的标题、定义输出值的显示格式和显示宽度、为报表增加头标题和底标题、在报表中显示当前日期和页号等。下面就对常用的格式化命令进行讲解。

4.3.1　COLUMN 命令

该命令可以实现格式化查询结果、设置列宽度、重新设置列标题等功能。其语法格式如下：

```
COL[UMN] [column_name | alias | option];
```

参数说明如下：

- column_name：用于指定要设置的列的名称。
- alias：用于指定列的别名，通过它可以把英文列标题设置为汉字。
- option：用于指定某个列的显示格式，option 选项的值及其说明如表 4-3 所示。

表 4-3　　　　　　　　　　　　　　option 选项的值及其说明

option 选项的值	说　　明
CLEAR	清除指定列所设置的显示属性，从而回复列使用默认的显示属性
FORMAT	格式化指定的列
HEADING	定义列标题
JUSTIFY	调整列标题的对齐方式。默认情况下：数值类型的列为右对齐，其他类型的列为左对齐
NULL	指定一个字符串，如果列的值为 null，则由该字符串代替
PRINT/NOPRINT	显示列标题或隐藏列标题，默认为 PRINT
ON|OFF	控制定义的显示属性的状态，OFF 表示定义的所有显示属性都不起作用，默认为 ON
WRAPPED	当字符串的长度超过显示宽度时，将字符串的超出部分折叠到下一行显示
WORD_WRAPPED	表示从一个完整的字符处折叠
TRUNCATED	表示截断字符串尾部

如果在关键字 column 后面未指定任何参数，则 column 命令将显示 SQL*Plus 环境中所有列的当前定义属性；如果在 column 后面指定某个列名，则显示指定列的当前定义属性。接下来将对表 3.3 中的常用 option 选项值进行举例说明。

（1）FORMAT 选项

该选项用于格式化指定的列，需要在 FORMAT 关键字的后面跟一个掩码格式。

【例 4-19】　使用 format 选项格式化 scott.emp 表中的员工工资为 "$999,999.00" 格式，代码如下。（实例位置：光盘\MR\源码\第 4 章\4-7）

```
SQL> col sal format $999,999.00;
SQL> select empno,ename,sal from scott.emp;
```

本例运行结果如图 4-10 所示。

（2）HEADING 选项

该选项用于定义列标题，例如，许多数据表或视图的列名都为英文形式，可以使用此选项将英文形式的列标题显示为中文形式。

【例 4-20】　使用 heading 选项把 scott.emp 表中的 empno、ename、sal 三个列名转换为中文形式，代码如下。（实例位置：

图 4-10　格式化员工工资

光盘\MR\源码\第 4 章\4-8）

```
SQL> col empno heading 雇员编号;
SQL> col ename heading 雇员姓名;
SQL> col sal heading 雇员工资;
SQL> select empno,ename,sal from scott.emp;
```

本例运行结果如图 4-11 所示。

（3）NULL 选项

在该选项的后面指定一个字符串，如果列的值为 null，则用该字符串代替空值。

【例 4-21】 使用 null 选项把 scott.emp 表中 comm 列值为 null 显示成"空值"字符串，代码如下。（实例位置：光盘\MR\源码\第 4 章\4-9）

```
SQL> col comm null '空值';
SQL> select empno,ename,comm from scott.emp where comm is null;
```

本例运行结果如图 4-12 所示。

图 4-11 把列名转换为中文形式

图 4-12 把 null 显示成"空值"字符串

（4）ON|OFF 选项

该选项用于控制定义的显示属性的状态，OFF 表示定义的所有显示属性都不起作用，默认为 ON。

【例 4-22】 设置 scott.emp 表中的 sal 列（工资列）的格式为 "$999,999.00"，但同时使用 off 选项取消定义的列属性状态，输出结果显示 sal 列没有被格式化，代码如下。（实例位置：光盘\MR\源码\第 4 章\4-10）

```
SQL> col sal format $999,999.00;
SQL> col sal off;
SQL> select empno,ename,sal from scott.emp;
```

本例运行结果如图 4-13 所示。

（5）WRAPPED/WORD_WRAPPED 选项

这两个选项都用于实现折行的功能，WRAPPED 选项按照指定长度折行，WORD_WRAPPED 选项按照完整字符串折行。

图 4-13 使用 off 选项取消定义的列属性状态

【例 4-23】 使用 WRAPPED 选项实现按照指定长度折行，代码及运行结果如下。

```
SQL> select col1 from test;

COL1
-------------------
HOW ARE YOU?
```

已选择 1 行

```
SQL> column col1 format a5;
SQL> column col1 wrapped;
SQL> select col1 from test;

COL1
-------------------
HOW A
RE YO
U?
```

【例 4-24】　使用 WORD_WRAPPED 选项按照完整字符串折行，代码及运行结果如下。

```
SQL> col col1 word_wrapped;
COL1
-------------------
HOW
ARE
YOU?
```

4.3.2　TTITLE 和 BTITLE 命令

在 SQl*Plus 环境中，执行 SQL 语句后的显示结果在默认情况下包括列标题、页分割线、查询结果和行数合计等内容，用这些默认的输出信息打印报表，并不十分美观。如果能为整个输出结果设置报表头（即头标题）、为每页都设置页标题和页码、为整个输出结果设置报表尾（如打印时间或打印人员），那么使用这样的输出结果打印报表一定非常美观。为了实现这些功能，SQL*Plus 工具提供了 TTITLE 和 BTITLE 命令，这两个命令分别用来设置打印时每页的顶部和底部标题。其中，TTITLE 命令的语法格式如下：

```
TTI[TLE] [printspec [text|variable] ...] | [OFF|ON];
```

参数说明如下：

- text：用于设置输出结果的头标题（即报表头文字）。
- variable：用于在头标题中输出相应的变量值。
- OFF：表示禁止打印头标题。
- ON：表示允许打印头标题。
- printspec：用来作为头标题的修饰性选项，printspec 选项的值及其说明如表 4.4 所示。

表 4-4　　　　　　　　　　　printspec 选项的值及其说明

printspec 选项的值	说　　明
COL	指定在当前行的第几列打印头部标题
SKIP	跳到从下一行开始的第几行，默认为 1
LEFT	在当前行中左对齐打印数据
CENTER	在当前行中间打印数据
RIGHT	在当前行中右对齐打印数据
BOLD	以黑体打印数据

　　　　BTITLE 的语法格式与 TTITLE 的语法格式相同。如果在 TTITLE 或 BTITLE 命令后没有任何参数，则显示当前的 TTITLE 或 BTITLE 的定义。

【例 4-25】 打印输出 scott.salgrade 数据表中的所有记录，并要求为每页设置头标题（报表名称）和底标题（打印时间和打印人），代码如下。（实例位置：光盘\MR\源码\第 4 章\4-11）

```
SQL> set pagesize 8;
SQL> ttitle left '              销售情况排行表';
SQL> btitle left '打印日期: 2011 年 9 月 20 日    打印人: 东方';
SQL> select * from scott.salgrade;
```

本例运行结果如图 4-14 所示。

在上面的例子中，头标题"销售情况排行表"是一个固定的字符串，另外，头标题也可以使用变量来输出。

【例 4-26】 打印输出 scott.salgrade 数据表中的所有记录，并要求头标题和底标题都使用 define 命令定义的变量输出，代码如下。（实例位置：光盘\MR\源码\第 4 章\4-12）

```
SQL> set pagesize 8;
SQL> define varT='              雇员信息表';
SQL> define varB='操作员: 东方';
SQL> ttitle left varT;
SQL> btitle left varB;
SQL> select empno,ename,job from scott.emp;
```

本例运行结果如图 4-15 所示。

图 4-14　显示打印时间和打印人　　　　　　图 4-15　输出头标题和底标题

上面代码中所设置的头标题和底标题的有效期直到本次会话结束后才终止。若要手动清除这些设置，可以分别使用 ttitle off 命令和 btitle off 命令取消头标题和底标题的设置信息。

4.4　综合实例——设置空白行数为 4

使用 SET NEWPAGE 命令可以设置页与页之间的空白行数，本实例将空白行数为 4，并通过检索数据记录来观察空白行数的变化，开发步骤如下：

打开 SQL Plus，并以 system 身份登录，成功登录后，在 SQL Plus 中依次输入如下代码：

```
SQL>set newpage 4;
SQL>select user_id,username from dba_users;
```

通过运行结果可以看出 SET NEWPAGE 语句的作用，运行结果如图 4-16 所示。

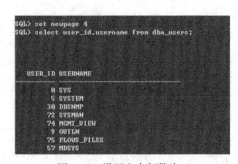

图 4-16　设置空白行数为 4

知识点提炼

（1）在 Oracle 11g 数据库中，用户可以使用 SET 命令来设置 SQL*Plus 的运行环境。

（2）SQL*Plus 提供了 HELP 命令来帮助用户查询指定命令的选项。

（3）DESCRIBE 命令用来查询指定数据对象的组成结构。

（4）SPOOL 命令可以把查询结果输出到指定文中，这样可以保存查询结果并方便打印。

（5）COLUMN 命令可以实现格式化查询结果、设置列宽度、重新设置列标题等功能。

（6）TTITLE 和 BTITLE 命令，分别用来设置打印时每页的顶部和底部标题。

习　　题

4-1　设置在 SQL*Plus 环境中一行所显示的最多字符总数使用的是哪条命令。

4-2　定义一个用户变量并且可以分配给它一个 CHAR 值，使用的是哪条命令。

4-3　SPOOL 命令的作用是什么。

实验：应用指定字符替换表中的 null 值

实验目的

（1）熟悉 SQL*Plus 中格式化查询语句的语法。

（2）根据实际开发需要灵活使用表中数据。

实验内容

将表中的 null 值用字符串""text"替换。

实验步骤

打开 SQL Plus，并以 system 身份登录，成功登录后，在 SQL Plus 中依次输入如下代码：

```
SQL>col sex null 'text';
```

第5章

SQL 语言基础及调优

本章要点:

- 了解 SQL 语言的特点
- 理解用户模式和模式对象
- 掌握检索数据的方法
- 掌握 Oracle 常用的系统函数
- 掌握子查询的用法
- 掌握操作数据库的 3 种方法
- 了解如何进行事务处理
- 掌握常用 SQL 语句的优化
- 掌握表连接的优化
- 理解合理使用索引对象
- 了解 Oracle 优化器的使用
- 了解 SQL 重演和 Oracle 性能顾问

SQL 是 Structured Query Language（结构化查询语言）的简称，是用户与数据库交流所需要的标准语言，因此，要操作数据库一定要掌握好 SQL。SQL 的优化主要与数据库开发人员及应用程序开发人员能否写出高效的 SQL 语句有关。其实大多数性能问题往往都是跟 SQL 执行效率的低下有关,本章着重介绍 SQL 语言的语法规范，以及 SQL 语句的优化。

5.1 SQL 语言简介

SQL 全称是结构化查询语言，英文译作 Structured Query Language，它是一种在关系型数据库中定义和操纵数据的标准语言。最早由 IBM 的圣约瑟（SanJose）研究实验室为其关系数据库管理系统 SYSTEM R 开发的一种查询语言，当时称为 SEQUEL2，也就是目前的 SQL 语言。

1979 年 ORACLE 公司首先提供了商用的 SQL 语言，同年，IBM 公司在 DB2 和 SQL/DS 数据库系统中也采用了 SQL 语言。1986 年 10 月，美国 ANSI（美国国家标准化组织）采用 SQL 作为关系数据库管理系统的标准语言(ANSI X3. 135-1986)，后来 SQL 语言被国际标准化组织(ISO)采纳为国际标准。

随着数据库技术的发展，SQL 标准也在不断地进行扩展和修正，数据库标准委员会先后又推出了 SQL-89，SQL-92 及 SQL-99 标准。Oracle 在后期的版本中将最新的 SQL-99 标准集成到了 Oracle9i 以后的数据库中。目前，所有主要关系型数据库管理系统都支持某个标准的 SQL 语言，其中大部分数据库都遵守 ANSI SQL89 标准。

5.1.1　SQL 语言的特点

SQL 语言结构简洁，功能强大，简单易学，自从被国际标准化组织(ISO)采纳为国际标准以后，SQL 语言得到了广泛的应用，它主要有以下特点。

（1）集合性

SQL 可以在高层的数据结构上进行工作，工作时不是单条的处理记录，而是对数据进程成组的处理。所有 SQL 语句都接受集合作为输入，并且返回集合作为输出，SQL 的集合特性允许一条 SQL 语句的结果作为另一条 SQL 语句的输入。

（2）统一性

SQL 为许多任务提供了统一的命令，这样方便用户学习和使用，基本的 SQL 命令只需很少时间就能学会，甚至最高级的命令也可以在几天内掌握。数据库的操作任务通常包括以下几方面：

- 查询数据。
- 在表中插入、修改和删除记录。
- 建立、修改和删除数据对象。
- 控制对数据和数据对象的读写。
- 保证数据库一致性和完整性。

（3）易于移植性

由于所有主要的关系型数据库管理系统都支持 SQL 语言，这样用户就比较容易将原先使用 SQL 的技能从一个 RDBMS 转到另一个，而且用兼容 SQL 标准编写的程序都是可以移植的。

5.1.2　SQL 语言的分类

SQL 是关系型数据库的基本操作语言，是数据库管理系统与数据库进行交互的接口。它将数据查询、数据操纵、事务控制、数据定义和数据控制功能集于一身，而这些功能又分别对应着各自的 SQL 语言，具体如下。

（1）数据查询语言（DQL）

用于检索数据库中的数据，主要是 SELECT 语句，它在操作数据库的过程中使用最为频繁。

（2）数据操纵语言（DML）

用于改变数据库中的数据，主要包括 INSERT，UPDATE 和 DELETE 三条语句。其中，INSERT 语句用于将数据插入数据库中，UPDATE 语句用于更新数据库中已经存在的数据，而 DELETE 语句则用于删除数据库中已经存在的数据。

（3）事务控制语言（TCL）

用于维护数据的一致性，包括 COMMIT、ROLLBACK 和 SAVEPOINT 三条语句。其中，COMMIT 语句用于提交对数据库的更改，ROLLBACK 语句用于取消对数据库的更改，而 SAVEPOINT 语句则用于设置保存点。

（4）数据定义语言（DDL）

用于建立、修改和删除数据库对象。例如，可以使用 CREATE TABLE 语句创建表；使用 ALTER TABLE 语句修改表结构；使用 DROP TABLE 语句删除表，

（5）数据控制语言（DCL）

用于执行权限授予和权限收回操作，主要包括 GRANT 和 REVOKE 两条命令。其中，GRANT 命令用于给用户或角色授予权限，而 REVOKE 命令则用于收回用户或角色所具有的权限。

5.1.3　SQL 语言的编写规则

SQL 关键字不区分大小写，既可以使用大写格式，也可以使用小写格式，或者大小写格式混用。

【例 5-1】　编写以下 3 条语句，对关键字（SELECT 和 FROM）分别使用大写格式、小写格式或大小写混用格式，代码如下。（实例位置：光盘\MR\源码\第 5 章\5-1）

```
SQL> select empno,ename,sal from scott.emp;
SQL> SELECT empno,ename,sal FROM scott.emp;
SQL> selECT empno,ename,sal frOM scott.emp;
```

分别执行这 3 条 SELECT 语句，会发现结果完全相同。

对象名和列名不区分大小写，它们既可以使用大写格式，也可以使用小写格式，或者大小写格式混用。

【例 5-2】　编写以下 3 条语句，对"表名和列名"分别使用大写格式、小写格式或大小写混用格式，代码如下。（实例位置：光盘\MR\源码\第 5 章\5-2）

```
SQL> select empno,ename,sal from scott.emp;
SQL> select EMPNO,ENAME,SAL from SCOTT.EMP;
SQL> select emPNO,ename,sAL from scott.EmP;
```

分别执行这 3 条 SELECT 语句，会发现结果完全相同。

字符值区分大小写。当在 SQL 语句中引用字符值时，必须要给出正确的大小写数据，否则，不能得到正确的查询结果。

【例 5-3】　编写以下两条语句，查询 scott.emp 表中职位是"销售员"的记录，要求两条语句的查询条件分别为"'SALESMAN'"和"salesman"，代码如下。

```
SQL> select * from scott.emp where job='SALESMAN';
SQL> select * from scott.emp where job='salesman';
```

分别执行这两条 SELECT 语句，会发现结果不相同，因为查询条件是不相同的。

在 SQL*Plus 环境编写 SQL 语句时，如果 SQL 语句较短，则可以将语句放在一行上显示；如果 SQL 语句很长，为了便于用户阅读，则可以将语句分行显示（并且 Oracle 会在除第一行之外的每一行前面自动加上行号），当 SQL 语句输入完毕，要以分号作为结束符。

【例 5-4】　检索 scott.emp 表中职位是 SALESMAN（销售员）的记录，并且分行编写 SQL 语句，代码如下。（实例位置：光盘\MR\源码\第 5 章\5-3）

```
SQL> select empno,ename,job
  2 from scott.emp
  3 where job='SALESMAN'
  4 order by empno;
```

在 SQL*Plus 环境中编写较长的 SQL 语句时，按回车键即可实现换行。需要注意的是，在按回车键之前不要输入分号，因为分号表示 SQL 语句的结束。

5.2　用户模式

在 Oracle 数据库中，为了便于管理用户所创建的数据库对象（例如，数据表、索引、视图等），引入了模式的概念，这样某个用户所创建的数据库对象就都属于该用户模式。下面将对用户模式的概念及其实例应用进行讲解。

5.2.1　模式与模式对象

模式是一个数据库对象的集合。模式为一个数据库用户所有，并且具有与该用户相同的名称，例如，SYSTEM 模式、SCOTT 模式等。在一个模式内部不可以直接访问其他模式的数据库对象，即使在具有访问权限的情况下，也需要指定模式名称才可以访问其他模式的数据库对象。

模式对象是由用户创建的逻辑结构，用以存储或引用数据。例如，前面章节中所讲过的段（例如，表、索引等），以及用户所拥有的其他非段的数据库对象。这些非段的数据库对象通常包括约束、视图、同义词、过程以及程序包等。

那么，简单地说，模式与模式对象之间的关系就是拥有与被拥有的关系，即模式拥有模式对象；而模式对象被模式拥有。

 一个不属于某个用户所拥有的数据库对象就不能称之为模式对象，如角色，表空间及目录等数据库对象。

5.2.2　示例模式 SCOTT

为了便于后面章节的讲解，这里介绍一个典型的示例模式——SCOTT 模式，因为该模式及其所拥有的模式对象在本书中经常被作为示例。

Oracle 提供的 SCOTT 模式的目的，就是为了给用户提供一些示例表和数据来展示 Oracle 数据库的一些特性。SCOTT 模式拥有的模式对象（都是数据表）如图 5-1 所示。

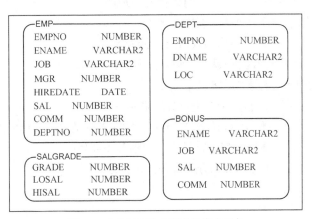

图 5-1　SCOTT 模式拥有的模式对象

该模式演示了一个很简单的公司人力资源管理的数据结构，它也是 Oracle 的各个版本中一直在沿用的示例模式（当然 Oracle 11g 还有很多其他示例模式，这里因篇幅限制，只介绍这个经典的模式），该用户模式的连接密码为 tiger。通过连接到 SCOTT 用户模式，查询数据字典视图 USER_TABLES 可以获得该模式所包含的数据表，共计 4 个。

【例 5-5】 在 SCOTT 模式下，通过检索 user_tables 表来显示 SCOTT 模式所拥有的 4 个数据表，代码如下。（实例位置：光盘\MR\源码\第 5 章\5-4）

```
SQL> connect scott/tiger;
已连接。
SQL> select table_name from user_tables;
```

本例运行结果如图 5-2 所示。

另外，用户也可以在 SYSTEM 模式下查询 SCOTT 模式所拥有的数据表，但要求使用 dba_tables 数据表。

图 5-2　显示 SCOTT 模式中的表

【例 5-6】 在 SYSTEM 模式下，通过检索 dba_tables 表来显示 SCOTT 模式所拥有的 4 个数据表，代码如下。

```
SQL> connect system/1qaz2wsx;
已连接。
SQL> select table_name from dba_tables where owner ='SCOTT';
```

5.3　检索数据

用户对表或视图最常进行的操作就是检索数据，检索数据可以通过 SELECT 语句来实现，该语句由多个子句组成，通过这些子句可以完成筛选、投影和连接等各种数据操作，最终得到用户想要的查询结果。该语句的基本语法格式如下：

```
select {[ distinct | all ] columns | *}
[into table_name]
from {tables | views | other select}
[where conditions]
[group by columns]
[having conditions]
[order by columns];
```

在上面的语法中，共有 7 个子句，它们的功能分别如下：

- select 子句：用于选择数据表、视图中的列。
- into 子句：用于将原表的结构和数据插入新表中。
- from 子句：用于指定数据来源，包括表，视图和其他 select 语句。
- where 子句：用于对检索的数据进行筛选。
- group by 子句：用于对检索结果进行分组显示。
- having 子句：用于从使用 group by 子句分组后的查询结果中筛选数据行。
- order by 子句：用来对结果集进行排序（包括升序和降序）。

接下来将对上面的各种子句和查询方式进行详细介绍。

5.3.1　简单查询

只包含 SELECT 子句和 FROM 子句的查询就是简单查询，SELECT 子句和 FROM 子句是 SELECT 语句的必选项，也就是说，每个 SELECT 语句都必须包含这两个子句。其中，SELECT 子句用于选择想要在查询结果中显示的列，对于这些要显示的列，即可以使用列名来表示，也可以使用星号（*）来表示。在检索数据时，数据将按照 SELECT 子句后面指定的列名的顺序来显示；如果使用星号（*），则表示检索所有的列，这时数据将按照表结构的自然顺序来显示。

1．检索所有的列

如果要检索指定数据表的所有列，可以在 SELECT 子句后面使用星号（*）来实现。

在检索一个数据表时，要注意该表所属于的模式。如果在指定表所属的模式内部检索数据，则可以直接使用表名；如果不在指定表所属的模式内部检索数据，则不但要查看当前模式是否具有查询的权限，而且还要在表名前面加上其所属的模式名称。

【例 5-7】　在 SCOTT 模式下，在 SELECT 语句中使用星号（*）来检索 dept 表中所有的数据，代码如下。

```
SQL> connect scott/1qaz2wsx;
已连接。
SQL> select * from dept;
```

本例运行结果如图 5-3 所示。

DEPTNO	DNAME	LOC
10	ACCOUNTING	NEW YORK
20	RESEARCH	DALLAS
30	SALES	CHICAGO
40	OPERATIONS	BOSTON

图 5-3　检索 dept 表中所有的数据

上面的 SELECT 语句若要在 SYSTEM 模式下执行，则需要在表 dept 前面加上 scott。即 "scott.dept"。

在上面的例子中，from 子句的后面只有一个数据表，实际上可以在 from 子句的后面指定多个数据表，每个数据表名之间使用逗号（,）分隔开，其语法格式如下：

```
FROM table_name1, table_name2, table_name3…table_namen
```

【例 5-8】　在 SCOTT 模式下，在 from 子句中指定两个数据表 dept 和 salgrade，代码如下。

```
SQL> select * from dept,salgrade;
```

2．检索指定的列

用户可以指定查询表中的某些列而不是全部列，并且被指定列的顺序不受限制，指定部分列也称作投影操作。这些列名紧跟在 SELECT 关键字的后面，每个列名之间用逗号隔开。其语法格式如下：

```
SELECT column_name1,column_name2,column_name3,column_namen;
```

利用 SELECT 指定列的好处就是可以改变列在查询结果中的默认显示顺序。

【例 5-9】　在 SCOTT 模式下，检索 emp 表中指定的列（job、ename、empno），代码如下。

```
SQL> select job,ename,empno from emp;
```

本例运行结果如图 5-4 所示。

JOB	ENAME	EMPNO
CLERK	SMITH	7369
SALESMAN	ALLEN	7499
SALESMAN	WARD	7521
MANAGER	JONES	7566
SALESMAN	MARTIN	7654
MANAGER	BLAKE	7698
MANAGER	CLARK	7782
ANALYST	SCOTT	7788
PRESIDENT	KING	7839
SALESMAN	TURNER	7844
CLERK	ADAMS	7876

图 5-4　检索 emp 表中指定的列

上面查询结果中列的显示顺序与 emp 表结构的自然顺序不同。

在 Oracle 数据库中，有一个标识行中唯一特性的行标识符，该行标识符的名称为 ROWID。行标识符 ROWID 是 Oracle 数据库内部使用的隐藏列，由于该列实际上并不是定义在表中的，所以也称为伪列。位列 ROWID 长度为 18 为字符，包含了该行数据在 Oracle 数据库中的物理地址。用户使用 DESCRIBE 命令是无法查到 ROWID 列的，但是可以在 SELECT 语句中检索到该列。

【例 5-10】 在 SCOTT 模式下，检索 emp 表中指定的列（job 和 ename）。另外，还包括 rowid 伪列，代码如下。

```sql
SQL> select rowid,job,ename from emp;
```

本例运行结果如图 5-5 所示。

3. 带有表达式的 SELECT 子句

在使用 SELECT 语句时，对于数字数据和日期数据都可以使用算术表达式。在 SELECT 语句中可以使用算术运算符，包括（+）、减（-）、乘（*）、除（/）和括号。另外，在 SELECT 语句中不仅可以执行单独的数学运算，还可以执行单独的日期运算以及与列名关联的运算。

【例 5-11】 检索 emp 表的 sal 列，把其值调整为原来的 1.1 倍，代码如下。

```sql
SQL> select sal*(1+0.1),sal from emp;
```

本例运行结果如图 5-6 所示。

ROWID	JOB	ENAME
AAAR3sAAEAAAACXAAA	CLERK	SMITH
AAAR3sAAEAAAACXAAB	SALESMAN	ALLEN
AAAR3sAAEAAAACXAAC	SALESMAN	WARD
AAAR3sAAEAAAACXAAD	MANAGER	JONES
AAAR3sAAEAAAACXAAE	SALESMAN	MARTIN
AAAR3sAAEAAAACXAAF	MANAGER	BLAKE
AAAR3sAAEAAAACXAAG	MANAGER	CLARK
AAAR3sAAEAAAACXAAH	ANALYST	SCOTT
AAAR3sAAEAAAACXAAI	PRESIDENT	KING
AAAR3sAAEAAAACXAAJ	SALESMAN	TURNER
AAAR3sAAEAAAACXAAK	CLERK	ADAMS

图 5-5 显示 emp 表的 rowid 伪列

SAL*(1+0.1)	SAL
880	800
1760	1600
1375	1250
3272.5	2975
1375	1250
3135	2850
2695	2450
3300	3000
5500	5000
1650	1500
1210	1100

图 5-6 显示工资调整后的值

在上面的查询结果中，左侧显示的是 sal 列调整为原来 1.1 倍后的值，右侧显示的 sal 列的原值。

4. 为列指定别名

由于许多数据表的列名都是一些英文的缩写，用户为了方便查看检索结果，常常需要为这些列指定别名。在 Oracle 系统中，为列指定别名既可以使用 AS 关键字，也可以不使用任何关键字而直接指定。

【例 5-12】 在 SCOTT 模式下，检索 emp 表的指定列（empno、ename、job），并使用 as 关键字为这些列指定中文的别名，代码如下。（实例位置：光盘\MR\源码\第 5 章\5-5）

```sql
SQL> connect scott/1qaz2wsx;
已连接。
SQL> select empno as "员工编号",ename as "员工名称",job as "职务"  from emp;
```

本例运行结果如图 5-7 所示。

在为列指定别名时，关键字 AS 是可选项，用户也可以在列名后面直接指定列的别名。

【例 5-13】　在 SCOTT 模式下，检索 emp 表的指定列（empno、ename、job），不使用任何关键字而直接为这些列指定中文的别名，代码如下。

```
SQL> select empno "员工编号",ename "员工名称",job "职务"  from emp;
```

本例运行结果如图 5-8 所示。

图 5-7　指定中文的别名　　　　　　　　　　图 5-8　指定中文的别名

5. 显示不重复记录

在默认情况下，结果集中包含所有符合查询条件的数据行，这样在结果集中就有可能出现重复数据。而在实际的应用中，这些重复的数据除了占据较大的显示空间外，可能不会给用户带来太多有价值的东西，这样就需要除去重复记录，保留唯一的记录即可。在 SELECT 语句中，可以使用 DISTINCT 关键字来限制在查询结果显示不重复的数据，该关键字用在 SELECT 子句的列表前面。

【例 5-14】　在 SCOTT 模式下，显示 emp 表中的 job（职务）列，要求显示的"职务"记录不重复，代码及运行结果如下。

```
SQL> select distinct job from emp;

JOB
---------
CLERK
SALESMAN
PRESIDENT
MANAGER
ANALYST
```

5.3.2　筛选查询

在 SELECT 语句中使用 WHERE 子句可以实现对数据行的筛选操作，只有满足 WHERE 子句中判断条件的行才会显示在结果集中，而那些不满足 WHERE 子句判断条件的行则不包括在结果集中。这种筛选操作是非常有意义的，通过筛选数据，可以从大量的数据中得到用户所需要的数据。在 SELECT 语句中，WHERE 子句位于 FROM 子句之后，其语法格式如下：

```
SELECT columns_list
FROM table_name
WHERE conditional_expression;
```

参数说明如下：

● columns_list：字段列表。

● table_name：表名。

● conditional_expression：筛选条件表达式。

接下来对几种常用的筛选情况进行详细讲解。

1. 比较筛选

可以在 WHERE 子句中使用比较运算符来筛选数据，这样只有满足筛选条件的数据行才会被检索出来，不满足比较条件的数据行则不会被检索出来。基本的"比较筛选"操作主要有以下 6 种情况。

- A=B：比较 A 与 B 是否相等。
- A!B 或 A<>B：比较 A 与 B 是否不相等。
- A>B：比较 A 是否大于 B。
- A<B：比较 A 是否小于 B。
- A>=B：比较 A 是否大于或等于 B。
- A<=B：比较 A 是否小于或等于 B。

【例 5-15】 在 SCOTT 模式下，查询 emp 表中工资（sal）大于 1500 的数据记录，代码如下。

```
SQL> select empno,ename,sal from emp where sal > 1500;
```

本例运行结果如图 5-9 所示。

另外，除了基本的"比较筛选"操作外，还有两个特殊的"比较筛选"操作，具体如下：

- A{operator}ANY(B)：表示 A 与 B 中的任何一个元素进行 operator 运算符的比较，只要有一个比较值为 true，就返回数据行。
- A={operator}ALL(B)：表示 A 与 B 中的所有元素进行 operator 运算符的比较，只有与所有元素比较值都为 true，才返回数据行。

【例 5-16】 在 SCOTT 模式下，使用 all 关键字过滤工资（sal）同时不等于 3000、950 和 800 的员工记录，代码如下。

```
SQL> select empno,ename,sal from emp where sal <> all(3000,950,800);
```

本例运行结果如图 5-10 所示。

EMPNO	ENAME	SAL
7499	ALLEN	1600
7566	JONES	2975
7698	BLAKE	2850

图 5-9 查询工资大于 1500 的记录

EMPNO	ENAME	SAL
7499	ALLEN	1600
7521	WARD	1250
7566	JONES	2975
7654	MARTIN	1250

图 5-10 过滤指定记录

在进行比较筛选的过程中，字符串和日期的值必须使用单引号标识，否则 Oracle 会提示"标识符无效"。

2. 使用特殊关键字筛选

SQL 语言提供了 LIKE、IN、BETWEEN 和 IS NULL 等关键字来筛选配的数据，这些关键字的功能分别是匹配字符串、查询目标值、限定值的范围和判断值是否为空等，下面将对这些关键字进行详细讲解。

（1）LIKE 关键字

在 WHERE 子句中使用 LIKE 关键字查询数据的方式也称为字符串模式匹配或字符串模糊查询，LIKE 关键字需要使用通配符在字符串内查找指定的模式，所以需要了解常用的通配符。常用的通配符有下划线"_"，它代表任意一个字符；另外，还有百分号"%"，它代表任意数量的字符。例如，"K%"表示以字母 K 开头的任意长度的字符串，"%M%"表示包含字母 M 的任意长度的字符串，"_MRKJ"表示 5 个字符长度且后面 4 个字符是 MRKJ 的字符串。

【例 5-17】　在 emp 表中，使用 like 关键字匹配以字母 S 开头的任意长度的员工名称，代码如下。

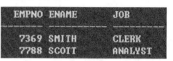

EMPNO	ENAME	JOB
7369	SMITH	CLERK
7788	SCOTT	ANALYST

```
SQL> select empno,ename,job from emp where ename like 'S%';
```
本例运行结果如图 5-11 所示。

图 5-11　使用 like 关键字

说明　可以在 LIKE 关键字前面加上 NOT，表示否定的判断，如果 LIKE 为真，则 NOT LIKE 为假。另外，也可以在 IN、BETWEEN 和 ISNULL 等关键字前面加上 NOT 来表示否定的判断。

（2）IN 关键字

当测试一个数据值是否匹配一组目标值中的一个时，通常使用 IN 关键字来指定列表搜索条件。IN 关键字的格式是 IN（目标值 1，目标值 2，目标值 3，…），目标值的项目之间必须使用逗号分隔，并且括在括号中。

【例 5-18】　在 emp 表中，使用 in 关键字查询职务为"PRESIDENT"、"MANAGER"和"ANALYST"中任意一种的员工信息，代码如下。

```
SQL> select empno,ename,job from emp where job in('PRESIDENT','MANAGER','ANALYST');
```
本例运行结果如图 5-12 所示。

另外，NOT IN 表示查询指定的值不在某一组目标值中，这种方式在实际应用中也很常见。

【例 5-19】　在 emp 表中，使用 not in 关键字查询职务不在指定目标列表（PRESIDENT、MANAGER、ANALYST）范围内的的员工信息，代码如下。

```
SQL> select empno,ename,job from emp where  job not in('PRESIDENT','MANAGER','ANALYST');
```
本例运行结果如图 5-13 所示。

EMPNO	ENAME	JOB
7566	JONES	MANAGER
7698	BLAKE	MANAGER
7782	CLARK	MANAGER

图 5-12　使用 in 关键字

EMPNO	ENAME	JOB
7369	SMITH	CLERK
7499	ALLEN	SALESMAN
7521	WARD	SALESMAN
7654	MARTIN	SALESMAN

图 5-13　使用 not in 关键字

（3）BETWEEN 关键字

需要返回某一个数据值是否位于两个给定的值之间，可以使用范围条件进行检索。通常使用 BETWEEN…AND 和 NOT…BETWEEN…AND 来指定范围条件。

使用 BETWEEN…AND 查询条件时，指定的第一个值必须小于第二个值。因为 BETWEEN…AND 实质是查询条件"大于等于第一个值，并且小于等于第二个值"的简写形式。即 BETWEEN…AND 要包括两端的值，等价于比较运算符（>=…<=）。

【例 5-20】　在 emp 表中，使用 "between…and" 关键字查询工资（sal）在 2000 到 3000 之间的员工信息，代码如下。

```
SQL> select empno,ename,sal from emp where sal between
2000 and 3000;
```
本例运行结果如图 5-14 所示。

而 NOT…BETWEEN…AND 语句返回某个数据值在两个

EMPNO	ENAME	SAL
7566	JONES	2975
7698	BLAKE	2850
7782	CLARK	2450

图 5-14　使用 between…and 关键字

指定值的范围以外的，但并不包括两个指定的值。

【例 5-21】 在 emp 表中，使用 "not...between...and" 关键字查询工资（sal）不在 1000 到 3000 之间的员工信息，代码如下。

```
SQL> select empno,ename,sal from emp where sal not between 1000 and 3000;
```
本例运行结果如图 5-15 所示。

（4）IS NULL 关键字

空值（NULL）从技术上来说就是未知的、不确定的值，但空值与空字符串不同，因为空值是不存在的值，而空字符串是长度为 0 的字符串。

因为空值代表的是未知的值，所以并不是所有的空值都相等。例如，"student"表中有两个学生的年龄未知，但无法证明这两个学生的年龄相等。这样就不能用 "="运算符来检测空值。所以 SQL 引入了一个 IS NULL 关键字来检测特殊值之间的等价性，并且 IS NULL 关键字通常在 WHERE 子句中使用。

【例 5-22】 查询 emp 表中 comm 列为空的员工信息。（实例位置：光盘\MR\源码\第 2 章\5-6）

```
SQL> select empno,ename,comm from scott.emp where comm is null;
```
运行结果如图 5-16 所示。

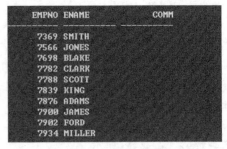

图 5-15　使用 not...between...and 关键字　　图 5-16　查询 comm 列为空的员工信息

3. 逻辑筛选

逻辑筛选是指在 WHERE 子句中使用逻辑运算符 AND、OR 和 NOT 进行数据筛选操作，那么这些逻辑运算符可以把多个筛选条件组合起来，这样便于用户获取更加准确的数据记录。

AND 逻辑运算符表示两个逻辑表达式之间 "逻辑与"的关系，完全可以使用 "AND"运算符加 "比较运算符"来代替 "BETWEEN...AND"关键字。

【例 5-23】 在 emp 表中，使用 "and" 运算符查询工资（sal）在 2000 到 3000 之间的员工信息，代码如下。

```
SQL> select empno,ename,sal from emp where sal >= 2000 and sal <= 3000;
```
本例运行结果如图 5-17 所示。

OR 逻辑运算符表示两个逻辑表达式之间 "逻辑或"的关系，两个表达式的结果中有一个为 true，则这个逻辑或表达式的值就为 true。

【例 5-24】 在 emp 表中，使用 or 逻辑运算符查询工资小于 2000 或工资大于 3000 的员工信息，代码如下。（实例位置：光盘\MR\源码\第 2 章\5-7）

```
SQL> connect scott/1qaz2wsx;
已连接。
SQL> select empno,ename,sal from emp where sal < 2000 or sal > 3000;
```
本例运行结果如图 5-18 所示。

EMPNO	ENAME	SAL
7566	JONES	2975
7698	BLAKE	2850
7782	CLARK	2450
7788	SCOTT	3000
7902	FORD	3000

图 5-17　使用 and 运算符

EMPNO	ENAME	SAL
7369	SMITH	800
7499	ALLEN	1600
7521	WARD	1250
7654	MARTIN	1250

图 5-18　使用 or 运算符

NOT 逻辑运算符对表达式执行逻辑非的运算，在前面的示例中已经多次用到过，这里不再给出示例。

5.3.3　分组查询

数据分组的目的是用来汇总数据或为整个分组显示单行的汇总信息，通常在查询结果集中使用 GROUP BY 子句对记录进行分组。在 SELECT 语句中，GROUP BY 子句位于 FROM 子句之后，其语法格式如下：

```
SELECT columns_list
FROM table_name
[WHERE conditional_expression]
GROUP BY columns_list;
```

参数说明如下：

- columns_list：字段列表，在 GROUP BY 子句中也可以指定多个列分组。
- table_name：表名。
- conditional_expression：筛选条件表达式。

GROUP BY 子句可以基于指定某一列的值将数据集合划分为多个分组，同一组内所有记录在分组属性上具有相同值，也可以基于指定多列的值将数据集合划分为多个分组。

【例 5-25】　在 emp 表中，按照部门编号（deptno）和职务（job）列进行分组，具体代码如下。

```
SQL> select deptno,job from emp group by deptno,job order by deptno;
```

本例运行结果如图 5-19 所示。

GROUP BY 子句是经常与聚集函数一起使用。如果 SELECT 子句中包含聚集函数，则计算每组的汇总值，当用户指定 GROUP BY 时，选择列表中任一非聚集表达式内的所有列都应包含在 GROUP BY 列表中，或者 GROUP BY 表达式必须与选择列表表达式完全匹配。

【例 5-26】　在 emp 表中，通过分组的方式计算每个部门的平均工资，具体代码如下。

```
SQL> select deptno as 部门编号,avg(sal) as 平均工资 from emp group by deptno ;
```

本例运行结果如图 5-20 所示。

图 5-19　分组显示

图 5-20　显示部门平均工资

HAVING 子句对 GROUP BY 子句选择出来的结果进行再次筛选，最后输出符合 HAVING 子句中条件的记录。HAVING 子句的语法与 WHERE 子句的语法"相类似"，唯一不同的是，HAVING 子句中可以包含聚合函数，如常用的聚合函数 count、avg、sum 等。

【例 5-27】 在 emp 表中，首先通过分组的方式计算出每个部门的平均工资，然后再通过 having 子句过滤出平均工资大于 2000 元的记录信息，具体代码如下。

```
SQL> select deptno as 部门编号,avg(sal) as 平均工资 from emp group by deptno having avg(sal)
> 2000 ;
```

本例运行结果如图 5-21 所示。

上面的示例无法使用 WHERE 子句直接过滤出平均工资大于 2000 元的部门信息，因为在 WHERE 子句中不可以使用聚合函数（这里是 avg）。

图 5-21 平均工资大于 2000 元的记录信息

5.3.4 排序查询

在检索数据时，如果把数据从数据库中直接读取出来，这时查询结果将按照默认顺序排列，但往往这种默认排列顺序并不是用户所需要看到的。尤其返回数据量较大时，用户查看自己想要的信息非常不方便，因此需要对检索的结果集进行排序。在 SELECT 语句中，可以使用 ORDER BY 子句对检索的结果集进行排序，该子句位于 FROM 子句之后，其语法格式如下：

```
SELECT columns_list
FROM table_name
[WHERE conditional_expression]
[GROUP BY columns_list]
ORDER BY { order_by_expression [ ASC | DESC ] } [ ,...n ];
```

参数说明如下：

- columns_list：字段列表，在 GROUP BY 子句中也可以指定多个列分组。
- table_name：表名。
- conditional_expression：筛选条件表达式。
- order_by_expression：表示要排序的列名或表达式。关键字 ASC 表示按升序排列，这也是默认的排序方式；关键字 DESC 表示按降序排列。

ORDER BY 子句可以根据查询结果中的一个列或多个列对查询结果进行排序，并且第一个排序项是主要的排序依据，其次那些是次要的排序依据。

【例 5-28】 在 SCOTT 模式下，检索 emp 表中的所有数据，并按照部门编号（deptno）、员工编号（empno）排序，具体代码如下。

```
SQL> select deptno,empno,ename from emp order by deptno,empno;
```

本例运行结果如图 5-22 所示。

图 5-22 检索 emp 表中的所有数据

5.3.5 多表关联查询

在实际的应用系统开发中会设计多个数据表，每个表的信息不是独立存在的，而是若干个表之间的信息存在一定的关系，这样当用户查询某一个表的信息时，很可能需要查询关联数据表的信息，这就是多表关联查询。SELECT 语句自身是支持多表关联查询的，多表关联查询要比单表查询复杂得多。在进行多表关联查询时，可能会涉及表别名、内连接、外连接、自然连接和交叉连接等概念，下面将对这些内容进行讲解。

1．表的别名

在多表关联查询时，如果多个表之间存在同名的列，则必须使用表名来限定列的引用。例如，在 SCOTT 模式中，DEPT 表和 EMP 表都有 DEPTNO 列，那么当用户使用该列关联查询两个表时，就需要通过指定表名来区分这两个列的归属。但是，随着查询变得越来越复杂，语句就会因为每次限定列必须输入表名而变得冗长乏味。对于这种情况，SQL 语言提供了设定表别名的机制，使用简短的表别名就可以替代原有较长的表名称，这样就可以大大缩减语句的长度。

【例 5-29】　在 SCOTT 模式下，通过 DEPTNO（部门号）列来关联 emp 表和 dept 表，并检索这两个表中相关字段的信息，代码及运行结果如下。（实例位置：光盘\MR\源码\第 5 章\5-8）

```
SQL> select e.empno as 员工编号, e.ename as 员工名称, d.dname as 部门
  2  from emp e,dept d
  3  where e.deptno=d.deptno
  4  and e.job='MANAGER';

员工编号             员工名称            部门
--------------    ----------    --------------
7782              CLARK         ACCOUNTING
7566              JONES         RESEARCH
7698              BLAKE         SALES
```

在上面的 SELECT 语句中，FROM 子句最先执行，然后才是 WHERE 子句和 SELECT 子句，这样当在 FROM 子句中指定表的别名后，当需要限定引用列时，其他所有子句都可以使用表的别名。

另外，还需要注意一点，一旦在 FROM 子句中为表指定了别名，则必须在剩余的子句中都使用表的别名，而不允许再使用原来的表名称，否则，将出现如图 5-23 所示的提示。

图 5-23　关于标识符无效的错误提示

2．内连接

内连接是一种常用的多表关联查询方式，一般使用关键字 INNER JOIN 来实现。其中，INNER 关键字可以省略，当只使用 JOIN 关键字时，语句只表示内连接操作。在使用内连接查询多个表时，必须在 FROM 子句之后定义一个 ON 子句，该子句用来指定两个表实现内连接的"连接条件"。需要注意的是，在内连接的检索结果中，所有记录行都是满足连接条件的。内连接的语法格式如下：

```
SELECT columns_list
FROM table_name1[INNER] JOIN table_name2
ON join_condition;
```

参数说明如下：

- columns_list：字段列表。
- table_name1 和 table_name2：两个要实现内连接的表。

● join_condition：实现内连接的的条件表达式。

【例 5-30】 在 SCOTT 模式下，通过 deptno 字段来内连接 emp 表和 dept 表，并检索这两个表中相关字段的信息，代码如下。

```
SQL> select e.empno as 员工编号, e.ename as 员工名称, d.dname as 部门
  2  from emp e inner join dept d
  3  on e.deptno=d.deptno;
```

本例运行结果如图 5-24 所示。

由于上面代码表示内连接操作，所以在 from 子句中完全可以省略 inner 关键字。

图 5-24　内连接操作

3. 外连接

使用内连接进行多表查询时，返回的查询结果中只包含符合查询条件和连接条件的行。内连接消除了与另一个表中的任何行不匹配的行，而外连接扩展了内连接的结果集，除了返回所有匹配的行外，还会返回一部分或全部不匹配的行，这主要取决于外连接的种类。外连接通常有以下三种。

● 左外连接：关键字为 LEFT OUTER JOIN 或 LEFT JOIN。
● 右外连接：关键字为 RIGHT OUTER JOIN 或 RIGHT JOIN。
● 完全外连接：关键字为 FULL OUTER JOIN 或 FULL JOIN。

与内连接不同的是，外连接不只列出与连接条件匹配的行，还能够列出左表（左外连接时）、右表（右外连接时）或两个表（完全外连接时）中所有符合搜索条件的数据行。

左外连接的查询结果中不仅包含了满足连接条件的数据行，而且还包含左表中不满足连接条件的数据行。

【例 5-31】 首先使用 insert 语句在 emp 表中插入新记录（注意没有为 deptno 和 dname 列插入值，即它们的值为 null），然后实现 emp 表和 dept 表之间通过 deptno 列进行左外连接，具体代码如下。（实例位置：光盘\MR\源码\第 5 章\5-9）

```
SQL> insert into emp(empno,ename,job) values(9527,'EAST','SALESMAN');

已创建 1 行。

SQL> select e.empno,e.ename,e.job,d.deptno,d.dname
2 from emp e left join dept d
3 on e.deptno=d.deptno;
```

本例运行结果如图 5-25 所示。

图 5-25　左外连接操作

从上面的查询结果中可以看到，虽然新插入数据行的 deptno 列值为 null，但该行记录仍然出

现在查询结果中，这说明左外连接的查询结果会包含左表中不满足"连接条件"的数据行。

同样道理，右外连接的查询结果中不仅包含了满足连接条件的数据行，而且还包含右表中不满足连接条件的数据行。

【例 5-32】　在 SCOTT 模式下，实现 emp 表和 dept 表之间通过 deptno 列进行右外连接，具体代码如下。

```
SQL> select e.empno,e.ename,e.job,d.deptno,d.dname
  2 from emp e right join dept d
  3 on e.deptno=d.deptno;
```

本例运行结果如图 5-26 所示。

从上面的查询结果中可以看到，虽然部门编号为 40 的部门现在在 emp 表中还没有员工记录，但它却出现在查询结果中，这说明右外连接的查询结果会包含右表中不满足"连接条件"的数据行。

在执行完全外连接时，Oracle 会执行一个完整的左外连接和右外连接查询，然后将查询结果合并，并消除重复的记录行。

【例 5-33】　在 SCOTT 模式下，实现 emp 表和 dept 表之间通过 deptno 列进行完全外连接，具体代码如下。（实例位置：光盘\MR\源码\第 5 章\5-10）

```
SQL> select e.empno,e.ename,e.job,d.deptno,d.dname
  2 from emp e full join dept d
  3 on e.deptno=d.deptno;
```

本例运行结果如图 5-27 所示。

图 5-26　右外连接

图 5-27　完全连接

4. 自然连接

自然连接是指在检索多个表时，Oracle 会将第一个表中的列与第二个表中具有相同名称的列进行自动连接。在自然连接中，用户不需要明确指定进行连接的列，这个任务由 Oracle 系统自动完成，自然连接使用"NATURAL JOIN"关键字。

【例 5-34】　在 emp 表中检索工资（sal 字段）大于 2000 的记录，并实现 emp 表与 dept 表的自然连接，具体代码如下：

```
SQL> select empno,ename,job,dname
  2 from emp natural join dept
  3 where sal > 2000;
```

本例运行结果如图 5-28 所示。

由于自然连接强制要求表之间必须具有相同的列名称，这样容易在设计表时出现不可预知的错误，所以在实际应用系统开发中很少用到自然连接。但这毕竟是一种多表关联查

图 5-28　自然连接

询数据的方式，在某些特定情况下还是有一定的使用价值。另外，需要注意的是，在使用自然连接时，不能为列指定限定词（即表名或表的别名），否则 Oracle 系统会提示"ORA-25155: NATURAL 联接中使用的列不能有限定词"的错误提示。

5. 自连接

在应用系统开发中，用户可能会拥有"自引用式"的外键。"自引用式"外键是指表中的一个列可以是该表主键的一个外键。例如，在 SCOTT 模式下，emp 表中某一行的 mgr 列值（管理者列）可能是另一行的 empno 列值（员工列），因为管理者本身也是公司的员工。这样用户就可以通过 mgr 列与 empno 列的关系，实现查询某个管理者所管理的下属员工信息。

【例 5-35】 在 SCOTT 模式下，查询所有管理者所管理的下属员工信息，具体代码如下：

```
SQL> select em2.ename 上层管理者,em1.ename as 下属员工
  2  from emp em1 left join emp em2
  3  on em1.mgr=em2.empno
  4  order by em1.mgr;
```

本例运行结果如图 5-29 所示。

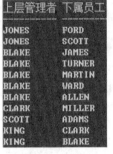

图 5-29 自连接

6. 交叉连接

交叉连接实际上就是不需要任何连接条件的连接，它使用 cross join 关键字来实现，其语法格式如下：

```
Select colums_list
From table_name1 cross join table_name2;
```

参数说明如下：

- colums_list：字段列表。
- table_name1 和 table_name2：两个实现交叉连接的表名。

交叉连接的的执行结果是一个笛卡儿积，那么这种查询结果是非常冗余的，但可以通过 WHERE 子句来过滤出有用的记录信息。

【例 5-36】 在 SCOTT 模式下，通过交叉连接 dept 表和 emp 表，计算出查询结果的行数，具体代码及运行结果如下：

```
SQL> select count(*)
  2  from dept cross join emp;

  COUNT(*)
---------------
        56
```

5.4 Oracle 常用系统函数

SQL 语言是一种脚本语言，它提供了大量内置函数，使用这些内置函数可以大大增强 SQL 语言的运算和判断功能。本节将对 ORACLE 中的一些常用函数进行介绍，如字符类函数、数字类函数、日期和时间类函数、转换类函数、聚集类函数等。

5.4.1 字符类函数

字符类函数是专门用于字符处理的函数，处理的对象可以是字符或字符串常量，也可以是字符类型的列，常用的字符类函数有如下几种。

（1）ASCII(c)函数和 CHR(i)函数

ASCII(c)函数用于返回一个字符的 ASCII 码，其中参数 c 表示一个字符；CHR(i)函数用于返回给出 ASCII 码值所对应的字符，i 表示一个 ASCII 码值。从这两个函数的功能中可以看出，它们二者之间具有互逆的关系。

【例 5-37】　分别求得字符"Z、H、D 和空格"的 ASCII 值，具体代码及运行结果如下：

```
SQL> select ascii('Z') Z,ascii('H') H,ascii('D') D ,ascii(' ') space
  2  from dual;

       Z          H          D     SPACE
--------- ---------- ------- ------
      90         72         68        32
```

说明　　　dual 是 Oracle 系统内部提供的一个用于实现临时数据计算的特殊表，它只有一个列 DUMMY，类型为 VARCHAR2(1)，后续相关内容若用到，将不再重复。

【例 5-38】　对于上个例子中求得的 ASCII 值，使用 chr 函数再返回其对应的字符，具体代码及运行结果如下：

```
SQL> select  chr(90),chr(72),chr(68),(32) S from dual;

C   C   C   S
--- --- --- ------
Z   H   D   32
```

（2）CONCAT（s1,s2）函数

该函数将字符串 s2 连接到字符串 s1 的后面，如果 s1 为 null，则返回 s2；如果 s2 为 null，则返回 s1；如果 s1 和 s2 都为空，则返回 null。

【例 5-39】　使用 concat 函数连接"Hello "和"World"两个字符串，具体代码及运行结果如下：

```
SQL> select concat('Hello ','World!') information from dual;

INFORMATION
------------------
Hello World!
```

（3）INITCAP（s）函数

该函数将字符串 s 的每个单词的第一个字母大写，其他字母小写。单词之间用空格、控制字符、标点符号来区分。

【例 5-40】　使用 initcap 函数转换字符串"oh my god!"的输出，具体代码及运行结果如下：

```
SQL> select initcap('oh my god! ') information from dual;

INFORMATION
------------------
Oh My God!
```

（4）INSTR（s1,s2[,i][,j]）函数

该函数用于返回字符 s2 在字符串 s1 中第 j 次出现时的位置，搜索从字符串 s1 的第 i 个字符开始。当没有发现要查找的字符时，该函数返回值为 0；如果 i 为负数，那么搜索将从右到左进行，但函数的返回位置还是按从左到右来计算。其中，s1 和 s2 均为字符串；i 和 j 均为整数，默认值为 1。

【例 5-41】 在字符串"oracle 11g"中，从第 3 个字符开始查询字符串"1"第 2 次出现的位置，具体代码及运行结果如下：

```
SQL> select instr('oracle 11g','1',3,2) abc from dual;

       ABC
---------------
         9
```

（5）LENGTH（s）函数

该函数用于返回字符串 s 的长度，如果 s 为 null，则返回值为 null。

【例 5-42】 在 SCOTT 模式下，通过使用 length 函数返回雇员名称长度大于 5 的雇员信息及所在部门信息，具体代码如下：

```
SQL> select e.empno,e.ename,d.dname
  2  from emp e inner join dept d
  3  on e.deptno = d.deptno
  4  where length(e.ename) > 5;
```

本例运行结果如图 5-30 所示。

（6）LOWER（s）函数和 UPPER 函数（s）

LOWER（s）函数和 UPPER 函数（s）分别用于返回字符串 S 的小写形式和大写形式，这两个函数经常出现在 WHERE 子句中。

【例 5-43】 在 SCOTT 模式下，实现从 dept 表中查询转换为小写后以字母 a 开头的 dname 与 deptno 列值，具体代码如下。（实例位置：光盘\MR\源码\第 5 章\5-11）

```
SQL>select deptno, lower(dname) from scott.dept where lower(dname) like 'a%';
```

本例运行结果如图 5-31 所示。

EMPNO	ENAME	DNAME
7654	MARTIN	SALES
7844	TURNER	SALES
7934	MILLER	ACCOUNTING

图 5-30 名称长度大于 5 的雇员信息

图 5-31 大小写转换

（7）LTRIM（s1,s2）函数、RTRIM（s1,s2）函数和 TRIM（s1,s2）函数

这三个函数分别用来删除字符串 s1 左边的字符串 s2、删除字符串 s1 右边的字符串 s2，删除字符串 s1 左右两端字符串 s2。若果在这三个函数中不指定字符串 s2，则表示去除相应方位的空格。

【例 5-44】 使用 LTRIM、RTRIM 和 TRIM 函数分别去掉字符串"####East####"、"East   "和"####East###"中左侧"#"、右侧空格和左右两侧的"#"，具体代码及运行结果如下：

```
SQL> select ltrim('####East####','#'),rtrim('East     '),trim('#' from '####East###')
from dual;

LTRIM('#       RTRI    TRIM
-------------   -------  ----
East####        East    East
```

（8）REPLACE（s1,s2[,s3]）函数

该函数使用 s3 字符串替换出现在 s1 字符串中的所有 s2 字符串，并返回替换后的新字符串，其中，s3 的默认值为空字符串。

【例 5-45】　使用 replace 函数把字符串 "Bad Luck Bad Gril" 中的 "Bad" 字符串用 "Good" 替换掉，具体代码及运行结果如下：

```
SQL> select replace('Bad Luck Bad Gril','Bad','Good') from dual;

REPLACE('BADLUCKBAD
--------------------------------
Good Luck Good Gril
```

（9）SUBSTR（s,i,[j]）函数

该函数表示从字符串 s 的第 i 个位置开始截取长度为 j 的子字符串。如果省略参数 j，则直接截取到尾部。其中，i 和 j 为整数。

【例 5-46】　使用 substr 函数在字符串 "'MessageBox'" 中从第 8 个位置截取长度为 3 的子字符串，具体代码及运行结果如下：

```
SQL> select substr('MessageBox',8,3) from dual;

SUB
------
Box
```

5.4.2　数字类函数

数字类函数主要用于执行各种数据计算，所有的数字类函数都有数字参数并返回数字值。Oracle 系统提供了大量的数字类函数，这些函数大大增强了 Oracle 系统的科学计算能力。下面就列出 Oracle 系统中常见的数字类函数，如表 5-1 所示。

表 5-1　　　　数字类函数及其说明

函　数	说　明
ABS(n)	返回 n 的绝对值
CEIL(n)	返回大于或等于数值 n 的最小整数
COS(n)	返回 n 的余弦值，n 为弧度
EXP(n)	返回 e 的 n 次幂，e=2.71828183
FLORR(n)	返回小于或等于 n 的最大整数
LOG(n1,n2)	返回以 n1 为底 n2 的对数
MOD(n1,n2)	返回 n1 除以 n2 的余数
POWER(n1,n2)	返回 n1 的 n2 次方
ROUND(n1,n2)	返回舍入小数点右边 n2 位的 n1 的值，n2 的默认值为 0，这会返回小数点最接近的整数。如果 n2 为负数，就舍入到小数点左边相应的位上，n2 必须是整数
SIGN(n)	若 n 为负数，则返回-1，若 n 为正数，则返回 1，若 n=0，则返回 0
SIN(n)	返回 n 的正弦值，n 为弧度
SQRT(n)	返回 n 的平方根，n 为弧度
TRUNC(n1,n2)	返回结尾到 n2 位小数的 n1 的值，n2 默认设置为 0，当 n2 为默认设置时，会将 n1 截尾为整数，如果 n2 为负值，就截尾在小数点左边相应的位上

在上表中列举了若干三角函数，这些三角函数的操作数和返回值都是弧度，而不是角度，这一点需要读者注意。接下来，对表 5-1 中常用的几个函数进行举例说明。

（1）CEIL（n）函数

该函数返回大于或等于数值 n 的最小整数，它适合一些比较运算。

【例 5-47】 使用 ceil 函数返回 3 个指定小数的整数值，具体代码及运行结果如下：

```
SQL> select ceil(7.3),ceil(7),ceil(-7.3) from dual;

CEIL(7.3)           CEIL(7)            CEIL(-7.3)
--------------      ---------          ----------
         8                 7                   -7
```

（2）ROUND(n1,n2)函数

该函数返回舍入小数点右边 n2 位的 n1 的值，n2 的默认值为 0，这会返回小数点最接近的整数。如果 n2 为负数，就舍入到小数点左边相应的位上，n2 必须是整数。

【例 5-48】 使用 round 函数返回 PI 为两位小数的值，具体代码及运行结果如下：

```
SQL> select round(3.1415926,2) from dual;

ROUND(3.1415926,2)
------------------------
              3.14
```

（3）POWER(n1,n2)函数

该函数返回 n1 的 n2 次方。其中 n1 和 n2 都为整数。

【例 5-49】 使用 power 函数计算 2 的 3 次方的值，具体代码及运行结果如下：

```
SQL> select power(2,3) from dual;

POWER(2,3)
----------------
        8
```

5.4.3　日期和时间类函数

在 Oracle 11g 中，系统提供了许多用于处理日期和时间的函数，通过这些函数可以实现计算需要的特定日期和时间，常用的日期和时间函数如表 5-2 所示。

表 5-2　　　　　　　　　　　　　　日期和时间类函数

函　　数	说　　明
ADD_MONTHS(d,i)	返回日期 d 加上 i 个月之后的结果。其中，i 为任意整数
LAST_DAY(d)	返回包含日期 d 月份的最后一天
MONTHS_BETWEEN(d1,d2)	返回 d1 和 d2 之间的数目，若 d1 和 d2 的日期都相同，或者都是该月的最后一天，则返回一个整数，否则返回的结果将包含一个小数
NEW_TIME(d1,t1,t2)	其中，d1 是一个日期数据类型，当时区 t1 中的日期和时间是 d1 时，返回时区 t2 中的日期和时间。t1 和 t2 是字符串
SYSDATE()	返回系统当前的日期

日期类型的默认格式是"DD-MON-YY"，其中，DD 表示两位数字的"日"，MON 表示 3 位数字的"月份"。YY 表示两位数字的"年份"，例如，"01-10 月-11"表示 2011 年 10 月 1 日。下面看几个常用函数的具体应用。

（1）SYSDATE()函数

该函数返回系统当前的日期。

【例 5-50 】　使用 sysdate 函数返回当期系统的日期，具体代码及运行结果如下：

```
SQL> select sysdate as 系统日期 from dual;

系统日期
--------------
29-9月 -11
```

（2）ADD_MONTHS(d,i)函数

该函数返回日期 d 加上 i 个月之后的结果。其中，i 为任意整数。

【例 5-51 】　使用 ADD_MONTHS 函数在当前日期下加上 6 个月，并显示其值，具体代码及运行结果如下：

```
SQL> select ADD_MONTHS(sysdate,6) from dual;

ADD_MONTHS(SYS
--------------------------
29-3月 -12
```

5.4.4　转换类函数

在操作表中的数据时，经常需要将某个数据从一种类型转换为另外一种数据类型，这时就需要转换类型函数。例如常见的，有把具有"特定格式"字符串转换为日期、把数字转换成字符等。常用的转换函数如表 5-3 所示。

表 5-3　　　　　　　　　　　　转换类函数

函　数	说　　明
CHARTORWIDA(s)	该函数将字符串 s 转换为 RWID 数据类型
CONVERT(s,aset[,bset])	该函数将字符串 s 由 bset 字符集转换为 aset 字符集
ROWIDTOCHAR()	该函数将 ROWID 数据类型转换为 CHAR 类型
TO_CHAR(x[,format])	该函数实现将表达式转换为字符串，format 表示字符串格式
TO_DATE(s[,format[lan]])	该函数将字符串 s 转换成 date 类型，format 表示字符串格式，lan 表示所使用的语言
TO_NUMBER(s[,format[lan]])	该函数将返回字符串 s 代表的数字，返回值按照 format 格式进行显示，format 表示字符串格式，lan 表示所使用的语言

下面来看几个常用转换函数的具体应用。

（1）TO_CHAR()函数

该函数实现将表达式转换为字符串，format 表示字符串格式

【例 5-52 】　使用 to_char 函数转换系统日期为 "YYYY-MM-DD" 格式，具体代码及运行结果如下。（实例位置：光盘\MR\源码\第 5 章\5-12 ）

```
SQL> select sysdate as 默认格式日期, to_char(sysdate,'YYYY-MM-DD') as 转换后日期
 from dual;

默认格式日期           转换后日期
-----------------      ----------
29-9月 -11            2011-09-29
```

（2）TO_NUMBER(s[,format[lan]])函数

该函数将返回字符串 s 代表的数字，返回值按照 format 格式进行显示，format 表示字符串格式，lan 表示所使用的语言

【例 5-53】 使用 to_number 函数把 16 进制数 "18f" 转转为 10 进制数，具体代码及运行结果如下：

```
SQL> select to_number('18f', 'xxx') as 十进制数 from dual;

十进制数
--------------
         339
```

5.4.5 聚合类函数

使用聚合类函数可以针对一组数据进行计算，并得到相应的结果。例如，常有的操作有计算平均值、统计记录数、计算最大值等。Oracle 11g 所提供的主要聚合函数如表 5-4 所示。

表 5-4　　聚合函数

函　数	说　明
AVG(x[DISTINCT|ALL])	计算选择列表项的平均值，列表项目可以是一个列或多个列的表达式
COUNT(x[DISTINCT|ALL])	返回查询结果中的记录数
MAX(x[DISTINCT|ALL])	返回选择列表项目中的最大数，列表项目可以是一个列或多个列的表达式
MIN(x[DISTINCT|ALL])	返回选择列表项目中的最小数，列表项目可以是一个列或多个列的表达式
SUM(x[DISTINCT|ALL])	返回选择列表项目的数值总和，列表项目可以是一个列或多个列的表达式
VARIANCE(x[DISTINCT|ALL])	返回选择列表项目的统计方差，列表项目可以是一个列或多个列的表达式
STDDEV(x[DISTINCT|ALL])	返回选择列表项目的标准偏差，列表项目可以是一个列或多个列的表达式

在实际的应用系统开发中，聚合函数应用比较广泛，比如统计平均值、记录总数等。下面来看一个例子。

【例 5-54】 在 SCOTT 模式下，使用 count 函数计算员工总数，使用 avg 函数计算平均工资，具体代码及运行结果如下：

```
SQL> select count(empno) as 员工总数,round(avg(sal),2) as 平均工资 from emp;

员工总数        平均工资
--------------- ----------
     14         2073.21
```

5.5　子查询的用法

在执行数据操作（包括查询、添加、修改和删除等操作）的过程中，如果某个操作需要依赖于另外一个 SELECT 语句的查询结果，那么就可以把 SELECT 语句嵌入该操作语句中，这样就形成了一个字查询。实际上，在关系型数据库中，各表之间的数据关系非常密切，它们相互关联，相互依存，这样就可以根据数据之间的关系使用相应的子查询，从而实现复杂的查询。

5.5.1　什么是子查询

子查询是在 SQL 语句内的另外一条 SELECT 语句，也被称为内查询或是内 SELECT 语句。在 SELECT、INSERT、UPDATE 或 DELETE 命令中允许是一个表达式的地方都可以包含子查询，子查询甚至可以包含在另外一个子查询中。

【例 5-55】　在 SCOTT 模式下，在 emp 表中查询部门名称（dname）为"RESEARCH"的员工信息，具体代码如下。（实例位置：光盘\MR\源码\第 5 章\5-13）

```
SQL> select empno,ename,job from emp
  2  where deptno=(select deptno from dept
  3  where dname='RESEARCH');
```

本例运行结果如图 5-32 所示。

对上面的代码进行分析，原本在 emp 表中是不存在 dname 字段（部门名称）的，但 emp 表中存在 deptno 字段（部门代码）；dname

EMPNO	ENAME	JOB
7369	SMITH	CLERK
7566	JONES	MANAGER
7788	SCOTT	ANALYST
7876	ADAMS	CLERK
7902	FORD	ANALYST

图 5-32　子查询

字段原本存在于 dept 表中，并且 deptno 字段也存在于 dept 表中，所以 deptno 为两个表之间的关联子段，这样本示例的需求完全可以通过多表关联查询来实现，即可以使用如下代码来替换上面的代码。

```
SQL> select  empno,ename,job
  2  from emp join dept on emp.deptno=dept.deptno
  3  where dept.dname = 'RESEARCH';
```

从上面的两段代码中可以看出，相比多表关联查询，子查询的使用更加灵活、功能更强大，而且更容易理解。但是多表关联查询也有它自身的优点，例如，它的查询效率要高于子查询。

在执行子查询操作的语句中，子查询也称为内查询，包含子查询的查询语句也被称为外查询或主查询。在"例 5-55"的代码中，下面的语句就是子查询：

```
select deptno from dept
where dname='RESEARCH'
```

那么，外查询语句就是：

```
select empno,ename,job from emp
where deptno=
```

在一般情况下，外查询语句语句检索一行，子查询语句需要检索一遍数据，然后判断外查询语句的条件是否满足。如果条件满足，则外查询语句将检索到的数据行添加到结果集中，如果条件不满足，则外查询语句继续检索下一行数据，所以子查询相对多表关联查询要慢一些。

另外，在使用子查询时，还应注意以下规则：

- 子查询必须用括号"()"括起来。
- 子查询中不能包括 ORDER BY 子句。
- 子查询允许嵌套多层，但不能超过 255 层。

在 Oracle 11g 中，通常把子查询再细化为单行子查询、多行子查询和关联子查询 3 种，下面对这些子查询进行详细讲解。

5.5.2　单行子查询

单行子查询是指返回一行数据的子查询语句。当在 WHERE 子句中引用单行子查询时，可以使用单行比较运算符（=、>、<、>=、<=和<>）。

【例 5-56】　在 emp 表中，查询出既不是最高工资，也不是最低工资的员工信息，具体代码如下：

```
SQL> select empno,ename,sal from emp
  2 where sal > (select min(sal) from emp)
  3 and sal < (select max(sal) from emp);
```

本例运行结果如图 5-33 所示。

在上面的语句中，如果内层子查询语句的执行结果为空值，那么外层的 WHERE 子句就始终不会满足条件，这样该查询的结果就必然为空值，因为空值无法参与比较运算。

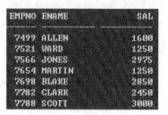

图 5-33   单行子查询

在执行单行子查询时，要注意子查询的返回结果必须是一行数据，否则 Oracle 系统会提示无法执行。另外，子查询中也不能包含 ORDER BY 子句，如果非要对数据进行排序的话，那么只能在外查询语句中使用 ORDER BY 子句。

5.5.3   多行子查询

多行子查询是指返回多行数据的子查询语句。当在 WHERE 子句中使用多行子查询时，必须使用多行比较符（IN、ANY、ALL）。

1. 使用 IN 运算符

当在多行子查询中使用 IN 运算符时，外查询会尝试与子查询结果中的任何一个结果进行匹配，只要有一个匹配成功，则外查询返回当前检索的记录。

【例 5-57】   在 emp 表中，查询不是销售部门（SALES）的员工信息，具体代码如下：

```
SQL> select empno,ename,job
  2 from emp where deptno in
  3 (select deptno from dept where dname<>'SALES');
```

本例运行结果如图 5-34 所示。

EMPNO	ENAME	JOB
7369	SMITH	CLERK
7566	JONES	MANAGER
7782	CLARK	MANAGER
7788	SCOTT	ANALYST

图 5-34   多行子查询

2. 使用 ANY 运算符

ANY 运算符必须与单行操作符结合使用，并且返回行只要匹配子查询的任何一个结果即可。

【例 5-58】   在 emp 表中，查询工资大于部门编号为 10 的任意一个员工工资即可的其他部门的员工信息，具体代码如下：

```
SQL> select deptno,ename,sal from emp where sal > any
  2 (select sal from emp where deptno = 10) and deptno <> 10;
```

本例运行结果如图 5-35 所示。

3. 使用 ALL 运算符

ALL 运算符必须与单行运算符结合使用，并且返回行必须匹配所有子查询结果。

【例 5-59】   在 emp 表中，查询工资大于部门编号为 30 的所有员工工资的员工信息，具体代码如下：

```
SQL> select deptno,ename,sal from emp where sal > all
  2 (select sal from emp where deptno = 30);
```

本例运行结果如图 5-36 所示。

DEPTNO	ENAME	SAL
20	SCOTT	3000
20	FORD	3000
20	JONES	2975
30	BLAKE	2850
30	ALLEN	1600
30	TURNER	1500

图 5-35   ANY 运算符

DEPTNO	ENAME	SAL
20	JONES	2975
20	FORD	3000
20	SCOTT	3000
10	KING	5000

图 5-36   ALL 运算符

5.5.4 关联子查询

在单行子查询和多行子查询中，内查询和外查询是分开执行的，也就是说内查询的执行与外查询的执行是没有关系的，外查询仅仅是使用内查询的最终结果。在一些特殊需求的子查询中，内查询的执行需要借助于外查询，而外查询的执行又离不开内查询的执行，这时，内查询和外查询是相互关联的，这种子查询就被称为关联子查询。

【例 5-60】 在 emp 表中，使用 "关联子查询" 检索工资大于同职位的平均工资的员工信息，具体代码如下。（实例位置：光盘\MR\源码\第 5 章\5-14）

```
SQL> select empno,ename,sal
  2  from emp f
  3  where sal > (select avg(sal) from emp where job = f.job)
  4  order by job;
```

本例运行结果如图 5-37 所示。

在上面的查询语句中，内层查询使用关联子查询计算每个职位的平均工资。而关联子查询必须知道职位的名称，为此外层查询就使用 f.job 字段值为内层查询提供职位名称，以便于计算出某个职位的平均工资。如果外层查询正在检索的数据行的工资高于平均工资，则该行的员工信息会显示出来，否则不显示。

图 5-37 关联子查询

在执行关联子查询的过程中，必须遍历数据表中的每条记录，因此如果被遍历的数据表中有大量数据记录，则关联子查询的执行速度会比较缓慢。

需要补充一点的是，关联子查询不但可以作为 SELECT 语句的子查询，也可以作为 INSERT、UPDATE 或 DELETE 语句的关联子查询，关于在这 3 中语句中实现关联子查询操作将会在 5.6 节的 "操作数据库" 中详细讲解。

5.6 操作数据库

使用 SQL 语句操作数据库，除了查询操作之外，还包括完成插入、更新和删除等数据操作。后 3 种数据操作使用的 SQL 语言也称为数据操纵语言（Data Manipulation Language，DML），它们分别对应 INSERT、DELETE 和 UPDATE 三条语句。在 Oracle 11g 中，DML 除了包括上面提到的 3 种语句之外，还包括 TRUNCATE、CALL、LOCKTABLE 和 MERGE 等语句。本节主要对 INSERT、UPDATE、DELETE、TRUNCATE 的常用 DML 语句进行介绍。

5.6.1 插入数据（INSERT 语句）

插入数据就是将数据记录添加到已经存在的数据表中，Oracle 数据库通过 INSERT 语句来实现插入数据记录。该语句既可以实现向数据表中一次插入一条记录，也可以使用 SELECT 子句将查询结果集批量插入数据表。

单条插入数据是 INSERT 语句最基本的用法，其用法格式如下：

```
INSERT INTO table_name [(column_name1[,column_name2]…)]
VALUES(express1[,express2]…);
```

参数说明如下：

- tablc_name：表示要插入的表名。
- column_name1 和 column_name2：指定表的完全或部分列名称。
- express1 和 express2：表示要插入的值列表

在 INSERT 语句的几种使用方式中，最常用的形式是在 INSERT INTO 子句中指定添加数据的列，并在 VALUES 子句中为各个列提供一个值。

【例 5-61】 在 dept 表中，使用 INSERT 语句添加一条记录，具体代码及运行结果如下：

```
SQL> insert into dept(deptno,dname,loc)
2 values(88,'design','beijing');

已创建 1 行。
```

在上面的示例中，INSERT INTO 子句中指定添加数据的列，既可以是数据表的全部列，也可以是部分列。在指定部分列时，需要注意不许为空（NOT NULL）的列必须被指定出来，并且在 values 子句中的对应赋值也不许为 NULL，否则系统显示"无法将 NULL 插入"的错误信息提示。例如，修改上面的例子，在 INSERT INTO 子句不指定 deptno 列（通过 desc dept 命令可以看到该列是 NOT NULL 的），将出现如图 5-38 所示的错误提示。

```
SQL> insert into dept(dname,loc) values('design','beijing');
insert into dept(dname,loc) values('design','beijing')
*
第 1 行出现错误:
ORA-01400: 无法将 NULL 插入 ("SCOTT"."DEPT"."DEPTNO")
```

图 5-38 不许为空的错误提示

在使用 INSERT INTO 子句指定为表的部分列添加数据时，为了防止产生不许为空值的错误，可以使用 DESC 命令查看数据表中的哪些列不许为空。对于可以为空的列，用户可以不指定其值。

在向表的所有列添加数据时，也可以省略 INSERT INTO 子句后面的列表清单，使用这种方法时，必须根据表中定义的列的顺序，为所有的列提供数据。用户可以使用 DESC 命令来查看表中定义列的顺序。

5.6.2 更新数据（UPDATE 语句）

如果表中的数据不正确或不符合需求，那么就需要对其进行修改。Oracle 数据库通过 UPDATE 语句来实现修改现有的数据记录。

在更新数据时，更新的列数可以由用户自己指定，列与列之间用逗号（","）分隔；更新的条数可以通过 WHERE 子句来加以限制，使用 WHERE 子句时，系统只更新符合 WHERE 条件的记录信息。UPDATE 语句的语法格式如下：

```
UPDATE table_name
SET {column_name1=express1[,column_name2=express2...]
| (column_name1[,column_name2…])=(selectSubquery)}
[WHERE condition];
```

参数说明如下：

- table_name：表示要修改的表名。
- column_name1 和 column_name2：表示指定要更新的列名。

- selectSubquery：任何合法的 SELECT 语句，其所选列的个数和类型要与语句中的 column 对应。

- condition：筛选条件表达式，只有符合筛选条件的记录才被更新。

【例 5-62】　在 SCOTT 模式下，把 emp 表中职务是销售员（SALESMAN）的工资上调 20%，具体代码及运行结果如下：

```
SQL> update emp
  2  set sal = sal*1.2
  3  where job='SALESMAN';
```

已更新 4 行。

在上面的代码中，UPDATE 语句更新记录的数量通过 WHERE 子句实现控制的，这里限制只更新销售员的工资，若取消 WHERE 子句的限制，则系统会将 emp 表中所有人员的工资都上调 20%。

另外，同 INSERT 语句一样，UPDATE 语句也可以与 SELECT 语句组合使用来达到更新数据的目的。

【例 5-63】　在 SCOTT 模式下，把 emp 表中工资小于 2000 的雇员工资调整为管理者的平均工资水平，具体代码及运行结果如下：

```
SQL> update emp
  2  set sal = (select avg(sal)
  3  from emp where job = 'MANAGER')
  4  where sal < 2000;
```

已更新 6 行。

需要注意的是，在将 UPDATE 语句与 SELECT 语句组合使用时，必须保证 SELECT 语句返回单一的值，否则会出现错误提示，导致更新数据失败。

5.6.3　删除数据（DELETE 语句和 TRUNCATE 语句）

Oracle 系统提供了向数据库添加记录的功能，自然也提供了从数据库删除记录的功能。从数据库中删除记录可以使用 DELETE 语句和 TRUNCATE 语句，但这两种语句还是有很大区别的，下面分别进行讲解。

1. DELETE 语句

DELETE 语句用来删除数据库中的所有记录和指定范围的记录，若要删除指定范围的记录，同 UPDATE 语句一样，要通过 WHERE 子句进行限制，其语法格式如下：

```
DELETE FROM table_name
[WHERE condition];
```

参数说明：

❑ table_name：表示要删除记录的表名。

❑ condition：筛选条件表达式，是个可选项，当该筛选条件存在时，只有符合筛选条件的记录才被删除掉。

【例 5-64】　删除 emp 表中 empno = 7369 的员工信息。代码即运行结果如下：

```
SQL> delete from scott.emp where empno = 7369;
```

已删除 1 行。

在上面的代码中，DELETE 语句删除记录的数量通过 WHERE 子句实现控制的，这里限制只删除员工编号（empno）是 "7369" 的记录，若取消 WHERE 子句的限制，则系统会将 emp 表中所有人员的记录都删除。

 使用 DELETE 语句删除数据时，Oracle 系统会产生回滚记录，所以这种操作可以使用 ROLLBACK 语句来撤销。

2. TRUNCATE 语句

如果用户确定要删除表中的所有记录，则除了可以使用 DELETE 语句之外，还可以使用 TRUNCATE 语句，而且 Oracle 本身也建议使用 TRUNCATE 语句。

使用 TRUNCATE 语句删除表中的所有记录要比 DELETE 语句快得多。这是因为使用 TRUNCATE 语句删除数据时，它不会产生回滚记录。当然，执行了 TRUNCATE 语句的操作也就无法使用 ROLLBACK 语句撤销。

5.7　事务处理

事务是由一系列语句构成的逻辑工作单元。事务和存储过程等批处理有一定程度上的相似之处，通常都是为了完成一定业务逻辑而将一条或者多条语句 "封装" 起来，使它们与其他语句之间出现一个逻辑上的边界，并形成相对独立的一个工作单元。

5.7.1　事务概述

当使用事务修改多个数据表时，如果在处理的过程中出现了某种错误，例如，系统死机或突然断电等情况，则返回结果是数据全部没有被保存。因为事务处理的结果只有两种：一种是在事务处理的过程中，如果发生了某种错误则整个事务全部回滚，使所有对数据的修改全部撤销，事务对数据库的操作是单步执行的，当遇到错误时可以随时地回滚；另一种是如果没有发生任何错误且每一步的执行都成功，则整个事务全部被提交。从而可以看出，有效地使用事务不但可以提高数据的安全性，而且还可以增强数据的处理效率。

事务包含 4 种重要的属性，被统称为 ACID（原子性、一致性、隔离性和持久性），一个事务必须通过 ACID。

（1）原子性（Atomic）：事务是一个整体的工作单元，事务对数据库所做的操作要么全部执行，要么全部取消。如果某条语句执行失败，则所有语句全部回滚。

（2）一致性（ConDemoltent）：事务在完成时，必须使所有的数据都保持一致状态。在相关数据库中，所有规则都必须应用于事务的修改，以保持所有数据的完整性。如果事务成功，则所有数据将变为一个新的状态；如果事务失败，则所有数据将处于开始之前的状态。

（3）隔离性（Isolated）：由事务所作的修改必须与其他事务所作的修改隔离。事务查看数据时数据所处的状态，要么是另一并发事务修改它之前的状态，要么是另一事务修改它之后的状态，事务不会查看中间状态的数据。

（4）持久性（Durability）：当事务提交后，对数据库所做的修改就会永久保存下来。

5.7.2　操作事务

Oracle 11g 中的事务是隐式自动开始的，它不需要用户显示地执行开始事务语句。但对于事务的结束处理，则需要用户进行指定的操作，通常在以下情况时，Oracle 认为一个事务结束了。

（1）执行 COMMIT 语句提交事务。

（2）指定 ROLLBACK 语句撤销事务。

（3）执行一条数据定义语句，例如，CREATE、DROP 或 ALTER 等语句。如果该语句执行成功，那么 Oracle 系统会自动执行 COMMIT 命令；否则，则 Oracle 系统会自动执行 ROLLBACK 命令。

（4）执行一个数据控制命令，例如，GRANT、REVOKE 等控制命令，这种操作执行完毕，Oracle 系统会自动执行 COMMIT 命令。

（5）正常地断开数据库的连接、正常地退出 SQL*Plus 环境，则 Oracle 系统会自动执行 COMMIT 命令；否则，则 Oracle 系统会自动执行 ROLLBACK 命令。

综合上面 5 种情况可知，Oracle 结束一个事务归根结底要么执行 COMMIT 语句，要么执行 ROLLBACK 语句，下面对这两种语句进行介绍。

1．提交事务（COMMIT 语句）

提交事务是指把对数据库进行的全部操作持久性地保存到数据库中，这种操作通常使用 COMMIT 语句来完成。在使用该语句提交事务时，Oracle 系统内部会按照如下顺序进行处理。

（1）首先在回滚段内记录当前事务已提交，并且声称一个唯一的系统该编号（SCN），以唯一标识这个事务。

（2）然后启动后台的日志写入进程（LGWR），将 SGA 区的重做日志缓冲区中的数据和当前事物的 SCN 写入重做日志文件中。

（3）接着 Oracle 服务器开始释放事务处理所使用的系统资源。

（4）最后显示通知，告诉用户事务已经成功提交完毕。

【例 5-65】　实现向 scott 模式下的 emp 表中添加数据，并提交事务，代码及运行结果如下：

```
SQL> insert into scott.emp(empno,ename,job) values(7901,'LUCY','CLERK');

已创建 1 行。

SQL> commit;

提交完成。
```

在上面的示例中，如果用户不使用 commit 提交事务，此时，再开启一个 SQL*Plus 环境（但要求当前的 SQL*Plus 环境不退出，若退出，Oracle 系统会自动执行 commit 语句提交数据库），然后在 HR 模式下查询 scott.emp 表，会发现新增加的记录不存在。若用户使用 commit 语句提交事务，则在另一个 SQL*Plus 环境下就能够查询到新增加的记录。

2．回滚事务（ROLLBACK 语句）

回退事务是指撤销对数据库进行的全部操作，Oracle 利用回退段来存储修改前的数据，通过重做日志来记录对数据所做的修改。如果要回退整个事务，Oracle 系统内部将会执行如下操作过程。

（1）首先使用回退段中的数据撤销对数据库所做的修改。

（2）然后 Oracle 后台服务进程释放掉事务所使用的系统资源。

（3）最后显示通知，告诉用户事务回退成功。

Oracle 不仅允许回退整个未提交的事务，还允许回退事务的一部分，这是可以通过"保存点"来完成。在事务的执行过程中，用户可以通过建立保存点将一个较长的事务分隔为几部分。这样用户就可以有选择性地回退到某个保存点，并且该保存点之后的操作都将被取消。

【例 5-66】　新建 stu 表，并向表中先后添加两条数据，使用保存点（savepoint）回滚最后添加的记录，代码及运行结果如下。（实例位置：光盘\MR\源码\第 5 章\5-15）

```
SQL> create table stu(sid number primary key,sname varchar(10),sage number);

表已创建。

SQL> insert into stu values(1,'lili',25);

已创建 1 行。

SQL> savepoint sp;

保存点已创建。

SQL> insert into stu values(2,'lucy',26);

已创建 1 行。

SQL> select * from stu;

       SID SNAME           SAGE
---------- ---------- ----------
         1 lili              25
         2 lucy              26

SQL> rollback to savepoint sp;

回退已完成。

SQL> commit;

提交完成。

SQL> select * from stu;

       SID SNAME           SAGE
---------- ---------- ----------
         1 lili              25
```

5.8　常规 SQL 语句优化

应用系统的性能优化包括对 SQL 语句、Oracle 系统、操作系统等的调整。其中工作量最大的就是 SQL 语句的调整，本节给出常见 SQL 语句和一些技巧的解释，以使读者从中得到启发。

5.8.1　建议不用"*"来代替所有列名

SELECT 语句中可以用"*"来列出某个表的所有列名，但是这样的写法对 Oracle 系统来说会存在解析的动态问题。Oracle 系统会通过查询数据字典来将"*"转换成表的所有列名，这自然会消耗系统时间。建议用户在写 SELECT 语句时，采用与访问表有关的实际列名。

5.8.2　用 TRUNCATE 代替 DELETE

当使用 DELETE 表中的数据行时，Oracle 会使用撤销表空间（UNDO TABLESPACE）来存放恢复的信息。在这期间，如果用户没有发出 COMMIT 语句，而是发出 ROLLBACK 语句，Oracle 系统会将数据恢复到删除之前的状态。当用户使用 TRUNCATE 语句对表的数据进行删除时，系统不会将被删除的数据写到回滚段（或撤销表空间）中，速度当然要快得多。所以当希望对表或者簇中的所有行全部删除时，采用 TRUNCATE 命令更加有效，其语法格式如下：

```
Truncate [table | cluster] schema.[table_name] [cluster_name] [drop | reuse storage];
```

- table_name：要清空的表名。
- cluster_name：要清空的簇名。
- drop | reuse storage：reuse storage 表示保留被删除的空间以供该表的新数据使用，默认为 drop storage，即收回被删除的空间系统。

在 SQLPlus 环境下，直接采用 TRUNCATE TABLE 命令即可，要在 PL/SQL 中使用，只能采用动态语句实现，如下例所示。

【例 5-67】　创建一个存储过程，实现使用 truncate 命令动态删除数据表，代码及运行结果如下。（实例位置：光盘\MR\源码\第 5 章\5-16）

```
SQL> create or replace procedure trun_table(table_deleted in varchar2) as     -- 实
现清空指定的表
  2   cur_name integer;                        --定义内部变量，存储打开的游标
  3   begin
  4   cur_name := dbms_sql.open_cursor;        --打开游标
  5   dbms_sql.parse(cur_name,'truncate table'||table_deleted ||'drop storage',
  dbms_sql.native);                            --执行truncate table table_deleted命令，
从而清空指定的表
  6   dbms_sql.close_cursor(cur_name);         --关闭游标
  7   exception
  8   when others then dbms_sql.close_cursor(cur_name);  --出现异常，关闭游标
  9   raise;
 10   end trun_table;
 11   /
```

过程已创建。

5.8.3　在确保完整性的情况下多用 COMMIT 语句

在 PL/SQL 块中，经常将几个相互联系的 DML 语句写在一个 BEGIN…END 块中，建议在每个块的 END 前面使用 COMMIT 语句，这样就可以实现对象 DML 语句的及时提交，同时也释放事务所占用的资源。

COMMIT 所释放的资源如下。

- 回滚段上用于恢复数据的信息，撤销表空间也只做短暂的保留；
- 被程序语句获得的锁；
- redo log buffer 中的空间；
- Oracle 为管理上述资源的内部花费。

5.8.4 尽量减少表的查询次数

在含有子查询的 SQL 语句中，要特别注意减少对表的查询，如下面的两段代码。

第一种：低效率的 SQL 查询语句：

```
SQL> select empno,ename,job from emp
  2  where deptno in (select deptno from dept where loc = 'BEIJING')
  3  or deptno in (select deptno from dept where loc = 'NEW YORK');
```

第二种：对上面的代码进行适当修改，高效率的 SQL 查询语句如下：

```
SQL> select empno,ename,job from emp
  2  where deptno in (select deptno from dept where loc = 'BEIJING' or loc = 'NEW YORK');
```

在"第一种"查询语句中，要对 dept 表执行两遍的查询，而在"第二种"查询中，仅对 dept 表执行一遍查询。在大量数据的情况下，显然"第二种"查询要比"第一种"查询快得多。

5.8.5 用[NOT] EXISTS 代替[NOT] IN

在子查询中，[NOT] IN 子句将执行一个内部的排序与合并，无论在哪种情况下，[NOT] IN 都是最低效的，因为它对子查询中的表执行了一个全表遍历。为了避免使用[NOT] IN，我们可以把他改写成外连接（outer joins）、NOT EXISTS 或者 EXISTS 子句，如下面的两段代码。

第一种：低效率的 NOT IN 子句：

```
SQL> select empno,ename from emp
  2  where empno not in(select deptno from dept where loc = 'BEIJING');
```

第二种：高效率的 EXISTS 子句：

```
SQL> select empno,ename from emp
  2  where exists (select deptno from dept where loc != 'BEIJING');
```

在 SQL 语句中，许多资料都建议最好不用[NOT] IN。那么，[NOT] IN 在何处可以用呢？这里要一分为二看[NOT] IN，即当[NOT] IN 后面跟子查询，并且查询的结果集较多时，不宜使用[NOT] IN；但如果[NOT] IN 后面的括号内是列表（可枚举的几个）或子查询所满足结果集很少时，也是可以使用的。

5.9 表连接优化

在关系数据库中，各表之间存在一定的关系。无论在数据库中采用哪种优化模式运行，在 SQL 语句中表的连接方法都可能对性能产生很大的影响。

5.9.1 驱动表的选择

驱动表（Driving Table）是指被最先访问的表（通常以全表扫描的方式被访问）。Oracle 11g 优化器会检查 SQL 语句中的每个表的物理大小、索引状态，然后选用花费最低的执行路径，接下来，我们分析下面的一个例子。

【例 5-68】　从 Students 表和 Department 表查询学生信息，代码如下。

```
SQL> select s.Name,d.Dept_Name
  2 from Department d ,Students s
  3 where d.Dept_No = s.Dept_No;
```

在上面的代码中，假设在 Students 表的 dept_no 列创建了索引，而在 Department 表的 dept_no 列没有索引。由于 Department 最先被访问（紧随 from 其后），这样 Department 表将被作为查询中的驱动表，由此可见，只有两个表都建立有索引，优化器才能按照紧随 from 关键字后面的驱动表的规则来对待。

5.9.2　WHERE 子句的连接顺序

Oracle 采用自下而上的顺序解析 WHERE 子句，根据这个原理，表之间的连接必须写在其他 WHERE 条件之前。那些可以过滤掉最大数据记录的条件必须写在 WHERE 子句的末尾，也就是在表进行连接操作以前，过滤掉的记录数越多越好。

5.10　合理使用索引

创建主键和唯一索引的主要目的除了数据的完整性和一致性之外，还具有提高查询速度的作用。此外，创建一般索引的目的是为了提高查询速度。那么如何才能发挥索引的作用呢？下面给出简单的介绍。

5.10.1　何时使用索引

在利用索引的情况下，由于只从表中选择部分行，所以能够提高查询速度。对于只从总行数中查询 2%~4% 的表，可以考虑创建索引。下面是创建索引的基本原则：

- 以查询关键字为基础，表中的行随机排序。
- 包含的列数相对比较少的表。
- 表中的大多数查询都包含相对简单的 WHERE 从句。
- 对于经常以查询关键字为基础的表，并且该表中的行遵从均匀分布。
- 缓存命中率低，并且不需要操作系统权限。

5.10.2　索引列和表达式的选择

在创建索引时，选择列和表达式是非常重要的，下面是创建索引时选择索引列的原则：

- WHERE 从句频繁使用的关键字。
- SQL 语句中频繁用于进行表连接的关键字。
- 可选择性高（重复性少）的关键字。
- 对于取值较少的关键字或表达式，不要采用标准的 B 树索引，可以考虑建立位图索引。
- 不要将那些频繁修改的列作为索引列。
- 不要使用包含操作符或函数的 WHERE 从句中的关键字作为索引列，如果需要的话，可以考虑建立函数索引。
- 如果大量并发的 INSERT、UPDATE、DELETE 语句访问了父表或者子表，则考虑使用完整性约束的外部键作为索引。

● 在选择索引列时，还要考虑该索引所引起的 INSERT、UPDATE、DELETE 操作是否值得。

5.10.3　选择复合索引主列

多列索引也叫做复合索引，复合索引有时比单列索引有更好的性能。如果在建立索引时采用了几个列作为索引，则在使用时也要按照建立时的顺序来描述，也就是说，主列是最先被选择的列，下面来看一个例子。

【例 5-69】　为 tb_test 表创建一个复合索引 complex_index，该索引包括 column1、column2、column3 个列（并且建立顺序亦此），如果把这 3 列作为 where 查询条件，那么这 3 个列的最优排序方式如下：

```
SQL> create index complex_index on tb_test(column1,column2,column3);
```

索引已创建。

```
SQL> select * from tb_test where column1 > 0 and column2 > 0 and column3 < 0;
```

这里的索引 complex_index 是一个复合索引，它包含 column1、column2、column3 三个列。由于本索引被建立成复合型，所以在查询语句中要带有 where...and 从句才能使用该复合索引。

在选择复合索引的关键字时，要遵循下列的原则：

● 如果某些关键字在 WHERE 从句中的使用频率较高，则考虑创建索引。
● 如果某些关键字在 WHERE 从句中的使用频率相当，则创建索引时考虑按照从高到低的顺序来说明关键字。
● 如果几个查询都选择相同的关键字集合，则考虑创建组合索引。
● 创建索引以后使得 WHERE 从句所使用的关键字能够组成前导部分。
● 应该选择在 WHERE 从句条件中频繁使用的关键字，并且这些关键字由 AND 操作符连接。

5.10.4　避免全表扫描大表

在应用程序设计中，除了一个必要的情况，如月报数据的统计，打印所有清单等可以允许使用全表扫描外，一般都应尽量避免对大表进行全表扫描。全表扫描就是指不加任何条件或没有使用索引的查询语句。以下情况 Oracle 就会使用全表扫描：

● 所查询的表没有索引。
● 需要返回所有的行。
● 带 like 并使用 '%'这样的语句就是全表扫描。
● 对索引主列有条件限制，但使用了函数，则 Oracle 使用全表扫描，比如下面的代码：

```
SQL> select * from emp where substr(ename,1,1)='M';
```

● 带有 is null、is not null 或!=等字句也导致全表扫描，比如下面的代码：

```
SQL> select * from emp where job!='MANAGER' ;
```

5.10.5　监视索引是否被使用

除了主键是完整性约束而自动变为索引外，创建普通索引的目的就是为了提高查询速度。如果我们创建了索引而没有被使用，那么这些不被使用的索引将起到阻碍性能的作用。为了辨别索引是否被使用，从 Oracle 9i 版本开始，用户可以对索引进行监视，通常使用 ALTER INDEX...MONITORING USAGE 语句，其具体语法格式如下：

```
alter index index_name monitoring usage;
```

下面来看一个监视索引是否被使用的例子。

【例 5-70】　监视学生成绩表 studentgrade 的 grade_index 索引是否被使用，步骤及代码如下。
（实例位置：光盘\MR\源码\第 5 章\5-17）

（1）设置监视索引 grade_index，代码如下：

```
SQL> alter index grade_index monitoring usage;
```

　索引已更改。

（2）检查索引使用情况，代码如下：

```
SQL> select * from v$object_usage;
```

本例运行结果如图 5-39 所示。

INDEX_NAME	TABLE_NAME	MON	USE	START_MONITORING	END_MONITORIN
GRADE_INDEX	STUDENTGRADE	YES	NO	12/30/2011 13:45:16	

图 5-39　索引 grade_index 的使用情况

（3）在第二步的检查中，如果发现索引 grade_index 在限定的时间内得不到使用（即 USE 列的值为 NO），则建议使用 drop index 语句删除掉，代码如下：

```
SQL> drop index grade_index;
```

5.11　优化器的使用

本节简单给出 Oracle 优化器（optimizer）的使用方法，它是程序员对应用程序优化时的检查工具。作为数据库管理员，理解 Oracle 的优化器对诊断程序的问题是很有好处的。

5.11.1　优化器的概念

尽管现在计算机的 CPU 速度达到 GB 级，但在处理数据库时还是显得不够。在大型应用系统中，存在许多消耗 CPU 大量时间的 SQL 语句，但是却很少被程序员本人发现。

实际上，Oracle 优化器在处理每一个 SQL 语句准备执行之前，都需要进行许多步骤才能使 SQL 语句成为可执行的语句。

（1）语法检查：检查 SQL 语句的拼写是否正确。

（2）语义分析：核实所有与数据字典不一致的表和列的名字。

（3）概要存储检查：检查数据字典，以确定该 SQL 语句的概要是否已经存在。

（4）生成执行计划：使用基于成本的优化规则和数据字典的统计表来决定最佳执行计划。

（5）建立二进制代码：基于执行计划，Oracle 生成了二进制执行代码。

为了使每条 SQL 语句的性能达到优化，建议用户对所有的 SQL 语句执行 EXPLAIN PLAN 命令，并查看输出结果，然后对性能低下的 SQL 语句进行调整。

通过设置执行计划（即 EXPLAIN PLAN 命令），可以了解 Oracle 在执行 SELECT、DELETE、INSERT、UPDATE 语句时的情况。所谓 SQL 语句执行计划就是 Oracle 优化器在执行每个 SQL 语句时所采用的执行顺序。执行计划包括：

- 语句所引用的表的顺序。
- 语句所涉及的表的访问访法。
- 语句中连接操作所影响到的各表的连接方法。

Oracle 11g 数据库在执行 SQL 语句时，都是使用基于代价（或者成本）的优化器——这个代价（或者成本）就是指占用一定的系统资源。

5.11.2　运行 EXPLAIN PLAN

执行计划是 Oracle 系统在执行 SQL 语句时的一种执行策略。那么，我们如何看到这些执行计划的内容呢？

为了得到 Oracle 产生的执行计划的报告，我们必须创建一个表来存放系统检查 SQL 语句执行计划时所产生的结果，建议在用户的账户下执行 UTLXPLAN 脚本来完成 PLAN_TABLE 表的创建，该表存放执行计划的信息。

当运行了 UTLXPLAN.SQL 这个脚本后，Oracle 在用户的账户下创建了 TABLE_NAME 表。该表用于存放用户希望产生的 SQL 语句的执行计划。那么，如何才能使系统生成某个 SQL 语句的执行计划呢？这就是 EXPLAIN PLAN 命令的工作，其语法如下：

```
explain plan [set statement_id [=] <string literal>]
[into <table_name>]
for <sql_statment>;
```

5.11.3　Oracle 11g 中 SQL 执行计划的管理

Oracle 在执行一个 SQL 之前，首先要分析一下语句的执行计划，然后再按执行计划去执行。分析语句执行计划的工作由优化器（Optimizer）来完成的。不同的情况下，一条 SQL 语句可能有多种执行计划，但在某一时刻，一定只有一种计划是最优的，花费时间是最少的。

Oracle 11g 使用基于代价的优化方式（Cost_Based Optimization，简称为 CBD），这里的代价主要指 CPU 和内存，优化器主要参照的是表及索引的统计信息。统计信息给出表的大小、有多少行、每行的长度等信息。这些统计信息起初在数据库内是没有的，是用户在做 ANALYZE（统计分析）后才出现的。很多时候，过期统计信息会令优化器做出一个错误的执行计划，因此用户应及时更新这些信息。

　　不一定用索引就是最优的，比如一个表只有两行数据，一次 IO 就可以完成全表的检索，而此时用索引，则需要两次 IO，这时对这表做全表扫描就是最好的。

5.12　数据库和 SQL 重演

对于数据库和 SQL 语句的优化，Oracle 11g 提出了一个新特性——那就是数据库重演（Databse Replay）和 SQL 重演（SQL Replay）。

5.12.1　数据库重演

Database Replay 是指在产品环境的数据库上捕获所有负载，并可以将之传送至备份的

（Standby）数据库或有备份恢复的测试库上，在测试环境中重演主库的环境，这使得升级或软件更新可以进行预先的"真实"测试，或者可以通过测试环境完全再现真实环境的负载及运行情况。

这是 Oracle 向后追溯能力的又一增强，在 Oracle 10g 中，我们知道 Oracle 通过 V$SESSION_WAIT_HISTORY 视图、ASH 特性等，实现将数据库的等待时间向后追溯。现在通过 Databse Replay 特性，Oracle 可以将整个数据库的负载捕获、记录并实现 Replay，也就是增强了整个数据库的向后追溯能力。

这一特性提供了再现现场能力，极大地丰富了用户发现并解决数据库问题的手段，将为数据库管理带来更多的方便之处。

当然使用这一特性会带来一定的性能负担，Oracle 说这一负担在 5%左右。

5.12.2　SQL 重演

这一特性的简化版本就是 SQL Replay，即只捕获 SQL 负载，通过 SQL 负载，应用程序可以再现 SQL 影响，如图 5-40 所示。

图 5-40　SQL 重演（Replay）

Oracle 已经有了一系列的 Flashback 技术（即闪回技术），现在又有了 Replay 技术，Flashback 可以向后闪回；Replay 可以向前推演，Oracle 给用户提供的手段越来越多了。

5.13　Oracle 的性能顾问

Oracle 数据库中有一位自动数据库诊断监控程序（ADDM）形式的助理 DBA，这种机器人式的 DBA 会不知疲倦地反复搜索数据库性能统计，以标识瓶颈、分析 SQL 语句，并据此提供多种改进性能的建议。Oracle 自动 SQL 调整解决方案包括 SQL 调优顾问（SQL Tuning Advisor）和 SQL 访问顾问（SQL Access Advisor），可以为应用程序提供综合、自动、具有成本效益的解决方案，减少 SQL 的调整时间和管理成本。

5.13.1　SQL 调优顾问

SQL Tuning Advisor（SQL 调优顾问）是 Oracle 10g 中引入的，设计它的目的就是为了替代传统的手工 SQL 调整。

SQL 调优顾问处理的对象包括那些响应时间很慢或者是占用 CPU/DISK 很高的 SQL 语句。

SQL 调优顾问收集这些 SQL 语句，并且给出自己的建议，它包括下面的部分：

- 怎样调整 SQL 的执行计划。
- 优化后效率的提升幅度。
- 做出这条建议的理论原理。
- 直接给出推荐使用的命令。

用户可以有选择性地接收这些建议，然后去调优 SQL。

随着 SQL 调优顾问的引入，用户现在就可以让 Oracle 优化器来自动地调整 SQL。

5.13.2　SQL 访问顾问

SQL 访问顾问（SQL Access Advisor）的设计目的是为了获得有关基于使用频率和使用类型（而非数据类型）进行分区、索引和创建物化视图以改进模式设计的建议。这与 SQL Tuning Advisor 提供有关查询、调整及在流程中延长整个优化过程的建议有所不同，它的特点如下：

- 分析整个负载而不仅仅是单独的 SQL 语句。
- 使访问结构设计更加清晰，以优化应用程序性能。
- 建议创建和删除某些索引、物化视图和物化视图日志以提高性能。

Oracle 11g 的 SQL 访问顾问除了可以像在 Oracle 10g 中一样分析索引、物化视图等，还可以分析表和查询以识别可能的分区策略，这在进行最佳模式设计时可以提供很大的帮助。在 Oracle 11g 中，SQL 访问顾问可以提供与整个负载相关的建议，包括考虑创建成本和维护访问结构等。

5.14　综合实例——查询工资不小于 WARD 的员工信息

本实例实现查询 SCOTT 模式下的 emp 表，查询工资不小于 WARD 的员工信息，开发步骤如下：

（1）打开 SQL*Plus，并以 system 身份登录，成功登录后，在 SQL Plus 中依次输入如下代码切换用户模式。

```
SQL>conn scott/tiger;
```

（2）切换至 SCOTT 模式后，在 SQL*Plus 中输入如下命令实现查询。

```
SQL>select empno,ename,job,sal from emp where
sal>=(select sal from emp where ename ='WARD');
```

查询结果如图 5-41 所示。

EMPNO	ENAME	JOB	SAL
7499	ALLEN	SALESMAN	1600
7521	WARD	SALESMAN	1250
7566	JONES	MANAGER	2975
7654	MARTIN	SALESMAN	1250
7698	BLAKE	MANAGER	2850
7782	CLARK	MANAGER	2450
7839	KING	PRESIDENT	5000
7844	TURNER	SALESMAN	1500
7902	FORD	ANALYST	3000
7934	MILLER	CLERK	1300

图 5-41　查询结果

知识点提炼

（1）用户对表或视图最常进行的操作就是检索数据，检索数据可以通过 SELECT 语句来实现，该语句由多个子句组成，通过这些子句可以完成筛选、投影和连接等各种数据操作，最终得到用户想要的查询结果。

（2）SQL 语言是一种脚本语言，它提供了大量内置函数，使用这些内置函数可以大大增强 SQL 语言的运算和判断功能。本章介绍了 ORACLE 中的一些常用函数，如字符类函数、数字类函数、日期和时间类函数、转换类函数、聚集类函数等。

（3）向数据库中插入、删除、更新数据分别使用的是 INSERT、DELETE 和 UPDATE 语句。

（4）执行 COMMIT 语句提交事务，ROLLBACK 语句撤销事务。

（5）应用系统的性能优化包括对 SQL 语句、Oracle 系统、操作系统等的调整。其中工作量最大的就是 SQL 语句的调整。

（6）驱动表（Driving Table）是指被最先访问的表（通常以全表扫描的方式被访问）。Oracle 11g 优化器会检查 SQL 语句中的每个表的物理大小、索引状态，然后选用花费最低的执行路径。

（7）Database Replay 是指在产品环境的数据库上捕获所有负载，并可以将之传送至备份的（Standby）数据库或有备份恢复的测试库上，在测试环境中重演主库的环境，这使得升级或软件更新可以进行预先的"真实"测试，或者可以通过测试环境完全再现真实环境的负载及运行情况。

（8）Oracle 自动 SQL 调整解决方案包括 SQL 调优顾问（SQL Tuning Advisor）和 SQL 访问顾问（SQL Access Advisor），可以为应用程序提供综合、自动、具有成本效益的解决方案，减少 SQL 的调整时间和管理成本。

习　　题

5-1　要实现分组查询使用的是哪条语句。

5-2　Oracle 数据库中有哪些处理数字的函数。

5-3　Oracle 数据库中有哪些实现转换的函数。

5-4　常规 SQL 语句优化包含哪些内容？

5-5　如何优化表连接？

5-6　何时使用索引？

5-7　如何选择索引列？

5-8　Oracle 调优顾问包含哪些内容？

实验：更新表中数据

实验目的

（1）掌握 UPDATE 更新语句语法。

（2）UPDATE 与 SELECT 语句的嵌套使用。

实验内容

将 EMP 表中编号为 7521 的员工 SAL 值，修改为与员工编号为 7499 相同的 SAL 值。

实验步骤

（1）打开 SQL*Plus，以 SYSTEM 身份登录。在 SQL*Plus 中输入如下语句，切换至 SCOTT 模式。

```
SQL> conn scott/tiger;
```

（2）切换成功后，在 SQL*Plus 中输入如下语句，实现更新数据，代码如下：

```
SQL> update emp set sal =(select sal from emp where empno = 7499) where empno = 7521;
```

第6章
PL/SQL 编程

本章要点:
- 了解 PL/SQL 的相关概述
- 掌握 PL/SQL 的数据类型、变量和常量
- 掌握 PL/SQL 的流程控制语句
- 掌握 PL/SQL 的游标
- 了解 PL/SQl 的异常处理机制

PL/SQL(Procedural Language/SQL)是 Oracle 在数据库中引入的一种过程化编程语言。PL/SQL 构建于 SQL 之上,可以用来编写包含 SQL 语句的程序。PL/SQL 是第 3 代、第 4 代语言,其中包含这类语言的标准编程结构。

6.1　PL/SQL 简介

PL/SQL(Procedural Language/SQL)是一种过程化语言,在 PL/SQL 中可以通过 IF 语句或 LOOP 语句实现控制程序的执行流程,甚至可以定义变量,以便在语句之间传递数据信息,这样 PL/SQL 语言就能够实现操控程序处理的细节过程,不像普通的 SQL 语句(如 DML 语句、DQL 语句)那样没有流程控制,也不存在变量,因此使用 PL/SQL 语言可以实现比较复杂的业务逻辑。PL/SQL 是 Oracle 的专用语言,它是对标准 SQL 语言的扩展,它允许在其内部嵌套普通的 SQL 语句,这样就将 SQL 语句的数据操纵能力、数据查询能力和 PL/SQL 的过程处理能力结合在一起,达到各自取长补短的目的。

6.1.1　PL/SQL 块结构

PL/SQL 程序都是以块(BLOCK)为基本单位,整个 PL/SQL 块分三部分:声明部分(用 DECLARE 开头)、执行部分(以 BEGIN 开头)和异常处理部分(以 EXCEPTION 开头)。其中执行部分是必需的,其他两个部分可选。无论 PL/SQL 程序段的代码量有多大,其基本结构就是由这三部分组成。标准 PL/SQL 块的语法格式如下:

```
[DECLARE]
--声明部分,可选
BEGIN
--执行部分,必须
```

```
[EXCEPTION]
--异常处理部分, 可选
END
```

接下来对 PL/SQL 块的三个组成部分进行详细说明。

（1）声明部分由关键字 DECLARE 开始，到 BEGIN 关键字结束。在这部分可以声明 PL/SQL 程序块中所用到的变量、常量和游标等。需要注意的是，在某个 PL/SQL 块中声明的内容只能在当前块中使用，而在其他 PL/SQL 块中是无法引用的。

（2）执行部分以关键字 BEGIN 开始，它的结束方式通常有两种。如果 PL/SQL 块中的代码在运行时出现异常，则执行完异常处理部分的代码就结束；如果没有使用异常处理或 PL/SQL 块未出现异常，则以关键字 END 结束。执行部分是整个 PL/SQL 程序块的主体，主要的逻辑控制和运算都在这部分完成，所以在执行部分可以包含多个 PL/SQL 语句和 SQL 语句。

（3）异常处理部分以关键字 EXCEPTION 开始，在该关键字所包含的代码执行完毕，整个 PL/SQL 块也就结束了。在执行 PL/SQL 代码（主要是执行部分）的过程中，可能会产生一些意想不到的错误，如除数为零，空值参与运算等，这些错误都会导致程序中断运行。这样程序设计人员就可以在异常处理部分通过编写一定量的代码来纠正错误或者给用于提供一些错误信息提示，甚至是将各种数据操作回退到异常产生之前的状态，以备重新运行代码块。另外，对于可能出现的多种异常情况，用户可以使用 WHEN...THEN 语句来实现多分支判断，然后就可以在每个分支下通过编写代码来处理相应的异常。

对于 PL/SQL 块中的语句，需要指出的是：每一条语句都必须以分号结束，每条 SQL 语句可以写成多行的形式，同样必须使用分号来结束。另外，一行中也可以有多条 SQL 语句，但是它们之间必须以分号分隔。接下来通过一个简单的示例来看一下 PL/SQL 块的完整应用。

【例 6-1】 定义一个 PL/SQL 代码块，计算两个整数的和与这个两个整数的差的商，代码如下。（实例位置：光盘\MR\源码\第 6 章\6-1）

```
SQL> set serveroutput on;
SQL> declare
  2    a int:=100;
  3    b int:=200;
  4    c number;
  5  begin
  6    c:=(a+b)/(a-b);
  7    dbms_output.put_line(c);
  8  exception
  9    when zero_divide then
 10    dbms_output.put_line('除数不许为零!');
 11  end;
 12  /
```

本例运行结果如图 6-1 所示。

图 6-1 求两个整数的和与差的商

在上面的代码中，首先使用 "set serveroutput on" 命令来实现在服务器端显示执行结果；然后使用 declare 关键字声明 3 个变量，其中，前两个整型（int）变量 a 和 b 的初始值分别为 100 和 200；最后在 PL/SQL 块的执行部分计算出这个两个整数的和与它们之间差的商，并调用 "dbms_output.put_line(c);" 语句输出计算结果。另外，为了防止除数为零的情况发生，代码中还设置了异常处理部分。若发生除数为零的情况，则代码块通过调用 "dbms_output.put_line('除数不许为零!');" 语句向用户输出提示信息。

6.1.2　代码注释和标识符

注释用于对程序代码的解释说明，它能够增强程序的可读性，使程序更易于理解。注释编译时被 PL/SQL 编译器忽略掉，注释有单行注释和多行注释两种情况。另外，在 PL/SQL 块中声明的变量、常量、游标和存储过程等标示符的名称都是由一系列字符集所组成的，Oracle 对这些组成标识符的字符集有一定的规范和要求。本小节将对这两项内容进行讲解。

1. 单行注释

单行注释由连个连接字符 "--" 开始，后面紧跟着注释内容。

【例 6-2】　编写一段 PL/SQL 代码块，并为主要代码添加单行注释，代码如下。

```
SQL> set serveroutpu on;                          --在服务器端输出结果
SQL> declare
  2    Num_sal number;                             --声明一个数值变量
  3    Var_ename varchar2(20);                     --声明一个字符串变量
  4  begin
  5    select ename,sal into Var_ename,Num_sal from emp   --检索指定的值并存储到变量中
  6    where empno=7369;
  7    dbms_output.put_line(Var_ename||'的工资是'||Num_sal);  --输出变量中值
  8  end;
```

2. 多行注释

多行注释由/*开头，由*/结尾，这个大多数编程语言是相同的。

【例 6-3】　编写一段 PL/SQL 代码块，并为主要代码添加多行注释，代码如下。

```
SQL> set serveroutpu on;                          /*在服务器端输出结果*/
SQL> declare
  2    Num_sal number;                             /*声明一个数值变量*/
  3    Var_ename varchar2(20);                     /*声明一个字符串变量*/
  4  begin
  5    /*检索指定的值
      并存储到变量中*/
  6    select ename,sal into Var_ename,Num_sal from emp
  7    where empno=7369;.
  8    /*输出变量中值*/
  9    dbms_output.put_line(Var_ename||'的工资是'||Num_sal);
 10  end;
```

3. PL/SQL 字符集

所有的 PL/SQL 程序元素（比如，关键字、变量名、常量名等）都是由一些字符序列组合而成的，而这些字符序列中的字符都必须取自 PL/SQL 语言所允许使用的字符集，那么这些合法的字符集主要包括以下内容：

- 大写和小写字母：A ~ Z 或 a ~ z。
- 数字：0 ~ 9。
- 非显示的字符：制表符、空格和回车。
- 数学符号：+，-，*，/，>，<，=等。
- 间隔符：包括()，{}，[]，?，!，;，:，@，#，%，$，&等。

只有上面列出的这些符合要求的字符才可以在 PL/SQL 程序中使用，其他的字符都是非法的，

不可以使用。PL/SQL 程序不区分字母的大小写，但由单引号 ' ' 引起来的字符串和格式化后的日期除外。

6.2 数据类型、变量和常量

数据类型本质上是一种用于描述数据存储的内存结构，用它来决定变量中所存储数据的类型。而变量本质上是一种用名称进行识别的标示符号，它可以存储不同类型的数据。根据不同的数据类型，定义不同名称的变量，这样就可以存储不同类型的数据。变量在程序运行的过程中，其值可以发生变化，与变量对应的就是常量，常量就是指在程序运行的过程中，其值不会发生变化的量。

6.2.1 基本数据类型

与其他编程语言一样，PL/SQL 语言也有多种数据类型，这些数据类型能够满足在编写 PL/SQL 程序过程中定义变量和常量之用，本节主要介绍在编写 PL/SQL 程序时经常用到的基本数据类型。

1. 数值类型

数值类型主要包括 NUMBER、PLS_INTEGER 和 BINARY_INTEGER 三种基本类型。其中，NUMBER 类型的变量可以存储整数或浮点数；而 BINARY_INTEGER 或 PLS_INTEGER 类型的变量只存储整数。

NUMBER 类型还可以通过 NUMBER(P,S)的形式来格式化数字，其中，参数 P 表示精度，参数 S 表示刻度范围。精度是指数值中所有有效数字的个数，而刻度范围是指小数点右边小数位的个数，在这里精度和刻度范围都是可选的。下面通过一个示例来具体了解一下。

【例 6-4】 声明一个精度为 9，且刻度范围为 2 的表示金额的变量 Num_Money，代码如下。

```
SQL>declar
2  Num_Money NUMBER(9,2);
```

PL/SQL 语言出于代码可读性或为了与来自其他编程语言的数据类型相兼容的考虑，提出了"子类型"的概念，所谓的子类型就是与 NUMBER 类型等价的类型别名，甚至可以说是 NUMBER 类型的多种重命名形式，这些等价的子类型主要包括 DEC、DECIMAL、DOUBLE、INTEGER、INT、NUMERIC、SMALLINT、BINARY_INTEGER、PLS_INTEGER 等。

2. 字符类型

字符类型主要包括 VARCHAR2、CHAR、LONG、NCHAR 和 NVARCHAR2 等。这些类型的变量用来存储字符串或字符数据。下面对这几种字符类型进行讲解。

● VARCHAR2 类型

PL/SQL 语言中的 VARCHAR2 类型和数据库类型中的 VARCHAR2 比较类似，用于存储可变长度的字符串，其声明语法格式为：

```
VARCHAR2(maxlength)
```

参数 maxlength 表示可以存储字符串的最大长度，这个参数值在定义变量时必须给出（因为 VARCHAR2 类型没有默认的最大长度），参数 maxlength 的最大值可以是 32767。

数据库类型的 VARCHAR2 的最大长度是 4000 字节，所以一个长度大于 4000 字节的 PL/SQL 类型 VARCHAR2 变量不可以赋值给数据库中的一个 VARCHAR2 变量，而只能赋值给 LONG 类型的数据库变量。

● CHAR 类型

CHAR 类型表示指定长度的字符串，其语法格式如下：

```
CHAR(maxlength)
```

参数 maxlength 是指可存储字符串的最大长度，以字节为单位，最大为 32767 字节，CHAR 类型的默认最大长度为 1。如果赋给 CHAR 类型变量的值不足 maxlength，则在其后面用空格补全。

 数据库类型中的 CHAR 只有 2000 字节，所以如果 PL/SQL 中 CHAR 类型的变量长度大于 2000 个字节，则不能赋值给数据库中的 CHAR。

● LONG 类型

LONG 类型表示一个可变的字符串，最大长度是 32767 字节，而数据库类型的 LONG 最大长度可达 2GB，所以任何字符串变量都可以赋值给它。

● NCHAR 和 NVARCHAR2 类型

这两种数据类型的长度要根据各国字符集来确定，只能具体情况具体分析。

3. 日期类型

日期类型只有一种——即 DATE 类型，用来存储日期和时间信息，DATE 类型的存储空间是 7 个字节，分别使用一个字节存储世纪、年、月、天、小时、分钟和秒。

4. 布尔类型

布尔类型也只有一种——即 BOOLEAN，主要用于程序的流程控制和业务逻辑判断，其变量值可以是 TRUE、FALSE 或 NULL 中的一种。

6.2.2　特殊数据类型

为了提高用户的编程效率和解决复杂的业务逻辑需求，PL/SQL 语言除了可以使用 Oracle 规定的基本数据类型外，还提供了 3 种特殊的数据类型，但这三种类型仍然是建立在基本数据类型基础之上的。

1. %TYPE 类型

使用%TYPE 关键字可以声明一个与指定列名称相同的数据类型，它通常紧跟在指定列名的后面。

【例 6-5】　声明一个与 emp 表中 job 列的数据类型完全相同的变量 var_job，代码如下。

```
SQL>declare
var_job emp.job%type;
```

在上面的代码中，若 emp.job 列的数据类型为 VARCHAR2(10)，那么变量 var_job 的数据类型也是 VARCHAR2(10)，甚至可以把 "emp.job%type" 就看做是一种能够存储指定列类型的特殊数据类型。

使用%TYPE 定义变量有两个好处：第一，用户不必查看表中各个列的数据类型，就可以确保所定义的变量能够存储检索的数据；第二，如果对表中已有列的数据类型进行修改，则用户不必考虑对已定义的变量所使用的数据类型进行更改，因为%TYPE 类型的变量会根据列的实际类型自动调整自身的数据类型。

【例 6-6】　在 scott 模式下，使用%type 类型的变量输出 emp 表中编号为 7369 的员工名称和职务信息，代码如下。（实例位置：光盘\MR\源码\第 6 章\6-2）

```
SQL> set serveroutput on;
```

```
SQL> declare
  2    var_ename emp.ename%type;                              --声明与 ename 列类型相同的变量
  3    var_job emp.job%type;                                  --声明与 job 列类型相同的变量
  4  begin
  5    select ename,job
  6    into var_ename,var_job
  7    from emp
  8    where empno=7369;                                       --检索数据，并保存在变量中
  9    dbms_output.put_line(var_ename||'的职务是'||var_job);     --输出变量的值
 10  end;
 11  /
```

本例运行结果如图 6-2 所示。

另外，在上面代码中使用 into 子句，它位于 select 子句的后面，用于表示将从数据库检索的数据存储到哪个变量中。

图 6-2   使用%type 类型定义变量并输出

 由于 into 子句中的变量只能存储一个单独的值，所以要求 select 子句只能返回一行数据，这个由 where 子句进行了限定。若 SELECT 子句返回多行数据，则代码运行后会返回错误信息。

2. RECORD 类型

单词 RECORD 有"记录"之意，因此 RECORD 类型也称作"记录类型"，使用该类型的变量可以存储由多个列值组成的一行数据。在声明记录类型变量之前，首先需要定义记录类型，然后才可以声明记录类型的变量。记录类型是一种结构化的数据类型，它使用 type 语句进行定义，在记录类型的定义结构中包含成员变量及其数据类型，其语法格式如下：

```
type record_type is record
(
var_member1 data_type [not null] [:=default_value],
…
var_membern data_type [not null] [:=default_value]);
```

参数说明：

- record_type：表示要定义的记录类型名称。
- var_member1：表示该记录类型的成员变量名称。
- data_type：表示成员变量的数据类型。

从上面的语法结构中可以看出，记录类型的声明类似于 C 或 C++中的结构类型，并且成员变量的声明与普通 PL/SQL 变量的声明相同。下面通过一个实例来看一下如何声明和使用 RECORD 类型。

【例 6-7】   声明一个记录类型 emp_type，然后使用该类型的变量存储 emp 表中的一条记录信息，并输出这条记录信息，代码如下。（实例位置：光盘\MR\源码\第 6 章\6-3）

```
SQL> set serveroutput on;
SQL> declare
  2    type emp_type is record                  --声明 record 类型 emp_type
  3    (
  4      var_ename varchar2(20),                --定义字段/成员变量
  5      var_job varchar2(20),
  6      var_sal number
  7    );
```

```
 8      empinfo  emp_type;                          --定义变量
 9  begin
10      select ename,job,sal
11      into empinfo
12      from emp
13      where empno=7369;                           --检索数据
14      /*输出雇员信息*/
15      dbms_output.put_line('雇员'||empinfo.var_ename||'的职务是'||empinfo.var_job||'、工
资是'||empinfo.var_sal);
16  end;
17  /
```

本例运行结果如图 6-3 所示。

雇员SMITH的职务是CLERK、工资是2712.5
PL/SQL 过程已成功完成。

图 6-3　定义和使用记录类型

3. %ROWTYPE 类型

%ROWTYPE 类型的变量结合了"%TYPE 类型"和"记录类型"变量的优点，它可以根据数据表中行的结构定义一种特殊的数据类型，用来存储从数据表中检索到的一行数据。它的语法形式很简单，如下所示。

```
rowVar_name table_name%rowtype;
```

参数说明如下：

- rowVar_name：表示可以存储一行数据的变量名。
- table_name：指定的表名。

在上面的语法结构中，我们可以不恰当地把"table_name%rowtype"看作是一种能够存储表中一行数据的特殊类型。下面通过一个实例来看一下如何定义和使用%ROWTYPE 类型。

【例 6-8】　声明一个%ROWTYPE 类型的变量 rowVar_emp，然后使用该变量存储 emp 表中的一行数据，代码如下。（实例位置：光盘\MR\源码\第 6 章\6-4）

```
SQL> set serveroutput on;
SQL> declare
 2      rowVar_emp emp%rowtype;              --定义能够存储 emp 表中一行数据的变量 rowVar_emp
 3  begin
 4      select *
 5      into rowVar_emp
 6      from emp
 7      where empno=7369;                    --检索数据
 8      /*输出雇员信息*/
 9      dbms_output.put_line('雇员'||rowVar_emp.ename||'的编号是'||rowVar_emp.empno||',
职务是'||rowVar_emp.job);
10  end;
11  /
```

雇员SMITH的编号是7369,职务是CLERK
PL/SQL 过程已成功完成。

图 6-4　定义和使用%ROWTYPE 类型

本例运行结果如图 6-4 所示。

从上面的运行结果可以看出，变量 rowVar_emp 的存储结构与 emp 表的数据结构完全相同，这时用户完全可以使用 rowVar_emp 变量来代替 emp 表的某一行数据进行编程操作。

6.2.3　定义变量和常量

在上面的章节中，变量的定义和使用已经逐步的渗透给大家，相信读者对变量并不陌生，这节主要是对定义变量的规范进行总结。另外，常量在 PL/SQL 编程中也经常用到，本节也做相应的介绍。

1. 定义变量

变量是指其值在程序运行过程中可以改变的数据存储结构，定义变量必须的元素就是变量名和数据类型，另外还有可选择的初始值，其标准语法格式如下：

`<变量名> <数据类型> [(长度):=<初始值>];`

可见，与很多面向对象的编程语言不同，PL/SQL 中的变量定义要求变量名在数据类型的前面，而不是后面；语法中的长度和初始值是可选项，需要根据实际情况而定。

【例 6-9】 定义一个用于存储国家名称的可变字符串变量 var_countryname，该变量的最大长度是 50，并且该变量的初始值为"中国"，代码如下。

```
var_countryname varchar2(50):='中国';
```

2. 定义常量

常量是指其值在程序运行过程中不可改变的数据存储结构，定义常量必须的元素包括常量名、数据类型、常量值和 constant 关键字，其标准语法格式如下：

`<常量名> constant <数据类型>:=<常量值>;`

对于一些固定的数值，比如，圆周率、光速等，为了防止不慎被改变，最好定义成常量。

【例 6-10】 定义一个常量 con_day，用来存储一年的天数，代码如下。

```
con_day constant integer:=365;
```

6.3　流程控制语句

若要在 PL/SQL 中实现控制程序的执行流程和实现复杂的业务逻辑计算，就必须使用流程控制语句，因为只有能够进行结构控制才能灵活地实现各种复杂操作和功能，PL/SQL 中的流程控制语句主要包括选择语句、循环语句两大类，下面将对这两种控制语句进行详细讲解。

6.3.1　选择语句

选择语句也称为条件语句，它的主要作用是根据条件的变化选择执行不同的代码，主要分为以下 4 种语句。

1. If...then 语句

if...then 语句是选择语句中最简单的一种形式，它只做一种情况或条件判断，其语法格式如下：

```
if < condition_expression> then
plsql_sentence;
end if;
```

参数说明如下：

● condition_expression：表示一个条件表达式，当其值为 true 时，程序会执行 if 下面的 PL/SQL 语句（即"plsql_sentence"语句）；如果其值为 false，则程序会跳过 if 下面的语句而直接执行 end if 后面的语句。

● plsql_sentence：当 condition_expression 表达式的值为 true 时，要执行的 PL/SQL 语句。

【例 6-11】 定义两个字符串变量，然后赋值，接着使用 if...then 语句比较两个字符串变量的长度，并输出比较结果，代码如下。（实例位置：光盘\MR\源码\第 6 章\6-5）

```
SQL> set serveroutput on;
```

```
SQL> declare
  2     var_name1 varchar2(50);                      --定义两个字符串变量
  3     var_name2 varchar2(50);
  4  begin
  5     var_name1:='East';                           --给两个字符串变量赋值
  6     var_name2:='xiaoke';
  7     if length(var_name1) < length(var_name2) then  --比较两个字符串的长度大小
  8       /*输出比较后的结果*/
  9       dbms_output.put_line('字符串“'||var_name1||'”的长度比字符串“'||var_name2||'”
的长度小');
 10     end if;
 11  end;
 12  /                                              --执行代码
```

本例运行结果如图 6-5 所示。

字符串"East"的长度比字符串"xiaoke"的长度小
PL/SQL 过程已成功完成。

图 6-5　使用 if…then 语句比较两个字符串长度

在上面的例子中，字符串"East"的长度（4）肯定小于字符串"xiaoke"的长度（6），所以 if 后面的条件表达式的值为 true，这样程序就会执行 if 下面的 PL/SQL 语句。

如果 if 后面的条件表达式存在"并且"、"或者"、"非"等逻辑运算，则可以使用"and"、"or"、"not"等逻辑运算符。另外，如果要判断 if 后面的条件表达式的值为空值，则需要在条件表达式中使用"is"和"null"关键字，比如下面的代码：

```
if last_name is null then
…;
end if;
```

2．If…then…else 语句

在编写程序的过程中，if…then…else 语句是最常用到的一种选择语句，它可以实现判断两种情况，只要 if 后面的条件表达式为 false，程序就会执行 else 语句下面的 PL/SQL 语句。其语法格式如下：

```
if < condition_expression> then
plsql_sentence1;
else
plsql_sentence2;
end if;
```

参数说明如下：

- condition_expression：表示一个条件表达式，若该条件表达式的值为 true，则程序执行 if 下面的 PL/SQL 语句，即 plsql_sentence1 语句；否则，程序将执行 else 下面的 PL/SQL 语句，即 plsql_sentence2 语句。
- plsql_sentence1：if 语句的表达式为 true 时，要执行的 PL/SQL 语句。
- plsql_sentence2：if 语句的表达式为 false 时，要执行的 PL/SQL 语句。

【例 6-12】　通过 if…else 语句实现只有年龄大于等于 56 岁，才可以申请退休，否则程序会提示不可以申请退休，代码如下。（实例位置：光盘\MR\源码\第 6 章\6-6）

```
SQL> set serveroutput on;
SQL> declare
```

```
 2     age int:=55;                                        --定义整形变量并赋值
 3   begin
 4     if age >= 56 then                                   --比较年龄是否大于 56 岁
 5       dbms_output.put_line('您可以申请退休了！');        --输出可以退休信息
 6     else
 7       dbms_output.put_line('您小于 56 岁,不可以申请退休了！');   --输出不可退休信息
 8     end if;
 9   end;
10   /
```

您小于56岁,不可以申请退休了！
PL/SQL 过程已成功完成。

本例运行结果如图 6-6 所示。　　　　　　　　　　　　　　图 6-6　if...then...else 语句判断退休年龄

3.　If...then...elsif 语句

If...then...elsif 语句实现了多分支判断选择,它使程序的判断选择条件更加丰富,更加多样化,该语句中的哪个判断分支的表达式为 true,那么程序就会执行其下面对应的 PL/SQL 语句,其语法格式如下:

```
if < condition_expression1 > then
plsql_sentence_1;
elsif < condition_expression2 > then
plsql_sentence_2;
...
else
plsql_sentence_n;
end if;
```

参数说明如下:

● condition_expression1:第一个条件表达式,若其值为 false,则程序继续判断 condition_expression2 表达式。

● condition_expression2:第二个条件表达式,若其值 false,则程序继续判断下面的 elsif 语句后面的表达式;若再没有 "elsif" 语句,则程序将执行 else 语句下面的 PL/SQL 语句。

● plsql_sentence_1:第一个条件表达式的值为 true 时,要执行的 PL/SQL 语句。

● plsql_sentence_2:第二个条件表达式的值为 true 时,要执行的 PL/SQL 语句。

● plsql_sentence_n:当其上面所有的条件表达式的值都为 false 时,要执行的 PL/SQL 语句。

【例 6-13】　指定一个月份数值,然后使用 if...then...elsif 语句判断它所属的季节,并输出季节信息,代码如下。(实例位置:光盘\MR\源码\第 6 章\6-7)

```
SQL> set serveroutput on;
SQL> declare
 2     month int:=10;                                      --定义整形变量并赋值
 3   begin
 4     if month >= 1 and month <= 3  then                  --判断春季
 5       dbms_output.put_line('这是春季');
 6     elsif  month >= 4 and month <= 6 then                --判断夏季
 7       dbms_output.put_line('这是夏季');
 8     elsif  month >= 7 and month <= 9  then               --判断秋季
 9       dbms_output.put_line('这是秋季');
10     elsif  month >= 10 and month <= 12 then              --判断冬季
11       dbms_output.put_line('这是冬季');
12     else
```

```
13      dbms_output.put_line('对不起，月份不合法！');
14   end if;
15 end;
16 /
```

本例运行结果如图 6-7 所示。

这是冬季

PL/SQL 过程已成功完成。

图 6-7　使用 if...then...elsif 语句判断季节

　在 if...then...elsif 语句中，多个条件表达式之间不能存在逻辑上的冲突，否则程序将
判断出错！

4. case 语句

从 Oracle 9i 以后，PL/SQL 也可以像其他编程语言一样使用 case 语句，case 语句的执行方式
与 if...then...elsif 语句十分相似。在 case 关键字的后面有一个选择器，它通常是一个变量，程序
就从这个选择器开始执行，接下来是 when 子句，并且在 when 关键字的后面是一个表达式，程序
将根据选择器的值去匹配每个 when 子句中的表达式的值，从而实现执行不同的 PL/SQL 语句，其
语法格式如下：

```
case < selector>
when <expression_1> then plsql_sentence_1;
when <expression_2> then plsql_sentence_2;
…
when <expression_n> then plsql_sentence_n;
[else plsql_sentence;]
end case;
```

参数说明如下：

● selector：一个变量，用来存储要检测的值，通常称之为选择器。这选择器的值需要与 when
子句中的表达式的值进行匹配。

● expression_1：第一个 when 子句中的表达式，这种表达式通常是一个常量，当选择器的
值等于该表达式的值时，程序将执行 plsql_sentence_1 语句。

● expression_2：第二个 when 子句中的表达式，它也通常是一个常量，当选择器的值等于
该表达式的值时，程序将执行 plsql_sentence_2 语句。

● expression_n：第 n 个 when 子句中的表达式，它也通常是一个常量，当选择器的值等于
该表达式的值时，程序将执行 plsql_sentence_n 语句。

● plsql_sentence：一个 PL/SQL 语句，当没有与选择器匹配的 when 常量时，程序将执行该
PL/SQL 语句，其所在的 else 语句是一个可选项。

【例 6-14】　指定一个季度数值，然后使用 case 语句判断它所包含的月份信息并输出，代码
如下。（实例位置：光盘\MR\源码\第 6 章\6-8）

```
SQL> set serveroutput on;
SQL> declare
 2    season int:=3;                        --定义整形变量并赋值
 3    aboutInfo varchar2(50);               --存储月份信息
 4  begin
 5    case season                           --判断季度
 6      when 1 then                         --若是 1 季度
 7        aboutInfo := season||'季度包括1，2，3月份';
 8      when 2 then                         --若是 2 季度
```

```
  9        aboutInfo := season||'季度包括 4, 5, 6 月份';
 10     when 3 then                                    --若是 3 季度
 11        aboutInfo := season||'季度包括 7, 8, 9 月份';
 12     when 4 then                                    --若是 4 季度
 13        aboutInfo := season||'季度包括 10, 11, 12 月份';
 14     else                                           --若季度不合法
 15        aboutInfo := season||'季度不合法';
 16   end case;
 17   dbms_output.put_line(aboutinfo);                 --输出该季度所包含的月份信息
 18 end;
 19 /
```

本例运行结果如图 6-8 所示。

3季度包括7，8，9月份
PL/SQL 过程已成功完成。

图 6-8　使用 case 判断某个季度所包含的月份

6.3.2　循环语句

当程序需要反复执行某一操作时，就必须使用循环结构。PL/SQL 中的循环语句主要包括 loop 语句、while 语句和 for 语句 3 种，本节将对这 3 种循环语句分别进行介绍。

1. loop 语句

loop 语句会先执行一次循环体，然后再判断 "exit when" 关键字后面的条件表达式的值是 true 还是 false，如果是 true，则程序会退出循环体，否则程序将再次执行循环体，这样就使得程序至少能够执行一次循环体，它的语法格式如下：

```
loop
  plsql_sentence;
exit when end_condition_ exp;
end loop;
```

参数说明如下：

● plsql_sentence：循环体中的 PL/SQL 语句，可能是一条，也可能是多条，这是循环体的核心部分，这些 PL/SQL 语句至少被执行一遍。

● end_condition_ exp：循环结束条件表达式，当该表达式的值为 true 时，则程序会退出循环体，否则程序将再次执行循环体。

【例 6-15】　使用 loop 语句求得前 100 个自然数的和，并输出到屏幕，代码如下。（实例位置：光盘\MR\源码\第 6 章\6-9）

```
SQL> set serveroutput on;
SQL> declare
  2    sum_i int:= 0;                                  --定义整数变量，存储整数和
  3    i int:= 0;                                      --定义整数变量，存储自然数
  4  begin
  5    loop                                            --循环累加自然数
  6      i:=i+1;                                        --得出自然数
  7      sum_i:= sum_i+i;                               --计算前 n 个自然数的和
  8      exit when i = 100;                             --当循环 100 次时，程序退出循环体
  9    end loop;
 10    dbms_output.put_line('前 100 个自然数的和是：'||sum_i);     --计算前 100 个自然数的和
 11  end;
 12  /
```

本例运行结果如图 6-9 所示。

前100个自然数的和是：5050
PL/SQL 过程已成功完成。

在上面的代码中，每一次循环 i 的值都会自增 1，变成一个
新的自然数，然后使用 sum_i 这个变量存储前 n 个自然数的和，
当 i 的值为 100 时，结束循环。

图 6-9　求得前 100 个自然数的和

2．while 语句

while 语句根据它的条件表达式的值执行零次或多次循环体，在每次执行循环体之前，首先要
判断条件表达式的值是否为 true，若为 true，则程序执行循环体；否则退出 while 循环，然后继续
执行 while 语句后面的其他代码，其语法格式如下。

```
while condition_expression loop
plsql_sentence;
end loop;
```

参数说明如下：

● condition_expression：表示一个条件表达式，当其值为 true 时，程序执行循环体，否则程
序退出循环体，程序每次在执行循环体之前，都要首先判断该表达式的值是否为 true。

● plsql_sentence：循环体内的 PL/SQL 语句。

【例 6-16】　使用 while 语句求得前 100 个自然数的和，并输出到屏幕，代码如下。（实例位
置：光盘\MR\源码\第 6 章\6-10）

```
SQL> set serveroutput on;
SQL> declare
  2    sum_i int:= 0;                              --定义整数变量，存储整数和
  3    i int:= 0;                                  --定义整数变量，存储自然数
  4  begin
  5    while i<=99 loop                            --当 i 的值等于 100 时，程序退出 while 循环
  6      i:=i+1;                                   --得出自然数
  7      sum_i:= sum_i+i;                          --计算前 n 个自然数的和
  8    end loop;
  9    dbms_output.put_line('前100个自然数的和是: '||sum_i);   --计算前 100 个自然数的和
 10  end;
 11  /
```

本例运行效果如图 6-10 所示。

前100个自然数的和是：5050
PL/SQL 过程已成功完成。

在上面的代码中，只要 i 的值小于 100，程序就会反复地执
行循环体，这样 i 的值就会自增 1，从而得到一个新的自然数，然后使用 sum_i 这个变量存储前 n
个自然数的和，当 i 的值增长到 100 时，条件表达式的值就为 false，导致 while 循环结束。

图 6-10　求得前 100 个自然数的和

3．for 语句

for 语句是一个可预置循环次数的循环控制语句，它有一个循环计数器，通常是一个整型变量，
通过这个循环计数器来控制循环执行的次数。该计数器可以从小到大进行记录，也可以相反，从
大到小进行记录。另外，该计数器值的合法性由上限值和下限值控制，若计数器值在上限值和下
限值的范围内，则程序执行循环；否则，终止循环，其语法格式如下。

```
for variable_counter_name in [reverse] lower_limit..upper_limit loop
plsql_sentence;
end loop;
```

参数说明如下：

● variable_counter_name：：表示一个变量，通常为整数类型，用来作为计数器。默认情况
下计数器的值会循环递增，当在循环中使用 reverse 关键字时，计数器的值会随循环递减。

- lower_limit：计数器的下限值，当计数器的值小于下限值时，程序终止 for 循环。
- upper_limit：计数器的上限值，当计数器的值大于上限值时，程序终止 for 循环。
- plsql_sentence：表示 PL/SQL 语句，作为 for 语句的循环体。

【例 6-17】 使用 for 语句求得前 100 个自然数中偶数之和，并输出到屏幕，代码如下。（实例位置：光盘\MR\源码\第 6 章\6-11）

```
SQL> set serveroutput on;
SQL> declare
  2    sum_i int:= 0;                          --定义整数变量, 存储整数和
  3  begin
  4    for i in reverse 1..100 loop            --遍历前 100 个自然数
  5      if mod(i,2)=0 then                     --判断是否为偶数
  6        sum_i:=sum_i+i;                       --计算偶数和
  7      end if;
  8    end loop;
  9    dbms_output.put_line('前 100 个自然数中偶数之和是: '||sum_i);
 10  end;
 11  /
```

本例运行结果如图 6-11 所示。

前100个自然数中偶数之和是: 2550
PL/SQL 过程已成功完成。

图 6-11 计算前 100 个自然数中偶数之和

在上面的 for 语句中，由于使用了关键字 "reverse"，表示计数器 i 的值为递减状态，即 i 的初始值为 100，随着每次递减 1，最后一次 for 循环时 i 的值变为 1。如果在 for 语句中不使用关键字 "reverse"，则表示计数器 i 的值为递增状态，即 i 的初始值为 1。

6.4 PL/SQL 游标

游标提供了一种从表中检索数据并进行操作的灵活手段，游标主要用在服务器上，处理由客户端发送给服务器端的 SQL 语句，或是批处理、存储过程、触发器中的数据处理请求。游标的作用就相当于指针，通过游标 PL/SQL 程序可以一次处理查询结果集中的一行，并可以对该行数据执行特定操作，从而为用户在处理数据的过程中提供很大方便。

在 Oracle 中，通过游标操作数据主要使用显式游标和隐式游标。另外，还包括具有引用类型特性的 REF 游标。因篇幅限制，本书主要介绍前两种经常使用的游标（显式游标和隐式游标）。

6.4.1 显式游标

显式游标是由用户声明和操作的一种游标，通常用于操作查询结果集（即由 SELECT 语句返回的查询结果），使用它处理数据的步骤包括：声明游标、打开游标、读取游标和关闭游标 4 个步骤。其中读取游标可能是个反复操作的步骤，因为游标每次只能读取一行数据，所以对于多条记录，需要反复读取，直到游标读取不到数据为止，其操作过程如图 6-12 所示。

图 6-12   显示游标操作数据的过程

1. 声明游标

声明游标主要包括游标名称和为游标提供结果集的 SELECT 语句。因此，在声明游标时，必须指定游标名称和游标所使用的 SELECT 语句，声明游标的语法格式如下：

```
cursor cur_name[(input_parameter1[,input_parameter2]…)]
[return ret_type]
is select_ sentence;
```

参数说明如下：

- cur_name：表示所声明的游标名称。
- ret_type：表示执行游标操作后的返回值类型，这是一个可选项。
- select_ sentence：游标所使用的 SELECT 语句，它为游标的反复读取提供了结果集。
- input_parameter1：作为游标的"输入参数"，可以有多个，这是一个可选项。它指定用户在打开游标后向游标中传递的值，该参数的定义和初始化格式如下：

```
para_name [in] datatype [{:= | default} para_value]
```

其中，para_name 表示参数名称，其后面的关键字"in"表示输入方向，可以省略；datatype 表示参数的数据类型，但数据类型不可以指定长度；para_value 表示该参数的初始值或默认值，它也可以是一个表达式；para_name 参数的初始值既可以以常规的方式赋值（:=），也可以使用关键字 defalut 初始化默认值。

与声明变量一样，定义游标也应该放在 PL/SQL 块的 declare 部分，下面来看一个具体的例子。

【例 6-18】 声明一个游标，用来读取 emp 表中职务为销售员（SALESMAN）的雇员信息，代码如下。

```
SQL> declare
  2    cursor cur_emp(var_job in varchar2:='SALESMAN')
  3    is select empno,ename,sal
  4      from emp
  5      where job=var_job;
```

在上面的代码中，声明了一个名称为 cur_emp 的游标，并定义一个输入参数 var_job（类型为 varchar2，但不可以指定长度，如 varchar2(10)，否则程序报错），该参数用来存储雇员的职务（初始值为 SALESMAN），然后使用 SELECT 语句检索职务是销售员的结果集，以等待游标逐行读取它。

2. 打开游标

在游标声明完毕之后，必须打开才能使用，打开游标的语法格式如下：

```
open cur_name[(para_value1[,para_value2]…)];
```

- cur_name：要打开的游标名称。
- para_value1：指定"输入参数"的值，根据声明游标时的实际情况，可以是多个或一个，这是一个可选项。如果在声明游标时定义了"输入参数"，并初始化其值，而在此处省略"输入参数"的值，则表示游标将使用"输入参数"的初始值；若在此处指定"输入参数"的值，则表示游标将使用这个指定的"参数值"。

在打开游标的过程中，程序首先将符合条件的记录送入内存中，然后再将"指针"指向第一条记录。紧接上一个例子中的代码，打开游标的代码如下：

```
open cur_emp('MANAGER');
```

上面这条语句表示打开游标 cur_emp，然后给游标的"输入参数"赋值为"MANAGER"。当然这里可以省略"('MANAGER')"，这样表示"输入参数"的值仍然使用其初始值（即 SALESMAN）。

3. 读取游标

当打开一个游标之后，就可以读取游标中的数据了，读取游标就是逐行将结果集中的数据保存到变量中。读取游标使用 fetch...into 语句，其语法格式如下。

```
fetch cur_name into {variable};
```

参数说明如下：

● cur_name：要读取的游标名称。

● variable：表示一个变量列表或"记录"变量（RECORD 类型），Oracle 使用"记录"变量来存储游标中的数据，要比使用变量列表方便得多。

在游标中包含一个数据行指针，它用来指向当前数据行。刚刚打开游标时，指针指向结果集中的第一行，当使用 fetch...into 语句读取数据完毕之后，游标中的指针将自动指向下一行数据。这样，就可以在循环结构中使用 fetch...into 语句来读取数据，这样每一次循环都会从结果集中读取一行数据，直到指针指向结果集中最后一条记录之后为止（实际上，最后一条记录之后是不存在的，是空的，这里只是表示遍历完所有的数据行），这时游标的%found 属性值为 false（关于游标的属性会在 6.4.2 小节中介绍）。

下面通过一个具体的实例来演示一下如何使用游标读取数据。

【例 6-19】 声明一个检索 emp 表中雇员信息的游标，然后打开游标，并指定检索职务是"MANAGER"的雇员信息，接着使用 fetch...into 语句和 while 循环读取游标中的所有雇员信息，最后输出读取的雇员信息，代码如下。（实例位置：光盘\MR\源码\第 6 章\6-12）

```
SQL> set serveroutput on;
SQL> declare
  2    /*声明游标，检索雇员信息*/
  3    cursor cur_emp (var_job in varchar2:='SALESMAN')
  4    is select empno,ename,sal
  5      from emp
  6      where job=var_job;
  7    type record_emp is record     --声明一个记录类型（RECORD 类型）
  8    (
  9      /*定义当前记录的成员变量*/
 10      var_empno emp.empno%type,
 11      var_ename emp.ename%type,
 12      var_sal emp.sal%type
 13    );
 14    emp_row record_emp;            --声明一个 record_emp 类型的变量
 15  begin
 16    open cur_emp('MANAGER');       --打开游标
 17    fetch cur_emp into emp_row;    --先让指针指向结果集中的第一行，并将值保存到 emp_row 中
 18    while cur_emp%found loop
```

```
19      dbms_output.put_line(emp_row.var_ename||'的编号是'
     ||emp_row.var_empno||',工资是'||emp_row.var_sal);
20      fetch cur_emp into emp_row;--让指针指向结果集中的下一行，并将值保存到emp_row中
21      end loop;
22      close cur_emp;                        --关闭游标
23 end;
24 /
```

本例运行结果如图 6-13 所示。

图 6-13　使用游标读取员工信息

对于上例中的代码，在 while 语句之前，首先使用 fetch…into 语句将游标中的指针移动到结果集中的第一行，这样属性%found 的值就为 true，从而保证 while 语句的循环判断条件成立。

4. 关闭游标

游标使用完毕，需要关闭，以释放系统资源，比如，SELECT 语句返回的结果集等。它的语法格式如下。

```
close cur_name;
```

参数说明如下：

参数 cur_name 表示要关闭的游标名称。

例如，上个例子中，在读取完结果集之后，使用如下的 close 语句关闭了游标：

```
22      close cur_emp;                        --关闭游标
```

6.4.2　游标属性

无论是显式游标还是隐式游标，都具有%found、%notfound、%isopen 和%rowcount 四个属性，通过这 4 个属性可以获知 SQL 语句的执行结果以及该游标的状态信息。下面对这 4 个属性的功能进行讲解。

- %found：布尔型属性，如果 SQL 语句至少影响到一行数据，则该属性为 true，否则为 fasle。
- %notfound：布尔型属性，与%found 属性的功能相反。
- %rowcount：数字型属性，返回受 SQL 语句影响的行数。
- %isopen：布尔型属性，当游标已经打开时返回 true，游标关闭时则为 false。

下面通过一个实例来查看如何使用游标的%found 属性来判断检索结果集中是否有数据行。

【例 6-20】　声明一个游标，用于检索指定员工编号的雇员信息，然后使用游标的%found 属性来判断是否检索到指定员工编号的雇员信息，代码如下。（实例位置：光盘\MR\源码\第 6 章\6-13）

```
SQL> set serveroutput on;
SQL> declare
  2    var_ename varchar2(50);                --声明变量，用来存储雇员名称
  3    var_job varchar2(50);                  --声明变量，用来存储雇员的职务
  4    /*声明游标，检索指定员工编号的雇员信息*/
  5    cursor cur_emp                         --定义游标，检索指定编号的记录信息
  6    is select ename,job
```

```
 7      from emp
 8      where empno=7499;
 9  begin
10      open cur_emp;                          --打开游标
11      fetch cur_emp into var_ename,var_job;  --读取游标，并存储雇员名和职务
12      if cur_emp%found then                  --若检索到数据记录，则输出雇员信息
13      dbms_output.put_line('编号是7499的雇员名称为: '||var_ename||', 职务是: '||var_job);
14      else
15      dbms_output.put_line('无数据记录');     --提示无记录信息
16      end if;
17  end;
18  /
```

本例运行结果如图 6-14 所示。

图 6-14   使用游标的%found 属性判断是否存在检索记录

在上面的例子中，若检索到编号为 7499 的雇员信息，则 select 语句会返回一行数据，这时游标 cur_emp 的%found 属性值为 true；若检索不到编号为 7499 的雇员信息，则 select 语句无数据行返回，这时游标 cur_emp 的%found 属性值为 false。

6.4.3   隐式游标

在执行一个 SQL 语句时，Oracle 会自动创建一个隐式游标。这个游标是内存中处理该语句的工作区域。隐式游标主要是处理数据操纵语句（如 UPDATE、DELETE 语句）的执行结果，当然特殊情况下，也可以处理 SELECT 语句的查询结果。由于隐式游标也有属性，当使用隐式游标的属性时，需要在属性前面加上隐式游标的默认名称——SQL。

在实际的 PL/SQL 编程中，经常使用隐式游标来判断更新数据行或删除数据行的情况，下面就来看一个实例。

【例 6-21】   在 SCOTT 模式下，把 emp 表中销售员（即 SALESMAN）的工资上调 20%，然后使用隐式游标 sql 的%rowcount 属性输出上调工资的员工数量，代码如下。（实例位置：光盘\MR\源码\第 6 章\6-14）

```
SQL> set serveroutput on;
SQL> begin
 2      update emp
 3      set sal=sal*(1+0.2)
 4      where job='SALESMAN';              --把销售员的工资上调20%
 5      if sql%notfound then               --若update 语句没有影响到任何一行数据
 6      dbms_output.put_line('没有雇员需要上调工资');
 7      else                               --若update 语句至少影响到一行数据
 8      dbms_output.put_line('有'||sql%rowcount||'个雇员工资上调20%');
 9      end if;
10  end;
11  /
```

本例运行结果如图 6-15 所示。

在上面的代码中，标识符"sql"就是 update 语句在更新数

图 6-15   使用隐式游标更新数据记录

据过程中所使用的隐式游标，它通常处于隐藏状态，是由 Oracle 系统自动创建的。当需要使用隐式游标的属性时，标识符 "sql" 就必须显式地添加到属性名称之前。另外，无论是隐式游标，还是显式游标，它们的属性总是反映最近的一条 SQL 语句的处理结果。因此在一个 PL/SQL 块中出现多个 SQL 语句时，游标的属性值只能反映出紧挨着它上面那条 SQL 的处理结果。

6.4.4　通过 for 语句循环游标

在使用隐式游标或显式游标处理具有多行数据的结果集时，用户可以配合 for 语句来完成。在使用 for 语句遍历游标中的数据时，可以把它的计时器看做是一个自动的 RECORD 类型的变量。

（1）在 for 语句中遍历隐式游标中的数据时，通常在关键字 "in" 的后面提供由 SELECT 语句检索的结果集，在检索结果集的过程中，Oracle 系统会自动提供一个隐式的游标 sql。

【例 6-22】　使用隐式游标和 for 语句检索出职务是销售员的雇员信息并输出，代码如下。（实例位置：光盘\MR\源码\第 6 章\6-15）

```
SQL> set serveroutput on
SQL> begin
  2    for emp_record in (select empno,ename,sal from emp where job='SALESMAN')-- 遍
历隐式游标中的记录
  3    loop
  4      dbms_output.put('雇员编号: '||emp_record.empno);          --输出雇员编号
  5      dbms_output.put('; 雇员名称: '||emp_record.ename);        --输出雇员名称
  6      dbms_output.put_line('; 雇员工资: '||emp_record.sal);     --输出雇员工资
  7    end loop;
  8  end;
  9  /
```

本例运行效果如图 6-16 所示。

（2）在 for 语句中遍历显式游标中的数据时，通常在关键字 "in" 的后面提供游标的名称，其语法格式如下：

图 6-16　使用隐式游标处理多行记录

```
for var_auto_record in cur_name loop
plsqlsentence;
end loop;
```

参数说明如下：

- var_auto_record：自动的 RECORD 类型的变量，可以是任意合法的变量名称。
- cur_name：指定的游标名称。
- plsqlsentence：PL/SQL 语句。

【例 6-23】　使用显式游标和 for 语句检索出部门编号是 30 的雇员信息并输出，代码如下。（实例位置：光盘\MR\源码\第 6 章\6-16）

```
SQL> set serveroutput on;
SQL> declare
  2    cursor cur_emp is
  3    select * from emp
  4    where deptno = 30;                              --检索部门编号为 30 的雇员信息
  5  begin
  6    for emp_record in cur_emp                       --遍历雇员信息
  7    loop
  8      dbms_output.put('雇员编号: '||emp_record.empno);    --输出雇员编号
  9      dbms_output.put('; 雇员名称: '||emp_record.ename); --输出雇员名称
```

```
10      dbms_output.put_line('; 雇员职务: '||emp_record.job);  --输出雇员职务
11    end loop;
12  end;
13  /
```

本例运行结果如图 6-17 所示。

```
雇员编号: 7499; 雇员名称: ALLEN; 雇员职务: SALESMAN
雇员编号: 7521; 雇员名称: WARD; 雇员职务: SALESMAN
雇员编号: 7654; 雇员名称: MARTIN; 雇员职务: SALESMAN
雇员编号: 7698; 雇员名称: BLAKE; 雇员职务: MANAGER
雇员编号: 7844; 雇员名称: TURNER; 雇员职务: SALESMAN
雇员编号: 7900; 雇员名称: JAMES; 雇员职务: CLERK
PL/SQL 过程已成功完成。
```

图 6-17　使用显式游标处理多行记录

 说明　在使用游标（包括显式和隐式）的 for 循环中，可以声明游标，但不用进行打开游标、读取游标和关闭游标等操作，这些由 Oracle 系统内部自动完成。

6.5　PL/SQL 异常处理

在编写 PL/SQL 程序时，避免不了会发生一些错误。错误可能是由于程序设计人员自己造成的，也可能是由于操作系统或硬件环境出错造成的，例如，出现除数为零、磁盘 I/O 错误等情况。对于出现的这些错误，Oracle 采用异常机制来处理，异常处理代码通常放在 PL/SQL 的 EXCEPTION 代码块中。根据异常产生的机制和原理，可将 Oracle 系统异常分为以下两大类：

● 预定义异常：Oracle 系统自身为用户提供了大量的、可在 PL/SQL 中使用的预定义异常，以便检查用户代码失败的一般原因。它们都定义在 Oracle 的核心 PL/SQL 库中，用户可以在自己的 PL/SQL 异常处理部分使用名称对其进行标识。对这种异常情况的处理，用户无需在程序中定义，它们由 Oracle 自动引发。

● 自定义异常：有时候可能会出现操作系统错误或机器硬件故障，这些错误 Oracle 系统自身无法知晓，也不能控制。例如，操作系统因病毒破坏而产生故障、磁盘损坏、网络突然中断等。另外，因业务的实际需求，程序设计人员需要自定义一些错误的业务逻辑，而 PL/SQL 程序在运行过程中就可能会触发到这些错误的业务逻辑。那么，对于以上这些异常情况的处理，就需要用户在程序中自定义异常，然后由 Oracle 自动引发。

6.5.1　预定义异常

当 PL/SQL 程序违反了 Oracle 系统内部规定的设计规范时，就会自动引发一个预定义的异常，例如，当除数为零时，就会引发 "ZERO_DIVIED" 异常。Oracle 系统常见的预定义异常及其说明如表 6-1 所示。

表 6-1　　　　　　　　　　Oracle 系统常见的预定义异常及其说明

系统预定义异常	说　　明
ZERO_DIVIDE	除数为零时引发的异常
ACCESS_INTO_NULL	企图为某个未初始化对象的属性赋值

续表

系统预定义异常	说　　明
COLLECTION_IS_NULL	企图使用未初始化的集合元素
CURSOR_ALREADY_OPEN	企图再次打开一个已经打开过的游标，但在重新打开之前，游标未关闭
INVALID_CURSOR	执行一个非法的游标操作，例如，关闭一个未打开的游标
INVALID_NUMBER	企图将一个字符串转换成一个无效的数字而失败
LOGIN_DENIED	企图使用无效的用户名或密码链接数据库
NO_DATA_FOUND	SELECT INTO 语句没有返回数据
ROWTYPE_MISMATCH	主游标变量与 PL/SQL 游标变量的返回类型不兼容
SELF_IS_NULL	使用对象类型时，使用空对象调用其方法
SUBSCRIPT_BEYOND_COUNT	元素下标超过嵌套表或 VARRAY 的最大值
SUBSCRIPT_OUTSIDE_LIMIT	企图使用非法索引号引用嵌套表或 VARRAY 中的元素
SYS_INVALID_ROWID	字符串向 ROWID 转换时的错误，因为该字符串不是一个有效的 ROWID 值
TIMEOUT_ON_RESOURCE	Oracle 在等待资源时超时
TOO_MANY_ROWS	执行 SELECT INTO 语句时，结果集超过一行引发的异常

下面通过一个实例来说明如何使用系统预定义异常。

【例 6-24】　使用 SELECT INTO 语句检索 emp 表中部门编号为 10 的雇员记录信息，然后使用 "too_many_rows" 预定义异常捕获错误信息并输出，代码如下。（实例位置：光盘\MR\源码\第 6 章\6-17）

```
SQL> set serveroutput on;
SQL> declare
  2    var_empno number;                    --定义变量，存储雇员编号
  3    var_ename varchar2(50);              --定义变量，存储雇员名称
  4  begin
  5    select empno,ename into var_empno,var_ename
  6    from emp
  7    where deptno=10;                     --检索部门编号为 10 的雇员信息
  8    if sql%found then                    --若检索成功，则输出雇员信息
  9      dbms_output.put_line('雇员编号: '||var_empno||'；雇员名称'||var_ename);
 10    end if;
 11  exception                             --捕获异常
 12    when too_many_rows then              --若 SELECT INTO 语句的返回记录超过一行
 13      dbms_output.put_line('返回记录超过一行');
 14    when no_data_found then              --若 SELECT INTO 语句的返回记录为 0 行
 15      dbms_output.put_line('无数据记录');
 16  end;
 17  /
```

本例运行结果如 6-18 所示。

图 6-18　使用 too_many_rows 异常

在上面的例子中，由于部门编号为 10 的员工记录数大于 1，所以 SELECT INTO 语句的返回行数就要超过一行，由于 Oracle 系统内部规定不允许该语句的返回行数超过一条，所以必然会引发异常，即引发 too_many_rows 系统预定义异常。

6.5.2 自定义异常

Oracle 系统内部的预定义异常仅仅 20 左右个，而实际程序运行过程中可能会产生几千个异常情况，为此 Oracle 经常使用错误编号和相关描述输出异常信息。另外，程序设计人员可能会根据实际的业务需求定义一些特殊异常，这样 Oracle 的自定义异常就可以分为错误编号异常和业务逻辑异常两种。

1. 错误编号异常

错误号异常是指在 Oracle 系统发生错误时，系统会显示错误号和相关描述信息的异常，虽然直接使用错误编号也可以完成异常处理，但错误编号较为抽象，不易于用户理解和记忆，对于这种异常，首先在 PL/SQL 块的声明部分（DECLARE 部分）使用 EXCEPTION 类型定义一个异常变量名，然后使用语句 PRAGMA EXCEPTION_INIT 为"错误编号"关联"这个异常变量名"，接下来就可以像对待系统预定义异常一样处理了。

下面通过一个具体的实例来演示如何为 Oracle 系统的"错误编号"做自定义异常处理。首先我们向 dept 表中插入一条部门编号为 10 的记录（事先查询过，部门编号 10 已经存在于 dept 表中，并且部门编号为 dept 表的唯一主键），然后执行 INSERT 语句，得到如图 6-19 所示的运行结果。

```
SQL> insert into dept values(10,'软件研发部','BEIJING');
insert into dept values(10,'软件研发部','BEIJING')
            *
第 1 行出现错误:
ORA-00001: 违反唯一约束条件 (SCOTT.PK_DEPT)
```

图 6-19　因主键值重复而显示的错误编号

从图 6-19 所示运行结果中可以看到，程序执行中断而崩溃掉了，并显示错误信息为"ORA-00001"——即错误编号为"-00001"，那么对于 Oracle 捕获到的这个异常可以通过如下实例来解决。

【例 6-25】 定义错误编号为"-00001"的异常变量，然后向 dept 表中插入一条能够"违反唯一约束条件"的记录，最后在 exception 代码体中输出异常提示信息，代码如下。（实例位置：光盘\MR\源码\第 6 章\6-18）

```
SQL> set serveroutput on;
SQL> declare
  2    primary_iterant exception;                    --定义一个异常变量
  3    pragma exception_init(primary_iterant,-00001);    --关联错误号和异常变量名
  4  begin
  5    /*向dept表中插入一条与已有主键值重复的记录，以便引发异常*/
  6    insert into dept values(10,'软件开发部','深圳');
  7  exception
  8    when primary_iterant then                    --若oracle捕获到的异常为-0001异常
  9      dbms_output.put_line('主键不允许重复! ');      --输出异常描述信息
 10  end;
 11  /
```

本例运行结果如图 6-20 所示。

通过运行结果可以看到，使用异常处理机制，可以防止 Oracle

```
主键不允许重复!
PL/SQL 过程已成功完成。
```

图 6-20　定义主键值重复的异常

系统因引发异常而导致程序崩溃，使程序有机会自动纠正错误，而且自定义异常容易理解和记忆，方便用户的使用。

2．业务逻辑异常

在实际的应用中，程序开发人员可以根据具体的业务逻辑规则自定义一个异常。这样，当用户操作违反业务逻辑规则时，就引发一个自定义异常，从而中断程序的正常执行并转到自定义的异常处理部分。

但无论是预定义异常，还是错误编号异常，都是由 Oracle 系统判断的错误，但业务逻辑异常是 Oracle 系统本身是无法知道的，这样就需要有一个引发异常的机制，引发业务逻辑异常通常使用 RAISE 语句来实现。当引发一个异常时，控制就会转到 EXCEPTION 异常处理部分执行异常处理语句。业务逻辑异常首先在 DECLARE 部分使用 EXCEPTION 类型声明一个异常变量，然后在 BEGIN 部分根据一定的业务逻辑规则执行 RAISE 语句（在 RAISE 关键字后面跟着异常变量名），最后在 EXCEPTION 部分编写异常处理语句。下面通过一个实例来演示如何定义和引发"业务逻辑异常"。

【例 6-26】　自定义一个异常变量，在向 dept 表中插入数据时，若判断 loc 字段的值为 null，则使用 raise 语句引发异常，并将程序的执行流程转入到 EXCEPTION 部分进行处理，代码如下。（实例位置：光盘\MR\源码\第 6 章\6-19）

```
SQL> set serveroutput on;
SQL> declare
  2    null_exception exception;                          --声明一个 exception 类型的异常变量
  3    dept_row dept%rowtype;                              --声明 rowtype 类型的变量 dept_row
  4  begin
  5    dept_row.deptno := 66;                              --给部门编号变量赋值
  6    dept_row.dname := '公关部';                          --给部门名称变量赋值
  7    insert into dept
  8    values(dept_row.deptno,dept_row.dname,dept_row.loc);--向 dept 表中插入一条记录
  9    if dept_row.loc is null then           --如果判断"loc"变量的值为 null
 10      raise null_exception;                --引发 null 异常，程序转入 exception 部分
 11    end if;
 12  exception
 13    when null_exception then               --当 raise 引发的异常是 null_exception 时
 14    dbms_output.put_line('loc 字段的值不许为 null');  --输出异常提示信息
 15    rollback;                              --回滚插入的数据记录
 16  end;
 17  /
```

本例运行结果如图 6-21 所示。

loc 字段的值不许为 null
PL/SQL 过程已成功完成。

图 6-21　业务逻辑异常

 用 desc 命令查看 dept 表的设计情况，可以看到 loc 字段允许为 null，但实际应用中 loc 字段的值（部门位置）可能会要求必须填写，这样程序设计人员就可以通过自定义业务逻辑异常来限制 loc 字段的值不许为空。

6.6　综合实例——使用游标查询工资小于 1000 元的员工工资

本实例使用隐式游标查询 SCOTT 模式下的 EMP 中，实现查询工资小于 1000 元的员工工资，

开发步骤如下：

（1）打开 SQL*Plus，以 system 身份登录。登录成功后输入如下代码，切换至 SCOTT 模式。

```
SQL>conn scott/tiger;
```

（2）切换成功后，在 SQL*Plus 中输入以下代码，实现查询工资小于 1000 元的员工工资，代码如下：

```
SQL>set serveroutput on;
SQL>declare
 cursor cur_emp is
 select sal from emp where sal <1000;
 begin
 for i in cur_emp loop
 dbms_output.put_line(i.sal);
 end loop;
 end;
 /
```

图 6-22　查询结果

运行结果如图 6-22 所示。

知识点提炼

（1）PL/SQL 程序都是以块（BLOCK）为基本单位，整个 PL/SQL 块分三部分：声明部分（用 DECLARE 开头）、执行部分（以 BEGIN 开头）和异常处理部分（以 EXCEPTION 开头）。其中执行部分是必须的，其他两个部分可选。

（2）PL/SQL 语言有多种数据类型，这些数据类型能够满足在编写 PL/SQL 程序过程中定义变量和常量之用，PL/SQL 的基本数据类型有数值类型、字符类型、日期类型、布尔类型。

（3）PL/SQL 提供了 3 种特殊的数据类型，分别是%TYPE、RECORD 类型、%ROWTYPE 类型。

（4）选择语句也称之为条件语句，它的主要作用是根据条件的变化选择执行不同的代码。

（5）当程序需要反复执行某一操作时，就必须使用循环语句。PL/SQL 中的循环语句主要包括 loop 语句、while 语句和 for 语句 3 种。

（6）游标提供了一种从表中检索数据并进行操作的灵活手段，游标主要用在服务器上，处理由客户端发送给服务器端的 SQL 语句，或是批处理、存储过程、触发器中的数据处理请求。

（7）Oracle 采用异常机制来处理程序可能出现的错误，异常处理代码通常放在 PL/SQL 的 EXCEPTION 代码块中。

习　　题

6-1　Oracle 定义了几种基本数据类型。

6-2　简述 Oracle 中选择语句的语法格式。

6-3　简述 Oracle 中循环语句的语法格式。

6-4　简述显式游标与隐式游标在用法上的区别。

实验：游标提取比指定员工工资少的员工信息

实验目的

（1）掌握游标的使用。

（2）通过循环遍历游标。

实验内容

使用游标查询 scott 模式下的 emp 表，获取工资小于编号为 7698 的员工的编号、姓名和工资信息。

实验步骤

打开 SQL*Plus，以 system 身份登录。登录成功后，在 SQL*Plus 中输入如下代码：

```
SQL>  set serveroutput on;
SQL>  declare
   2     cursor cur_emp is select * from scott.emp where sal<(select sal
   3       from scott.emp where empno=7698);
   4     record1 cur_emp%rowtype;
   5   begin
   6     for record1 in cur_emp
   7     loop
   8       dbms_output.put('编号: '||record1.empno);
   9       dbms_output.put('; 姓名: '||record1.ename);
  10       dbms_output.put_line('; 工资: '||record1.sal);
  11     end loop;
  12   end;
  13   /
```

本实例的运行结果如图 6-23 所示。

图 6-23　查询结果

第7章
过程、函数、触发器和包

本章要点：

- 掌握存储过程的创建及执行
- 掌握函数的定义及调用
- 掌握触发器的定义及执行
- 了解程序包的定义及使用

上一章讲解了 PL/SQL 块都是匿名的，其中包含的代码无法保存到 Oracle 数据库中。但有很多时候需要保存 PL/SQL 程序块，以便随后可以重用。这也意味着程序块需要一个名称，这样才能调用或者引用它。命名的 PL/SQL 程序块可以被独立编译并存储在数据库中，Oracle 提供了 4 种可以存储的 PL/SQL 程序块：过程、函数、触发器和包。

7.1　存储过程

存储过程是一种命名的 PL/SQL 程序块，它既可以没有参数，也可以有若干个输入、输出参数，甚至可以有多个既作输入又作输出的参数，但它通常没有返回值。存储过程被保存在数据库中，它不可以被 SQL 语句直接执行或调用，只能通过 EXECUT 命令执行或在 PL/SQL 程序块内部被调用。由于存储过程是已经编译好的代码，所以其被调用或引用时，其执行效率非常高。

7.1.1　创建存储过程

创建一个存储过程与编写一个普通的 PL/SQL 程序块有很多相似的地方，例如，也包括声明部分、执行部分和异常处理三部分。但这二者之间的实现细节还是有很多差别的，例如，创建存储过程需要使用 PROCEDURE 关键字，在关键字后面就是过程名和参数列表；创建存储过程不需要使用 DECLARE 关键字，转而是使用 CREATE 或 REPLACE 关键字，其基本语法格式如下：

```
create [or replace] procedure pro_name [(parameter1[,parameter2]…)] is|as
begin
  plsql_sentences;
[exception]
  [dowith _ sentences;]
end [pro_name];
```

参数说明如下：

- pro_name：存储过程的名称，如果数据库中已经存在了此名称，则可以指定 "or replace" 关键字，这样新的存储过程将覆盖掉原来的存储过程。
- parameter1：存储过程的参数，若是输入参数，则需要在其后指定 "in" 关键字；若是输出参数，则需要在其后面指定 "out" 关键字。在 in 或 out 关键字的后面是参数的数据类型，但不能指定该类型的长度。
- plsql_sentences：PL/SQL 语句，它是存储过程功能实现的主体。
- dowith_ sentences：异常处理语句，也是 PL/SQL 语句，这是一个可选项。

　　　　上面语法中的 parameter1 是存储过程被调用/执行时用到的参数，而不是存储过程内定义的内部变量，内部变量要在 "is|as" 关键字后面定义，并使用分号（;）结束。

　　下面通过一些例子来了解如何创建存储过程、显示创建错误信息和执行存储过程，首先来看一个创建存储过程的实例。

　　【例 7-1】　创建一个存储过程，该存储过程实现向 dept 表中插入一条记录，代码及运行结果如下。（实例位置：光盘\MR\源码\第 7 章\7-1）

```
SQL> create procedure pro_insertDept is
  2 begin
  3   insert into dept values(77,'市场拓展部','JILIN');        --插入数据记录
  4   commit;                                                  --提交数据
  5   dbms_output.put_line('插入新记录成功！');                --提示插入记录成功
  6 end pro_insertDept;
  7 /
```

过程已创建。

　　从运行结果中可以看出，上面的代码成功创建了一个存储过程 pro_insertDept。如果在当前模式下，数据库中已经存在 pro_insertDept 这个存储过程，那么该如何处理呢？方法有两种，第一种就是修改现有的存储过程名称，重新创建，这个不必过多解释；第二种就是使用 "or replace" 关键字覆盖掉原有的存储过程。下面通过一个实例来看一下如何使用 "or replace" 关键字通过覆盖已存在的存储过程而创建一个新的存储过程。

　　【例 7-2】　在当前模式下，如果数据库中存在同名的存储过程，则要求新创建的存储过程覆盖掉已存在的存储过程；如果不存在同名的存储过程，则直接创建即可，代码及运行结果如下。（实例位置：光盘\MR\源码\第 7 章\7-2）

```
SQL> create or replace procedure pro_insertDept is
  2 begin
  3   insert into dept values(99,'市场拓展部','BEIJING'); --插入数据记录
  4   commit;                                             --提交数据
  5   dbms_output.put_line('插入新记录成功！');           --提示插入记录成功
  6 end pro_insertDept;
  7 /
```

过程已创建。

　　从运行结果中可以看出，无论在数据库中是否存在名称为 pro_insertDept 的存储过程，上面的代码都可以成功地创建一个存储过程。如果在创建存储过程中发生了错误，则用户还可以使用 "show error" 命令来查看错误信息。

上面两个存储过程中的主体代码都实现向数据表 dept 中插入一行记录，但主体代码 inset 语句仅仅是被编译了，并没有被执行。若要执行这个 insert 语句，则需要在 SQL*Plus 环境中使用 EXECUTE 命令来执行该存储过程，或者在 PL/SQL 程序块中调用该存储过程。

使用 execute 命令的执行方式比较简单，只需要在该命令后面输入存储过程名即可，下面我们来看一个实例。

【例 7-3】 在 SQL*Plus 环境中，使用 execute 命令执行 pro_insertDept 存储过程，具体代码如下。

```
SQL> execute pro_insertDept;
```
本例运行结果如图 7-1 所示。

从上面的运行结果中可以看出，执行存储过程是成功的。另外，代码中的 "execute" 命令也可简写为 "exec"。

图 7-1　使用 execute 命令执行存储过程

此外，有时候需要在一个 PL/SQL 程序块中调用某个存储过程，下面来看一个实例。

【例 7-4】 在 PL/SQL 块中调用存储过程 pro_insertDep，然后执行这个 PL/SQL 块，具体代码如下。

```
SQL> set serverout on;
SQL> begin
  2   pro_insertDept;
  3  end;
  4  /
```
本例运行结果如图 7-2 所示。

图 7-2　在 PL/SQL 块中调用存储过程

在创建存储过程的语法中，is 关键字也可以使用 as 关键字来替代，效果是相同的。

7.1.2　存储过程的参数

前面所创建的存储过程都是简单的存储过程，它们都没有涉及参数。Oracle 为了增强存储过程的灵活性，可以实现向存储过程传入参数。参数是一种向程序单元输入和程序单元输出数据的机制，存储过程可以接受多个参数，参数模式包括 IN、OUT 和 IN OUT 三种，下面分别进行讲解。

1. IN 模式参数

这是一种输入类型的参数，参数值由调用方传入，并且只能被存储过程读取。这种参数模式是最常用的，也是默认的参数模式，关键字 in 位于参数名称之后。例如，下面将声明一个带有 IN 模式的存储过程。

【例 7-5】 创建一个存储过程，并定义 3 个 in 模式的变量，然后将这 3 个变量的值插入 dept 表中，代码及运行结果如下。（实例位置：光盘\MR\源码\第 7 章\7-3）

```
SQL> create or replace procedure insert_dept(
  2   num_deptno in number,                --定义 in 模式的变量，它存储部门编号
  3   var_ename in varchar2,               --定义 in 模式的变量，它存储部门名称
  4   var_loc in varchar2) is
  5  begin
  6   insert into dept
  7   values(num_deptno,var_ename,var_loc);  --向 dept 表中插入记录
```

```
 8    commit;                                          --提交数据库
 9  end insert_dept;
10  /
```

过程已创建。

这样上面的代码就成功创建了一个存储过程，需要注意的是：参数的类型不能指定长度。在调用或执行这种 in 模式的存储过程时，用户需要向存储过程中传递若干参数值，以保证执行部分（即 begin 部分）有具体的数值参与数据操作。向存储过程传入参数可以有如下 3 种方式：

（1）指定名称传递

指定名称传递是指在向存储过程传递参数时需要指定参数名称，即参数名称在左侧，中间是赋值符号 "=>"，右侧是参数值，其语法格式如下：

```
pro_name(parameter1=>value1[,parameter2=>value2]…);
```

参数说明如下：

- parameter1：参数名称，在传递参数值时，这个参数名称与存储过程中定义的参数顺序无关。

- value1：参数值，在它的左侧不是常规的赋值符号 "="，而是一种新的赋值符号 "=>"，需要注意参数值的类型要与参数的定义类型兼容。

接下来以上面的 insert_dept 存储过程为例，使用 "指定名称传递" 的方式向其中传递参数。

【例 7-6】　在 PL/SQL 块中调用存储过程 insert_dept，然后使用 "指定名称" 的方式向其传入参数值，最后执行当前的 PL/SQL 块，代码及运行结果如下。

```
SQL> begin
 2    insert_dept(var_ename=>'采购部',var_loc=>'成都',num_deptno=>15);
 3  end;
 4  /
```

PL/SQL 过程已成功完成。

在创建存储过程时，其参数的定义顺序是 num_deptno、var_ename、var_loc；而在执行存储过程时，参数的传递顺序是 var_ename、var_loc、num_deptno，通过对比可以看到，使用 "指定名称" 的方式传递参数值与参数的定义顺序无关，但与参数个数有关。

（2）按位置传递

指定名称传递参数虽然直观易读，但也有缺点，就是参数过多时，会显得代码冗长，反而变得不容易阅读。这样用户就可以采取按位置传递参数，采用这种方式时，用户提供的参数值顺序必须与存储过程中定义的参数顺序相同。接下来还以 insert_dept 存储过程为例，使用 "按位置传递" 的方式向其中传递参数值。

【例 7-7】　在 PL/SQL 块中调用存储过程 insert_dept，然后使用 "按位置传递" 的方式向其传入参数值，最后执行当前的 PL/SQL 块，代码及运行结果如下。

```
SQL> begin
 2    insert_dept(28,'工程部','洛阳');
 3  end;
 4  /
```

PL/SQL 过程已成功完成。

有时候参数过多，用户不容易记住参数的顺序和类型，用户可以通过 desc 命令来查看存储过程中参数的定义信息，这些信息包括参数名、参数定义顺序、参数类型和参数模式等。

（3）混合方式传递

混合方式就是将前两种方式结合到一起，这样就可以兼顾二者的优点，下面还以 insert_dept 存储过程为例，来看如何使用"混合方式传递"方式传递参数。

【例 7-8】 在 PL/SQL 块中调用存储过程 insert_dept，然后使用"按位置传递"方式传入第一个参数值，接下来使用"指定名称传递"方式传入剩余的两个参数值，最后执行当前的 PL/SQL 块，代码及运行结果如下。

```
SQL> exec insert_dept(38,var_loc=>'济南',var_ename=>'测试部');

PL/SQL 过程已成功完成。
```

在上面的代码中，使用混合模式传入参数值，需要注意的是：在某个位置使用"指定名称传递"方式传入参数值后，其后面的参数值也要使用"指定名称传递"，因为"指定名称传递"方式有可能已经破坏了参数原始的定义顺序。

2. OUT 模式参数

这是一种输出类型的参数，表示这个参数在存储过程中已经被赋值，并且这个参数值可以传递到当前存储过程以外的环境中，关键字 out 位于参数名称之后。下面来看一个实例。

【例 7-9】 创建一个存储过程，要求定义两个 out 模式的字符类型的参数，然后将在 dept 表中检索到的一行部门信息存储到这两参数中，代码及运行结果如下。（实例位置：光盘\MR\源码\第 7 章\7-4）

```
SQL> create or replace procedure select_dept(
  2    num_deptno in number,              --定义 in 模式变量，要求输入部门编号
  3    var_dname out dept.dname%type,     --定义 out 模式变量，可以存储部门名称并输出
  4    var_loc out dept.loc%type) is
  5  begin
  6    select dname,loc
  7    into var_dname,var_loc
  8    from dept
  9    where deptno = num_deptno;          --检索某个部门编号的部门信息
 10  exception
 11    when no_data_found then             --若 select 语句无返回记录
 12      dbms_output.put_line('该部门编号的不存在');   --输出信息
 13  end select_dept;
 14  /

过程已创建。
```

在上面的存储过程（即 select_dept）中，定义了两个 out 参数，由于存储过程要通过 out 参数返回值，所以当调用或执行这个存储过程时，都需要定义变量来保存这两个 out 参数值，下面分别进行讲解。

（1）在 PL/SQL 块中调用 OUT 模式的存储过程

这种方式需要在 PL/SQL 块的 DECLARE 部分定义与存储过程中 out 参数兼容的若干变量，下面来看一个例子。

【例 7-10】　首先在 PL/SQL 块中声明若干变量，然后调用 select_dept 存储过程，并将定义的变量传入该存储过程，以便接收 out 参数的返回值，代码如下。（实例位置：光盘\MR\源码\第 7 章\7-5）

```
SQL> set serverout on;
SQL> declare
  2    var_dname dept.dname%type;              --声明变量，对应过程中的 out 模式的 var_dname
  3    var_loc dept.loc%type;                  --声明变量，对应过程中的 out 模式的 var_loc
  4  begin
  5    select_dept(99,var_dname,var_loc);      --传入部门编号，然后输出部门名称和位置信息
  6    dbms_output.put_line(var_dname||'位于: '||var_loc);--输出部门信息
  7  end;
  8  /
```

本例运行结果如图 7-3 所示。

在上面的代码中，把声明的两个变量传入存储过程中，当存储过程执行时，其中的 out 参数会被

图 7-3　使用 PL/SQL 块执行带有 out 参数的过程

赋值，当存储过程执行完毕，out 参数的值会在调用处返回，这样定义的两个变量就可以得到 out 参数被赋予的值，最后这两个值就可以在存储过程外任意使用了。

（2）使用 EXEC 命令执行 OUT 模式的存储过程

使用 EXEC 命令需要在 SQL*Plus 环境中使用 variable 关键字声明两个变量，用以存储 out 参数的返回值。如下面的例子。

【例 7-11】　使用 variable 关键字声明两个变量，分别用来存储部门名称和位置信息，然后使用 exec 命令执行存储过程，并传入声明的两个变量来接收 out 参数的返回值，代码及执行结果如下。

```
SQL> variable var_dname varchar2(50);
SQL> variable var_loc varchar2(50);
SQL> exec select_dept(15,:var_dname,:var_loc);

PL/SQL 过程已成功完成。
```

但是通过上面的执行结果，用户看不到变量 var_dname 和 var_loc 的值，这是用户可以通过 print 命令或 select 语句来输出变量的值。

- 使用 print 命令打印输出绑定的变量值

【例 7-12】　使用 print 命令打印输出变量 var_dname 和 var_loc 的值，代码及执行结果如下。

```
SQL> print var_dname var_loc;

VAR_DNAME
-----------------------------------

采购部


VAR_LOC
-----------------------------------

成都
```

- 使用 select 语句检索绑定的变量值

【**例 7-13**】 使用 select 语句检索并输出变量 var_dname 和 var_loc 的值，代码及执行结果如下。

```
SQL> select :var_dname,:var_loc
  2  from dual;

:VAR_DNAME               :VAR_LOC
----------------------------------------
采购部                    成都
```

注意

如果在存储过程中声明了 out 模式的参数，则在这执行存储过程时，必须为 out 参数提供变量，以便接收 out 参数的返回值，否则，程序程序执行后将出现错误。

3. IN OUT 模式参数

在执行存储过程时，IN 参数不能够被修改，它只能根据被传入的指定值（或是默认值）为存储过程提供数据，而 OUT 类型的参数只能等待被赋值，而不能像 IN 参数那样为存储过程本身提供数据。但 IN OUT 参数可以兼顾其他两种参数的特点，在调用存储过程时，可以从外界向该类型的参数传入值；在执行完存储过程之后，可以将该参数的返回值传给外界。下面来看一个例子。

【**例 7-14**】 创建一个存储过程，在其中定义一个"in out"参数，该存储过程用来计算这个参数的平方或平方根，代码及执行结果如下。（实例位置：光盘\MR\源码\第 7 章\7-6）

```
SQL> create or replace procedure pro_square(
  2    num in out number,          --计算它的平方或平方根，这是一个"in out"参数
  3    flag in boolean) is         --计算平方或平方根的标识，这是一个"in"参数
  4    i int:= 2;                  --表示计算平方，这是一个内部变量
  5  begin
  6    if flag then                --若为 true
  7      num:= power(num,i);       --计算平方
  8    else
  9      num:= sqrt(num);          --计算平方根
 10    end if;
 11  end;
 12  /
```

过程已创建。

在上面的存储过程中，定义一个"in out"参数，该参数在存储过程被调用时会传入一个数值，然后与另外一个"in"参数相结合来判断所进行的运算方式（平方或平方根），最后将计算后的平方或平方根再保存到这个"in out"参数中。下面来看一下 pro_square 存储过程的执行情况。

【**例 7-15**】 调用存储过程 pro_square，计算某个数的平方或平方根，代码如下。（实例位置：光盘\MR\源码\第 7 章\7-7）

```
SQL> declare
  2    var_number number;          --存储要进行运算的值和运算后的结果
  3    var_temp number;            --存储要进行运算的值
  4    boo_flag boolean;           --平方或平方根的逻辑标记
  5  begin
  6    var_temp :=3;               --变量赋值
  7    var_number :=var_temp;
```

```
 8    boo_flag := false;                              --false 表示计算平方根; true 表示计算平方
 9    pro_square(var_number,boo_flag);           --调用存储过程
10    if boo_flag then
11      dbms_output.put_line(var_temp ||'的平方是: '||var_number);--输出计算结果
12    else
13      dbms_output.put_line(var_temp ||'平方根是: '||var_number);
14    end if;
15  end;
16  /
```

本例运行结果如图 7-4 所示。

图 7-4　通过存储过程计算某个数的平方或平发根

从上面的例子中可以看出，变量
var_number 在调用存储过程之前是 3，而存储过程执行完毕之后，该变量的值变为其平方根，这
因为该变量作为存储过程的"in out"参数被传入和返回。

7.1.3　IN 参数的默认值

前面的 IN 参数的值都是在调用存储过程时传入的，实际上，Oracle 支持在声明 IN 参数的同
时给其初始化默认值，这样在存储过程调用时，如果没有向 IN 参数传入值，则存储过程可以使
用默认值进行操作，下面来看一个例子。

【例 7-16】　创建一个存储过程，定义 3 个 IN 参数，并将其中的两个参数设置初始默认值，
然后将这个 3 个 IN 参数的值插入 dept 表中，代码及执行结果如下。（实例位置：光盘\MR\源码\
第 7 章\7-8）

```
SQL> create or replace procedure insert_dept(
 2    num_deptno in number,                       --定义存储部门编号的 IN 参数
 3    var_dname in varchar2 default '综合部',      --定义存储部门名称的 IN 参数，并初始默认值
 4    var_loc in varchar2 default '北京') is
 5  begin
 6    insert into dept values(num_deptno,var_dname,var_loc); --插入一条记录
 7  end;
 8  /
```

过程已创建。

在上面的存储过程中，IN 参数 var_dname 和 var_loc 都有默认值，所以在调用 insert_dept 存
储过程时，可以不向这两个参数传入值，而是使用其默认值（当然也可以传入值）。那么用户可能
会出现这样一种困惑，当给一些带有默认值的参数传入值，而对另一些带默认值的参数不传值，
并且传值的顺序不固定，该怎么办呢？对于这种情况，由于顺序的不固定，建议使用"指定名称
传递"的方式传值，这样程序就不会出现混乱，下面来看一个实例。

【例 7-17】　在 PL/SQL 块中调用 insert_dept 存储过程，并且只向该存储过程传入两个参数
值，代码如下。

```
SQL> declare
 2    row_dept dept%rowtype;                       --定义行变量，与 dept 表的一行类型相同
 3  begin
 4    insert_dept(57,var_loc=>'太原');              --调用 insert_dept 存储过程，传入参数
 5    commit;                                       --提交数据库
 6    select *  into row_dept from dept where deptno=57;    --建新插入的记录
```

```
7        dbms_output.put_line(' 部门名称是：《 '||row_dept.dname||' 》，位置是：
《'||row_dept.loc||'》');
8 end;
9 /
```

本例运行结果如图 7-5 所示。

```
部门名称是：《综合部》，位置是：《太原》
PL/SQL 过程已成功完成。
```

图 7-5 调用带有默认值的存储过程

在上面的代码中，存储过程 insert_dept 有 3 个 IN 参数，这里只传入两个参数（num_deptno 和 var_loc）的值，而 var_dname 参数的值使用默认值"综合部"。

7.2 函数

函数一般用于计算和返回一个值，可以将经常需要使用的计算或功能写成一个函数。

7.2.1 创建函数

函数的创建语法与存储过程比较类似，它也是一种存储在数据库中的命名程序块，函数可以接受零或多个输入参数，并且函数必须有返回值（而这一点存储过程是没有的），其定义语法格式如下：

```
create [or replace] function fun_name[(parameter1[,parameter2]…) return data_type is
  [inner_variable]
begin
  plsql_ sentence;
[exception]
  [dowith _ sentences;]
end [fun_name];
```

参数说明如下：

● fun_name：函数名称，如果数据库中已经存在了此名称，则可以指定"or replace"关键字，这样新的函数将覆盖掉原来的函数。

● parameter1：函数的参数，这是个可选项，因为函数可以没有参数。

● data_type：函数的返回值类型，这是个必选项。在返回值类型的前面要使用 return 关键字来标明。

● inner_variable：函数的内部变量，它有别于函数的参数，这是个可选项。

● plsql_ sentence：PL/SQL 语句，它是函数主要功能的实现部分，也就是函数的主体。

● dowith _ sentences：异常处理代码，也是 PL/SQL 语句，这是一个可选项

由于函数有返回值，所以在函数主体部分（即 begin 部分）必须使用 return 语句返回函数值，并且要求返回值的类型要与函数声明时的返回值类型（即 data_type）相同。

根据上面的语法分析，下面来创建一个函数。

【例 7-18】 定义一个函数，用于计算 emp 表中某个指定部门的平均工资，代码及运行结果如下。（实例位置：光盘\MR\源码\第 7 章\7-9）

```
SQL> create or replace function get_avg_pay(num_deptno number) return number is
--创建一个函数，该函数实现计算某个部门的平均工资，传入部门编号参数
2    num_avg_pay number;                              --保存平均工资的内部变量
3  begin
```

```
4    select avg(sal) into num_avg_pay from emp where deptno=num_deptno;        -- 某
个部门的平均工资
5    return(round(num_avg_pay,2));                    --返回平均工资
6  exception
7    when no_data_found then                          --若此部门编号不存在
8      dbms_output.put_line('该部门编号不存在');
9      return(0);                                     --返回平均工资为 0
10  end;
11  /
```

函数已创建。

7.2.2　调用函数

由于函数有返回值，所以在调用函数时，必须使用一个变量来保存函数的返回值，这样函数和这个变量就组成了一个赋值表达式。以上面的 get_avg_pay 函数为例，看看如何调用函数。

【例 7-19】　调用函数 get_avg_pay，计算部门编号为 10 的雇员平均工资并输出，代码如下。

```
SQL> set serveroutput on
SQL> declare
2    avg_pay number;                      --定义变量，存储函数返回值
3  begin
4    avg_pay:=get_avg_pay(10);            --调用函数，并获取返回值
5    dbms_output.put_line('平均工资是: '||avg_pay);--输出返回值，即员工平均工资
6  end;
7  /
```

本例运行结果如图 7-6 所示。

图 7-6　使用函数计算平均工资

7.2.3　删除函数

删除函数的操作比较简单，使用 drop function 命令，其后面跟着要删除的函数名称，其语法格式如下：

```
drop function fun_name;
```

参数 fucn_name 表示要删除的函数名称。下面以删除 get_avg_pay 函数为例，来了解如何删除函数。

【例 7-20】　使用 drop function 命令删除 get_avg_pay 函数，代码及运行结果如下。

```
SQL> drop function get_avg_pay;
```

函数已删除。

7.3　触发器

触发器可以看作是一种"特殊"的存储过程，它定义了一些与数据库相关事件（如 INSERT、UPDATE、CREATE 等事件）发生时应执行的"功能代码块"，通常用于管理复杂的完整性约束，或监控对表的修改，或通知其他程序，甚至可以实现对数据的审计功能。

7.3.1　触发器简介

在触发器中有一个不得不提的概念——触发事件，触发器正式通过这个"触发事件"来执行的（而存储过程的调用或执行是由用户或应用程序进行的）。能够引起触发器运行的操作就被称为"触发事件"，例如，执行 DML 语句（使用 INSERT、UPDATE、DELETE 语句对表或视图执行数据处理操作）；执行 DDL 语句（使用 CREATE、ALTER、DROP 语句在数据库中创建、修改、删除模式对象）；引发数据库系统事件（如系统启动或退出、产生异常错误等）；引发用户事件（如登录或退出数据库操作），以上这些操作都可以引起触发器的运行。

接下来认识一下触发器的语法格式，然后通过这个语法格式再对其中涉及的相关概念进行详细讲解。

```
create [or replace] trigger tri_name
  [before | after | instead of] tri_event
  on table_name | view_name | user_name | db_name
   [for each row [when tri_condition]
begin
plsql_sentences;
end tri_name;
```

在上面的语法中出现了很多与存储过程不一样的关键字，首先来了解一下这些陌生的关键字：

● trigger：表示创建触发器的关键字，就如同创建存储过程的关键字"procedure"一样。

● before | after | instead of：表示"触发时机"的关键字。Before 表示在执行 DML 等操作之前触发，这种方式能够防止某些错误操作发生而便于回滚或实现某些业务规则；after 表示在 DML 等操作之后发生，这种方式便于记录该操作或做某些事后处理信息；instead of 表示触发器为替代触发器。

● on：表示操作的数据表、视图、用户模式和数据库等，对它们执行某种数据操作（例如，对表执行 INSERT、ALTER、DROP 等操作），将引起触发器的运行。

● for each row：指定触发器为行级触发器，当 DML 语句对每一行数据进行操作时都会引起该触发器的运行。如果未指定该条件，则表示创建语句级触发器，这时无论数据操作影响多少行，触发器都只会执行一次。

在了解了语法中的这些陌生的关键字之后，接下来看一下语法中的参数及其说明：

● tri_name：触发器的名称，如果数据库中已经存在了此名称，则可以指定"or replace"关键字，这样新的触发器其将覆盖掉原来的触发器。

● tri_event：触发事件，例如，常用的有 INSERT、UPDATE、DELETE、CREATE、ALTER、DROP 等。

● table_name | view_name | user_name | db_name：分别表示操作的数据表、视图、用户模式和数据库，对它们的某些操作将引起触发器的运行。

● when tri_condition：这是一个触发条件子句，其中 when 是关键字，tri_condition 表示触发条件表达式，只有当该表达式的值为 true 时，遇到触发事件才会自动执行触发器，使其执行触发操作，否则即便是遇到触发事件也不会执行触发器。

● plsql_sentences：PL/SQL 语句，它是触发器功能实现的主体。

Oracle 的触发事件相对于其他数据库比较复杂，比如，上面提到过的 DML 操作、DDL 操作、甚至是一些数据库系统的自身事件等都会引起触发器的运行。为此，这里根据触发器的触发事件和触发器的执行情况，将 Oracle 所支持的触发器分为以下 5 种类型：

- 行级触发器：当 DML 语句对每一行数据进行操作时都会引起该触发器的运行。
- 语句级触发器：无论 DML 语句影响多少行数据，其所引起的触发器仅执行一次。
- 替换触发器：该触发器是定义在视图上的，而不是定义在表上的，它是用来替换所使用实际语句的触发器。
- 用户事件触发器：是指与 DDL 操作或用户登录、退出数据库等事件相关的触发器。如用户登录到数据库或使用 ALTER 语句修改表结构等。
- 系统事件触发器：是指在 Oracle 数据库系统的事件中进行触发的触发器，如 Oracle 实例的启动与关闭。

7.3.2　语句级触发器

语句级触发器，顾名思义，就是针对一条 DML 语句而引起的触发器执行。在语句级触发器中，不使用 for each row 子句，也就是说无论数据操作影响多少行，触发器都会执行一次。下面就通过一系列连续的例子来看一下创建和引发一个语句级触发器的实现过程。

（1）本实例要实现的主要功能是使用触发器在 scott 模式下针对 dept 表的各种操作进行监控，为此首先需要创建一个日志表 dept_log，它用于存储对 dept 表的各种数据操作信息，比如操作种类（如插入、修改、删除操作），操作时间等，下面就来创建这个日志信息表。

【例 7-21】　在 scot 模式下创建 dept_log 数据表，并在其中定义两个字段，分别用来存储操作种类信息和操作日期，代码如下。（实例位置：光盘\MR\源码\第 7 章\7-10）

```
SQL> create table dept_log
(
  operate_tag varchar2(10),        --定义字段，存储操作种类信息
  operate_time date                --定义字段，存储操作日期
);
```

（2）然后创建一个关于 emp 表的语句级触发器，将用户对 dept 表的操作信息保存到 dept_log 表中，下面就来看这个实例。

【例 7-22】　创建一个触发器 tri_dept，该触发器在 insert、update 和 delete 事件下都可以被触发，并且操作的数据对象是 dept 表。然后要求在触发器执行时输出对 dept 表所做的具体操作，代码及运行结果如下。（实例位置：光盘\MR\源码\第 7 章\7-11）

```
SQL> create or replace trigger tri_dept
  2   before insert or update or delete
  3   on dept              --创建触发器，当dept表发生插入，修改，删除操作时引起该触发器执行
  4  declare
  5   var_tag varchar2(10);          --声明一个变量，存储对 dept 表执行的操作类型
  6  begin
  7   if inserting then              --当触发事件是 INSERT 时
  8     var_tag := '插入';           --标识插入操作
  9   elsif updating then            --当触发事件是 UPDATE 时
 10     var_tag := '修改';           --标识修改操作
 11   elsif deleting then            --当触发事件是 DELETE 时
 12     var_tag := '删除';           --标识删除操作
 13   end if;
 14   insert into dept_log
 15   values(var_tag,sysdate);       --向日志表中插入对 dept 表的操作信息
```

```
16  end tri_dept;
17  /
```

触发器已创建。

在上面的代码中，使用 before 关键字来指定触发器的"触发时机"，它指定当前的触发器在 DML 语句执行之前被触发，这使得它非常适合于强化安全性、启用业务逻辑和进行日志信息记录。当然也可以使用 after 关键字，它通常用于记录该操作或者做某些事后处理工作。具体使用哪一种关键字，要根据实际需要而定。

另外，为了具体判断对 dept 表执行了何种操作——即具体引发了哪种"触发事件"，代码中还使用了条件谓词，它由条件关键字（if 或 elsif）和谓词（inserting、updating、deleting）组成，如果条件谓词的值为 true，那么就是相应类型的 DML 语句（insert、update、delete）引起了触发器的运行。条件谓词通用的语法格式如下：

```
if inserting then              --如果执行了插入操作，即触发了 insert 事件
  do somting about insert
elsif updating then            --如果执行了修改操作，即触发了 update 事件
  do somting about update
elsif deleting then            --如果执行了删除操作，即触发了 delete 事件
  do somting about delete
end if;
```

另外，对于条件谓词，用户甚至还可以在其中判断特定列是否被更新，例如，要判断用户是否对 dept 表中 dname 列进行了修改，可以使用下面的语句：

```
if updating(dname) then        --若修改了 dept 表中的 dname 列
  do something about update danme
end if;
```

在上面的条件谓词中，即使用户修改了 dept 表中的数据，但却没有对 dname 列的值进行修改，那么该条件谓词的值仍然为 false，这样相关的 do something 语句就不会得到执行。

（3）在创建完毕触发器之后，接下来就是执行触发器，但它的触发执行与存储过程截然不同，存储过程的执行是由用户或应用程序进行的，而它必须由一定的"触发事件"来诱发执行。例如，对 dept 表执行插入（insert 事件）、修改（update 事件）、删除（delete 事件）等操作，都会引起 tri_dept 触发器的运行，下来的例子就实现对数据表 dept 的这 3 种操作。

在数据表 dept 中实现插入、修改、删除 3 种操作，以便引起触发器 tri_dept 的执行，代码及运行结果如下。

```
SQL> insert into dept values(66,'业务咨询部','长春');

已创建 1 行。

SQL> update dept set loc='沈阳' where deptno=66;

已更新 1 行。

SQL> delete from dept where deptno=66;

已删除 1 行。
```

上面的代码对 dept 表执行了 3 次 DML 操作，这样根据 tri_dept 触发器自身的设计情况，其会被触发 3 次，并且会向 dept_log 表中插入 3 条操作记录。

（4）通过上面的 3 条 DML 语句，让触发器执行了 3 次，接下来就可以到 dept_log 表中查看日志信息了。

【例 7-23】　使用 select 语句查看 dept_log 日志信息表，代码如下。

```
SQL> select * from dept_log;
```

本例运行结果如图 7-7 所示。

图 7-7　查看 dept_log 日志信息表

从上面的运行结果可以看到有 3 条不同"操作种类"的日志记录，这说明不但触发器成功地执行了 3 次，而且条件谓词的判断也是非常成功的。

7.3.3　行级别触发器

不言而喻，行级触发器会针对 DML 操作所影响的每一行数据都执行一次触发器。创建这种触发器时，必须在语法中使用 for each row 这个选项。使用行级触发器的一个典型应用就是给数据表生成主键值，下面就来讲解这个典型应用的实现过程。

（1）为了使用行级触发器生成数据表中的主键值，首先需要创建一个带有主键列的数据表，来看下面的例子。

【例 7-24】　在 scot 模式下，创建一个用于存储商品种类的数据表，其中包括商品序号列和商品名称列，代码及运行结果如下。（实例位置：光盘\MR\源码\第 7 章\7-12）

```
SQL> create table goods
  2  (
  3    id int primary key,
  4    good_name varchar2(50)
  5  );

表已创建。
```

在上面的代码中，id 列就是 goods 表的主键，因为在创建该列时指定了"primary key"关键字，主键列的值要求不能重复，这一点很重要。

（2）为了给 goods 表的 id 列生成不能重复的有序值，这里需要创建一个序列（一种数据库对象，在后面章节中会讲到），来看下面的例子。

【例 7-25】　使用 create sequence 语句创建一个序列，命名为 seq_id，代码及运行结果如下（实例位置：光盘\MR\源码\第 7 章\7-13）

```
SQL> create sequence seq_id;

序列已创建。
```

上面的代码创建了序列 seq_id，用户可以在 SQL/PL 程序中调用它的 nextval 属性来获取一系列有序的数值，这些数值就可以作为 goods 表的主键值。

（3）在创建了数据表 goods 和序列 seq_id 之后，至此准备工作已经完成，下面来创建按一个触发器，用于为 goods 表的 id 列赋值。

【例 7-26】　创建一个行级触发器，该触发器在数据表 goods 插入数据时被触发，并且在该触发器的主体中实现设置 goods 表的 id 列的值，代码及运行结果如下。（实例位置：光盘\MR\源码\第 7 章\7-14）

```
SQL> create or replace trigger tri_insert_good
  2    before insert
```

```
3    on goods            --关于 goods 数据表，在向其插入新纪录之前，引起该触发器的运行
4    for each row        --创建行级触发器
5  begin
6    select seq_id.nextval
7    into :new.id
8    from dual;           --从序列中生成一个新的数值，赋值给当前插入行的 id 列
9  end;
10  /
```

触发器已创建。

在上面的代码中，为了创建行级的触发器，使用了 for each row 选项；为了给 goods 表的当前插入行的 id 列赋值，这里使用了 ":new.id" 关键字——也称为 "列标识符"，这个列标识符用来指向新行的 id 列，给它赋值，就相当于给当前行的 id 列赋值，下面对这个 "列标识符" 相关的知识进行讲解。

在行级触发器中，可以访问当前正在受到影响（添加、删除、修改等操作）的数据行，这就可以通过 "列标识符" 来实现。列标识符可以分为 "原值标识符" 和 "新值标识符"，原值标识符用于标识当前行某个列的原始值，记作 ":old.column_name"（如 old.id），通常在 update 语句中和 delete 语句使用，因为在 insert 语句中新插入的行没有原始值；新值标识符用于标识当前行某个列的新值，记作 ":new.column_name"（如 new.id），通常在 insert 语句和 update 语句中被使用，因为 delete 语句中被删除的行无法产生新值。

（4）在触发器创建完毕之后，用户可以通过向 goods 表中插入数据来验证触发器是否被执行，同时也能够验证该行级触发器是否能够使用序列为表的主键赋值。

【例 7-27】 向 goods 表中插入两条记录，其中一条记录不指定 id 列的值，由序列 seq_id 来产生；另一条记录指定 id 的值，代码及运行结果如下。

```
SQL> insert into goods(good_name) values('苹果');
```

已创建 1 行。

```
SQL> insert into goods(id,good_name) values(9,'葡萄');
```

已创建 1 行。

通过上面的运行结果课可以看到，无论是否指定 id 列的值，数据的插入都是成功的。

（5）最后使用 select 语句来检索 goods 表中的数据行，从而验证设计本实例的初衷。

【例 7-28】 使用 select 语句检索 goods 表，代码如下。

```
SQL> select * from goods;
```

本例运行结果如图 7-8 所示。

从运行结果中可以看到两条完整的数据记录，而且还可以看到主键 id 的值是连续的自然数。虽然在第二次插入数据行时指定

图 7-8　检索 goods 表

了 id 的值（即 9），但这并没有起任何作用，这是因为在触发器中将序列 seq_id 的 nextval 属性值赋给了 ":new.id" 列标识符，这个列标识符的值就是当前插入行的 id 列的值，并且 nextval 属性值是连续不间断的。

7.3.4　替换触发器

替换触发器——即 instead of 触发器。与其他类型触发器不同是，替换触发器定义在视图（一

种数据库对象，在后面章节中会讲解到）上，而不是定义在表上。由于视图是由多个基表连接组成的逻辑结构，所以一般不允许用户进行 DML 操作（如 insert、update、delete 等操作），这样当用户为视图编写 "替换触发器" 后，用户对视图的 DML 操作实际上就变成了执行触发器中的 PL/SQL 语句块，这样就可以通过在 "替换触发器" 中编写适当的代码对构成视图的各个基表进行操作。下面就通过一系列连续的例子来看一下创建和引发一个替换触发器的实现过程。

（1）为了创建并使用替换触发器，首先需要创建一个视图，来看下面的例子。

【例 7-29】　在 system 模式下，给 scott 用户授予 "create view"（创建视图）权限，然后在 soctt 模式下创建一个检索雇员信息的视图，该视图的基表包括 dept 表（部门表）和 emp 表（雇员表），代码及运行结果如下。（实例位置：光盘\MR\源码\第 7 章\7-15）

```
SQL> connect system/1qaz2wsx;
已连接。
SQL> grant create view to scott;

授权成功。

SQL> connect scott/1qaz2wsx;
已连接。

SQL> create view view_emp_dept
  2    as select empno,ename,dept.deptno,dname,job,hiredate
  3      from emp,dept
  4      where emp.deptno = dept.deptno;

视图已创建。
```

对于上面所创 建的 view_emp_dept 视图，在没有创建关于它的 "替换触发器" 之前，如果尝试向该视图中插入数据，则 Oracle 会显示如图 7-9 所示的错误提示信息，读者自己可以尝试一下。

第 1 行出现错误：
ORA-01776: 无法通过联接视图修改多个基表

图 7-9　错误信息提示

（2）接下来编写一个关于 view_emp_dept 视图在 insert 事件中的触发器，来看下面的例子。

【例 7-30】　创建一个关于 view_emp_dept 视图的替换触发器，在该触发器的主体中实现向 emp 表和 dept 表中插入两行相互关联的数据，代码及运行结果如下。（实例位置：光盘\MR\源码\第 7 章\7-16）

```
SQL> create or replace trigger tri_insert_view
  2    instead of insert
  3    on view_emp_dept                    --创建一个关于view_emp_dept视图的替换触发器
  4    for each row                        --是行级视图
  5  declare
  6    row_dept dept%rowtype;
  7  begin
  8    select * into row_dept from dept where deptno = :new.deptno;--检索指定部门编号的
记录行
  9    if sql%notfound then               --未检索到该部门编号的记录
 10      insert into dept(deptno,dname)
 11        values(:new.deptno,:new.dname); --向dept表中插入数据
 12    end if;
 13    insert into emp(empno,ename,deptno,job,hiredate)
```

```
 14    values(:new.empno,:new.ename,:new.deptno,:new.job,:new.hiredate);--向 emp 表中
插入数据
 15  end tri_insert_view;
 16  /
```

触发器已创建。

在上面触发器的主体代码中，如果新插入行的部门编号（deptno）不在 dept 表中，则首先向 dept 表中插入关于新部门编号的数据行，然后再向 emp 表中插入记录行，这是因为 emp 表的外键值（emp.deptno）是 dept 表的主键值（dept.deptno）。

（3）当触发器 tri_insert_view 成功创建之后，再向 view_emp_dept 视图中插入数据时，Oracle 就不会产生错误信息，而是引起触发器"tri_insert_view"的运行，从而实现向 emp 表和 dept 表中插入两行数据。

【例 7-31】 首先向视图 view_emp_dept 插入一条记录，然后在该视图中检索插入的记录行，代码及运行结果如下。

```
SQL> insert into view_emp_dept(empno,ename,deptno,dname,job,hiredate)
  2  values(8888,'东方',10,'ACCOUNTING','CASHIER',sysdate);
```

已创建 1 行。

```
SQL> select * from view_emp_dept where empno = 8888;
```

上面 select 语句的运行结果如图 7-10 所示。

EMPNO	ENAME	DEPTNO	DNAME	JOB	HIREDATE
8888	东方	10	ACCOUNTING	CASHIER	19-10月-11

图 7-10　在视图 view_emp_dept 中查询指定记录

在上面代码的 insert 语句中，由于在 dept 表中已经存在部门编码（deptno）为 10 的记录，所以触发器中的程序只向 emp 表中插入一条记录；若指定的部门编码不存在，则首先要向 dept 表中插入一条记录，然后在向 emp 表中插入一条记录。

7.3.5　用户事件触发器

用户事件触发器是因进行 DDL 操作或用户登录、退出等操作而引起运行的一种触发器，引起该类型触发器运行的常见用户事件包括：CREATE、ALTER、DROP、ANALYZE、COMMENT、GRANT、REVOKE、RENAME、TRUNCATE、SUSPEND、LOGON 和 LOGOFF 等。下面仍然就通过一系列连续的例子来讲解如何创建和执行用户事件触发器。

（1）首先创建一个日志信息表，用于保存 DDL 操作的信息，实例如下：

【例 7-32】 使用 create table 语句创建一个日志信息表，该表保存的日志信息包括数据对象、数据对象类型、操作行为、操作用户和操作日期等，代码及运行结果如下。（实例位置：光盘\MR\源码\第 7 章\7-17）

```
SQL> create table ddl_oper_log
  2  (
  3    db_obj_name varchar2(20),        --数据对象名称
  4    db_obj_type varchar2(20),        --对象类型
  5    oper_action varchar2(20),        --具体 ddl 行为
  6    oper_user varchar2(20),          --操作用户
  7    oper_date date                   --操作日期
```

```
   8  );
```

表已创建。

（2）创建一个用户触发器，用于将当前模式下的 DDL 操作信息保存到上面所创建的 ddl_oper_log 日志信息表中。实例如下：

【例 7-33】　关于 scott 用户的 DDL 操作（这里包括 create、alter 和 drop）创建一个触发器，然后将 DDL 操作的相关信息插入到 ddl_oper_log 日志表中，代码及运行结果如下。（实例位置：光盘\MR\源码\第 7 章\7-18）

```
SQL> create or replace trigger tri_ddl_oper
  2    before create or alter or drop
  3    on scott.schema        --在 scott 模式下，在创建、修改、删除数据对象之前将引发该触发器运行
  4  begin
  5    insert into ddl_oper_log values(
  6      ora_dict_obj_name,      --操作的数据对象名称
  7      ora_dict_obj_type,      --对象类型
  8      ora_sysevent,           --系统事件名称
  9      ora_login_user,         --登录用户
 10      sysdate);
 11  end;
 12  /
```

触发器已创建。

上面代码中，当向日志表 ddl_oper_log 插入数据时，使用了若干个事件属性，它们各自的含义如下：

- ora_dict_obj_name：获取 DDL 操作所对应的数据库对象。
- ora_dict_obj_type：获取 DDL 操作所对应的数据库对象的类型。
- ora_sysevent：获取触发器的系统事件名。
- ora_login_user：获取登录用户名。

通过上面的 4 个事件属性值和 sysdate 系统属性就可以将 scott 用户的 DDL 操作信息获取出来，最后再把这些信息保存到 ddl_oper_log 日志表中，以备随时查看。

（3）在创建完毕触发器之后，为了引起触发器的执行，就要在 SCOTT 模式下进行 DDL 操作。实例如下：

【例 7-34】　在 scott 模式下，创建一个数据表和是一个视图，然后删除视图和修改数据表，最后使用 select 语句查看 ddl_oper_log 日志表中的 DDL 操作信息，代码及运行结果如下。

```
SQL> create table tb_test(id number);
```

表已创建。

```
SQL> create view view_test as select empno,ename from emp;
```

视图已创建。

```
SQL> alter table tb_test add(name varchar2(10));
```

表已更改。

```
SQL> drop view view_test;
```

视图已删除。

SQL> select * from ddl_oper_log;

上面 select 语句的运行结果如图
7-11 所示。

图 7-11　查询 ddl_oper_log 日志表

从上面的运行结果可以看出，用
户 scott 的 DDL 操作信息都被存储到 ddl_oper_log 日志表中，这些信息就是由 DDL 操作引起触发
器运行而保存到日志表中的。

7.4　程序包

程序包由 PL/SQL 程序元素（如变量、类型）和匿名 PL/SQL 块（如游标）、命名 PL/SQL 块
（如存储过程和函数）组成。程序包可以被整体加载到内存中，这样就可以大大加快程序包中任何
一个组成部分的访问速度。实际上程序包对于用户来说并不陌生，在 PL/SQL 程序中使用
DBMS_OUTPUT.PUT_LINE 语句就是程序包的一个具体应用，其中，DBMS_OUTPUT 是程序包，
而 PUT_LINE 就是其中的一个存储过程。程序包通常由规范和包主体组成，下面分别进行讲解。

7.4.1　程序包的规范

该"规范"用于规定在程序包中可以使用哪些变量、类型、游标和子程序（指各种命名的 PL/SQL
块），需要注意的是：程序包一定要在"包主体"之前被创建，其语法格式如下：

```
create [or replace ] package pack_name is
[declare_variable];
[declare_type];
[declare_cursor];
[declare_function];
[declare_ procedure];
end [pack_name];
```

参数说明如下：

- pack_name：程序包的名称，如果数据库中已经存在了此名称，则可以指定"or replace"
关键字，这样新的程序包将覆盖掉原来的程序包。
- declare _variable：规范内声明的变量。
- declare _type：规范内声明的类型。
- declare _cursor：规范内声明的游标。
- declare _function：规范内声明的函数，但仅定义参数和返回值类型，不包括函数体。
- declare _procedure：规范内声明的存储过程，但仅定义参数，不包括存储过程主体。

下面通过一个实例来看一下如何创建一个程序包的"规范"。

【例 7-35】　创建一个程序包的"规范"，首先在该程序包中声明一个可以获取指定部门的平
均工资的函数，然后再声明一个可以实现按照指定比例上调指定职务的工资的存储过程，代码及
运行结果如下。（实例位置：光盘\MR\源码\第 7 章\7-19）

```
SQL> create or replace package pack_emp is
  2    function fun_avg_sal(num_deptno number) return number; --获取指定部门的平均工资
  3    procedure pro_regulate_sal(var_job varchar2,num_proportion number); -- 按照指
```

定比例上调指定职务的工资

```
    4  end pack_emp;
    5  /
```

程序包已创建。

从上面的代码中可以看到，在"规范"中声明的函数和存储过程只有头部的声明，而没有函数体和存储过程主体，这正是规范的特点。

注意 只定义了"规范"的程序包还不可以使用，如果试图在 PL/SQL 块中通过程序包的名称来调用其中的函数或存储过程，Oracle 将会产生错误提示。

7.4.2　程序包的主体

程序包的主体包含了在规范中声明的游标、过程和函数的实现代码，另外，也可以在"程序包的主体"中声明一些内部变量。程序包主体的名称必须与规范的名称相同，这样通过这个相同的名称 Oracle 就可以将"规范"和"主体"结合在一起组成程序包，并实现一起进行编译代码。在实现函数或存储过程主体时，可以将每一个函数或存储过程作为一个独立的 PL/SQL 块来处理。

与创建"规范"不同的是，创建"程序包主体"使用 CREATE PACKAGE BODY 语句，而不是 CREATE PACKAGE，这一点需要读者注意，创建程序包主体的语法格式如下：

```
create [or replace] package body pack_name is
  [inner_variable]
  [cursor_body]
  [function_title]
  {begin
    fun_plsql;
  [exception]
    [dowith _ sentences;]
  end [fun_name]}
  [procedure_title]
  {begin
    pro_plsql;
  [exception]
    [dowith _ sentences;]
  end [pro_name]}
...
end [pack_name];
```

参数说明如下：

- pack_name：程序包的名称，要求与对应"规范"的程序包名称相同。
- inner_variable：程序包主体的内部变量。
- cursor_body：游标主体。
- function_title：从"规范"中引入的函数头部声明。
- fun_plsql：PL/SQL 语句，这里是函数主要功能的实现部分。从 begin 到 end 部分就是函数的 body。
- dowith _ sentences：异常处理语句。
- fun_name：函数的名称。
- procedure_title：从"规范"中引入的存储过程头部声明。

- pro_plsql：PL/SQL 语句，这里是存储过程主要功能的实现部分。从 begin 到 end 部分就是存储过程的 body。
- pro_name：存储过程的名称。

下面通过一个实例来看一下如何创建一个程序包的"主体"以及如何调用一个完整的程序包。

【例 7-36】 创建程序包 pack_emp 的主体，在该主体中实现对应"规范"中声明的函数和存储过程，代码及运行结果如下。（实例位置：光盘\MR\源码\第 7 章\7-20）

```
SQL> create or replace package body pack_emp is
  2    function fun_avg_sal(num_deptno number) return number is    --引入"规范"中的函数
  3      num_avg_sal number;                                       --定义内部变量
  4    begin
  5      select avg(sal)
  6      into num_avg_sal
  7      from emp
  8      where deptno = num_deptno;                                --计算某个部门的平均工资
  9      return(num_avg_sal);                                      --返回平均工资
 10    exception
 11      when no_data_found then                                   --若未发现记录
 12        dbms_output.put_line('该部门编号不存在雇员记录');
 13        return 0;                                               --返回 0
 14    end fun_avg_sal;
 15
 16    procedure pro_regulate_sal(var_job varchar2,num_proportion number) is--引入"规范"中的存储过程
 17    begin
 18      update emp
 19      set sal = sal*(1+num_proportion)
 20      where job = var_job;                                      --为指定的职务调整工资
 21    end pro_regulate_sal;
 22  end pack_emp;
 23  /
```

程序包体已创建。

在创建了程序包的"规范"和"主体"之后，就可以像普通的存储过程和函数一样调用了。

【例 7-37】 创建一个匿名的 PL/SQL 块，然后通过程序包 pack_emp 调用其中的函数 fun_avg_sal 和存储过程 pro_regulate_sal，并输出函数的返回结果，代码如下。（实例位置：光盘\MR\源码\第 7 章\7-21）

```
SQL> set serveroutput on;
SQL> declare
  2    num_deptno emp.deptno%type;                                --定义部门编号变量
  3    var_job emp.job%type;                                      --定义职务变量
  4    num_avg_sal emp.sal%type;                                  --定义工资变量
  5    num_proportion number;                                     --定义工资调整比例变量
  6  begin
  7    num_deptno:=10;                                            --设置部门编号为 10
  8    num_avg_sal:=pack_emp.fun_avg_sal(num_deptno);--计算部门编号为 10 的平均工资
  9    dbms_output.put_line(num_deptno||'号部门的平均工资是: '||num_avg_sal);--输出平均工资
 10
```

```
11    var_job:='SALESMAN';                        --设置职务名称
12    num_proportion:=0.1;                        --设置调整比例
13    pack_emp.pro_regulate_sal(var_job,num_proportion);--调整指定部门的工资
14 end;
15 /
```

本例运行结果如图 7-12 所示。

至此这个程序包的定义和调用执行完毕,总结一下使用一个程序包的过程就是:首先创建程序包的"规范",然后再创建程序包的"主体",最后在 PL/SQL 块或 SQL*Plus 中调用程序包中的子程序——即函数或存储过程。

10号部门的平均工资是:3402.78
PL/SQL 过程已成功完成。

图 7-12   执行 pack_emp 包的结果

7.5   综合实例——创建带参数的存储过程

本实例主要演示如何通过带参数的存储过程,实现从 emp 表中查找 empno 字段等于指定参数的,调用参数值,并送给入口参数。开发步骤如下:

(1)打开 SQL*Plus,以 system 身份登录,登录成功后,在 SQL*Plus 中输入如下命令,实现切换至 SCOTT 模式。

```
SQL> conn scott/tiger。
```

(2)在 SQL*Plus 中输入如下代码,代码及运行结果如下:

```
SQL> create or replace procedure pro_emp(
 2    sempno in emp.empno%type,
 3    sename out emp.ename%type,
 4    sjob in out emp.job%type
 5  )as myjob emp.job%type;
 6    myname emp.ename%type;
 7 begin
 8    select job into myjob from emp
 9    where empno = sempno;
10    select ename into myname from emp
11    where empno = sempno;
12    sename := '姓名: '||myname ;
13    sjob := '职业: '||myjob ;
14 end;
15 /
```

过程已创建。

知识点提炼

(1)存储过程是一种命名的 PL/SQL 程序块,它既可以没有参数,也可以有若干个输入、输出参数,甚至可以有多个既作输入又作输出的参数,但它通常没有返回值。

(2)存储过程被保存在数据库中,它不可以被 SQL 语句直接执行或调用,只能通过 EXECUT 命令执行或在 PL/SQL 程序块内部被调用。

(3)函数的创建语法与存储过程比较类似,它也是一种存储在数据库中的命名程序块,函数

可以接受零或多个输入参数，并且函数必须有返回值（而这一点存储过程是没有的）。

（4）触发器可以看作是一种"特殊"的存储过程，它定义了一些与数据库相关事件（如 INSERT、UPDATE、CREATE 等事件）发生时应执行的"功能代码块"，通常用于管理复杂的完整性约束，或监控对表的修改，或通知其他程序，甚至可以实现对数据的审计功能。

（5）程序包由 PL/SQL 程序元素（如变量、类型）和匿名 PL/SQL 块（如游标）、命名 PL/SQL 块（如存储过程和函数）组成。

习　　题

7-1　执行存储过程，可以通过什么语句实现？

7-2　删除函数可以通过什么语句实现？

7-3　列举 Oracle 提供了几种触发器类型。

7-4　如何实现定义程序包？

实验：通过触发器实现当 emp 表中删除数据时 bonus 表中对应数据也删除

实验目的

（1）掌握触发器的基本语法。

（2）掌握行级触发器的应用。

实验内容

创建 delete 触发器，实现当从 emp 表中删除数据时，bonus 表中与之对应的记录也实现删除。

实验步骤

（1）打开 SQL*Plus，以 system 身份登录，登录成功后，在 SQL*Plus 中输入以下代码，切换至 SCOTT 模式中。

```
SQL> conn scott/tiger。
```

（2）切换成功后，在 SQL*Plus 中输入如下代码，创建 DELETE 触发器。

```
SQL> create or replace trigger tri_emp
  2    after delete
  3    on emp
  4  for each row
  5  begin
  6    delete from bonus b where b.ename = :old.ename;
  7  end;
  8  /

触发器已创建。
```

第8章
数据表对象

本章要点：

- 了解关于数据表的概述
- 掌握如何创建数据表
- 掌握如何维护数据表
- 掌握如何维护数据的完整性和约束性

表是 Oracle 数据库中一种非常重要的数据对象，它是存储数据的主要手段，因此对表的管理非常重要。另外，通过对表定义约束，可以用最简单的方式实现一些基本的应用逻辑，同时也是对表中数据的有效性和完整性的维护。

8.1　数据表概述

数据表（通常简称表）是 Oracle 数据库中主要的数据存储容器，表中的数据被组织成行和列。表中的每个列均有一个名称，并且每个列都具有一个指定的数据类型和大小，例如，VARCHAR(30)，TIMESTAMP(6)或 NUMBER(12)。

在关系型数据库中，表可以对应于现实世界中的实体（如雇员、岗位等）或联系（如雇员工资）。在进行数据库设计时，需要首先设计 E-R 图（实体联系图），然后再将 E-R 图转变为数据库中的表。

从用户的角度来看，数据表的逻辑结构是一张二维的平面表，即表由纵向的标记——列和横向的标记——行两部分组成。表通过行和列来组织数据。通常称表中的一行为一条记录，表中的一列为属性列。一条记录描述一个实体，一个属性列描述实体的一个属性，如雇员有雇员编号、雇员姓名、雇员岗位等属性；学生有学生编号、姓名、所在学校等属性。每个列都具有列名、列数据类型、列长度，可能还有约束条件、默认值等，这些内容在创建表时即被确定。

在 Oracle 中，有多种类型的表。不同类型的表各有一些特殊的属性，适应于保存某种特殊的数据、进行某些特殊的操作，即在某些方面可能比其他类型的表的性能更好，如处理速度更快、占用磁盘空间更少。

表一般指的是一个关系表，也可以生成对象表及临时表。其中，对象表是通过用户定义的数据类型生成的，临时表用于存储专用于某个事务或者会话的临时数据。

8.2　创建数据表

数据库中的每一个表都被一个模式（或用户）所拥有，因此表是一种典型的模式对象。在创建数据表时，Oracle 将在一个指定的表空间中为其分配存储空间。最初创建表是一个裸的逻辑存储结构，其中不包含任何数据记录。

8.2.1　数据表的逻辑结构

表是最常见的一种组织数据的方式，一张表一般都具有多个列（即多个字段）。每个字段都具有特定的属性，包括字段名、数据类型、字段长度、约束、默认值等，这些属性在创建表时被确定。从用户的角度来看，数据库中数据的逻辑结构是一张二维的平面表，在表中通过行和列来组织数据。在表中每一行存放一条信息，通常称表中的一行为一条记录。

Oracle 提供了多种内置的列的数据类型，常用到的包括数值类型、字符类型、日期类型、LOB 类型与 ROW ID 类型。除了这些类型之外，用户还可以定义数据类型。前面列出的这 5 种常用数据类型的使用方法如下。

（1）字符类型

字符数据类型用于声明包含字母、数字数据的字段。对字符数据类型再进行细分可包括定长字符串和变长字符串两种，它们分别对应着 CHAR 数据类型和 VARCHAR2 数据类型。

- CHAR 数据类型

CHAR 数据类型用于存储固定长度的字符串。一旦定义了 CHAR 类型的列，该列就会一直保持声明时所规定的长度大小。当为该列的某个单元格（行与列的交叉处就是单元格）赋予长度较短的数值后，空余部分 Oracle 会用空格自动填充；如果字段保存的字符长度大于规定的长度，则 Oracle 会产生错误信息。CHAR 类型的长度范围为 1～2000 字节。

- VARCHAR2 数据类型

VARCHAR2 数据类型与 CHAR 类型相似，都用于存储字符串数据。但 VARCHAR2 类型的字段用于存储变长，而非固定长度的字符串。将字段定义为 VARCHAR2 数据类型时，该字段的长度将根据实际字符数据的长度自动调整；即如果该列的字符串长度小于定义时的长度，系统不会使用空格填充，而是保留实际的字符串长度。因此，在大多数情况下，都会使用 VARCHAR2 类型替换 CHAR 数据类型。

（2）数值数据类型

数值数据类型的字段用于存储带符号的整数或浮点数。Oracle 中的 NUMBER 数据类型具有精度（PRECISION）和范围（SCALE）。精度（PRECISION）指定所有数字位的个数，范围（SCALE）指定小数的位数，这两个参数都是可选的。如果插入字段的数据超过指定的位数，Oracle 将自动进行四舍五入。例如，字段的数据类型为 NUMBER(5,2)，如果插入的数据为 3.1415926，则实际上字段中保存的数据为 3.14。

（3）日期时间数据类型

Oracle 提供的日期时间数据类型是 DATE，它可以存储日期和时间的组合数据。用 DATE 数据类型存储日期时间比使用字符数据类型进行存储更简单，并且可以借助于 Oracle 提供的日期时间函数方便地处理数据。

在 Oracle 中，可以使用不同的方法建立日期值。其中，最常用的获取日期值的方法是通过 SYSDATE 函数，调用该函数可以获取当前系统的日期值。除此之外，还可以使用 TO_DATE 函数将数值或字符串转换为 DATE 类型。Oracle 默认的日期和时间格式由初始化参数 NLS_DATE_FORMAT 指定，一般为 DD-MM-YY。

（4）LOB 数据类型

LOB 数据类型用于大型的、未被结构化的数据，例如，二进制文件、图片文件和其他类型的外部文件。LOB 类型的数据可以直接存储在数据库内部，也可以将数据存储在外部文件中，而将指向数据的指针存储在数据库中。LOB 数据类型分为 BLOB、CLOB 和 BFILE 数据类型。

● BLOB 类型

BLOB 类型用于存储二进制对象。典型的 BLOB 可以包括图像、音频文件、视频文件等。在 BLOB 类型的字段中能够存储最大为 128MB 字节的二进制对象。

● CLOB 类型

CLOB 类型用于存储字符格式的大型对象，CLOB 类型的字段能够存储最大为 128MB 的对象。Oracle 首先把数据转换成 Unicode 格式的编码，然后再将它存储在数据库中。

● BFILE 类型

BFILE 类型用于存储二进制格式的文件；在 BFILE 类型的字段中可以将最大为 128MB 字节的二进制文件作为操作系统文件存储在数据库外部，文件的大小不能超过操作系统的限制；BFILE 类型的字段中仅保存二进制文件的指针，并且 BFILE 字段是只读的，不能通过数据库对其中的数据进行修改。

（5）ROWID 数据类型

ROWID 数据类型被称为"伪列类型"，用于在 Oracle 内部保存表中的每条记录的物理地址。在 Oracle 内部通过 ROWID 来定位所需记录的。由于 ROWID 实际上保存的是数据记录的物理地址，所以通过 ROWID 来访问数据记录可以获得最快的访问速度。为了便于使用，Oracle 自动为每一个表建立一个名称为 ROWID 的字段，可以对这个字段进行查询、更新和删除等操作，设置利用 ROWID 来访问表中的记录以获得最快的操作速度。

由于 ROWID 字段是隐式的，用户检索表时不会看到该字段。因此，如果要使用 ROWID 字段，则必须显式地指定其名称。

8.2.2　创建数据表

创建表通常使用 CREATE TABLE 语句。如果用户在自己的模式中创建一个表，则用户必须具有 CREATE TABLE 系统权限。如果要在其他用户模式中创建表，则必须具有 CREATE ANY TABLE 的系统权限。此外，用户还必须在指定的表空间中设置一定配额的存储空间。

实际上通过 CREATE TABLE 语句创建表并不是很难的事，而难点是要确定被创建的表应该包含哪些列以及这些列的数据类型，而这些内容最好在对用户需求分析的基础上进行确定，接下来通过几个例子来说明如何创建数据表。

【例 8-1】　创建一个学生档案信息表 students，该表包括了学生编号、学生姓名、性别、年龄、系别编号、班级编号和建档日期等信息，代码及运行结果如下。（实例位置：光盘\MR\源码\第 8 章\8-1）

```
SQL> create table students(
  2  stuno number(10) not null,          --学号
  3  stuname varchar2(8),                --姓名
  4  sex char(2),                        --性别
  5  age int,                            --年龄
  6  departno varchar2(2) not null,      --系别编号
  7  classno varchar2(4) not null,       --班级编号
  8  regdate date default sysdate        --建档日期
  9  );
```

表已创建。

用户在创建 students 表后，可以通过 DESCRIBE 命令查看表的描述，示例如下。

【例 8-2】 使用 describe 命令查看新创建的 students 表的数据结构，代码如下。

```
SQL> describe students;
```

本例运行结果如图 8-1 所示。

图 8-1 查询 students 表的结构

如果用户要在其他模式中创建表，则必须在表名前加上某个模式的名称，示例如下。

【例 8-3】 用户 system 在 scott 模式下创建 students 表，其示例语法如下。

```
create table scott.students(…);
```

另外，还可以在 CREATE TABLE 语句中使用嵌套子查询，基于已经存在的表或视图来创建新表，而不需要为新表定义字段。在子查询中也可以引用一个或多个表（或视图），查询结果集中包含的字段即为新表中定义的字段，并且查询到的记录也会被添加到新表中，下面来看一个例子。

【例 8-4】 使用 CREATE TABLE AS SELECT 语句创建 students 表的一个副本，代码及运行结果如下。（实例位置：光盘\MR\源码\第 8 章\8-2）

```
SQL> create table students_2
  2  as select *
  3  from students;
```

表已创建。

当使用 CREATE TABLE AS SELECT 语句创建表时，Oracle 将通过从 students 表中复制列来建立表。在创建表后，Oracle 就会使用从 SELECT 语句中返回的行来填充新表。

8.2.3　数据表的特性

在 Oracle 中创建表时，表的特性将决定系统如何创建表、如何在磁盘上存储表、以及表创建后使用时的最终执行方式等，接下来详细讲解表中常用的 4 个特性及其设置说明。

1. 存储参数

当用户在 Oracle 中创建表时，Oracle 允许用户指定该表如何使用磁盘上的存储空间。如果仅为表指定了表空间，而没有设置存储参数，则该表将采用其所属表空间的默认存储参数。然而，表空间的默认存储参数不一定对表空间中的每一个表都适用，因此，当表所需要的存储参数与表空间的默认存储参数不匹配时，需要用户在创建表时显式指定存储参数以替换表空间的默认存储参数。

在创建表时，可以通过使用 STORAGE 子句来设置存储参数，这样可以控制表中盘区的分配管理方式。对于本地化管理的表空间而言，如果指定盘区的管理方式为 AUTOALLOCATE（即自动化管理），则可以在 STORAGE 子句中指定 INITIAL、NEXT 和 MINEXTENTS 这 3 个存储参数，Oracle 将根据这 3 个存储参数的值为表分配的数据段初始化盘区大小，以后盘区的分配将由 Oracle 自动管理。如果指定的盘区管理方式为 UNIFORM（即等同大小管理），这时不能为表指定任何 STORAGE 子句，盘区的大小将是统一大小。

参数 NEXT 用于指定为存储表中的数据分配的第二个盘区大小。该参数在字典管理的表空间中起作用，而在本地化管理的表空间中不再起作用，因为随后分配的盘区将由 Oracle 自动决定其大小。参数 MINEXTENTS 用于指定允许为表中的数据所分配的最小盘区数目，同样在本地化管理的表空间中该参数也不再起作用。因此，在存储参数中，主要是设置 INITIAL 参数。该参数用于为表指定分配的第一个盘区大小，以 KB 或 MB 为单位。当为已知大小的数据建立表时，可以将 INITIAL 设置为一个可以容纳所有数据的数值，这样可以将表中所有数据存储在一个盘区从而避免产生碎片。下面来看一个例子。

【例8-5】　创建一个用于存储学生档案信息的students_3数据表（该表的结构与上面的students表的结构相同），并通过 storage 子句中的 initial 存储参数为该表分配第一个盘区的大小，代码及运行结果如下。（实例位置：光盘\MR\源码\第 8 章\8-3）

```
SQL> create table students_3(
  2   stuno number(10) not null,        --学号
  3   stuname varchar2(8),              --姓名
  4   sex char(2),                      --性别
  5   age int,                          --年龄
  6   departno varchar2(2) not null,    --系别编号
  7   classno varchar2(4) not null,     --班级编号
  8   regdate date default sysdate      --建档日期
  9  )tablespace tbsp_1                 --表空间
 10   storage(initial 256k);            --指定为该表分配的第一个盘区的大小
```

表已创建。

如果用户想查看 students_3 表的存储参数情况，可以通过查询 USER_TABLES 来实现，示例如下。

【例 8-6】　在 USER_TABLES 数据字典表中查询表 STUDENTS_3 的第一个盘区的大小，代码及运行结果如下。

```
SQL> select initial_extent
  2  from user_tables
  3  where table_name = 'STUDENTS_3';

INITIAL_EXTENT
-----------------------
        262144
```

2. 数据块管理参数

对于一般不带有 LOB 类型的数据表而言，一个数据块可以存放表的多行记录，用户可以设置的数据块管理参数主要分为以下两类。

（1）PCTFREE 和 PCTUSED

这两个参数用于控制数据块中空闲空间的使用方法。对于本地化管理的表空间而言，如果使用 SEGMENT SPACE MANAGEMENT 子句设置段的管理方式为 AUTO（自动），则 Oracle 会对数据库的空闲空间进行自动管理。对于这种情况，不需要用户设置数据块管理参数 PCTFREE 和 PCTUSED。

如果表空间的段管理方式为 SEGMENT SPACE MANAGEMENT MANUAL（手动管理），则用户可以通过设置 PCTFREE 与 PCTUSED 参数对数据块中的空闲空间手工管理。其中，PCTFREE 用于指定数据库中必须保留的最小空闲空间比例，当数据块达到 PCTFREE 参数的限制后，该数据块将被标记为不可用，默认值为 10。例如，如果在 CREATE TABLE 语句中指定 PCTFREE 为 30，则说明对于该表的数据段，系统将会保留 30% 的空闲空间，这些空闲空间将用于保存更新记录时增加的数据。很显然，PCTFREE 参数值越小，为现有数据行更新所预留的空间越少。如果 PCTFREE 参数值设置得过高，则浪费磁盘空间；如果 PCTFREE 设置得太低，则可能会导致由于一个数据块小到无法容纳一行记录而产生迁移记录和链接记录。

而参数 PCTUSED 用于设置数据块是否可用的界限，换言之，为了使数据块能够被再次使用，已经占用的存储空间必须低于 PCTUSED 设置的比例。

为表设置 PCTFREE 与 PCTUSED 参数时，PCTFREE 与 PCTUSED 两个参数值的和必须等于或小于 100。一般而言，两个参数的和与 100 相差越大，存储效率就越高。

设置数据块的 PCTFREE 和 PCTUSED 时，用户需要根据数据库的具体应用情况来决定。下面是设置 PCTUSED 和 PCTFREE 参数的几种情况。

● 在实际应用中，当使用 UPDATE 操作较多，并且更新操作会增加记录的大小时，可以将 PCTFREE 值设置得大一点，这样当记录变大时，记录仍然能够保存在原数据块中；而将 PCTUSED 值设置的比较小，这样在频繁地进行更新操作时，能够减少由于数据块在可用与不可用状态之间反复切换而造成的系统开销。推荐设置 PCTFREE 为 20，而 PCTUSED 为 40。

● 在实际应用中，当使用 INSERT 和 DELETE 操作较多，并且 UPDATE 操作不会增加记录的大小时，可以将 PCTFREE 参数设置的比较小，因为大部分更新操作不会增加记录的大小；而 PCTUSED 参数设置得比较大，以便尽快重新利用被 DELETE 操作释放的存储空间。推荐设置参数 PCTFREE 为 5，而 PCTUSED 为 60。

在 CREATE TABLE 语句中，可以通过 PCTFREE 和 PCTUSED 子句来设置相应的参数，下面来看一个例子。

【例 8-7】 创建 student_4 数据表（该表的结构与上面创建的 students 相同），并设置其 PCTFREE 和 PCTUSED 参数分别为 20 和 40，代码及运行结果如下。（实例位置：光盘\MR\源码\第 8 章\8-4）

```
SQL> create table students_4(
  2  stuno number(10) not null,        --学号
  3  stuname varchar2(8),              --姓名
  4  sex char(2),                      --性别
  5  age int,                          --年龄
  6  departno varchar2(2) not null,    --系别编号
  7  classno varchar2(4) not null,     --班级编号
```

```
 8  regdate date default sysdate          --建档日期
 9  )tablespace tbsp_1                     --表空间
10  storage(initial 256k)                 --该表分配第一个盘区的大小
11  pctfree 20                            --数据块管理参数
12  pctused 40;                           --数据块管理参数
```

表已创建。

说明

　　用户如果要查看表 student_4 的 PCTFREE 和 PCTUSED 参数设置情况，可以通过查看 USER_TABLES 数据字典视图来实现。

（2）INITRANS 参数

　　该参数用于指定一个数据块所允许的并发事务数目。当一个事务访问表中的一个数据块时，该事务会在数据块的头部保存一个条目，以标识该事务正在使用这个数据块。当该事务结束时，它所对应的条目将被删除。

　　在创建表时，Oracle 会在表的每个数据块头部分配可以存储 INITRANS 个事务条目的空间，这部分空间是永久的，只能用于存储事务条目。当数据块的头部空间已经存储了 INITRANS 个事务条目后，如果还有其他事务要访问这个数据块，Oracle 将在数据块的空闲空间中为事务分配空间，这部分空间是动态的。当事务结束后，这部分存储空间将被回收以存储其他数据。能够访问一个数据块的事务总数由 MAXTRANS 参数块决定，在 Oracle 11g 中，对于单个数据块而言，Oracle 默认最大支持 255 个并发事务。但实际上，MAXTRANS 参数已经被废弃。下面来看一个关于"INITRANS"参数的例子。

【例 8-8】　创建 students_5 表（该表的结构与上面创建的 students 相同），并指定在数据块头部存放 10 个事务条目，代码及运行结果如下。（实例位置：光盘\MR\源码\第 8 章\8-5）

```
SQL> create table students_5(
 2  stuno number(10) not null,            --学号
 3  stuname varchar2(8),                  --姓名
 4  sex char(2),                          --性别
 5  age int,                              --年龄
 6  departno varchar2(2) not null,        --系别编号
 7  classno varchar2(4) not null,         --班级编号
 8  regdate date default sysdate          --建档日期

 9  )tablespace tbsp_1

10  storage(initial 256k)

11  pctfree 20

12  pctused 40
13  initrans 10;                          --数据块管理参数，10个事务条目
```

表已创建。

　　用户若要了解 students_5 表中的 INITRANS 和 MAXTRANS 参数的设置情况，可以通过查询数据字典 USER_TABLES 来实现，示例如下。

【例 8-9】 在 user_tables 数据字典中查询 students_5 表的 ini_trans 和 max_trans 参数值，代码如下。

```
SQL> select ini_trans,max_trans from user_tables
  2  where table_name = 'STUDENTS_5';
```

INI_TRANS	MAX_TRANS
20	255

本例运行结果如图 8-2 所示。

图 8-2 查询 ini_trans 和 max_trans 参数值

由于每个表的应用特性不同，所以应当为各个表分别设置不同的 INITRANS 参数。在设置 INITRANS 参数时，如果设置的 INITRANS 参数值较大，则事务条目将占用过多的存储空间，从而减少用来存储实际数据的存储空间。只有当一个表有较多的事务同时访问时，才应当为其设置较高的 INITRANS 参数值。

3. 重做日志参数

重做日志记录了数据库中数据的改变情况，这样，如果发生故障导致数据不能从内存中写入到数据文件中时，就可以从重做日志中获取被操作的数据。这样就可以防止数据丢失，从而提高表中数据的可靠性。

当使用 CREATE TABLE 语句创建表时，如果使用了 NOLOGGING 子句，则对该表的创建、删除、修改等操作（即 DDL 操作）就不会记录到日志中，但对该表进行 DML 操作时（如 INSERT、UPDATE、DELETE 等）时，系统仍然会产生重做日志记录。在创建表时，默认情况下使用 LOGGING 子句，这样对该表的所有操作（包括创建、删除、重命名等操作）都会被记录到重做日志中。

在决定是否使用 NOLOGGING 子句时，用户必须综合考虑所获取的收益和风险。使用 NOLOGGING 子句时，可以节省重做日志文件的存储空间，并减少创建表所需要的时间。但如果没有在重做日志文件中记录对表的操作，可能会无法用数据库恢复操作来恢复丢失的数据。下面来看一个使用 NOLOGGING 子句的例子。

【例 8-10】 创建 students_6 表（该表的结构与上面创建的 students 相同），并且在创建该表时使用 NOLOGGING 子句，使用户对该表的创建、删除、修改等操作不被记录到重做日志文件中，代码及运行结果如下。（实例位置：光盘\MR\源码\第 8 章\8-6）

```
SQL> create table students_6(
  2  stuno number(10) not null,          --学号
  3  stuname varchar2(8),                --姓名
  4  sex char(2),                        --性别
  5  age int,                            --年龄
  6  departno varchar2(2) not null,      --系别编号
  7  classno varchar2(4) not null,       --班级编号
  8  regdate date default sysdate        --建档日期
  9  )tablespace tbsp_1

 10  storage(initial 256k)

 11  pctfree 20

 12  pctused 40

 13  initrans 10
 14  nologging;                          --对 DDL 操作不产生日志
表已创建。
```

4．缓存参数

当在 Oracle 中执行全表搜索时，读入缓存中的数据块将会存储在 LRU 列表的最近最少使用的一端。这意味着如果进行查询操作，并且必须向缓存中存储数据时，就会将刚读入的数据块换出缓存。

在建立表时，可以使用 CACHE 子句改变这种行为，使得当在使用 CACHE 子句建立的表中执行全表搜索时，将读入的数据块放置到 LRU 中最近最常用使用的一端。这样，数据库缓存中利用 LRU 算法对缓存块进行换入、换出调度时，就不会将属于这个表的数据块立即换出，从而提高了针对该表的查询效率。

在创建表时默认使用 NOCACHE 子句。对于比较小且又经常查询的表，用户在创建表时指定 CACHE 子句，以便利用系统缓存来提高对该表的查询执行效率，下面来看一个例子。

【例 8-11】　在 USER_TABLE 数据字典中查询 STUDENTS_6 表是否启用了缓存功能，代码如下。

```
SQL> select table_name,cache
  2  from user_tables
  3  where table_name = 'STUDENTS_6';
```

图 8-3　查询 STUDENTS_6 表是否启用了缓存功能

本例运行结果如图 8-3 所示。

8.3　维护数据表

在创建表后，如果发现对表的定义有不满意的地方，还可以对表进行修改。这些修改操作包括增加或删除表中的字段、改变表的存储参数设置以及对表进行增加、删除和重命名等操作。普通用户只能对自己模式中的表进行修改，如果要对任何模式中的表进行修改操作，用户必须具有 ALTER ANY TABLE 系统权限。

8.3.1　增加和删除字段

在创建表后，可能会需要根据应用需求的变化向表中增加或删除列。用户可以使用 ALTER TABLE…ADD 语句能够向表中添加新的字段，下面来看一个例子。

【例 8-12】　在 students_6 表中增加一个 province（省份）新字段，代码及运行结果如下。

```
SQL>  alter  table  students_6
add(province varchar2(10));
```

表已更改。

在为 student_6 添加了新的字段之后，用户可以使用 desc 命令来查看该表的结构，如图 8-4 所示，最后一个字段（PROVINCE）就是新添加的字段。

图 8-4　增加 PROVINCE 字段后 student_6 表的结构

既然可以为数据表添加字段，自然也可以删除数据表中的指定字段，这可以通过 ALTER TABLE…DROP 语句删除表中的指定字段。但是不能删除表中所有的字段。也不能删除 SYS 模式中任何表的字段。如果仅需要删除一个字段，则必须在字段名前指定 COLUMN 关键字。下面来看一个例子。

【例 8-13】 在 students_6 表中删除 province（省份）这个字段，代码及运行结果如下。

```
SQL> alter table students_6 drop column province;
```

图 8-5 删除 PROVINCE 字段后 student_6 表的结构

表已更改。

删除 province 字段后，使用 desc 命令查看该表结构，如图 8-5 所示，PROVINCE 字段不存在了。

上面讲解了删除一个字段的情况，如果要在一条语句中删除多个列，则需要将删除的字段名放在括号中，各个字段之间用逗号隔开，其不能使用关键字 COLUMN。下面来看一个例子。

【例 8-14】 在 students_6 表中同时删除 sex 和 age 字段，代码及运行结果如下。

```
SQL> alter table students_6 drop
(sex,age);
```

图 8-6 删除 sex 和 age 字段后 student_6 表的结构

表已更改。

这时再来看该表的结构，如图 8-6 所示，sex 和 age 字段都不存在了。

如果在上述语句中使用关键字 COLUMN，就会产生如图 8-7 所示的错误。

图 8-7 使用关键字 COLUMN 后产生的错误

说明　在删除字段时，系统将删除表中每条记录对应的字段值，同时释放所有占用的存储空间，并且不会影响到表中其他列的数据。如果要删除一个大型表中的字段，由于需要对每条记录进行处理，删除操作可能会执行很长时间。

8.3.2 修改字段

除了在表中增加和删除字段外，还可以根据实际情况修改字段的有关属性，包括修改字段的数据类型的长度、数字列的精度、列的数据类型和列的默认值等。修改字段通常使用 ALTER TABLE...MODIFY 语句，其语法格式如下：

```
alter table table_name modify column_name column_property;
```

参数说明如下：

● table_name：表示要修改的列所在的表名称。

● column_name：要修改的列名称。

● column_property：要修改的列属性，包括数据类型的长度、数字列的精度、列的数据类型和列的默认值等。

这里需要注意的是：用户在修改字段时，并不可以随意修改。通常情况下，把某种数据类型改变为兼容的数据类型时，只能把数据的长度从低向高改变，不能从高向低改变，否则会出现数据溢出情况，影响原有数据的精度；如果表中没有数据时，用户既可以把数据的长度从高向低改变，也可以把某种数据类型改变为另外一种数据类型。下面来看一个关于修改字段的例子。

【**例 8-15**】 将 students_6 表中的 departno 字段的长度由 2 更改为 4，代码及运行结果如下。

```
SQL> alter table students_6 modify
departno varchar2(4);
```

表已更改。

使用 desc 命令查看修改后 students_6 表的 DEPARTNO 字段的长度，如图 8-8 所示，可以看到其长度由 2 变为 4。

图 8-8 修改 departno 字段的长度为 4

 修改某个字段的默认值只对今后的插入操作起作用，对于先前已经插入的数据并不起作用。

8.3.3 重命名表

在创建表后，用户可以修改指定表的名称，但用户只能对自己模式中的表进行重命名。重命名表通常使用 ALTER TABLE...RENAME 语句，其语法格式如下：

```
alter table table_old_name rename to table_new_name;
```

参数说明如下：

- table_old_name：表示原表名称。
- table_new_name：表示新表名称。

对表进行重命名非常容易，但是影响却非常大，在对表的名称进行修改时，要格外小心。虽然 Oracle 可以自动更新数据字典中的外键、约束定义以及表关系，但是它不能更新数据库中的存储过程、客户应用，以及依赖该对象的其他对象，下面来看一个关于重命名表的例子。

【**例 8-16**】 将 students_6 表重命名为 students_7，代码及运行结果如下。

```
SQL> alter table students_6 rename to students_7;
```

表已更改。

8.3.4 改变表空间和存储参数

在创建表时，可以通过一些参数指定表的表空间、存储参数等，当然也可以不指定参数而使用默认值。在创建表之后，如果发现这些参数设置得不合适，管理员可以对其进行修改。接下来就讲解在维护数据表时经常遇到的两种修改数据表参数的情况——改变表空间和存储参数。

1. 修改表空间

若要将一个"非分区"表移动到一个新的表空间，则可以使用 ALTER TABLE...MOVE TABLESPACE 语句，下面来看一个例子。

【**例 8-17**】 将 students_6 表由 tbsp_1 表空间移动到 tbsp_2 表空间，代码及运行结果如下。

```
SQL> alter table students_6 move tablespace
tbsp_2;
```

表已更改。

接下来，用户可以在 user_tables 数据字典中查询 students_6 现在所在的表空间，如图 8-.9 所示，现在的表空间为 TBSP_2。

图 8-9 查询 students_6 表所在的新表空间

由于表空间对应的数据文件不同，所以在移动表空间时会将数据在物理上移动到另
说明　一个数据文件。

2. 修改存储参数

修改存储参数，主要是指修改数据块参数 PCTFREE 和 PCTUSED，若改变了这两个参数值，则表中所有的数据块都将受到影响，而不论数据块是否已经使用。修改存储参数一般使用 ALTER TABLE 语句，下面来看一个例子。

【例 8-18】　使用 alter table 语句重新设置 students_6 表的 pctfree 和 pctused 参数，代码及运行结果如下。

```
SQL> alter table students_6 pctfree 25 pctused 45;
```

表已更改。

接下来，用户可以在 user_tables 数据字典
中查询 students_6 更改后的数据块参数，如图
8-10 所示。

```
SQL> select pct_free,table_name from user_tables
  2  where table_name = 'STUDENTS_6';

PCT_FREE TABLE_NAME
-------- ----------
      25 STUDENTS_6
```

图 8-10　查询 students_6 更改后的数据块参数 pctfree

8.3.5　删除表

数据表在创建之后，根据实际需求情况，用户还可以将其删除。但需要注意的是，一般情况下用户只能删除自己模式中的表，如果要删除其他模式中的表，则必须具有 DROP ANY TABLE 系统权限。删除表通常使用 DROP TABLE 语句，其语法格式如下：

```
drop table table_name [cascade constraints];
```

参数 table_name 表示要删除的表名称。如果该表存在约束、关联的视图和触发器等，则必须使用 "cascade constraints" 这个可选的子句才能将其删除。

删除表与删除表中的所有数据不同，当使用 DELETE 语句进行删除操作时，删除的仅是表中的数据，该表的数据结构仍然存在于数据库中；DROP TABLE 语句删除表的定义时，不仅表中的数据将丢失，而且该表的定义信息（数据结构）也将从数据库中删除，用户就再也不可以向该表中添加数据了，因为该表的定义在数据库中已经不存在了。

在删除一个表的结构时，通常 Oracle 会执行以下操作。

- 删除表中所有的数据。
- 删除与该表相关的所有索引和触发器。
- 如果有视图或 PL/SQL 过程依赖于该表，这些视图或 PL/SQL 过程将被置于不可用状态。
- 从数据字典中删除该表的定义。
- 回收为该表分配的存储空间。

DROP TABLE 语句有一个可选子句 CASCADE CONSTRAINTS。当使用该参数时，DROP TABLE 不仅仅删除该表，而且所有引用这个表的视图、约束或触发器等也都被删除，如下面的例子。

【例 8-19】　删除表 students_5 以及所有引用这个表的视图、约束或触发器等，代码及运行结果如下。

```
SQL> drop table students_5 cascade constraints;
```

表已删除。

一般情况下，当某个表被删除之后，实际上它并没有被彻底删除（仅仅是在数据字典中被除

名），而是把该表放到了回收站中（即它依然占用存储空间），这样当用户需要还原该表时，就可以使用 FLASHBACK TABLE 语句（这是一种闪回技术）进行还原。下面来看一下使用闪回技术恢复被删除表的一般步骤。

【例 8-20】　利用 Oracle 11g 的闪回功能快速恢复被删除的表 students_5，具体操作步骤如下。

（1）首先确认 students_5 表是否已经被删除，代码及运行结果如下。

```
SQL> select * from students_5;
select * from students_5
              *
第 1 行出现错误:
ORA-00942: 表或视图不存在
```

（2）从上面的查询结果中可以看出该表已经被删除，那么用户就可以通过查询数据字典视图 RECYCLEBIN 来了解该表是否在回收站中，代码如下。

```
SQL> select object_name,original_name
  2  from recyclebin where original_name =
'STUDENTS_5';
```

代码执行后，运行结果如图 8-11 所示。

OBJECT_NAME	ORIGINAL_NAME
BIN$IsWx+rXkQLSa7QR3vSGhzQ==$0	STUDENTS_5

图 8-11　表 STUDENTS_5 在回收站中的情况

（3）使用 FLASHBACK TABLE 语句恢复被删除的 students_5 表，代码及运行结果如下。

```
SQL> flashback table students_5 to before drop;

闪回完成。
```

（4）这时候，在通过 select 语句查询表 students_5，发现该表被恢复了，代码及运行结果如下。

```
SQL> select * from students_5;

未选定行。
```

如果用户想在删除表时立即释放空间，并且不希望将其放置到回收站中，则可以在 DROP TABLE 语句中使用 PURGE 选项，这样该表就被彻底删除了。

8.3.6　修改表的状态

Oracle 11g 推出了一个新的特性，用户可以将表置于 READ ONLY（只读）状态。处于该状态的表不能执行 DML 和某些 DDL 操作。在 Oracle 11g 之前，为了使某个表处于 READ ONLY 状态，只能通过将整个表空间或者数据库置于 READ ONLY 状态来实现，这样影响范围太大，不利于实际操作。对于如何设置表的状态，下面来看几个例子。

【例 8-21】　将表 students_5 置于只读的 read only 状态，代码及运行结果如下。

```
SQL> alter table students_5 read only;

表已更改。
```

接下来，可以在 user_tables 中查询该表的状态，如图 8-12 所示，表 students_5 现在的状态为只读。

对于处于 READ ONLY 状态的表，用户不能执行 DML 操作，如下面例子。

【例 8-22】　尝试把 students_5 表中学号大于 5000 的学生性别都修改为"男"，代码及运行结果如下。

图 8-12　查询表 students_5 的状态

```
SQL> update students_5 set sex = '男'
  2 where stuno > 5000;
update students_5 set sex = '男'
        *
```

第 1 行出现错误:

ORA-12081: 不允许对表 "SYSTEM"."STUDENTS_5" 进行更新操作

从运行结果中可以看出,处于只读状态的表不能执行 DML 操作。但可以将处于只读状态的表从一个表空间移动到另一个表空间,如下面的例子。

【例 8-23】 把表 students_5 从 tbsp_1 表空间移动到 tbsp_2 表空间,代码及运行结果如下。

```
SQL> alter table students_5 move tablespace tbsp_2;
```

表已更改。

另外,处于 READ ONLY 状态的表,用户还可以将其重新置于可读写的 READ WRITE 状态,如下面的例子。

【例 8-24】 把表 students_5 从 read only 状态更改为 read write 状态,代码及运行结果如下。

```
SQL> alter table students_5 read write;
```

表已更改。

这时,再通过数据字典 user_tables 来查询 students_5 的状态,就会发现 students_5 的状态变为可读写(read write)状态,如图 8-13 所示。

图 8-13 查询表 students_5 的状态

8.4 数据完整性和约束性

数据库不仅仅是存储数据,它还必须保证所有存储数据的正确性,因为只有正确的数据才能提供有价值的信息。如果数据不准确或不一致,那么该数据的完整性就可能受到了破坏,从而给数据库本身的可靠性带来问题。为了维护数据库中数据的完整性,在创建表时常常需要定义一些约束。约束可以限制列的取值范围,强制列的取值来自合理的范围等。在 Oracle 11g 系统中,约束的类型包括非空约束、主键约束、唯一约束、外键约束、检查约束和默认约束。

说明

对约束的定义即可以在 CREATE TABLE 语句中进行,也可以在 ALTER TABLE 语句中进行。在实际应用中,通常是先定义表的字段;然后再根据实际需要通过 ALTER TABLE 语句为表添加约束。

8.4.1 非空约束

非空约束就是限制必须为某个列提供值。空值(NULL)是不存在值,它既不是数字 0,也不是空字符串,而是不存在、未知的情况。

在表中,若某些字段的值是不可缺少的,那么就可以为该列定义非空约束。这样当插入数据时,如果没有为该列提供数据,那么系统就会出现一个错误消息。

如果某些列的值是可有可无的,那么可以定义这些列允许空值。这样,在插入数据时,就可以不向该列提供具体的数据(在默认情况下,表中的列是允许为 NULL 的)。如果某个列的值不许为 NULL，那么就可以使用 NOT NULL 来标记该列，下面来看几个相关的例子。

【例 8-25】　创建 Books 表，要求 BookNo（图书编号），ISBN 和 PublisherNo（出版社编号）
不能为空值，代码及运行结果如下。（实例位置：光盘\MR\源码\第 8 章\8-7）

```
SQL> create table Books
  2  (
  3    BookNo number(4) not null,        --图书编号，不为空
  4    BookName varchar2(20),            --图书名称
  5    Author varchar2(10),              --作者
  6    SalePrice number(9,2),            --定价
  7    PublisherNo varchar2(4) not null, --出版社编号，不为空
  8    PublishDate date,                 --出版日期
  9    ISBN varchar2(20) not null        --ISBN，不为空
 10  );
```

表已创建。

在创建完表之后，也可以使用 ALTER TABLE MODIFY 语句为已经创建的表删除或重新定义
NOT NULL 约束，来看下面的例子。

【例 8-26】　为 Books 表中 BookName（图书名称）字段设置非空约束，代码及运行结果
如下。

```
SQL> alter table books modify bookname not null;
```

表已更改。

　　　　为表中的字段定义了非空约束后，当用户向表中插入数据时，如果未给相应的字段
提供值，则添加数据操作将返回一个 "无法将 NULL 插入..." 的错误信息提示。

如果使用 ALTER TABLE...MODIFY 为表添加 NOT NULL 约束，并且表中该列数据已经存在
NULL 值，则向该列添加 NOT NULL 约束将失败。这是因为列应用非空约束时，Oracle 会试图检
查表中所有的行，以验证所有行在对应的列是否存在 NULL 值。

8.4.2　主键约束

主键约束用于唯一地标识表中的每一行记录。在一个表中，最多只能有一个主键约束，主键
约束既可以由一个列组成，也可以由两个或两个以上的列组成（这种主键约束称为联合主键）。对
于表中的每一行数据，主键约束列都是不同的，主键约束同时也具有非空约束的特性。

如果主键约束由一列组成时，该主键约束被称为行级约束。如果主键约束由两个或两个以上
的列组成时，则该主键约束被称为表级约束。若要设置某个或某些列为主键约束，通常使用
CONSTRAINT...PRIMARY KEY 语句来定义，下面来看几个相关的例子。

【例 8-27】　创建表 Books_1，并为该表定义行级主键约束 BOOK_PK（主键列为 BookNo），
代码及运行结果如下。（实例位置：光盘\MR\源码\第 8 章\8-8）

```
SQL> create table Books_1
  2  (
  3    BookNo number(4) not null,        --图书编号
  4    BookName varchar2(20),            --图书名称
```

```
5    Author varchar2(10),                    --作者
6    SalePrice number(9,2),                  --定价
7    PublisherNo varchar2(4) not null,       --出版社编号
8    PublishDate date,                       --出版日期
9    ISBN varchar2(20) not null,             --ISBN
10   constraint BOOK_PK primary key (BookNo)  --创建主键和主键约束
11  );
```

表已创建。

如果构成主键约束的列有多个（即创建表级约束），则多个列之间使用英文输入法下的逗号（,）分隔。

如果表在创建时未定义主键约束，用户可以使用 ALTER TABLE…ADD CONSTRAINT…PRIMARY KEY 语句为该表添加主键约束，如下面的例子。

【例 8-28】 使用 ALTER TABLE…ADD 语句为 Books 表添加主键约束，代码及运行结果如下。（实例位置：光盘\MR\源码\第 8 章\8-9）

```
SQL> alter table Books
  2  add constraint Books_PK primary key(BookNo);
```

表已更改。

在上面的代码中，由于为 PRIMARY KEY 约束指定名称，这样就必须使用 CONSTRAINT 关键字。如果要使用系统自动为其分配的名称（即不指定主键约束的名称），则可以省略 CONSTRAINT 关键字，并且在指定列的后面直接使用 PRIMARY KEY 标记就可以，来看下面的例子。

【例 8-29】 创建 Books_2 表时，在 BookNo 列上定义了一个由系统自动分配名称的主键约束，代码及运行结果如下。（实例位置：光盘\MR\源码\第 8 章\8-10）

```
SQL> create table Books_2
  2  (
  3    BookNo number(4) primary key,        --图书编号，设置为由系统自动分配名称的主键约束
  4    BookName varchar2(20),               --图书名称
  5    Author varchar2(10),                 --作者
  6    SalePrice number(9,2),               --定价
  7    PublisherNo varchar2(4) not null,    --出版社编号
  8    PublishDate date,                    --出版日期
  9    ISBN varchar2(20) not null           --ISBN
10  );
```

表已创建。

在上面的代码中，BookNo 列的后面可以不使用 NOT NULL 标记其不许为 NULL，因为 PRIMARY KEY 约束本身就不允许列值为 NULL。

同样，也可以使用 ALTER TABLE…ADD 语句添加由系统自动分配名称的主键约束，例子如下。

【例 8-30】 使用 ALTER TABLE…ADD 语句为 Books 表在 BookNo 列上添加由系统自动分配名称的主键约束，代码及运行结果如下。

```
SQL> alter table Books
  2 add primary key(BookNo);
```

表已更改。

 　　如果表已经存在主键约束，那么当试图为该表再增加一个主键约束时，系统就会产生一个错误信息。即使在不同的列上增加主键约束也是如此。例如，当在 Books 表的 ISBN 列上再增加一个主键约束时，系统将产生"表只能具有一个主键"的错误消息。

 　　与 NOT NULL 约束相同，当为表添加主键约束时，如果该表中已经存在数据，并且主键列具有相同的值或存在 NULL 值，则添加主键约束的操作将失败。

8.4.3　唯一性约束

　　唯一性（UNIQUE）约束强调所在的列不允许有相同的值。但是，它的定义要比主键约束弱，即它所在的列允许空值（但主键约束列是不允许为空值的）。唯一性约束的主要作用是在保证除主键列外，其他列值的唯一性。

　　在一个表中，根据实际情况可能有多个列的数据都不允许存在相同值。例如，各种"会员表"的 QQ、E-mail 等列的值是不允许重复的（但用户可能不提供，这样就必须允许为空值），但是由于在一个表中最多只能有一个主键约束存在，那么如何解决这种多个列都不允许重复数据存在的问题呢？这就是唯一性约束的作用。若要设置某个列为 UNIQUE 约束，通常使用 CONSTRAINT…UNIQUE 标记该列，下面来看几个相关的例子。

　　【例 8-31】　创建一个会员表 Members，并要求为该表的 QQ 列定义唯一性约束，代码及运行结果如下。（实例位置：光盘\MR\源码\第 8 章\8-11）

```
SQL> create table Members
  2 (
  3   MemNo number(4) not null,                        --会员编号
  4   MemName varchar2(20) not null,                   --会员名称
  5   Phone varchar2(20),                              --联系电话
  6   Email varchar2(30),                              --电子邮件地址
  7   QQ varchar2(20) Constraint QQ_UK unique,         --QQ 号，并设置为 UNIQUE 约束
  8   ProvCode varchar2(2) not null,                   --省份代码
  9   OccuCode varchar2(2) not null,                   --职业代码
 10   InDate date default sysdate,                     --入会日期
 11   Constraint Mem_PK primary key (MemNo)            --主键约束列为 MemNo
 12 );
```

表已创建。

　　如果 UNIQUE 约束的列有值，则不允许重复，但是可以插入多个 NULL 值，即该列的空值可以重复，来看下面的例子。

　　【例 8-32】　在 Member 表中插入两条记录，但要求这两条记录 qq 列的值都为 null，代码和运行结果如下。

```
SQL> insert into members(memno,memname,phone,email,qq,provcode,occucode)
  2 values(0001,'东方','12345','dognfang@mr.com',null,'01','02');
```

已创建 1 行。

```
SQL> insert into members(memno,memname,phone,email,qq,provcode,occucode)
  2  values(0002,'明日','67890','mingri@mr.com',null,'03','01');
```

已创建 1 行。

说明　　由于 UNIQUE 约束列可以存在重复的 NULL 值，为了防止这种情况发生，可以在该列上添加 NOT NULL 约束。如果向 UNIQUE 约束列添加 NOT NULL 约束，那么这种 UNIQUE 约束基本上就相当于主键 PRIMARY KEY 约束了。

除了可以在创建表时定义 UNIQUE 约束，还以使用 ALTER TABLE…ADD CONSTRAINT…UNIQUE 语句为现有的表添加 UNIQUE 约束，来看下面的例子。

【例 8-33】　为 members 表的 email 列添加唯一约束，代码和运行结果如下。

```
SQL> alter table members add constraint Email_UK unique (email);
```

表已更改。

说明　　如果要为现有表的多个列同时添加 UNIQUE 约束，则在括号内使用逗号分隔多个列。

8.4.4　外键约束

外键约束的作用就是保证数据的唯一性。主键可以看作是表中数据之间的区分，而外键约束则适用于表之间的相互参照关系。

例如客户表和订单表，一个订单记录肯定属于某个客户，如果某个订单没有所属的客户，那么这个订单就是非法的。也就是说，订单必须参照客户的存在而存在，当客户信息被删除时，该客户所属的订单信息也应该被删除。因此，在一个数据库中，外键的存在是十分必要的。图 8-14 为大家演示了客户表和订单表的约束关系。

在图 8-14 中，订单表中的数据必须依附于客户表数据的存在而存在，对于这种情况，我们将客户表称为主表，将订单表称为从表。

图 8-14　外键与主键的关系

外键约束是约束的一种，一旦创建可以通过数据字典来进行查询。创建外键约束的语法如下：

```
alter table 表名 add constraint 约束名 foreign key(外键列名) references 主表 (主表主键列);
```

其中 alter table 用于修改从表的属性；关键字 add constraint 表示为表添加约束；foreign key 指定约束的具体类型及外键；references 用于指定外键引用的主键列。

【例 8-34】　创建客户表 custemer、订单表 orders，并为订单表添加外键约束。（实例位置：光盘\MR\源码\第 8 章\8-12）

（1）创建客户表 custemer，代码及运行结果如下：

```
SQL> create table custemer(
  2  cusid number primary key,
```

```
    3  cname varchar2(20),
    4  caddress varchar2(20),
    5  cphone varchar2(50));
```

表已创建。

（2）创建订单表 orders，代码及运行结果如下：

```
SQL>  create table orders(
    2  oid number primary key,
    3  proname varchar2(20),
    4  procount varchar2(20),
    5  cid number);
```

表已创建。

（3）为订单表添加外键约束 orders，代码及运行结果如下：

```
SQL> alter table orders add constraint fk_order foreign key(cid) references
    2  custemer(cusid);
```

表已更改。

创建完成外键约束后，下面向 orders 表中添加数据，来验证外键约束的作用。例如，添加在客户表中并不存在的客户的订单信息，代码及运行结果如下：

```
SQL> insert into orders values(7,'牛仔裤','1200',7);
insert into orders values(7,'牛仔裤','1200',7)
*
第 1 行出现错误：
ORA-02291: 违反完整约束条件 (SYSTEM.FK_ORDER) - 未找到父项关键字
```

在上面的代码中，虽然插入语句本身没有问题，但是因为在客户表中并不存在编号为 7 的客户，因此不能在订单表中添加该客户的订单信息。

8.4.5　禁用和激活约束

约束创建之后，如果没有经过特殊处理，就一直起作用。但也可以根据实际需要，临时禁用某个约束。当某个约束被禁用后，该约束就不再起作用了，但它还存在于数据库中。

那么，为什么要禁用约束呢？这是因为约束的存在会降低插入和更改数据的效率，系统必须确认这些数据是否满足定义的约束条件。当执行一些特殊操作时，例如，使用 SQL*Loader 从外部数据源向表中导入大量数据，并且事先知道这些数据是满足约束条件的，为提高运行效率，就可以禁用这些约束。

禁用约束操作，不但可以对现有的约束执行，而且还可以在定义约束时执行，下面分别来说明这两种情况。

1. 在定义约束时禁用

在使用 CREATE TABLE 或 ALTER TABLE 语句定义约束时（默认情况下约束是激活的），如果在定义约束时使用关键字 DISABLE，则约束是被禁用的，来看下面的例子。

【例 8-35】　创建一个学生信息表（Student），并为年龄列（Age）定义一个 disable 状态的 Check 约束（要求年龄值在 0 到 120 之间），代码及运行结果如下。（实例位置：光盘\MR\源码\第 8 章\8-13）

```
SQL> create table Student
```

```
2  (
3     StuCode varchar2(4) not null,
4     StuName varchar2(10) not null,
5     Age int constraint Age_CK check (age > 0 and age <120) disable,
6     Province varchar2(20),
7     SchoolName varchar2(50)
8  );
```

表已创建。

2. 禁用已经存在的约束

对于已存在的约束，则可以使用 ALTER TABL...DISABLE CONSTRAINT 语句禁止该约束，下面来看一个例子。

【例 8-36】 禁用 employees_temp 表中的约束 temp_departid_fk，代码及运行结果如下。

```
SQL> alter table employees_temp
  2  disable constraint temp_departid_fk;
```

表已更改。

 在禁用主键约束时，Oracle 会默认删除约束对应的唯一索引，而在重新激活约束时，Oracle 将会重新建立唯一索引。如果希望在删除约束时保留对应的唯一索引，可以在禁用约束时使用关键字 KEEP INDEX（通常放在约束名称的后面）。

 在禁用唯一性约束或主键约束时，如果有外键约束正在引用该列，则无法禁用唯一性约束或主键约束。这时可以先禁用外键约束，然后再禁用唯一性约束或主键约束；或者在禁用唯一性约束或主键约束时使用 CASCADE 关键字，这样可以级联禁用引用这些列的外键约束。

禁用约束只是一种暂时现象，在特殊需求处理完毕之后，还应该及时激活约束。如果希望激活被禁用的约束，则可以在 ALTER TABLE 语句中使用 ENABLE CONSTRAINT 子句。激活约束的语法形式如下：

```
alter table table_name
enable [novalidate | validate] constraint con_name;
```

参数说明如下：

● table_name：表示要激活约束的表的名称。

● novalidate：该关键字表示在激活约束时不验证表中已经存在的数据是否满足约束，如果没有使用该关键字，或者使用 VALIDATE 关键字，则在激活约束时系统将验证表中的数据是否满足约束的定义。

下面通过一个例子来演示如何激活一个被禁用的约束。

【例 8-37】 首先禁用 Books_1 表中的主键 BOOK_PK，然后在重新激活该约束，具体步如下。

（1）以 8.4.2 小节中例 8-27 所创建的 BOOK_PK 主键为例，使用 ALTER TABLE 语句禁用 BOOK_PK 主键约束，代码及运行结果如下：

```
SQL> alter table books_1
  2  disable constraint BOOK_PK;
```

表已更改。

（2）在 books_1 表中插入两行数据，并且这两行数据的 bookno 列的值相同（比如，8888），代码及运行结果如下：

```
SQL> insert into books_1(bookno,publisherno,isbn)
  2  values(8888,'东方','12345678');
```

已创建 1 行。

```
SQL> insert into books_1(bookno,publisherno,isbn)
  2  values(8888,'东方','7890122');
```

已创建 1 行。

通过上面的运行结果可以看出，由于在禁用 BOOK_PK 主键之后，不受主键约束条件的限制，可以给 bookno 列添加重复值。

（3）使用 ALTER TABLE 语句激活 BOOK_PK 主键约束，代码及运行结果如下：

```
SQL> alter table books_1
  2  enable constraint BOOK_PK;
alter table books_1
*
第 1 行出现错误:
ORA-02437: 无法验证 (SYSTEM.BOOK_PK) - 违反主键
```

由于 bookno 列的现有值中存在重复的情况，这导致主键约束的作用存在冲突，所以激活约束的操作一定是失败的。对于这种情况的解决方法，通常是更正表中不满足约束条件的数据即可。

8.4.6　删除约束

如果不再需要某个约束时，则可以将其删除。可以使用带 DROP CONSTRAINT 子句的 ALTER TABLE 语句删除约束。删除约束与禁用约束不同，禁用的约束是可以激活的，但是删除的约束在表中就完全消失了。使用 ALTER TABLE 语句删除约束的语法格式如下：

```
alter table table_name
drop constraint con_name;
```

参数说明：

- table_name：表示要删除约束的表名称。
- con_name：要删除的约束名称。

【例 8-38】　下面的语句删除 Student 表中所创建的 CHECK 约束 Age_CK，代码及运行结果如下。

```
SQL> alter table Student
  2  drop constraint Age_CK;
```

表已更改。

8.5　综合实例——创建用户表并添加唯一性约束

本实例主要演示如何在默认的表空间中创建用户表，并为用户名一列添加唯一性约束，开发步骤如下：

打开 SQL*Plus，以 system 身份登录。登录成功后，在 SQL*Plus 中输入如下代码创建用户表，代码及运行结果如下：

```
SQL> create table users (
  2  userid number  primary key,
  3  username varchar(10) not null,
  4  password varchar(30) not null,
  5  email varchar(30),
  6  phone varchar(11),
  7  constraint mem_pk unique(username));
```

表已创建。

知识点提炼

（1）创建表通常使用 CREATE TABLE 语句。如果用户在自己的模式中创建一个表，则用户必须具有 CREATE TABLE 系统权限。

（2）用户可以使用 ALTER TABLE...ADD 语句向表中添加新的字段。通过 ALTER TABLE...DROP 语句删除表中的指定字段。

（3）重命名表使用 ALTER TABLE...RENAME 语句。

（4）删除表使用 DROP TABLE 语句。

（5）约束可以限制列的取值范围，强制列的取值来自合理的范围等。在 Oracle 11g 系统中，约束的类型包括非空约束、主键约束、唯一性约束、外键约束、检查约束和默认约束。

习　　题

8-1　数据表有哪些特性？

8-2　对数据表实现重命名使用哪条语句？

8-3　Oracle 数据库中提供了哪些约束？

8-4　禁用和激活约束使用哪条语句？

8-5　如何实现删除约束？

实验：关联表之间的级联删除

实验目的

（1）掌握表之间约束关系的重要性。

（2）掌握添加级联删除的语法。

实验内容

创建学生表和成绩表，并为这两张表添加外键约束，实现当删除学生表中数据时，对应的学生成绩表中的数据也实现删除。

实验步骤

（1）打开 SQL*Plus，以 system 身份登录，登录成功后，在 SQL*Plus 中输入如下代码，实现创建学生表 student，代码及运行结果如下：

```
SQL> create table student(
  2  stuid number primary key,
  3  stuname varchar2(20),
  4  stuage number,
  5  stusex varchar2(2));
```

表已创建。

（2）编写代码实现创建成绩表 grade，代码及运行结果如下：

```
SQL> create table grade(
  2  grdid number primary key,
  3  stuid number not null,
  4  chinese number,
  5  english number,
  6  math number);
```

表已创建。

（3）Oracle 提供了级联删除的处理方法，在创建外键时直接指定即可。先来看一下级联删除的语法：

alter table 表名 add constraint 外键名称 foreign key（外键列） references 主表名（主表主键列） on delete cascade;

其中，on delete cascade 指定外键采用级联删除机制。

为学生成绩表设置外键约束，并设置级联删除操作，代码及运行结果如下：

```
SQL> alter table grade add constraint for_grade foreign key(stuid) references
  2  student (stuid) on delete cascade;
```

表已更改。

第9章
视图、索引、序列、同义词

本章要点:

- 掌握视图对象的创建和管理
- 掌握索引对象的创建和维护
- 掌握序列对象的创建和管理
- 了解同义词对象

在 Oracle 的数据对象中,除了数据表之外,还有索引对象、视图对象、同义词对象和序列对象等,这些对象对改善数据的查询速度和简化代码都起到了重要的作用,本章将对这些内容进行详细讲解。

9.1　视图对象

视图是一个虚拟表,它由存储的查询构成,可以将它的输出看作是一个表。视图同真的表一样,也可以包含一系列带有名称的列和行数据。但是,视图并不在数据库中存储数据值,其数据值来自定义视图的查询语句所引用的表,数据库只在数据字典中存储视图的定义信息。

视图建立在关系表上,也可以在其他视图上,或者同时建立在两者之上。视图看上去非常像数据库中的表,甚至可以在视图中进行 INSERT、UPDATE 和 DELETE 操作。通过视图修改数据时,实际上就是在修改基本表中的数据。与之相对应,改变基本表中的数据也会反映到由该表组成的视图中。

9.1.1　创建视图

创建视图是使用 CREATE VIEW 语句完成的。为了在当前用户模式中创建视图,要求数据库用户必须具有 CREATE VIEW 系统权限;如果要在其他用户模式中创建视图,则用户必须具有 CREATE ANY VIEW 系统权限,创建视图最基本的语法如下:

```
create [or replace] view <view_name> [alias[,alias]…) ]
as <subquery>
[with check option] [constraint constraint_name]
[with read only];
```

参数说明如下:

- alias:用于指定视图列的别名。

- subquery：用于指定视图对应的子查询语句。
- with check option：该子句用于指定在视图上定义的 CHECK 约束。
- with read only：该子句用于定义只读视图。

在创建视图时，如果不提供视图列别名，Oracle 会自动使用子查询的列名或列别名；如果视图子查询包含函数或表达式，则必须定义列别名。下面通过若干示例说明建立和使用视图的方法。

1. 简单视图

简单视图是指基于单个表建立的，不包含任何函数、表达式和分组数据的视图，下面来看一个例子。

【例 9-1】 在 SCOTT 模式下，创建一个查询部门编号为 20 的视图，代码及运行结果如下。（实例位置：光盘\MR\源码\第 9 章\9-1）

```
SQL> connect scott/1qaz2wsx
已连接。
SQL> create or replace view emp_view as
  2  select empno,ename,job,deptno
  3  from emp
  4  where deptno = 20;

视图已创建。
```

上述语句建立一个视图 EMP_VIEW。因为建立视图时没有提供列别名，所以视图的列名分别为 EMPNO、ENAME、JOB 和 DEPTNO，用户可以通过 SELECT 语句像查询普通的数据表一样查询视图的信息，来看下面的例子。

【例 9-2】 在 SCOTT 模式下，通过 select 语句查询视图 emp_view，代码如下。

SQL> select * from emp_view;

本例运行结果如图 9-1 所示。

EMPNO	ENAME	JOB	DEPTNO
7369	SMITH	CLERK	20
7566	JONES	MANAGER	20
7788	SCOTT	ANALYST	20
7876	ADAMS	CLERK	20
7902	FORD	ANALYST	20

图 9-1 查询视图 emp_view

对于简单视图而言，不仅可以执行 SELECT 操作，而且还可以执行 INSERT、UPDATE、DELETE 等操作，来看下面的例子。

【例 9-3】 在 SCOTT 模式下，向视图 emp_view 中插入一条记录，然后修改这条记录的 ename 字段值，接着查询 emp_view 视图中的信息，最后删除该记录并提交到数据库，代码及运行结果如下。

```
SQL> connect scott/1qaz2wsx;

已连接。
SQL> insert into emp_view
  2  values(9527,'东方', 'MANAGER',20);

已创建 1 行。

SQL> update emp_view
  2  set ename = '西方'
  3  where empno = 9527;

已更新 1 行。

SQL> select * from emp_view;
```

EMPNO	ENAME	JOB	DEPTNO
9527	西方	MANAGER	20
7369	SMITH	CLERK	20
7566	JONES	MANAGER	20
7788	SCOTT	ANALYST	20
7876	ADAMS	CLERK	20
7902	FORD	ANALYST	20

已选择 6 行。

```
SQL> delete from emp_view where empno=9527;
```

已删除 1 行。

```
SQL> commit;
```

提交完成。

系统在执行 CREATE VIEW 语句创建视图时，只是将视图的定义信息存入数据字典，并不会执行其中的 SELECT 语句。在对视图进行查询时，系统才会根据视图的定义从基本表中获取数据。由于 SELECT 是使用最广泛、最灵活的语句，通过它可以构造一些复杂的查询，从而构造一个复杂的视图。

2. 建立只读视图

建立视图时可以指定 WITH READ ONLY 选项，该选项用于定义只读视图。定义了只读视图后，数据库用户只能在该视图上执行 SELECT 语句，而禁止执行 INSERT、UPDATE 和 DELETE 语句，下面来看一个例子。

【例 9-4】 在 SCOTT 模式下，创建一个只读视图，要求该视图可以获得部门编号不等于 88 的其他所有部门信息，代码及运行结果如下。（实例位置：光盘\MR\源码\第 9 章\9-2）

```
SQL> create or replace view emp_view_readonly as
  2  select * from dept
  3  where deptno != 88
  4  with read only;
```

视图已创建。

用户只可以在该视图上执行 SELECT 操作，而禁止任何 DML 操作，否则 Oracle 将提示错误信息，如下面的例子。

【例 9-5】 通过只读视图 emp_view_readonly 修改所有部门的位置为"长春"记录，代码如下。

```
SQL> update emp_view_readonly set loc = '长春';
```

本例运行结果如图 9-2 所示。

图 9-2 对只读视图执行 DML 操作的结果

3. 复杂视图

复杂视图是指包含函数、表达式或分组数据的视图，使用复杂视图的主要目的是为了简化查询操作。需要注意的是，当视图子查询包含函数或表达式时，必须为其定义列别名。复杂视图主要用于执行查询操作，下面来看一个例子。

【例 9-6】 在 SCOTT 模式下，创建一视图，要求能够查询每个部门的工资情况，代码及运

行结果如下。（实例位置：光盘\MR\源码\第 9 章\9-3）

```
SQL> create or replace view emp_view_complex as
  2  select deptno 部门编号,max(sal) 最高工资,min(sal) 最低工资,avg(sal) 平均工资
  3  from emp
  4  group by deptno;
```

视图已创建。

对于上面所创建的视图，用户可以通过 SELECT 语句查询所有部门的工资统计信息，如下面的例子。

【例 9-7】 通过 emp_view_complex 视图查询部门员工的工资信息，代码如下。

```
SQL> select * from emp_view_complex
  2  order by 部门编号;
```

本例运行效果如图 9-3 所示。

图 9-3 查询复杂视图

9.1.2 管理视图

在创建视图后，用户还可以对视图进行管理，主要包括：查看视图的定义信息、修改视图定义、重新编译视图和删除视图。

（1）查看视图定义

前面介绍过，数据库并不存储视图中数值，而是存储视图的定义信息。用户可以通过查询数据字典视图 USER_VIEWS，已获得视图的定义信息。

【例 9-8】 使用 desc 命令查看 USER_VIEWS 数据字典的结构，代码如下。

```
SQL> desc user_views;
```

本例运行结果如图 9-4 所示。

在 USER_VIEWS 视图中，TEXT 列存储了用户视图的定义信息，即构成视图的 SELECT 语句，来看下面的例子。

图 9-4 USER_VIEWS 数据字典的结构

【例 9-9】 通过数据字典 user_views 查看视图 user_views 的定义，代码如下。

```
SQL> select text from user_views
  2  where view_name = upper('emp_view_union');
```

本例运行结果如图 9-5 所示。

图 9-5 查看视图 user_views 的定义

（2）修改视图定义

建立视图后，如果要改变视图所对应的子查询语句，则可以执行 CREATE OR REPLACE VIEW 语句，来看下面的例子。

【例 9-10】 修改视图 emp_view_union，使该视图实现查询部门编号为 30 的功能（原查询信息是部门编号为 20 的记录），代码及运行结果如下。（实例位置：光盘\MR\源码\第 9 章\9-4）

```
SQL> create or replace view emp_view_union as
  2  select d.dname,d.loc,e.empno,e.ename
  3  from emp e,dept d
  4  where e.deptno = d.deptno and d.deptno = 30;
```

视图已创建。

 在上面代码中，起到至关重要作用的关键字是 replace，它表示使用新的视图定义替换掉旧的视图定义。

（3）重新编译视图

视图被创建后，如果用户修改了视图所依赖的基本表定义，则该视图会被标记为无效状态。当用户访问视图时，Oracle 会自动重新编译视图。除此之外，用户也可以用 ALTER VIEW 语句手动编译视图，下面来看一个例子。

【例 9-11】 通过手动方式重新编译视图 emp_view_union，代码及其运行结果如下。

```
SQL> alter view emp_view_union compile;
视图已变更。
```

（4）删除视图

当视图不再需要时，用户可以执行 DROP VIEW 语句删除视图。用户可以直接删除其自身模式中的视图，但如果要删除其他用户模式中的视图，要求该用户必须具有 DROP ANY VIEW 系统权限，下面来看一个例子。

【例 9-12】 删除视图 emp_view_union，代码及其运行结果如下。

```
SQL> drop view emp_view_union;

视图已删除。
```

执行 DROP VIEW 语句后，视图的定义将被删除，这对视图内所有的数据没有任何影响，它们仍然存储在基本表中。

9.2 索　引

在关系型数据库中，用户查找数据与行的物理位置无关紧要。为了能够找到数据，表中的每一行均用一个 RowID 来标识，RowID 能够标识数据库中某一行的具体位置。当 Oracle 数据库中存储海量的记录时，就意味着有大量的 RowID 标识，这样 Oracle 如何能够快速找到指定的 RowID 呢？这时就需要使用索引对象，它可以提供服务器在表中快速查找记录的功能。

9.2.1　索引概述

如果一个数据表中存有海量的数据记录，当对表执行指定条件的查询时。常规的查询方法会将所有的记录都读取出来，然后再把读取的每一条记录与查询条件进行比对，最后返回满足条件的记录。这样进行操作的时间开销和 I/O 开销都十分巨大的。对于这种情况，就可以考虑通过建立索引来减小系统开销。

如果要在表中查询指定的记录，在没有索引的情况下，必须遍历整个表，而有了索引之后，只需要在索引中找到符合查询条件的索引字段值，就可以通过保存在索引中的 ROWID 快速找到表中对应的记录。举个例子来说，如果将表看作一个本书，则索引的作用则类似于书中的目录。在没有目录的情况下，要在书中查找指定的内容必须阅读全书，而有了目录之后，只需要通过目录就可以快速找到包含所需内容的页码（相当于 ROWID）。

Oracle 系统对索引与表的管理有很多相同的地方，不仅需要在数据字典中保存索引的定义，还需要在表空间中为它分配实际的存储空间。创建索引时，Oracle 会自动在用户的默认表空间或指定的表空间中创建一个索引段，为索引数据提供空间。

　　　　将索引和对应的表分别放在不同硬盘的不同的表空间中能够提高查询的速度，因为 Oracle 能够并行读取不同硬盘的数据，这样的查询可以避免产生 I/O 冲突。

用户可以在 Oracle 中创建多种类型的索引，以适应各种表的特点。按照索引数据的存储方式可以将索引分为 B 树索引、位图索引、反向键索引和基于函数的索引；按照索引列的唯一性又可以分为唯一索引和非唯一索引；按照索引列的个数又可以分为单列索引和复合索引。

建立和规划索引时，必须选择合适的表和列，如果选择的表和列不合适，不仅无法提高查询速度，反而会极大地降低 DML 操作的速度，所以建立索引必须要注意以下几点：

● 索引应该建立在 WHERE 子句频繁引用的表列上，如果在大表上频繁使用某列或某几个列作为条件执行索引操作，并且检索行数低于总行数 15%，那么应该考虑在这些列上建立索引。

● 如果经常需要基于某列或某几个列执行排序操作，那么在这些列上建立索引可以加快数据排序速度。

● 限制表的索引个数。索引主要用于加快查询速度，但会降低 DML 操作的速度。索引越多，DML 操作速度越慢，尤其会极大地影响 INSERT 和 DELETE 操作的速度。因此，规划索引时，必须仔细权衡查询和 DML 的需求。

● 指定索引块空间的使用参数。基于表建立索引时，Oracle 会将相应表列的数据添加到索引块。为索引块添加数据时，Oracle 会按照 PCTFREE 参数在索引块上预留部分空间，该预留空间时为将来的 INSERT 操作准备的。如果将来在表上执行大量 INSERT 操作，那么应该在建立索引时设置较大的 PCTFREE。

● 将表和索引部署到相同的表空间，可以简化表空间的管理；将表和索引部署到不同的表空间，可以提高访问性能。

● 当在大表上建立索引时，使用 NOLOGGING 选项可以最小化重做记录。使用 NOLOGGING 选项可以节省重做日志空间、降低索引建立时间、提高索引并行建立的性能。

● 不要在小表上建立索引。

● 为了提高多表连接的性能，应该在连接列上建立索引。

9.2.2　创建索引

在创建索引时，Oracle 首先对将要建立索引的字段进行排序，然后将排序后的字段值和对应记录的 ROWID 存储在索引段中。建立索引可以使用 CREATE INDEX 语句，通常由表的所有者来建立索引。如果要以其他用户身份建立索引，则要求用户必须具有 CREATE ANY INDEX 系统权限或者相应表的 INDEX 对象权限。具体语法格式如下：

```
create index 索引名称 on 表名 (列名);
```

1. 建立 B 树索引

B 树索引是 Oracle 数据库最常用的索引类型（也是默认的），它是以 B 树结构组织并存放索引数据的。默认情况下，B 树索引中的数据是以升序方式排列的。如果表包含的数据非常多，并且经常在 WHERE 子句中引用某列或某几个列，则应该基于该列或这几个列建立 B 树索引。B 树索引由根块、分支块和叶块组成，其中主要数据都集中在叶子节点，如图 9-6 所示。

- 根块：索引顶级块，它包含指向下一级节点的信息。

- 分支块：它包含指向下一级节点（分支块或叶块）的信息。

- 叶块：通常也称叶子，它包含索引入口数据，索引入口包含索引列的值和记录行对应的物理地址 ROWID。

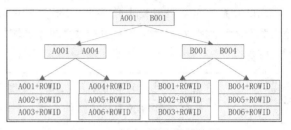

图 9-6　B 树索引的逻辑结构图

在 B 树索引中无论用户要搜索哪个分支的叶块，都可以保证所经过的索引层次是相同的。Oracle 采用这种方式的索引，可以确保无论索引条目位于何处，都只需要花费相同的 I/O 即可获取它，这就是为什么被称为 B 树索引（B 是英文 BALANCED 的缩写）。

例如，使用这个 B 树索引搜索编号为 "A004" 的节点时，首先要访问根节点，从根节点中可以发现，下一步应该搜索左边的分支，由于值 A004 小于值 B001，因此无需第二次读取数据，而直接读取左边的分支节点。从左边的分支节点可以判断出，要搜索的索引条目位于右侧的第一个叶子节点中。在那里可以很快找到要查询的索引条目，并根据索引条目中的 ROWID 进而找到所有要查询的记录。

如果在 WHERE 子句中要经常应用某列或某几列，应该基于这些列建立 B 树索引。下面来看一个例子。

【例 9-13】　在 SCOTT 模式下，为 emp 表的 deptno 列创建索引，代码及运行结果如下。（实例位置：光盘\MR\源码\第 9 章\9-5）

```
SQL> create index emp_deptno_index on emp(deptno)
  2 pctfree 25
  3 tablespace users;
```

索引已创建。

如上所示，子句 PCTFREE 指定为将来 INSERT 操作所预留的空闲空间，子句 TABLESPACE 用于指定索引段所在的表空间。假设表已经包含了大量数据，那么在建立索引时应该仔细规划 PCTFREE 的值，以便为以后的 INSERT 操作预留空间。

2. 建立位图索引

索引的作用简单地说就是能够通过给定的索引列值，快速地找到对应的记录。在 B 树索引中，通过在索引中保存排序的索引列的值以及记录的物理地址 ROWID 来实现快速查找。但是对于一些特殊的表，B 树索引的效率可能会很低。

例如，在某个具有性别列的表中，该列的所有取值只能是：男或女。如果在性别列上创建 B 树索引，那么创建的 B 树只有两个分支，如图 9-7 所示。那么使用该索引对该表进行检索时，将返回接近一半的记录，这样也就是失去了索引的基本作用。

图 9-7　"性别" 列上的 B 树索引图示

向这样当列的基数很低时，为其建立 B 树索引显然不合适。"基数低" 表示在索引列中，所有取值的数量比表中行的数量少。例如 "性别" 列只有 2 个取值；再例如，某个拥有 10000 行的表，它的一个列包含有 100 个不同的取值，则该列仍然满足低基数的要求，因为该列与行数的比例为 1%。Oracle 推荐当一个列的基数小于 1%时，这些列不再适合建立 B 树索引，而适用于位图索引。

但在表中低基数的列上建立位图索引的时候，系统将对表进行一次全面扫描，为遇到的各个取值构建"图表"，下面通过一个例子来看如何创建位图索引。

【例 9-14】 在 SCOTT 模式下，为 emp 表的 sal 列创建索引，代码及运行结果如下。

```sql
SQL> create bitmap index emp_sal on emp(sal);
```

索引已创建。

3. 建立反向键索引

在 Oracle 中，系统会自动为表的主键列建立索引，这个默认是普通的 B 树索引。通常，用户会希望表的主键是一个自动增长的序列编号，这样的列就是所谓的单调递增序列编号列。当在这种顺序递增的列上建立普通的 B 树索引时，如果表的数据量非常庞大，将导致索引数据分布不均。为了分析原因，可以考虑常规的 B 树索引，如图 9-8 所示。

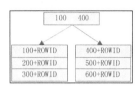

图 9-8 常规的 B 树索引

可以看到，这是一个典型的常规 B 树索引。如果现在要为其添加新的数据，用于主键列的单调递增性，很明显不需要重新访问早先的叶子节点。接下的数据获得的主键为 700，下一组数据的主键为 800，依此类推。

这种方法在某些方面是具有优势的，由于它不存在在已经存在的表项之间嵌入新的表项这一现象，所以不会发生叶子节点的数据块分割。这意味着单调递增序列上的索引能够完全利用它的叶子节点，非常紧密地存放数据块，可以有效利用存储空间。然而这种优势是需要付出代价的，每条记录都会占据最后的叶子节点，即使删除了先前的节点，也会导致同样的问题。这最终会导致对某一边的叶子节点的大量争用。

所以就需要设计一个规则，阻止用户在单调递增序列上建立索引后使用叶子节点偏向某一个方向。遗憾的是，序列编号通常是用来做表的主键的，每个主键都需要建立索引，如果用户没有建立索引，Oracle 也会自动建立。但是，Oracle 提供另一种索引机制，即反向键索引，它可以将添加的数据随机分散到索引中。

反向键索引是一种特殊类型的 B 树索引，在顺序递增列上建立索引时非常有用。反向键索引的工作原理非常简单，在存储结构方面它与常规的 B 树索引相同。然而，如果用户使用序列在表中输入记录，则反向键索引首先指向每个列键值的字节，然后在反向后的新数据上进行索引。例如，如果用户输入的索引列值为 2011，则反向转换后为 1102；9527 反向转换后为 7259。需要注意，刚才提及的两个序列编号是递增的，但是当进行反向键索引时却是非递增的。这意味如果将其添加到子叶节点，可能会在任意的子叶节点中进行。这样就使得新数据在值的范围上的分布通常比原理的有序更均匀。

举个例子来说，对于 EMP 表的 EMPNO 列而言，由于该列是顺序递增的，所以为了均衡索引数据分布，应在该列上建立反向键索引。创建反向键索引时只需要在 CREATE INDEX 语句中指定关键字 REVERSE 即可。下面来看一个例子。

【例 9-15】 在 SCOTT 模式下，为表 EMP 的 job 列创建反向键索引，代码及运行结果如下。（实例位置：光盘\MR\源码\第 9 章\9-6）

```sql
SQL> connect scott/1qaz2wsx;
已连接。
```

```
SQL> create index emp_job_reverse
  2 on emp(job) reverse
  3 tablespace users;
```

索引已创建。

如果在该列上已经建立了普通 B 树索引,那么可以使用 ALTER INDEX...REBUILD 将其重新建立为反向键索引,下面来看一个例子。

【例 9-16】 在 SCOTT 模式下,为表 emp 的 deptno 列创建反向键索引(其 B 树索引为 emp_deptno_index),代码及运行结果如下。

```
SQL> connect scott/1qaz2wsx;
已连接。
SQL> alter index emp_deptno_index
  2 rebuild reverse;
```

索引已更改。

4. 基于函数的索引

用户在使用 Oracle 数据库时,最常遇到的问题之一就是它对字符大小写敏感。例如,在 EMP 表中存有职位(job)为 MANAGER 的记录,当用户使用小写搜索时,将无法找到该行记录,如图 9-9 所示。另外,如果用户不能够确定输入数据的格式,甚至会产生一个严重的错误。

对于上面出现的这种情况,可以通过使用 Oracle 字符串函数对其进行转换,然后再使用转换后的数据进行检查。下面来看一个例子。

【例 9-17】 在 SCOTT 模式下,查询 emp 表中职位是 "manager" 的记录,

图 9-9 无法找到该行记录

并使用 upper 函数把 "manager" 字符串转换成大写格式,代码如下。

```
SQL> connect scott/1qaz2wsx;
已连接。
SQL> select empno,ename,sal from emp
  2 where job = upper('manager');
```

本例运行结果如图 9-10 所示。

EMPNO	ENAME	SAL
7566	JONES	3599.75
7698	BLAKE	3448.5
7782	CLARK	2964.5

图 9-10 使用 upper 函数查询记录

采用这种方法后,无论用户输入数据时,所使用的字符的大小写如何组合,都可以使用该语句检索到数据。但是,使用这样的查询时,用户不是基于表中存储的记录进行搜索的。即如果搜索的值不存在于表中,那么它就一定也不会在索引中,所以即使在 job 列上建立索引,Oracle 也会被迫执行全表搜索,并为所遇到的各个行计算 UPPER 函数。

为了解决这个问题,Oracle 提供了一种新的索引类型——基于函数的索引。基于函数的索引只是常规 B 树索引,但它存放的数据是由表中的数据应用函数后所得到的,而不是直接存放表中的数据本身。

由于在 SQL 语句中经常使用小写字符串,所以为了加快数据访问速度,应基于 LOWER 函数建立函数索引,下面来看一个例子。

【例 9-18】 在 SCOTT 模式下,为表 EMP 的 job 列创建函数索引,代码及运行结果如下。(实例位置:光盘\MR\源码\第 9 章\9-7)

```
SQL> create index emp_job_fun
```

```
2  on emp(lower(job));
```
索引已创建。

在创建这个函数索引之后，如果在查询条件中包含相同的函数，则系统会利用它来提高查询的执行效率。

　　如果用户在自己的模式中创建基于函数的索引，则必须具有 QUERY REWRITE 系统权限。如果用户要在其他模式中创建索引，必须具有 CREATE ANY INDEX 和 GLOBAL QUERY REWRITE 权限。

9.2.3　修改索引

修改索引是通常使用 ALTER INDEX 语句来完成的。一般情况下，修改索引是由索引的所有者完成的，如果要以其他用户身份修改索引，则要求该用户必须具有 ALTER ANY INDEX 系统权限或在相应表上的 INDEX 对象权限。

为表建立索引后，随着对表不断进行更新、插入和删除操作，索引中会产生越来越多的存储碎片，这对索引的工作效率会产生负面影响。这时可以采取两种方式来清除碎片——重建索引或合并索引。合并索引只是将 B 树中叶子节点的存储碎片合并在一起，并不会改变索引的物理组织结构。下面来看一个例子。

【例 9-19】　在 SCOTT 模式下，对索引 emp_deptno_index 执行合并操作，代码及运行结果如下。（实例位置：光盘\MR\源码\第 9 章\9-8）

```
SQL> alter index emp_deptno_index
  2  coalesce deallocate unused;
```

索引已更改。

图 9-11 显示了对索引执行合并操作后的效果。假设在执行该操作之前，B 树索引的前两个叶块分别有 70%和 30%的空闲空间。合并索引后，可以将它们的数据合并到一个索引叶子块中。

图 9-11　对 B 树索引进行合并操作

消除索引碎片的另一个方法是重建索引，重建索引可以使用 ALTER INDEX...REBUILD 语句。重建操作不仅可以消除存储碎片，还可以改变索引的全部存储参数设置，以及改变索引的存储表空间。重建索引实际上是在指定的表空间中重新建立一个新的索引，然后再删除原来的索引。下面来看一个例子。

【例 9-20】　在 SCOTT 模式下，对索引 emp_deptno_index 执行进行重建，代码及运行结果如下。（实例位置：光盘\MR\源码\第 9 章\9-9）

```
SQL> alter index emp_deptno_index rebuild;
```

索引已更改。

在使用 ALTER INDEX...REBUILD 语句重建索引时，还可以在其中使用 REVERSE 子句将一个反向键索引更改为普通索引，反之可以将一个普通的 B 树索引转换为反向键索引。另外，也可以使用 TABLESPACE 子句指定重建索引的存放位置，如下面的例子。

【例 9-21】 在 SCOTT 模式下，对索引 emp_deptno_index 执行进行重建，并重新指定该索引对象的表空间，代码及运行结果如下。

```
SQL> alter index emp_deptno_index rebuild
  2  tablespace example;
```

索引已更改。

9.2.4　删除索引

删除索引是使用 DROP INDEX 语句完成的。一般情况下，删除索引是由索引所有者完成的，如果以其他身份删除索引，则要求该用户必须具有 DROP ANY INDEX 系统权限或在相应表上的 INDEX 对象权限。通常在如下情况下需要删除某个索引。

- 如果移动了表中的数据，导致索引中包含过多的存储碎片，此时需要删除并重建索引。
- 通过一段时间的监视，发现很少有查询会使用到该索引。
- 该索引不再需要时应该删除该索引，以释放其所占用的空间。

索引被删除后，它所占用的所有盘区都将返回给包含它的表空间，并可以被表空间中的其他对象使用。索引的删除方式与索引创建采用的方式有关，如果使用 CREATE INDEX 语句显式地创建该索引，则可以用 DROP INDEX 语句删除该索引，下面来看一个例子。

【例 9-22】 在 SCOTT 模式下，删除函数索引 emp_job_fun，代码及运行结果如下。（实例位置：光盘\MR\源码\第 9 章\9-10）

```
SQL> drop index emp_job_fun;
```

索引已删除。

如果索引是定义约束时由 Oracle 系统自动建立的，则必须禁用或删除该约束本身。另外，在删除一个表时，Oracle 也会删除所有与该表有关的索引。

关于索引最后需要注意一点，虽然一个表可以拥有任意数目的索引，但是表中的索引数据越多，维护索引所需要的开销也就越大。每当向表中插入，删除和更新一条记录时，Oracle 都必须对该表的所有索引进行更新。因此，用户还需要在表的查询速度和更新速度之间找到一个合适的平衡点。也就是说，应该根据表的实际情况限制在表中创建的索引数量。

9.2.5　显示索引信息

为了显示 Oracle 索引的信息，Oracle 提供了一系列的数据字典视图。通过查询这些数据字典视图，用户可以了解索引的各方面信息。

1．显示表的所有索引

索引是用于加速数据存储的数据库对象。通过查询数据字典视图 DBA_INDEXES，可以显示数据库的所有索引；通过查询数据字典视图 ALL_INDEXES，可以显示当前用户可访问的所有索引；查询数据字典视图 USER_INDEXES，可以显示当前用户的索引信息，下面来看一个例子。

【例 9-23】 在 SYSTEM 模式下，在数据字典 DBA_INDEXES 中查询所有者是 SCOTT 的全部索引对象，代码如下。（实例位置：光盘\MR\源码\第 9 章\9-11）

```
SQL> connect system/1qaz2wsx;
已连接。
SQL> select index_name,index_type
  2  from dba_indexes
  3  where owner = 'SCOTT';
```

本例运行结果如图 9-12 所示。

在运行结果中，INDEX_NAME 用于标识
索引名。INDEX_TYPE 用于标识索引类型：
NORMAL 表示普通 B 树索引；REV 表示反向
键索引；BITMAP 表示位图索引；FUNCTION
表示基于函数的索引。UNIQUENESS 用于标
识索引的唯一性。OWNER 用于标识对象的所
有者。TABLE_NAME 用于标识表名。

图 9-12 查询用户 SCOTT 的的全部索引对象

2. 显示索引列

创建索引时，需要提供相应的表列。通过查询数据字典视图 DBA_IND_COLUMNS，可以显
示所有索引的表列信息；通过查询数据字典视图 ALL_IND_COLUMNS，可以显示当前用户可访
问的所有索引的表列信息；通过查询数据字典视图 USER_IND_COLUMNS，可以显示当前用户索
引的表列信息，下面来看一个例子。

【例 9-24】 在 SCOTT 模式下，查询 SCOTT 用户的 EMP_DEPTNO_INDEX 索引的列信息，
代码如下。（实例位置：光盘\MR\源码\第 9 章\9-12）

```
SQL> connect scott/1qaz2wsx;
已连接。
SQL> column column_name for a30;
SQL> select column_name ,column_length
  2  from user_ind_columns
  3  where index_name = 'EMP_DEPTNO_
INDEX';
```

本例运行结果如图 9-13 所示。

如上所示，COLUMN_NAME 用于标识索
引列的名称；COLUMN_LENGTH 用于标识索引列的长度。

图 9-13 查询 EMP_DEPTNO_INDEX 索引的列的信息

3. 显示索引段位置及其大小

建立索引时，Oracle 会为索引分配相应的索引字段，索引数据被存放在索引段中，并且段名
与索引名完全相同。下面来看一个例子。

【例 9-25】 在 SCOTT 模式下，查询索引段 EMP_DEPTNO_INDEX 的位置、段类型和段大
小，代码如下。（实例位置：光盘\MR\源码\第 9 章\9-13）

```
SQL> connect scott/1qaz2wsx;
已连接。
SQL> select tablespace_name,segment_type,bytes
  2  from user_segments
  3  where segment_name = 'EMP_DEPTNO
_INDEX';
```

本例运行结果如图 9-14 所示。

图 9-14 查询索引段的信息

4．显示函数索引

建立函数索引时，Oracle 会将函数索引的信息存放到数据字典中。通过查询数据字典视图 DBA_IND_EEXPRESSIONS，可以显示数据库所有函数索引所对应的函数或表达式；通过查询数据字典 USER_IND_EXPRESSIONS，可以显示当前用户函数索引所对应的函数或表达式，下面来看一个例子。

【例 9-26】 在 SCOTT 模式下，查询函数索引 EMP_JOB_FUN 的表达式信息，代码如下。（实例位置：光盘\MR\源码\第 9 章\9-14）

```
SQL> connect scott/1qaz2wsx;
已连接。
SQL> select column_expression
  2  from user_ind_expressions
  3  where index_name = 'EMP_JOB_FUN';
```

本例运行效果如图 9-15 所示。

图 9-15 查询函数索引 EMP_JOB_FUN 的表达式信息

9.3 序列

序列是 Oracle 提供的用于生成一系列唯一数字的数据库对象。序列会自动生成顺序递增的序列号，以实现自动提供唯一的主键值。序列可以在多用户并发环境中使用，并且可以为所有用户生成不重复的顺序数字，而不需要任何额外的 I/O 开销。

9.3.1 创建序列

序列与视图一样，并不占用实际的存储空间，只是在数据字典中保存它的定义信息。用户在自己的模式中创建序列时，必须具有 CREATE SEQUENCE 系统权限。如果要在其他模式中创建序列，必须具有 CREATE ANY SEQUENCE 系统权限。

使用 CREATE SEQUENCE 语句创建序列的语法如下：

```
create sequence <seq_name>
[start with n]
[increment by n]
[minvalue n | nomainvalue]
[maxvalue n | nomaxvalue]
[cache n | nocycle]
[cycle | nocycle]
[order | noorder];
```

参数说明如下：

- seq_name：创建的序列名。
- increment：该子句是可选的，表示序列的增量。一个正数将生成一个递增的序列，一个负数将生成一个递减的序列。默认值是 1。
- minvalue：可选的子句，决定序列生成的最小值。
- maxvalue：可选的子句，决定序列生成的最大值。
- start：可选的子句，指定序列的开始位置。默认情况下，递增序列的起始值为 minvalue，递减序列的起始值为 maxvalue。
- cache：该选项决定是否产生序列号预分配，并存储在内存中。

● cycle：可选的关键字，当序列达到最大值或者最小值时，可以复位并继续下去。如果达到极限，生成的下一个数据将分别是最小值或者最大值。如果使用 NO CYCLE 选项，那么在序列达到其最大值或最小值之后，如果在视图获取下一个值将返回一个错误。

● order：该选项可以保证生成的序列值是按照顺序产生的。例如，ORDER 可以保证第一个请求得到的数为 1，第二个请求得到的数为 2，以此类推；而 NOORDER 只保证序列值的唯一性，不保证产生序列值的顺序。

建立序列时，必须为序列提供相应的名称。对于序列的其他子句而言，因为这些子句都具有默认值，所以既可以指定，也可以不指定，下面通过几个连续的例子来演示如何创建和使用序列对象。

【例 9-27】 在 SCOTT 模式下，创建一个序列 empno_seq，代码及运行结果如下。（实例位置：光盘\MR\源码\第 9 章\9-15）

```
SQL> connect scott/1qaz2wsx;
已连接。
SQL> create sequence empno_seq
  2  maxvalue 99999
  3  start with 9000
  4  increment by 100
  5  cache 50;

序列已创建。
```

对于上面创建的序列而言，序列 empno_seq 的第一个序列号为 9000，序列增量为 100，因为指定其起始值为 9000，所以将生成的序列号为 9100、9200、9300……。

使用序列时，需要用到序列的两个伪列 NEXTVAL 与 CURRVAL。其中 NEXTVAL 将返回序列生成的下一个序列号，而伪序列 CURRVAL 则会返回序列的当前序列号。需要注意，首次引用序列时，必须使用伪列 NEXTVAL，下面来看一个例子。

【例 9-28】 在 SCOTT 模式下，使用序列 empno_seq 为 emp 表的新纪录提供员工编号，代码及运行结果如下。

```
SQL> insert into emp(empno,ename,deptno)
  2  values(empno_seq.nextval,'东方',20);

已创建 1 行。
```

执行以上语句后，会为 emp 表插入一条数据，并且 empno 列会使用序列 empno_seq 生成的序列号。

另外，如果用户要确定当前序列号，可以使用伪列 CURRVAL，如下面的例子。

【例 9-29】 使用伪列 CURRVAL 查询当前的序列号，代码及运行结果如下。

```
SQL> select empno_seq.currval from dual;

   CURRVAL
----------
      9000
```

实际上，在为表生成主键值时，通常是为表创建一个行级触发器，然后在触发器主体中使用序列值替换用户提供的值。关于如何使用触发器生成主键，可以参考第 6 章中有关行级触发器的应用。

9.3.2　管理序列

使用 ALTER SEQUENCE 语句可以对序列进行修改。需要注意，除了序列的起始值 START WITH 不能被修改外，其他可以设置序列的任何子句和参数都可以被修改。如果要修改序列的起始值，则必须先删除序列，然后重键该序列，下面来看几个相关的例子。

【例 9-30】　在 SCOTT 模式下，修改序列 empno_seq 的最大值为 100000，序列增量为 200，缓存值为 100，代码及运行结果如下。（实例位置：光盘\MR\源码\第 9 章\9-16）

```
SQL> alter sequence empno_seq
  2  maxvalue 100000
  3  increment by 200
  4  cache 100;
序列已更改。
```

对序列进行修改后，缓存中的序列值将全部丢失。通过查询数据字典 USER_SEQUENCES 可以获得序列的信息，下面来看一下 USER_SEQUENCES 数据字典都包含哪些序列信息。

【例 9-31】　使用 desc 命令查看 user_sequences 的结构，代码如下。

```
SQL> desc user_sequences;
```

本例运行结果如图 9-16 所示。

另外，当序列不再需要时，数据库用户可以执行 DROP SEQUENCE 语句删除序列，来看下面的例子。

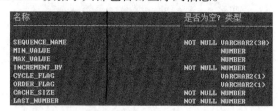

图 9-16　查询 user_sequences 的结构

【例 9-32】　使用 drop sequence 语句删除 empno_seq 序列，代码及运行结果如下。

```
SQL> drop sequence empno_seq;

序列已删除。
```

9.4　同义词

同义词是表、索引、视图等模式对象的一个别名。通过模式对象创建同义词，可以隐藏对象的实际名称和所有者信息，或者隐藏分布式数据库中远程对象的设置信息，由此为对象提供一定的安全性保证。与视图、序列一样，同义词只在 Oracle 数据库的数据字典中保存其定义描述，因此同义词也不占用任何实际的存储空间。

在开发数据库应用程序时，应该尽量避免直接引用表、视图或其他数据库对象的名称，而改用这些对象的同义词。这样可以避免当管理员对数据库对象做出修改和变动之后，必须重新编译应用程序。使用同义词后，即使引用的对象发生变化，也只需要在数据库中对同义词进行修改，而不必对应用程序做任何改动。

Oracle 中的同义词分为两种类型：公有同义词和私有同义词。公有同义词被一个特殊的用户组 PUBLIC 所拥有，数据库中的所有用户都可以使用公有同义词。而私有同义词只被创建它的用户所拥有，只能由该用户以及被授权的其他用户使用。

建立公有同义词是使用 CREATE PUBLIC SYNONYM 语句完成的。如果数据库用户要建立公有同义词，则要求该用户必须具有 CREATE PUBLIC SYSNONYM 系统权限，接下来通过若干实例来向读者展示如何创建和应用同义词。

【例 9-33】　为 SCOTT 模式下的 dept 表创建一个 public 同义词，代码及运行结果如下。（实例位置：光盘\MR\源码\第 9 章\9-17）

```
SQL> connect system/1qaz2wsx;

已连接。
SQL> create public synonym public_dept for scott.dept;

同义词已创建。
```

执行以上语句后，将建立公有同义词 PUBLIC_DEPT。因为该同义词属于 PUBLIC 用户组，所以所有用户都可以直接引用该同义词。需要注意，如果用户要使用该同义词，必须具有访问 SCOTT.EMP 表的权限，下面来看一个例子。

【例 9-34】　使用 select 语句并通过同义词 public_dept 来访问 dept 表，代码如下。

图 9-17　通过同义词访问 dept 表

```
SQL> select * from public_dept;
```
本例运行结果如图 9-17 所示。

建立私有同义词是使用 CREATE SYNONYM 语句完成的。如果在当前模式中创建私有同义词，那么数据库用户必须具有 CREATE SYNONYM 系统权限，如果要在其他模式中创建私有同义词，则数据库用户必须具有 CREATE ANY SYNONYM 系统权限，下面来看一个例子。

【例 9-35】　为 dept 表创建私有同义词 private_dept，代码及运行结果如下。（实例位置：光盘\MR\源码\第 9 章\9-18）

```
SQL> create  synonym  private_dept for dept;
同义词已创建。
```

　　由于私有同义词只有当前用户可以直接引用，其他用户在引用时必须带模式名。

当基础对象的名称和位置被修改后，用户需要重新为它建立同义词。用户可以删除自己模式中的私有同义词。要删除其他模式中的私有同义词时，用户必须具有 DROP ANY SYNONYM 系统权限。要删除公有同义词，用户必须具有 DROP PUBLIC SYNONYM 系统权限。

删除同义词需要使用 DROP SYNONYM 语句，如果删除公有同义词，还需要指定 PUBLIC 关键字，下面来看两个例子。

【例 9-36】　使用 drop sysnonym 语句删除私有同义词 private_dept，代码及运行结果如下。
```
SQL> drop synonym private_dept;

同义词已删除。
```

【例 9-37】　使用 drop public sysnonym 语句删除公有同义词 public_dept，代码及运行结果如下。
```
SQL> drop public synonym public_dept;

同义词已删除。
```

删除同义词后，同义词的基础对象不会受到任何影响，但是所有引用该同义词的对象将处于 INVALID 状态。

9.5 综合实例——创建多表连接视图

本实例实现在 system 模式下，创建一个查询 SCOTT 模式下 dept 表与 emp 表相互关联的视图，并要求该视图只能查询部门编号为 20 的记录信息，开发步骤如下：

打开 SQL*Plus，以 system 身份登录，登录成功后，在 SQL*Plus 中输入如下代码。实现创建视图，代码及运行结果如下：

```
SQL> create or replace view emp_view_union as
  2  select d.dname,d.loc,e.empno,e.ename
  3  from scott.emp e,scott.dept d
  4  where e.deptno = d.deptno and d.deptno = 20;

视图已创建。
```

知识点提炼

（1）视图是一个虚拟表，它由存储的查询构成，可以将它的输出看作是一个表。视图同真的表一样，也可以包含一系列带有名称的列和行数据。但是，视图并不在数据库中存储数据值，其数据值来自定义视图的查询语句所引用的表，数据库只在数据字典中存储视图的定义信息。

（2）创建视图是使用 CREATE VIEW 语句完成的。

（3）用户可以在 Oracle 中创建多种类型的索引，以适应各种表的特点。按照索引数据的存储方式可以将索引分为 B 树索引、位图索引、反向键索引和基于函数的索引；按照索引列的唯一性又可以分为唯一索引和非唯一索引；按照索引列的个数又可以分为单列索引和复合索引。

（4）建立索引可以使用 CREATE INDEX 语句，通常由表的所有者来建立索引。

（5）修改索引通常是使用 ALTER INDEX 语句来完成的。

（6）删除索引是使用 DROP INDEX 语句完成的。

（7）序列与视图一样，并不占用实际的存储空间，只是在数据字典中保存它的定义信息。用户在自己的模式中创建序列时，必须具有 CREATE SEQUENCE 系统权限。

（8）同义词是表、索引、视图等模式对象的一个别名。

习   题

9-1   如果要删除某视图可以使用哪条语句？

9-2   修改索引可以使用哪条语句？

9-3   创建序列可以使用哪条语句？

实验：为用户表创建索引

实验目的

（1）掌握创建索引的重要性。

（2）掌握创建索引的基本语法。

实验内容

以 system 身份登录数据库，在默认的表空间下创建用户表，并在用户名字段上创建索引。

实验步骤

（1）打开 SQL*Plus，以 system 身份登录，登录成功后，输入如下代码实现新建用户表，代码及运行结果如下：

```
SQL>  create table useres
  2  ( userid number primary key,
  3  username varchar2(20),
  4  userType number,
  5  userPwd varchar2(40));
```

表已创建。

（2）使用 create unique index 语句在 useres 表的 username 字段上创建索引，代码及运行结果如下：

```
SQL> create unique index index_username on useres(username);
```

索引已创建。

第 10 章
管理表空间和数据文件

本章要点:

- 理解表空间和数据文件的关系
- 掌握如何创建表空间
- 掌握如何维护表空间和数据文件
- 了解如何管理撤销表空间
- 掌握如何管理临时表空间

在 Oracle 中，表空间中的数据存在磁盘的数据文件中，所以对表空间的管理操作与对数据文件的管理操作密切相关。通过使用表空间，可以有效地部署不同类型的数据，加强数据管理，从而提高数据库的运行性能。

10.1   表空间与数据文件的关系

在 Oracle 数据库中，表空间与数据文件之间的关系非常密切，这二者之间相互依存着，也就是说，创建表空间时必须创建数据文件，增加数据文件时也必须指定表空间。

Oracle 磁盘空间管理中的最高逻辑层是表空间（TABLESPACE），它的下一层是段（SEGMENT），并且一个段只能驻留在一个表空间内。段的下一层就是盘区，一个或多个盘区（EXTENT）可以组成一个段，并且每个盘区只能驻留在一个数据文件中。如果一个段跨越多个数据文件，它就只能由多个驻留在不同数据文件中的盘区构成。盘区的下一层就是数据块，它也是磁盘空间管理中逻辑划分的最底层，一组连续的数据块可以组成一个盘区。图 10-1 所示为数据库、表空间、数据文件、段、盘区、数据块及操作系统块之间的相互关系。

如果要查询表空间与对应的数据文件的相关信息，可以从 DBA_DATA_FILES 数据字典中获得，如下面的例子。

【例 10-1】   在 SYSTEM 模式下，从 DBA_DATA_FILES 数据字典中查询表空间及其包含的数据文件，代码如下。（实例位置：光盘\MR\源码\第 10 章\10-1）

```
SQL> col tablespace_name for a10;
SQL> col file_name for a50;
SQL> col bytes for 999,999,999;
SQL> select tablespace_name,file_name,bytes from dba_data_files order by tablesp
ace_name;
```

本例运行结果如图 10-2 所示。

图 10-1　Oracle 磁盘空间管理的逻辑结构图

从查询所列的结果来看，一个数据库包括多个表空间，例如，SYSTEM 表空间、USERS 表空间、TBSP_1 表空间等。而每一个表空间又包含一个或多个数据文件，例如，USERS 表空间包括一个数据文件 USERS01.DBF；而 TBSP_1

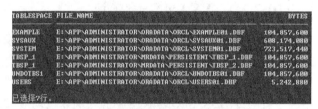

图 10-2　查询表空间及其包含的数据文件

表空间包括 TBSP_1.DBF 和 TBSP_2.DBF 两个数据文件。表空间可以看成是 Oracle 数据库的逻辑结构，而数据文件可以看成是 Oracle 数据库的物理结构。

10.2　Oracle 11g 的默认表空间

默认表空间是指在创建 Oracle 数据库时，系统自动创建的表空间。这些表空间通常用于存放 Oracle 系统内部数据和提供样例所需要的逻辑空间，Oracle 11g 默认的表空间及其说明如表 10-1 所示。

表 10-1　　　　　　　　　　　　　　　Oracle 11g 默认的表空间及其说明

表空间	说　　明
EXAMPLE	如果安装时选择"实例方案"，则此表空间存放各样例的数据
SYSAUX	SYSTEM 表空间的辅助空间。一些选件的对象都存放在此表空间内，这样可以减少 SYSTEM 表空间的负荷
SYSTEM	存放数据字典、包括表、视图、存储过程的定义等
TEMP	存放 SQL 语句处理的表和索引的信息，例如，数据排序就占用此空间
UNDOTBS1	存放撤销数据的表空间
USERS	通常用于存放"应用系统"所使用的数据库对象

10.2.1 SYSTEM 表空间

Oracle 数据库的每个版本都使用 SYSTEM 表空间存放内部数据和数据字典，SYSTEM 表空间主要存放 SYS 用户的各个对象和其他用户的少量对象。用户可以从 DBA_SEGMENTS 数据字典中查询到某个表空间所存放的数据对象及其类型（如索引、表、簇等）和拥有者。

【例 10-2】 查询 USERS 表空间内存放的数据对象及其类型和拥有者，代码如下。（实例位置：光盘\MR\源码\第 10 章\10-2）

```
SQL> col owner for a10;
SQL> col segment_name for a30;
SQL> col segment_type for a20;
SQL> select segment_type,segment_
name,owner from dba_segments where table-
space_name='USERS';
```

本例部分运行结果如图 10-3 所示。

从运行结果中可以看出，USERS 表空间存放了 SCOTT 用户的表和索引，以及 OE 用户的大对象索引、索引等数据对象。

图 10-3 USERS 表空间内存放的数据对象

10.2.2 SYSAUX 表空间

SYSTEM 表空间主要用于存放 Oracle 系统内部的数据字典，而 SYSAUX 表空间充当 SYSTEM 的辅助表空间，主要用于存储除数据字典以外的其他数据对象，它在一定程度上降低了 SYSTEM 表空间的负荷。

下面通过 DBA_SEGMENTS 数据字典来查询 SYSAUX 表空间的相关信息。

【例 10-3】 查询 SYSAUX 表空间所存放的用户及其所拥有的对象数量，代码如下。

```
SQL> select owner as 用户,count(segment_name) as 对
象数量 from dba_segments where tablespace_name='SYSAUX'
group by owner;
```

本例运行结果如图 10-4 所示。

图 10-4 查询 SYSAUX 表空间的信息

 用户可以对 SYSAUX 表空间进行增加数据文件和监视等操作，但不能对其执行删除、重命名或设置只读（READ ONLY）等操作。

10.3 创建表空间

为了简化表空间的管理并提高系统性能，Oracle 建议将不同类型的数据对象存放到不同的表空间中，因此，在创建数据库后，数据库管理员还应该根据具体应用的情况，建立不同类型的表空间。例如，建立专门用于存放表数据的表空间、建立专门用于存放索引或簇数据的表空间等，因此创建表空间的工作就显得十分重要，那么在创建表空间时必须要考虑以下几点：

- 是创建小文件表空间，还是大文件表空间（默认为小文件表空间）。
- 是使用局部盘区管理方式，还是使用传统的目录盘区管理方式（默认为局部盘区管理）。
- 是手工管理段空间，还是自动管理段空间（默认为自动）。
- 是否是用于临时段或撤销段的特殊表空间。

10.3.1　创建表空间的语法

创建表空间的语法如下：

```
CREATE [SMALLFILE/BIGFILE] TABLESPACE tablespace_name
DATAFILE '/path/filename' SIZE num[k/m] REUSE
[,'/path/filename' SIZE num[k/m] REUSE]
[,…]
[AUTOEXTEND [ON | OFF] NEXT num[k/m]
[MAXSIZE [UNLIMITED | num[k/m]]]]
[MININUM EXTENT num[k/m]]
[DEFAULT STORAGE storage]
[ONLINE | OFFLINE]
[LOGGING | NOLOGGING]
[PERMANENT | TEMPORARY]
[EXTENT MANAGEMENT DICTIONARY | LOCAL [AUTOALLOCATE | UNIFORM SIZE num[k/m]]]];
```

在上面的语法中出现了大量的关键字和参数，为了让大家比较清晰地理解这些内容，下面对这两方面的内容分开进行讲解：

1. 语法中的关键字

- SMALLFILE/BIGFILE：表示创建的是小文件表空间还是大文件表空间。
- AUTOEXEND [ON | OFF] NEXT：表示数据文件为自动扩展（ON）或非自动扩展（OFF），如果是自动扩展，则需要设置 NEXT 的值。
- MAXSIZE：表示当数据文件自动扩展时，允许数据文件扩展的最大长度字节数，如果指定 UNLIMITED 关键字，则不需要指定字节长度。
- MINIMUN EXTENT：指定最小的长度，由操作系统和数据库的块决定。
- ONLINE | OFFLINE：创建表空间时可以指定为在线或离线。
- PERMANENT|TEMPORARY：指定创建的表空间是永久表空间或临时表空间，默认为永久性表空间。
- LOGGING | NOLOGGING：指定该表空间内的表在加载数据时是否产生日志，默认为产生日志（LOGGING）。即使设置为 NOLOGGING，但在进行 INSERT,UPDATE 和 DELETE 操作时，Oracle 仍会将操作信息记录到 Redo Log Buffer 中。
- EXTENT MANAGEMENT DICTIONARY | LOCAL：指定表空间的扩展方式是使用数据字典管理还是本地化管理，默认为本地化管理。Oracle 不推荐使用数据字典管理表空间。
- AUTOALLOCATE | UNIFORM SIZE：如果采用本地化管理表空间，在表空间扩展时，指定每次盘区扩展的大小是由系统自动指定还是按照等同大小进行。若是按照等同大小进行，则默认每次扩展的大小为 1MB。

2. 语法中的参数

- tablespace_name：该参数表示要创建的表空间的名称。
- 'path/filename'：该参数表示数据文件的路径与名字；REUSE 表示若该文件存在，则清除该文件再重新建立该文件，若该文件不存在，则创建该文件。

● DEFAULT STORAGE storage：指定以后要创建的表、索引及簇的存储参数值，这些参数将影响以后表等的存储参数值。

10.3.2　通过本地化管理方式创建表空间

本地化表空间管理使用位图跟踪表空间所对应的数据文件的自由空间和块的使用状态，位图中的每个单元对应一个块或一组块。当分配或释放一个扩展块时，Oracle 会改变位图的值以指示该块的状态。这些位图值的改变不会产生回滚信息，因为它们不更新数据字典的任何表。所以，本地管理表空间具有以下优点。

● 使用本地化的扩展管理功能（包括自动大小和等同大小两种），可以避免发生重复的空间管理操作。

● 本地化管理的自动扩展（AUTOALLOCATE）能够跟踪临近的自由空间，这样可以消除结合自由空间的麻烦。本地化的扩展大小可以由系统自动确定（AUTOALLOCATE），也可以选择所有扩展有同样的大小（UNIFORM）。通常使用 EXTENT MANAGEMENT LOCAL 子句创建本地化的可变表空间。

下面来看两个创建表空间的例子，一个是指定等同的扩展大小，另一个是由系统自动指定扩展大小。

【例 10-4】　通过本地化管理方式（LOCAL）创建一个表空间，其扩展大小为等同的 256KB，代码及运行结果如下。（实例位置：光盘\MR\源码\第 10 章\10-3）

```
SQL> create tablespace tbs_test_1 datafile 'D:\OracleFiles\OracleData\datafile1.dbf'
  2  size 10m
  3  extent management local uniform size 256K;
```

表空间已创建。

【例 10-5】　通过本地化管理方式（LOCAL）创建一个表空间，其扩展大小为自动管理，代码及运行结果如下。（实例位置：光盘\MR\源码\第 10 章\10-4）

```
SQL> create tablespace tbs_test_2 datafile 'D:\OracleFiles\OracleData\datafile2.dbf'
  2  size 10m
  3  extent management local autoallocate;
```

表空间已创建。

在上面的两个例子中，由于创建的都是本地化管理方式的表空间，所以都是用 extent management local 子句。当创建扩展大小等同的表空间时，使用 uniform 关键字，并指定每次扩展时的大小；当创建扩展大小为自动管理时，使用 autoallocate 关键字，并且不需要指定扩展时的大小。

10.3.3　通过段空间管理方式创建表空间

段空间管理方式是建立在本地化表空间管理方式基础之上的，即只有本地化管理方式的表空间，才能在其基础上进一步建立段空间管理方式，它使用 "SEGMENT SPACE MANAGEMENT MANUAL/AUTO" 语句，段空间管理又可分为手工段和自动段两种空间管理方式。

1.　手工段空间管理方式

手工段空间管理方式是为了往后兼容而保留的，它使用自由块列表和 PCT_FREE 与 PCT_USED 参数来标识可供插入操作使用的数据块。

在每个 INSERT 或 UPDATE 操作后，数据库都会比较该数据块中的剩余自由空间与该段的

PCT_FREE 设置。如果数据块的剩余自由空间少于 PCT_FREE 自由空间（也就是说剩余空间已经进入系统的下限设置），则数据库就会从自由块列表上将其取下，不再对其进行插入操作。剩余的空余空间保留给可能会增大该数据块中行大小的 UPDATE 操作。

而在每个 UPDATE 操作或 DELETE 操作后，数据库会比较该数据块中的已用空间与 PCT_USED 设置，如果已用空间少于 PCT_USED 已用空间（也就是已用空间未达到系统的上限设置），则该数据块会被加入到自由列表中，供 INSERT 操作使用，下面来看一个实例。

【例 10-6】 通过本地化管理方式（LOCAL）创建一个表空间，其扩展大小为自动管理，其段空间管理方式为手工，代码及运行结果如下。（实例位置：光盘\MR\源码\第 10 章\10-5）

```
SQL> create tablespace tbs_test_3 datafile 'D:\OracleFiles\OracleData\datafile3.dbf'
  2  size 20m
  3  extent management local autoallocate
  4  segment space management manual;
```

表空间已创建。

2. 自动段空间管理方式

如果采用自动段空间管理方式，那么数据库会使用位图而不是自由列表来标识哪些数据块可以用于插入操作，哪些数据块需要从自由块列表上将其取下。此时，表空间段的 PCT_FREE 和 PCT_USED 参数会被自动忽略。

由于自动段空间管理方式比手工段空间管理方式具有更好的性能，所以它是创建表空间时的首选方式，下面来看一个实例。

【例 10-7】 通过本地化（LOCAL）管理方式创建一个表空间，其扩展大小为自动管理，其段空间管理方式为自动，代码及运行结果如下。（实例位置：光盘\MR\源码\第 10 章\10-6）

```
SQL> create tablespace tbs_test_4 datafile 'D:\OracleFiles\OracleData\datafile4.dbf'
  2  size 20m
  3  extent management local autoallocate
  4  segment space management auto;
```

表空间已创建。

对于使用自动段空间管理方式，用户需要注意一下两种情况：

- 自动段空间管理方式不能用于创建临时表空间和系统表空间。
- Oracle 本身推荐使用自动段空间管理方式管理永久表空间，但其默认情况下却是 MANUAL（手工）管理方式，所以在创建表空间时需要明确指定为 AUTO。

10.3.4　创建非标准块表空间

在 Oracle 数据库中，通常的块大小为 8192 字节，即 8KB，但 Oracle 11g 允许创建块大小与基本块不同的表空间，块大小可由创建表空间时的 blocksize 参数指定，这样有利于存储不同大小的对象，但用户需要注意以下 3 点：

- 表空间的非标准块的大小为基本块的倍数。例如，大小为 16KB、64KB、128KB。
- Oracle 11g 通常使用 SGA 自动共享内存管理，因此需要设置初始化参数 db_16k_cache_size=16K。
- 这种块较大的表空间通常用来存放大对象（LOB）类型。

接下来通过一个实例来演示如何创建非标准块的表空间。

【例 10-8】 创建一个非标准块的表空间，块的大小为标准块的 2 倍，代码及运行结果如下。（实例位置：光盘\MR\源码\第 10 章\10-7）

```
SQL> alter system set db_16k_cache_size = 16M scope=both
  2  ;

系统已更改。
SQL> create tablespace tbs_test_5 datafile 'D:\OracleFiles\OracleData\datafile5.dbf'
  2  size 64m reuse
  3  autoextend on next 4m maxsize unlimited
  4  blocksize 16k
  5  extent management local autoallocate
  6  segment space management auto;
```

表空间已创建。

若不设置初始化参数"db_16k_cache_size"，则 Oracle 会显示"ORA-29339：表空间块大小 16384 与配置的块大小不匹配"这样的提示信息。

10.3.5 建立大文件表空间

从 Oracle 11g 版本开始，引进了一个新的表空间类型——大文件（BIGFILE）。与以前版本的最多可由 1022 个文件组成的表空间不同；大文件表空间存放在一个单一的数据文件中，并且它需要更大的磁盘容量来存放数据；大文件表空间可以根据选择的块的大小变化，从 32TB 增至 128TB。

大文件表空间是为超大型数据库而设计的。当一个超大型数据库具有上千个读/写数据文件时，必须更新数据文件头部（例如检查点）的操作可能会花费相当长的时间。如果降低数据文件的数量，那么，这些操作完成起来就可能会快的多。创建一个大文件表空间，只需要在 CREATE 语句中使用 BIGFILE 关键字即可，下面来看一个例子。

【例 10-9】 创建一个大文件表空间，指定一个数据文件，并且数据文件的大小为 2GB，代码及运行结果如下。（实例位置：光盘\MR\源码\第 10 章\10-8）

```
SQL> create bigfile tablespace tbs_test_big datafile 'D:\OracleFiles\OracleData\datafilebig.dbf'
  2  size 2g;
```

表空间已创建。

在创建大文件表空间时，由于指定的数据文件都比较大，所以通常这个创建过程都比较慢一些，用户要耐心等待，不要急于结束操作。

大文件（BIGFILE）表空间主要被使用在存储区域网络上（SAN）、磁盘阵列上、自动存储管理（ASM）上和类似的提供禁止数据访问多设备的存储解决方案上。

由于大文件（BIGFILE）表空间只有一个数据文件，所以，当需要重新设置其大小时不需要标识数据文件的具体路径和名称，只需要使用 ALTER TABLESPACE 命令指定大文件表空间的名称，即可很方便地修改其大小。另外，需要注意的是：在创建表空间的语法中使用 size 来标识数据文件的大小，而在修改表空间时，要使用 resize 关键字来重置数据文件的大小，下面来看一个例子。

【例 10-10】　修改大文件表空间 tbs_test_big，将其空间大小由 2GB 改变为 1GB，代码及运行结果如下。

```
SQL> alter tablespace tbs_test_big resize 1g;
```

表空间已更改。

与大文件表空间不同的是，传统表空间可能包含多个数据文件，如果要改变其大小，则需要在 ALTER DATABASE 语句后面指定完整的操作系统路径名或内部文件号识别每个数据文件，然后再重新设置他们的大小。下面来看一个简单的例子。

【例 10-11】　把数据文件 datafile3.dbf（其所属的表空间是 tbs_test_3）的大小由原来的 20MB 修改为 100MB，代码及运行结果如下。

```
SQL> alter database datafile 'D:\OracleFiles\OracleData\datafile3.dbf'
  2  resize 100m;
数据库已更改。
```

10.4　维护表空间与数据文件

在创建完各种表空间后，还需要数据库管理员经常对它们进行维护，例如，常见的操作有改变表空间的可用性与读写性、重命名表空间、删除表空间、向表空间中添加新数据文件等。

10.4.1　设置默认表空间

在 Oracle 数据库中创建用户（使用 CREATE USER 语句）时，如果不指定表空间，则默认的临时表空间是 TEMP，默认的永久表空间是 SYSTEM，这样就导致应用系统与 Oracle 系统竞争使用 SYSTEM 表空间，会极大地影响 Oracle 系统的执行效率。为此，Oracle 建议将非 SYSTEM 表空间设置为应用系统的默认永久表空间，并且将非 TEMP 临时表空间设置为应用系统的临时表空间。这样有利于数据库管理员根据应用系统的运行情况适时调整默认表空间和临时表空间。

更改默认临时表空间需要使用 ALTER DATABASE DEFAULT TEMPRORY TABLESPACE 语句，更改默认永久表空间需要使用 ALTER DATABASE DEFAULT TABLESPACE 语句，下面来看两个例子。

【例 10-12】　将临时表空间 temp_1 设置为默认的临时表空间，代码如下。

```
SQL>alter database default temprory tablespace temp_1;
```

【例 10-13】　将表空间 tbs_example 设置为默认的永久表空间，代码如下。

```
SQL>alter database default tablespace tbs_example;
```

10.4.2　更改表空间的状态

表空间有只读和可读写两种状态，若设置某个表空间为只读状态，则用户就不能够对该表空间中的数据进行 DML 操作（INSERT、UPDATE、DELETE），但对某些对象的删除操作还是可以进行的，例如，索引和目录就可以被删除掉；若设置某个表空间为可读写状态，则用户就可以对表空间中的数据进行任何正常的操作，这也是表空间的默认状态。

设置表空间为只读状态，可以保证表空间数据的完整性。通常在进行数据库的备份、恢复及历史数据的完整性保护时，可将指定的表空间设置成只读状态。但设置表空间为只读并不是可以随意进行的，必须要满足下列条件。

- 该表空间必须为 ONLINE 状态。
- 该表空间不能包含任何回滚段。
- 该表空间不能在归档模式下。

更改表空间的读写状态需要使用 ALTER TABLESPACE...READ|READ WRITE 语句，下面通过两个例子来演示如何更改表空间的读写状态。

【例 10-14】 修改 tbs_test_3 表空间为只读状态，代码及运行结果如下。

```
SQL> alter tablespace tbs_test_3 read only;
表空间已更改。
```

【例 10-15】 修改 tbs_test_3 表空间为可读写状态，代码及运行结果如下。

```
SQL> alter tablespace tbs_test_3 read write;
表空间已更改。
```

10.4.3 重命名表空间

在 Oracle 11g 以前的版本中，表空间无法重命名，但 Oracle 11g 提供了对表空间进行重命名的新功能，这对于一般的管理和移植来说是非常方便的。

但要注意的是：数据库管理员只能对普通的表空间进行更名，不能够对 SYSTEM 和 SYSAUX 表空间进行重命名，也不能对已经处于 OFFLINE 状态的表空间进行重命名。

重命名表空间需要使用 ALTER TABLESPACE...RENAME TO 语句，下面通过一个例子来演示如何重命名表空间。

【例 10-16】 把 tbs_test_3 表空间重命名为 tbs_test_3_new，代码及运行结果如下。

```
SQL> alter tablespace tbs_test_3 rename to tbs_test_3_new;
表空间已更改。
```

 在修改完表空间名称之后，原表空间中所存放的数据库对象（表、索引、簇等）会被存放到新表空间名下。

10.4.4 删除表空间

当某个表空间中的数据不再需要时，或者新创建的表空间不符合要求时，可以考虑删除这个表空间。若要删除表空间，则需要用户具有 DROP TABLESPACE 权限。

在默认情况下，Oracle 系统不采用 Oracle Managed Files 方式管理文件，这样删除表空间实际上仅是从数据字典和控制文件中将该表空间的有关信息清除掉，并没有真正删除该表空间包含的所有物理文件。因此，要想彻底删除表空间来释放磁盘空间，那么在执行删除表空间的命令之后，还需要手工删除该表空间包含的所有物理文件。

当 Oracle 系统采用 Oracle Managed Files 方式管理文件时，删除某个表空间后，Oracle 系统将自动删除该表空间包含的所有物理文件。删除表空间需要使用 DROP TABLESPACE 命令，其语法格式如下：

```
DROP TABLESPACE tbs_name[INCLUDING CONTENTS] [CASCADE CONSTRAINTS];
```

参数说明如下：

- tbs_name：表示要删除的表空间名称。

- INCLUDING CONTENTS：表示删除表空间的同时删除表空间中的数据。如果不指定 INCLUDING CONTENTS 参数，而该表空间又存在数据时，则 Oracle 会提示错误。
- CASCADE CONSTRAINTS：表示当删除当前表空间时也删除相关的完整性限制。完整性限制包括主键及唯一索引等。如果完整性存在，而没有 CASCADE CONSTRAINTS 参数，则 Oracle 会提示错误，并且不会删除该表空间。

接下来通过一个例子来演示如何删除一个表空间。

【例 10-17】　删除表空间 tbs_test_1 及其包含的所有内容，代码及运行结果如下。

```
SQL> drop tablespace tbs_test_1
  2 including contents
  3 cascade constraints;
表空间已删除。
```

在上面的代码中，不但删除了表空间 tbs_test_1，而且也删除了表空间中的数据（including contents）和完整性约束（cascade constraints）。

10.4.5　维护表空间中的数据文件

维护表空间中的数据文件主要包括向表空间中添加数据文件、从表空间中删除数据文件和对表空间中的数据文件进行自动扩展设置，下面分别进行讲解。

1. 向表空间中添加数据文件

当某个非自动扩展表空间的扩展能力不能满足新的扩展需求，数据库管理员就需要向表空间中添加新的数据文件（例如，添加一个能够自动扩展的表空间），以满足数据对象的扩展需要。下面来看一个向表空间添加新数据文件的例子。

【例 10-18】　向 users 表空间中添加一个新的数据文件 users02.dbf，该文件支持自动扩展，扩展能力为每次扩展 5MB，并且该文件的最大空间不受限制，代码及运行结果如下。（实例位置：光盘\MR\源码\第 10 章\10-9）

```
SQL> alter tablespace users add datafile 'e:\app\Administrator\oradata\orcl\users02.
dbf'
  2 size 10m autoextend on next 5m maxsize unlimited;
表空间已更改。
```

2. 从表空间中删除数据文件

在 Oracle 11g R2 以前的版本中，Oracle 系统一直只允许增加数据文件到表空间，而不允许从表空间中删除数据文件。从 Oracle 11g R2 开始，允许从表空间中删除无数据的数据文件。要实现从表空间中删除数据文件，需要使用 ALTER TABLESPACE...DROP DATAFILE 语句，下面来看一个例子。

【例 10-19】　删除 users 表空间中的 users02.dbf 数据文件，代码及运行结果如下。（实例位置：光盘\MR\源码\第 10 章\10-10）

```
SQL> alter tablespace users drop datafile 'e:\app\Administrator\oradata\orcl\users02.
dbf';
表空间已更改。
```

3. 对数据文件的自动扩展设置

Oracle 数据库的数据文件可以设置成具有自动扩展的功能，当数据文件剩余的自由空间不足时，它会按照设定的扩展量自动扩展到指定的值。这样可以避免由于剩余表空间不足而导致数据对象需求空间扩展失败的现象。

可以使用 AUTOEXTEND ON 命令使数据文件在使用中能根据需求自动扩展。用户可以通过以下 4 种方式设置数据文件的自动扩展功能。

- 在 CREATE DATABASE 语句中设置。
- 在 ALTER DATABASE 语句中设置。
- 在 CREATE TABLESPACE 语句中设置。
- 在 ALTER TABLESPACE 语句中设置。

对于 Oracle 数据库管理员来说，主要是用后 3 种命令修改数据文件是否为自动扩展，因为数据库实例已经创建完成，所以不再需要使用 CREATE DATABASE 命令。下面来看一个使用 ALTER DATABASE 命令来设置数据文件具有自动扩展功能的例子。

【例 10-20】 首先查询 TBS_TEST_2 表空间中的数据文件是否为自动扩展，若不是自动扩展，然后修改为自动扩展，扩展量为 10MB，并且最大扩展空间不受限制，代码及运行结果如下。

```
SQL> col file_name for a50;
SQL> select file_name ,autoextensible from dba_data_files where tablespace_name =
'TBS_TEST_2';
FILE_NAME                                            AUT
-------------------------------------------------- --- --------------------------------- ---
D:\ORACLEFILES\ORACLEDATA\DATAFILE2.DBF              NO
SQL> alter database datafile 'D:\OracleFiles\OracleData\datafile2.dbf'
  2  autoextend on next 10m maxsize unlimited;
数据库已更改。
```

从上面的运行结果中可以看出，DATAFILE2.DBF 数据文件不自动扩展（autoextensible 属性值为 NO），然后使用 alter databas 语句修改该数据文件为自动扩展。

接下来再通过查询 dba_data_files 数据字典来查看 DATAFILE2.DBF 文件时是否为自动扩展，其运行结果如图 10-5 所示。

图 10-5 查询指定数据文件的自动扩展属性

从运行结果中可以看到，DATAFILE2.DBF 数据文件被修改为自动扩展——autoextensible 属性值为 YES。

10.5 管理撤销表空间

撤销表空间用于存放撤销信息，当执行 DML 操作（INSERT、UPDATE 和 DELETE）时，Oracle 会将这些操作的旧数据（即撤销信息）写入 UNDO 段中，而 UNDO 段驻留在 UNDO 表空间中。接下来，本节将对 UNDO 表空间的相关知识进行详细讲解。

10.5.1 撤销表空间的作用

撤销表空间，通常也称为 UNDO 表空间；UNDO 表空间中的段也称为撤销段或 UNDO 段；

撤销段中存放的数据就是"撤销信息",这些"撤销信息"也称为撤销数据或 UNDO 数据,可见撤销段是最直接管理"撤销信息"的逻辑层,下面将对撤销段的几种作用进行讲解和分析。

- 使读写一致

在不同的进程或用户模式下检索数据时,Oracle 只能给用户提供被提交的数据,这样可以确保数据的一致性。例如,在 SCOTT 模式下,执行了 UPDATE emp SET sal=5500 WHERE empno=7788 语句,这样旧的数据记录会被存放到 UNDO 段中,而新数据则会存放到 emp 段,假定此时该数据尚未提交(例如,没有执行 commit 命令,也没有退出 SQL*Plus 环境);然后用户在 SYSTEM 模式下执行 SELECT sal FROM scott.emp WHERE empno=7788 语句,此时用户将取得"旧的工资数据",而不是新数据 5500,而该数据正是从 UNDO 段中读取的。

- 可以回退事务

当执行修改(UPDATE)数据操作时,旧的数据(即 UNDO 数据)被存放到 UNDO 段,而新的数据则被存放到数据段中。如果在修改操作中事务提交出现错误,就需要回退事务,从而取消数据的更改。例如,当用户使用 UPDATE 语句修改员工的工资时,发现,原本打算修改某个人的工资,但由于误操作,而导致修改了全公司员工的工资(例如,没有使用 where 条件语句)。这样,用户就可以通过执行 ROLLBACK 语句来取消事务修改。当执行 ROLLBACK 语句时,Oracle 会将 UNDO 段的 UNDO 数据(即旧的员工工资)全部写回到数据段中。

- 事务恢复

事务恢复是例程恢复的一部分,它是由 Oracle 服务器自动完成的,如果在数据库运行过程中出现例程失败(如断电、内存故障等),那么当重启 Oracle 服务器时,后台进程 SMON 会自动执行例程恢复。执行例程恢复时,Oracle 会重新处理所有未提交的数据记录,回退未提交事务。

- 闪回操作

Oracle 11g 新增了强大的闪回功能,其中,很多闪回技术都是基于 UNDO 段实现的,例如,闪回表,闪回事务查询,闪回版本查询等。

10.5.2 撤销表空间的初始化参数

Oracle 11g 可以通过设置初始化参数来控制 UNDO 表空间管理撤销数据,与 UNDO 表空间有关的参数有以下几种:

- UNDO_TABLESPACE

该初始化参数用于指定例程所要使用的 UNDO 表空间,使用自动 UNDO 管理模式时,通过配置该参数可以指定例程所要使用的 UNDO 表空间。

- UNDO_MANAGEMENT

该初始化参数用于指定 UNDO 数据的管理模式,如果为 AUTO,则为自动撤销管理模式,如果为 MANUAL,则为回滚段管理模式。

需要注意的是,使用自动撤销管理模式时,如果没有配置初始化参数 UNDO_TABLESPACE,Oracle 会自动选择第一个可用的 UNDO 表空间存放 UNDO 数据;如果没有可用的 UNDO 表空间,Oracle 会使用 SYSTEM 回滚段存放 UNDO 记录,并在 ALTER 文件中记载警告。

- UNDO_RETENTION

该初始化参数用于控制 UNDO 数据的最大保留时间,默认为 900 秒,从 Oracle 9i 版本开始,通过配置该初始化参数,可以指定 UNDO 数据的保留时间,从而也决定了基于 UNDO 数据的闪回操作能够闪回的最早时间点。

用户想要查询当前实例所设置的 UNDO 表空间的参数，可以通过 SHOW PARAMETER 命令来完成，查询结果如图 10-6 所示。

图 10-6 查询 UNDO 表空间的初始化参数

10.5.3 撤销表空间的基本操作

对撤销表空间的基本操作包括创建、修改、删除和切换等，下面分别进行介绍。

1. 创建 UNDO 表空间

创建 UNDO 表空间需要使用 CREATE UNDO TABLESPACE 语句，来看下面的例子。

【例 10-21】 创建一个撤销表空间，并指定数据文件大小为 3GB，代码及运行结果如下。（实例位置：光盘\MR\源码\第 10 章\10-11）

```
SQL> create undo tablespace undo_tbs_1
  2  datafile 'D:\OracleFiles\OracleData\undotbs1.dbf'
  3  size 3g;
表空间已创建。
```

在创建表空间时，需要注意以下两个方面：

● UNDO 表空间对应的数据文件大小通常由 DML 操作可能产生的最大数据量来确定，通常该数据文件的大小至少应在 1GB 以上。

● 由于 UNDO 表空间只用于存放撤销数据，所以不要在 UNDO 表空间内建立任何数据对象（如，表、索引等）。

2. 修改 UNDO 表空间

与修改普通的永久性表空间比较类似，修改 UNDO 表空间也使用 ALTER TABLESPACE 语句。当事务用尽了 UNDO 表空间后，可以使用 ALTER TABLESPACE…ADD DATAFILE 语句添加新的数据文件；当 UNDO 表空间所在的磁盘填满时，可以使用 ALTER TABLESPACE…RENAME DATAFILE 语句将数据文件移动到其他磁盘上；当数据库处于 ARCHIVELOG 模式时，可以使用 ALTER TABLESPACE…BEGIN BACKUP/END BACKUP 语句备份 UNDO 表空间。下面来看一个例子。

【例 10-22】 向表空间 undo_tbs_1 中添加一个新的数据文件，指定该文件大小为 2GB，代码及运行结果如下。（实例位置：光盘\MR\源码\第 10 章\10-12）

```
SQL> alter tablespace undo_tbs_1
  2  add datafile 'D:\OracleFiles\OracleData\undotbs_add.dbf'
  3  size 2g;
表空间已更改。
```

3. 切换 UNDO 表空间

启动例程并打开数据库后，同一时刻指定例程只能使用一个 UNDO 表空间，切换 UNDO 表空间是指停止例程当前使用的 UNDO 表空间，启动其他 UNDO 表空间，下面以启动 UNDOTBS02

表空间为例，说明切换 UNDO 表空间的方法。下面来看一个例子。

【例 10-23】　把当前系统的默认 UNDO 表空间切换到自定义撤销表空间 undo_tbs_1，代码及运行结果如下。

```
SQL> alter system set undo_tablespace=undo_tbs_1;
系统已更改。
```

通常情况下，Oracle 11g 默认的 UNDO 表空间是 UNDOTBS1。

4. 删除 UNDO 表空间

如果某个自定义的 UNDO 表空间确定不再使用了，数据库管理员就可以删除掉。删除 UNDO 表空间与删除普通的永久表空间一样，都使用 DROP TABLESPACE 语句。

但需要注意的是：当前例程正在使用的 UNDO 表空间是不能被删除的，如果确定要删除当前例程正在使用的 UNDO 表空间，管理员应首先切换 UNDO 表空间，然后再删除切换掉的 UNDO 表空间，来看一个例子。

【例 10-24】　把当前例程的 UNDO 表空间从 "undo_tbs_1" 切换到 "undotbs1"，然后再删除 "undo_tbs_1" 表空间，代码及运行结果如下。

```
SQL> alter system set undo_tablespace=undotbs1;
系统已更改。
SQL> drop tablespace undo_tbs_1;
表空间已删除。
```

5. 查询 UNDO 表空间的信息

通过查询 UNDO 表空间的相关信息，可以给管理员提供决策和管理支持，管理员经常需要查看的 UNDO 表空间信息主要有以下几种：

● 当前例程正在使用的 UNDO 表空间

这个可以通过查询初始化参数 "undo_tablespace" 就可以实现，来看下面的例子。

【例 10-25】　查询当前实例正在使用的 UNDO 表空间，代码及运行结果如下。

```
SQL> show parameter undo_tablespace;
NAME              TYPE        VALUE
--------------    --------    -----------
undo_tablespace   string      UNDOTBS1
```

参数说明如下：

● 实例的所有 UNDO 表空间

这个可以通过查询数据字典 "dba_tablespaces" 来实现，来看下面的例子。

【例 10-26】　查询当前实例拥有的所有 UNDO 表空间，代码及运行结果如下。

```
SQL> select tablespace_name from dba_tablespaces where contents = 'UNDO';
TABLESPACE_NAME
-----------------------------
UNDOTBS1
UNDO_TBS_1
```

● UNDO 表空间的统计信息

使用自动 UNDO 管理模式时，需要合理设置 UNDO 表空间的尺寸，为了合理规划 UNDO 表空间的尺寸，应在数据库运行的高峰期搜集 UNDO 表空间的统计信息，最终根据该统计信息来确定 UNDO 表空间的大小。

管理员通过查询动态性能视图 "V$UNDOSTAT" 可以搜集 UNDO 的表空间统计信息，来看下面的例子。

【例 10-27】 统计 UNDO 表空间中 "回退块" 的生成信息，代码如下。（实例位置：光盘\MR\源码\第 10 章\10-13）

```
SQL> select to_char(begin_time,'hh24:mi:ss') as 开始时间,
  2  to_char(end_time,'hh24:mi:ss') as 结束时,
  3  undoblks as 回退块数
  4  from v$undostat
  5  order by begin_time;
```

本例运行结果如图 10-7 所示。

开始时间	结束时	回退块数
11:37:13	11:47:13	146
11:47:13	11:57:13	72
11:57:13	12:07:13	4247
12:07:13	12:17:13	7
12:17:13	12:27:13	9
12:27:13	12:37:13	6
12:37:13	12:47:13	20
12:47:13	12:57:13	7
12:57:13	13:07:13	77
13:07:13	13:17:13	8
13:17:13	13:27:13	6

图 10-7 统计 "回退块" 信息

在上面的代码中，BEGIN_TIME 用于标识起始统计时间，END_TIME 用于标识结束统计时间，UNDOBLKS 用于标识 UNDO 数据所占用的数据块个数。另外，从图 10-7 中可以看出，Oracle 每隔 10 分钟生成一行统计信息。

● 显示 UNDO 段统计信息

使用自动 UNDO 管理模式时，Oracle 会在 UNDO 表空间上自动建立 10 个 UNDO 段。

若要显示所有联机 UNDO 段的名称，则可以通过查询动态性能视图 V$ROLLNAME 来实现；若要显示 UNDO 段的统计信息，则可以通过查询动态性能视图 V$ROLLLISTAT 来实现。如果在 V$ROLLLNAME 和 V$ROLLLISTAT 之间执行连接查询，则可以监视特定 UNDO 段的特定信息。下面来看一个例子。

【例 10-28】 通过动态性能视图监视特定 UNDO 段的信息，包括段名称、活动事务个数和段中的扩展个数等信息，代码如下。（实例位置：光盘\MR\源码\第 10 章\10-14）

NAME	XACTS	WRITES	EXTENTS
SYSTEM	0	7984	6
_SYSSMU1_1518548437$	0	4845542	8
_SYSSMU2_2082490410$	0	990182	6
_SYSSMU3_991555123$	0	1053882	8
_SYSSMU4_2369290268$	0	1400624	17
_SYSSMU5_1018230376$	0	693446	3
_SYSSMU6_1834113595$	0	1135086	4
_SYSSMU7_1375777888$	0	8593768	24
_SYSSMU8_1557054099$	0	913106	5
_SYSSMU9_1126410412$	0	1714472	17
_SYSSMU10_31761020015$	0	16755298	5

图 10-8 特定 UNDO 段的信息

```
SQL> select rn.name,rs.xacts,rs. writes,rs.extents
  2  from v$rollname rn,v$rollstat rs
  3  where rn.usn = rs.usn;
```

本例运行结果如图 10-8 所示。

在上面的运行结果中，name 列用于标识 UNDO 段的名称；xacts 列用于标识 UNDO 段所包含的活动事务个数；writes 列用于标识在 UNDO 段上写入的字节数；extents 列用于标识 UNDO 段的区个数。

● 显示活动事务信息

执行 DML 操作时，Oracle 会将这些操作的旧数据放到 UNDO 段中。如果要显示会话的详细信息；则可以使用动态性能视图 V$SESSION；如果要显示事务的详细信息；则可以使用动态性能视图 V$TRANSACTION；如果要显示联机 UNDO 段的名称，则可以使用 V$ROLLNAME 动态性能视图。下面来看一个例子。

【例 10-29】 通过查询 V$TRANSACTION 动态性能视图来显示事务的名称和状态，示例代码如下。

```
SQL> select name,status from v$transaction;
```

● 显示 UNDO 区信息

在数据字典 DBA_UNDO_EXTENTS 中，用户可以查询 UNDO 表空间中所有区的详细信息，包括 UNDO 区的大小和状态等信息。

【例 10-30】　在 DBA_UNDO_EXTENTS 数据字典中，查询指定段的信息，包括段编号、段的大小和段的状态等，代码如下。（实例位置：光盘\MR\源码\第 10 章\10-15）

```
SQL> select segment_name,extent_
id,bytes,status from dba_undo_extents
    2 where segment_name='_SYSSMU3_
991555123$';
```

本例运行结果如图 10-9 所示。

图 10-9　查询指定段的信息

在上面的运行结果中，SEGMENT_NAME 列用于标识指定的段名称；EXTENT_ID 列用于标识区编号；BYTES 列用于标识区尺寸；STATUS 列用于标识区状态（ACTIVE：表示该区处于活动状态；EXPIRED：标识该区未用）。

10.6　管理临时表空间

前面介绍了永久性表空间和 UNDO 表空间，除此之外，Oracle 还有一种比较重要的表空间，即临时表空间（TEMPORARY TABLESPACE）。下面将对临时表空间的概念和管理方法进行介绍。

10.6.1　简介临时表空间

临时表空间是一个磁盘空间，主要用于内存排序区不够而必须将数据写到磁盘的那个逻辑区域，由于该空间在排序操作完成后可以由 Oracle 系统自动释放，所以也称为临时表空间。

临时表空间主要用于临时段，而临时段是由数据库根据需要创建、管理和删除的，这些临时段的生成通常与排序之类的操作有关，下面的几种操作经常会用到临时表空间。

- SELECT DISTINCT 不重复检索。
- UNION 联合查询。
- MINUS 计算。
- ANALYZE 分析。
- 连接两个没有索引的表。

10.6.2　创建临时表空间

通常使用 CREATE TEMPORARY TABLESPACE 语句来创建临时表空间，下面来看一个例子。

【例 10-31】　创建一个临时表空间，空间大小为 300MB，代码及运行结果如下。（实例位置：光盘\MR\源码\第 10 章\10-16）

```
SQL> create temporary tablespace temp_01 tempfile 'D:\OracleFiles\tempfiles\temp_
01.tpf' size 300m;
    表空间已创建。
```

在临时表空间创建完毕之后，可以通过 alter database 命令修改默认的临时表空间为新创建的临时表空间，这样 Oracle 系统就会使用新创建的临时表空间来存放临时数据，下面来看一个例子。

【例 10-32】　把新创建的临时表空间 temp_01 设置为系统默认的临时表空间，代码及运行结果如下。

```
SQL> alter database default temporary tablespace temp_01;
    数据库已更改。
```

临时表空间是用临时文件而不是数据文件来创建的。另外，临时表空间不需要备份。临时表空间中的数据的修改也不会被记录到重做日志当中去。

说明

关于临时表空间的其他操作，例如，重命名表空间、删除表空间，这些与永久性表空间的操作基本相同，这里不再赘述。

10.6.3 查询临时表空间的信息

Oracle 11g 将临时表空间与相应的临时文件信息存放在 DBA_TEMP_FILES 数据字典当中。在 V$TEMPFILES 视图中，可以查看到临时表的使用情况。

【例 10-33】 查询系统的临时表空间信息，包括临时文件名称、空间大小和空间名称，代码如下。（实例位置：光盘\MR\源码\第 10 章\10-17）

```
SQL> col file_name for a40;
SQL> col tablespace_name for a10;
SQL> select file_name,bytes,tab-
lespace_name from dba_temp_files;
```

本例运行结果如图 10-10 所示。

图 10-10　查询临时表空间

10.6.4 关于临时表空间组

在 Oracle 11g 中，可以创建多个临时表空间，然后把它们组成一个临时表空间组，这样，应用系统中的数据在排序时就可以使用组里的多个临时表空间，在一个临时表空间组里至少有一个临时表空间，其最大个数没有限制，但是组的名字不能和其中某个临时表空间的名字相同。用户使用临时表空间组来管理临时数据具有以下作用：

- 避免因大量的排序数据而导致单一临时表空间不足。
- 当一个用户同时有多个会话时，可以使得它们使用组中的不同临时表空间。
- 使并行的服务器在单节点上能够使用多个临时表空间。

用户可以在创建临时表空间的同时来创建临时表空间组，如果删除组中的全部临时表空间，那么该组也将消失。另外，用户也可以将一个临时表空间从一个组移动到另一个组，或是向组里添加新的表空间，下面来看一下关于管理临时表空间的几种情况：

（1）创建临时表空间组

创建临时表空间组主要使用 group 子句，下面来看一个例子。

【例 10-34】 创建一个临时表空间组，并向其中添加两个临时表空间，代码及其运行结果如下。（实例位置：光盘\MR\源码\第 10 章\10-18）

```
SQL> create temporary tablespace tp1 tempfile 'D:\OracleFiles\tempfiles\tp1.tpf' size
10m tablespace group group1;
表空间已创建。
SQL> create temporary tablespace tp2 tempfile 'D:\OracleFiles\tempfiles\tp2.tpf' size
20m tablespace group group1;
表空间已创建。
```

（2）转移临时表空间到另外一个组

转移临时表空间到另外一个组主要使用 alter tablespace 语句，下面来看一个例子。

【例 10-35】 创建临时表空间组 group3，将组 group1 中的临时表空间 tp1 转移到 group3 中，代码及其运行结果如下。（实例位置：光盘\MR\源码\第 10 章\10-19）

```
SQL> create temporary tablespace tp3 tempfile 'D:\OracleFiles\tempfiles\tp3.tpf' size
10m tablespace group group3;
```
表空间已创建。
```
SQL> alter tablespace tp1 tablespace group group3;
```
表空间已更改。

在将组 group1 中的临时表空间 tp1 转移到组 group3 中之后，用户可以通过查询 dba_tablespace-groups 数据字典来查看组 group3 中的临时表空间，下面来看一个例子。

【例 10-36】 在数据字典 dba_tablespace_groups 中查询组 group3 中所包含的临时表空间，代码如下。
```
SQL> select * from dba_tablespace_groups where group_name = 'GROUP3';
```
本例运行结果如图 10-11 所示。

从上面的运行结果可以看出，原来在 group1 中的表空间 tp1，现在被转移到 group3 中。

（3）把临时表空间组分配给指定的用户使用

把临时表空间组分配给指定的用户需要使用 alter user 语句，下面来看一个例子。

图 10-11 查询组 group3 中所包含的临时表空间

【例 10-37】 把临时表空间组 group3 分配给 hr 用户使用，代码及其运行结果如下。
```
SQL> alter user hr temporary tablespace group3;
```
用户已更改。

（4）设置默认的临时表空间组

设置默认的临时表空间组主要使用 alter database 语句，下面来看一个例子。

【例 10-38】 修改数据库的默认表空间组为 group3，代码及其运行结果如下。
```
alter database orcl default temporary tablespace group3;
```
数据库已更改。

（5）删除临时表空间组

删除临时表空间组主要通过删除组成临时表空间组的所有临时表空间来实现，下面来看一个例子。

【例 10-39】 删除 group3 中的 tp1 临时表空间，代码及其运行结果如下。
```
SQL> drop tablespace tp1 including contents and datafiles;
```
表空间已删除。

在删除 group3 中的一个表空间 tp1 之后，再通过查询"dba_tablespace_groups"数据字典来查看 group3 表空间是否存在，示例如下。

【例 10-40】 在"dba_tablespace_groups"数据字典中查询 group3 中的表空间信息，代码如下。
```
SQL> select * from dba_tablespace_groups where group_name = 'GROUP3';
```
本例运行结果如图 10-12 所示。

通过上面的查询结果可以看出，临时表空间组 group3 仍然存在，用户只有删除该组中的全部临时表空间（即必须将临时表空间 tp3 也删除掉），组 group3 才能被删除掉，示例如下。

图 10-12 查询 group3 中的表空间信息

【例 10-41】 删除 group3 中的 tp3 临时表空间，代码及其运行结果如下。

```
SQL> drop tablespace tp3 including contents and datafiles;
表空间已删除。
```

在删除 group3 中的最后一个临时表空间 tp3 之后，再通过查询"dba_tablespace_groups"数据字典来查看 group3 表空间是否存在，示例如下。

【例 10-42】 在"dba_tablespace_groups"数据字典中查询组 group3 是否存在，代码及其运行结果如下。

```
SQL> select * from dba_tablespace_groups where group_name = 'GROUP3';
未选定行。
```

通过上面的运行结果看以看出，在删除了组 group3 中的全部临时表空间之后，组 group3 自身也被删除掉。

10.7 综合实例——在新建的表空间中创建数据表

在前面的章节中，都是在默认的表空间中创建数据表，学习本节后，可以在新建的表空间下创建表，开发步骤如下：

（1）打开 SQL*Plus，以 system 身份登录。登录成功后，在 SQL*Plus 中输入如下代码创建表空间，代码及运行结果如下：

```
SQL> create tablespace test datafile 'E:\database\test_data.dbf' size 20M autoextend
on next 5M;
表空间已创建。
```

（2）在新建的表空间中创建教师表，代码及运行结果如下：

```
SQL> create table teacher(
  2  teaid number primary key,
  3  teaname varchar2(10),
  4  teaage number,
  5  teasubject varchar2(20),
  6  teasex varchar(5))
  7  tablespace test
  8  ;
表已创建。
```

知识点提炼

（1）Oracle 磁盘空间管理中的最高逻辑层是表空间（TABLESPACE），它的下一层是段（SEGMENT），并且一个段只能驻留在一个表空间内。段的下一层就是盘区，一个或多个盘区（EXTENT）可以组成一个段，并且每个盘区只能驻留在一个数据文件中。

（2）Oracle 数据库创建表空间，使用 CREATE [SMALLFILE/BIGFILE] TABLESPACE 语句。

（3）在 Oracle 数据库中创建用户（使用 CREATE USER 语句）时，如果不指定表空间，则默认的临时表空间是 TEMP，默认的永久表空间是 SYSTEM。

（4）数据库管理员只能对普通的表空间进行更名，不能够对 SYSTEM 和 SYSAUX 表空间进行重命名，也不能对已经处于 OFFLINE 状态的表空间进行重命名。重命名表空间需要使用 ALTER

TABLESPACE…RENAME TO 语句。

（5）删除表空间需要使用 DROP TABLESPACE 命令。

习　　题

10-1　创建表空间要使用哪条语句。

10-2　更改表空间状态需要使用哪条语句。

10-3　删除表空间需要使用哪条语句。

10-4　如何创建临时表空间。

实验：新建表空间并将其设置为默认表空间

实验目的

（1）掌握如何新建表空间。

（2）掌握将新建的表空间设置为默认永久表空间的方法。

实验内容

创建表空间 orcltba，并将其设置为默认永久表空间。

实验步骤

（1）打开 SQL*Plus，以 SYSTEM 身份登录，登录成功后，在 SQL*Plus 中输入如下代码，实现新建表空间，代码及运行结果如下：

```
SQL> create tablespace orcltba datafile 'E:\database\orcltba.dbf' size 50M
  2  extent management local autoallocate;
表空间已创建。
```

（2）表空间创建成功后，通过如下代码将其设置为默认永久表空间，代码及运行结果如下：

```
SQL> alter database default tablespace orcltba;
数据库已更改。
```

第11章
控制文件和日志文件

本章要点：
- 掌握管理控制文件的方法
- 掌握管理重做日志文件的方法
- 掌握管理归档日志文件的方法

Oracle 数据库包含数据文件、控制文件和日志文件 3 种类型的物理文件，其中数据文件是用来存储数据的，而控制文件和日志文件则用于维护 Oracle 数据库的正常运行，本节主要讲解控制文件和日志文件。

11.1　管理控制文件

控制文件是 Oracle 数据库最重要的物理文件之一，每个 Oracle 数据库都必须至少有一个控制文件。在启动数据库实例时，Oracle 会根据初始化参数查找到控制文件，并读取控制文件中的内容，然后，Oracle 根据控制文件中的信息（例如，数据库名称、数据文件和日志文件的名称及位置等）在实例和数据库之间建立起关联。如果无法找到控制文件或控制文件被损坏，则数据库实例将无法启动，并且很难修复。

11.1.1　简介控制文件

在 Oracle 数据库中，控制文件是一个很小（大小一般在 10MB 范围内）的二进制文件，含有数据库的结构信息，包括数据文件和日志文件的信息。可以将控制文件理解为物理数据库的一个元数据存储库。控制文件在数据库创建时被自动创建，并在数据库发生物理变化时更新。控制文件被不断更新，并且在任何时候都要保证控制文件是可用的。只有 Oracle 进程才能够安全地更新控制文件的内容，所以，任何时候都不要试图手动编辑控制文件。

由于控制文件在数据库中的重要地位，所以保护控制文件的安全非常重要，为此 Oracle 系统提供了备份文件和多路复用的机制。当控制文件损坏时，用户可以通过先前的备份来恢复控制文件。系统还提供了手工创建控制文件和把控制文件备份成文本文件的方式，从而使用户能够更加灵活地管理和保护控制文件。

控制文件中记录了对应数据库的结构信息（例如，数据文件和日志文件的名称、位置等信息）和数据库当前的参数设置，其中主要包含如下内容：

- 数据库名称和 SID 标识。
- 数据文件和日志文件列表（包括文件名称和对应路径信息）。
- 数据库创建的时间戳。
- 表空间信息。
- 当前重做日志文件序列号。
- 归档日志信息。
- 检查点信息。
- 回滚段（UNDO SEGMENT）的起始和结束。
- 备份数据文件信息。

在了解了控制文件的主要内容之后，我们来看一下如何对控制文件进行日常管理。

（1）及时备份控制文件

Oracle 数据库的控制文件是在创建数据库时自动创建的，一般情况下，控制文件至少有一个副本。当 Oracle 数据库的实例启动时，控制文件用于在数据库（包括数据文件、控制文件、日志文件）和实例（指 Oracle 内存管理结构）之间建立起关联，它在进行数据库操作时必须被打开。当数据库的物理组成（例如，增加一个重做日志文件）发生变化时，Oracle 将自动把这个变化信息记录到控制文件中。如果数据库的物理组成发生了变化，则建议用户及时备份控制文件。

（2）保护控制文件

一旦控制文件被损坏，数据库便无法顺利启动，而且修复也非常困难。也因为如此，控制文件的管理与维护工作显得格外重要。由于控制文件对整个数据库起着非常重要的作用，因此数据库管理员在管理控制文件时，需要采用多种策略或准则来保护控制文件，目前采用的方法主要包括多路复用控制文件和备份控制文件。

11.1.2 控制文件的多路复用

为了提高数据库的安全性，至少要为数据库建立两个控制文件，并且这两个控制文件最好分别保存在不同的磁盘中，这样就可以避免产生由于某个磁盘故障而无法启动数据库的危险，该管理策略被称为多路复用控制文件。通俗地说，多路复用控制文件是指在系统不同的位置上同时存放多个控制文件的副本，在这种情况下，如果多路复用控制文件中的某个磁盘发生物理损坏导致其所包含的控制文件损坏，数据库将被关闭（在数据库实例启动的情况下），此时就可以利用另一个磁盘中保存的控制文件来恢复被损坏的控制文件，然后再重新启动数据库，达到保护控制文件的目的。

在初始化参数 CONTROL_FILES 中列出了当前数据库的所有控制文件名。Oracle 将根据 CONTROL_FILES 参数中的信息同时修改所有的控制文件，但只读取其中的第一个控制文件中的信息。另外，需要注意的是：在整个数据库运行期间，如果任何一个控制文件被损坏，那么实例就不能再继续运行。实现控制文件的多路复用主要包括更改 CONTROL_FILES 参数和复制控制文件两个步骤，具体如下：

1. 更改 CONTROL_FILES 参数

在 SPFILE 文件中，CONTROL_FILES 参数用于设置数据库的控制文件路径（包括文件名），Oracle 通过该参数来定位并打开控制文件，如果需要对控制文件进行多路复用，就必须先更改 CONTROL_FILES 参数的设置，更改这个参数可以使用 ALTER SYSTEM 语句，如下面的示例代码：

```
SQL> alter system set control_files=
  2  'E:\APP\ADMINISTRATOR\ORADATA\ORCL\CONTROL01.CTL',
  3  'E:\APP\ADMINISTRATOR\FLASH_RECOVERY_AREA\ORCL\CONTROL02.CTL',
  4  'D:\OracleFiles\ControlFiles\CONTROL03.CTL'
  5  scope=spfile;
```
系统已更改。

在上面的代码中，前两个控制文件是在创建数据库时自动创建的，第 3 个控制文件是用户将要手动添加的（用于实现多路复用的功能），并且它位于不同的磁盘上（为了降低故障率），但目前还没有创建该文件，用户需要关闭数据库，然后通过手动复制来创建它。

2. 复制控制文件

在 CONTROL_FILES 参数进行设置后，需要创建第 3 个控制文件，以达到复用控制文件的目的，具体步骤如下：

（1）退出 SQL*Plus 环境。

（2）选择"开始"/"控制面板"/"管理工具"/"组件服务"项，打开 Windows 的"组件服务"窗口，在该窗口的中间部分找到 OracleServiceORCL 和 OracleDBConsoleORCL 服务，手动将这些服务停止，如图 11-1 所示。

图 11-1　停止 OracleServiceORCL 和 OracleDBConsoleORCL 服务　　图 11-2　复制第一个控制文件

（3）找到 CONTROL_FILES 参数中所指定的第一个控制文件，然后将这个控制文件复制到 CONTROL_FILES 参数中新增加的目录下，并按照参数的设置重新命名（这里重命名为 CONTROL03.CTL，注意：它就是 CONTROL01.CTL 的多路复用控制文件），如图 11-2 所示。

（4）启动"组件服务"窗口中的 OracleServiceORCL 和 OracleDBConsoleORCL 服务，打开 SQL*Plus 环境，通过查询数据字典 V$CONTROLFILE 来确认添加的控制文件是否已经起作用，代码如下：

```
SQL> select name as 控制文件 from V$CONTROLFILE;
```
上面代码运行结果如图 11-3 所示。

```
控制文件
E:\APP\ADMINISTRATOR\ORADATA\ORCL\CONTROL01.CTL
E:\APP\ADMINISTRATOR\FLASH_RECOVERY_AREA\ORCL\CONTROL02.CTL
D:\ORACLEFILES\CONTROLFILES\CONTROL03.CTL
```

11.1.3　创建控制文件

图 11-3　查看控制文件

在一般情况下，若使用了多路复用控制文件，并将各个控制文件分别存储在不同的磁盘中，则全部控制文件丢失或损坏的可能性将非常小。如果突发意外，而导致数据库的所有控制文件全部丢失或损坏，唯一的补救方法就是手工创建一个新的控制文件。手工创建控制文件使用 CREATE

CONTROLFILE 语句，其语法格式如下。

```
create controlfile
reuse database db_name
logfile
group 1 redofiles_list1
group 2 redofiles_list2
group 3 redofiles_list3
...
datafile
datafile1
datafile2
datafile3
...
maxlogfiles max_value1
maxlogmembers max_value2
maxinstances max_value3
maxdatafiles max_value4
noresetlogs|resetlogs
archivelog|noarchivelog;
```

参数说明如下：

● db_name：数据库名称，通常是 orcl。

● redofiles_list1：重做日志组中的重做日志文件列表 1，列表中的重做日志文件可以有多个，其下面两个列表与此相同。

● datafile1：数据文件路径，其下面两个列表与此相同。

● max_value1：最大的重做日志文件数，这是一个永久性的参数。

● max_value2：最大的重做日志组成员数，这是一个永久性的参数。

● max_value3：最大实例数，这是一个永久性的参数。

● max_value4：最大数据文件数，这是一个永久性的参数。

在上面的语法中，提到了永久性参数这个概念，它是在创建数据库时设置的参数，主要包括数据库名称、MAXLOGFILES、MAXLOGMEMBERS、MAXINSTANCES 等。

若数据库管理员需要改变数据库的某个永久性参数，那么必须重新创建控制文件。

根据对上面语法的分析，接下来详细讲解控制文件的创建过程。

（1）查看数据文件和重做日志文件

在创建新控制文件时，首先需要了解数据库中的数据文件和日志文件。如果数据库中所有的控制文件和日志文件都已经丢失，数据库已经无法打开，因此也就无法通过查询数据字典来获得数据文件和日志文件的信息，唯一的办法就是查看警告日志文件中的内容。如果数据库可以打开，那么可以通过执行下面的查询语句来生成相关的文件列表。

在数据字典视图 v$logfile 中查看日志文件，其代码如下。

```
SQL> select member from v$logfile;
```
运行结果如图 11-4 所示。

图 11-4 查询日志文件

在数据字典视图 v$datafile 中查看数据文件，其代码如下。

```
SQL> select name from v$datafile;
```

运行结果如图 11-5 所示。

在数据字典视图 v$controlfile 中查看控制文件，其代码如下。

```
SQL> select name from v$controlfile;
```

运行结果如图 11-6 所示。

```
NAME
E:\APP\ADMINISTRATOR\ORADATA\ORCL\SYSTEM01.DBF
E:\APP\ADMINISTRATOR\ORADATA\ORCL\SYSAUX01.DBF
E:\APP\ADMINISTRATOR\ORADATA\ORCL\UNDOTBS01.DBF
E:\APP\ADMINISTRATOR\ORADATA\ORCL\USERS01.DBF
E:\APP\ADMINISTRATOR\ORADATA\ORCL\EXAMPLE01.DBF
E:\APP\ADMINISTRATOR\MRDATA\PERSISTENT\TBSP_1.DBF
E:\APP\ADMINISTRATOR\MRDATA\PERSISTENT\TBSP_2.DBF
```

图 11-5　查询数据文件

（2）关闭数据库

如果数据库处于打开状态，则在 system 模式中使用 "shutdown immediate" 命令关闭数据库，其运行结果如图 11-7 所示。

```
NAME
E:\APP\ADMINISTRATOR\ORADATA\ORCL\CONTROL01.CTL
E:\APP\ADMINISTRATOR\FLASH_RECOVERY_AREA\ORCL\CONTROL02.CTL
D:\ORACLEFILES\CONTROLFILES\CONTROL03.CTL
```

图 11-6　查询控制文件

```
SQL> connect system/1qaz2wsx as sysdba;
已连接。
SQL> shutdown immediate;
数据库已经关闭。
已经卸载数据库。
ORACLE 例程已经关闭。
SQL>
```

图 11-7　关闭数据库

（3）备份文件

用户需要在操作系统下备份所有的数据文件和重做日志文件，因为在使用 CREATE CONTROLFILE 语句创建新的控制文件时，如果操作不当可能会损坏数据文件和日志文件，因此，必须先对其进行备份。

（4）启动数据库实例

启动但不加载数据库，是因为加载数据库时，实例将会打开控制文件，无法达到新创建控制文件的效果，其代码如下：

```
SQL> startup nomount;
```

运行结果如图 11-8 所示。

（5）创建新的控制文件

通过执行 CREATE CONTROLFILE 命令可以创建一个新的控制文件，代码及其运行结果如下。

```
ORACLE 例程已经启动。

Total System Global Area  535662592 bytes
Fixed Size                  1375792 bytes
Variable Size             310378960 bytes
Database Buffers          218103808 bytes
Redo Buffers                5804032 bytes
```

图 11-8　启动数据库实例

```
SQL> create controlfile
  2  reuse database "orcl"
  3  logfile
  4  group 1 'E:\APP\ADMINISTRATOR\ORADATA\ORCL\REDO01.LOG',
  5  group 2 'E:\APP\ADMINISTRATOR\ORADATA\ORCL\REDO02.LOG',
  6  group 3 'E:\APP\ADMINISTRATOR\ORADATA\ORCL\REDO03.LOG'
  7  datafile
  8  'E:\APP\ADMINISTRATOR\ORADATA\ORCL\SYSTEM01.DBF',
  9  'E:\APP\ADMINISTRATOR\ORADATA\ORCL\SYSAUX01.DBF',
 10  'E:\APP\ADMINISTRATOR\ORADATA\ORCL\UNDOTBS01.DBF',
 11  'E:\APP\ADMINISTRATOR\ORADATA\ORCL\USERS01.DBF',
 12  'E:\APP\ADMINISTRATOR\ORADATA\ORCL\EXAMPLE01.DBF',
 13  'E:\APP\ADMINISTRATOR\MRDATA\PERSISTENT\TBSP_1.DBF',
 14  'E:\APP\ADMINISTRATOR\MRDATA\PERSISTENT\TBSP_2.DBF'
 15  maxlogfiles 50
 16  maxlogmembers 3
 17  maxinstances 6
```

```
18  maxdatafiles 200
19  noresetlogs
20  noarchivelog;
控制文件已创建。
```

在上面的代码中，database 关键字后面的数据库名要求与 SPFILE 文件中的 DB_NAME 参数值完全相同；noresetlogs 选项表示仍然使用原有重做日志文件，如果不希望使用原有重做日志文件或者原有重做日志文件与控制文件一起丢失，则可以指定 resetlogs 选项；logfile 选项用于指定数据库原有重做日志的组号、大小以及对应的日志成员；datafile 用于指定数据库原有的数据文件。

（6）编辑参数

通过编辑 SPFILE 文件中的初始化参数 CONTROL_FILES，使其指向新建的控制文件，代码及其运行结果如下。

```
SQL>  alter system set control_files=
  2   'E:\APP\ADMINISTRATOR\ORADATA\ORCL\CONTROL01.CTL',
  3   'E:\APP\ADMINISTRATOR\FLASH_RECOVERY_AREA\ORCL\CONTROL02.CTL'
  4  scope=spfile;
系统已更改。
```

　　　如果在控制文件中修改了数据库的名称，还需要修改 DB_NAME 参数来指定新的数据库名称。

（7）打开数据库

如果丢失某个重做日志文件或数据文件，则需要恢复数据库，关于恢复数据库将在后面的章节中进行介绍；否则可以通过下面的方式正常打开数据库即可，代码及其运行结果如下。

```
SQL> alter database open;
数据库已更改。
```

如果在创建控制文件时使用了"RESETLOGS"语句，则需要以"恢复方式"打开数据库，可参考下面的代码。

```
SQL> alter database open resetlogs;
```

至此为止，新的控制文件已经创建成功，并且数据库已经被新创建的控制文件打开，然后就可以正常操作数据库了。

11.1.4　备份和恢复控制文件

为了提高数据库的可靠性，降低由于丢失控制文件而造成灾难性后果的可能性，DBA 需要经常对控制文件进行备份。特别是当修改了数据库结构之后，需要立即对控制文件进行备份。

1．备份控制文件

备份控制文件需要使用到 ALTER DATABASE BACKUP CONTROLFILE 语句。有两种备份方式：一种是备份为二进制文件，另一种是备份为脚本文件。

● 备份为二进制文件

备份为二进制文件需要使用"alter dabase backup controlfile"语句。

【例 11-1】　将数据库的控制文件备份为一个二进制文件，即复制当前的控制文件，代码及其运行结果如下。

```
SQL> alter database backup controlfile
  2  to 'D:\OracleFiles\ControlFiles\control_file1.bkp';
```

数据库已更改。

- 备份为脚本文件

备份为脚本文件实际上就是备份为可读的文本文件，同样使用"alter dabase backup controlfile"语句。

【例 11-2】 将数据库的控制文件备份为一个可读的文本文件，代码及其运行结果如下。

```
SQL> alter database backup controlfile to trace;
数据库已更改。
```

将控制文件以文本形式备份时，所创建的文件也称为跟踪文件，该文件实际上是一个 SQL 脚本，可以利用它来"重新创建"新的控制文件。跟踪文件的存放位置由 SPFILE 文件中的 USER_DUMP_DEST 参数来决定。

【例 11-3】 使用 show 命令显示跟踪文件（即那个备份的可读的文本文件）的存放位置，代码如下。

```
SQL> show parameter user_dump_dest;
```

本例运行结果如图 11-9 所示。

图 11-9　查看跟踪文件的位置

根据运行结果中所显示的路径打开这个 SQL 脚本文件，如图 11-10 所示。

图 11-10　跟踪文件的所在位置及脚本

2. 恢复控制文件

当控制文件执行备份后，即使发生了磁盘物理损坏，只需要在初始化文件中重新设置 CONTROL_FILES 参数的值，使它指向备份的控制文件，即可重新启动数据库。

- 控制文件本身损坏

现在假设参数 CONTROL_FILES 所指定的某个控制文件被损坏,但该控制文件的目录仍然可以访问(因为所在盘区并没有损坏),并且有这个控制文件的一个多路复用文件,可以直接将其复制到对应的目录下,无需修改初始化参数,其操作步骤如下:

(1)关闭数据库,代码如下。

```
SQL> connect system/1qaz2wsx as sysdba;
已连接。
SQL> shutdown immediate;
```

(2)拷贝这个损坏文件对应的一个多路复用文件,覆盖掉原来目录下的损坏文件。

(3)重新启动数据库,代码如下。

```
SQL> startup;
```

- 磁盘介质永久性损坏

如果某个磁盘分区发生了物理性的永久损坏,而导致 Oracle 系统不能访问 CONTROL_FILES 参数指定的某个控制文件,并且在这个控制文件有一个多路复用文件的情况下,用户可以修改初始化参数将控制文件指定到新的可访问位置上,其操作步骤如下。

(1)关闭数据库实例(shutdown),将当前控制文件的一个多路复用文件复制到一个新的可用位置。

(2)编辑初始化参数 CONTROL_FILES,用新的控制文件的位置替换掉原来损坏的位置,或者说删除原来损坏的位置,添加一个新的控制文件的位置。

(3)重新启动数据库(startup)。

11.1.5　删除控制文件

如果控制文件的位置不再适合时,可以从数据库中删除控制文件,其操作过程如下。

(1)关闭数据库(shutdown)。

(2)编辑初始化参数 CONTROL_FILES,清除掉打算要删除的控制文件的名称。

(3)重新启动数据库(startup)。

上面的第二步操作,仅仅是在初始化参数 CONTROL_FILES 中删除了指定的控制文件,但物理磁盘上的控制文件还是存在的,用户也可以在这个操作之后,手动清除磁盘上的物理文件。

不能够将控制文件全部删除,至少保留两个或两个以上,否则数据库将无法启动。

11.1.6　查询控制文件的信息

控制文件是一个二进制文件,其中被分隔成许多部分,分别记录各种类型的信息。每一类信息成为一个记录文档段。控制文件的大小在创建时即被确定,其中,各个记录文档段大小也是固定的。例如,在创建数据库时通过 MAXLOGFILES 子句设定数据库中最多的重做日志文件数量,那么在控制文件中就会为 LOGFILE 记录文档分配相应的存储空间。

查询 Oracle 数据库的控制文件信息,可以使用若干数据字典视图,与控制文件信息相关的常用数据字典视图如表 11-1 所示。

表 11-1　　　　　　　　　　　　　与控制文件信息相关的常用数据字典视图

字典视图	说　　明
V$CONTROLFILE	包含所有控制文件的名称和状态信息
V$CONTROLFILE_RECORD_SECTION	包含控制文件中各个记录文档段的信息
V$PARAMETER	包含了系统的所有初始化参数，从中可以查询参数 CONTROL_FILES 值

下面来看一个关于查看控制文件中各个记录文档段的信息的例子。

【例 11-4】　使用 v$controlfile_record_section 视图查看控制文件中记录文档段的类型、文档段中每条记录的大小、记录文档中最多能够存储的条目数、已经创建的数目等信息，代码如下。

```
SQL> select type,record_size, records_total,records_used from v$controlfile_record_section;
```

本例运行结果如图 11-11 所示。

图 11-11　查询控制文件中各个记录文档段的信息

type 列表示记录文档段的类型，这里以 TABLESPACE 为例，该数据库最多可以拥有 200 个表空间（RECORDS_TOTAL 列），而现在系统中已经创建了 9 个（RECORDS_USED 列）。

11.2　管理重做日志文件

重做日志文件（Redo Log File）通常也称为日志文件，它是保证数据库安全和数据库备份与恢复的文件，是数据库安全和恢复的最基本的保障，管理员可以根据日志文件和数据库备份文件，将崩溃的数据库恢复到最近一次记录日志时的状态。所以在日常工作中，数据库管理员维护重做日志文件也是十分必要的。

11.2.1　重做日志文件概述

重做日志文件用于记载事务操作所引起的数据变化，当执行 DDL 或 DML 操作时，由 LGWR 进程将缓冲区中与该事物相关的重做记录全部写入重做日志文件。当丢失或损坏数据库中的数据时，Oracle 会根据重做日志文件中的记录恢复丢失的数据。

1．日志文件的内容及数据恢复

重做日志文件由重做记录组成，重做记录又称为重做条目，它由一组变更向量组成。每个变更向量都记录了数据库中某个数据块所做的修改。例如，用户执行了一条 UPDATE 语句对某个表的一条记录进行修改，同时生成一条重做记录。这条重做记录可能由多个变更向量组成，在这些变更向量中记录了所有被这条语句修改过的数据块中的信息，被修改的数据块包括表中存储这条记录的数据块，以及回滚段中存储的相应回滚条目的数据块。如果由于某种原因导致这条 UPDATE 语句执行失败，这时事务就可以通过与这条 UPDATE 语句对应的重做记录找到被修改之前的结果，然后将其复制到各个数据块中，从而完成数据恢复。

利用重做记录，不仅能够恢复对数据文件所做的修改操作，还能够恢复对回退段所做的修改操作。因此，重做日志文件不仅可以保护数据，还能够保护回退段数据。在进行数据库恢复时，Oracle 会读取每个变更向量，然后将其中记录的修改信息重新应用到相应的数据块上。

重做记录将以循环方式在 SGA 区的重做日志高速缓冲区中进行缓存，并且由后台进程 LGWR 写入到重做日志文件中。当一个事务被提交时，LGWR 进程将与该事物相关的所有重做记录全部写入重做日志文件组中，同时生成一个"系统变更码"（SCN）。系统变更码 SCN 会随着重做记录一起保存到重做日志文件组中，用以标识与重做记录相关的事务。只有当某个视图所产生的重做记录全部被写入重做日志文件后，Oracle 才会认为该事务提交成功。

2．写入重做日志文件

在 Oracle 中，用户对数据库所做的修改首先被保存在内存中，这样可以提高数据库的性能，因为对内存中的数据进行操作要比对磁盘中的数据进行操作快得多。Oracle 每隔一段时间（日志信息存放超过 3 秒钟）或满足特定条件时（当发生提交命令，或者重做日志缓冲区的信息满 1/3）就会启动 LGWR 进程将内存中的重做日志记录保存到重做日志文件中。因此，即使发生故障导致数据库崩溃，Oracle 也可以利用重做日志文件来恢复丢失的数据。

在创建 Oracle 数据库的过程中，默认创建 3 个重做日志文件组，每个日志文件组中包含两个日志文件成员，并且每个日志文件组都有内部序号，Oracle 按照序号从小到大的顺序向日志文件组中写入日志信息。当一个重做日志文件组写满后，后台进程 LGWR 开始写入下一个重做日志文件组；当 LGWR 进程将所有的日志文件都写过一遍之后，它将再次转向第一个日志文件组重新覆盖。当前正在被 LGWR 进程写入日志记录的某组重做日志文件被称为"联机重做日志文件"（Online Redo Log File），图 11-12 显示了重做日志的循环写入方式。

图 11-12　日志信息的循环写入

在图 11-12 所示的所有日志文件组中，正在被 LGWR 进程写入的重做日志文件处于"当前状态"（CURRENT）；正在被实例用于数据库恢复的重做日志文件处于"活动状态"(ACTIVE)；其他的重做日志文件处于"未活动状态"（INACTIVE），用户通过查询数据字典视图 V$LOGFILE 可以获取重做日志文件的状态。

11.2.2　增加日志组及其成员

在一个 Oracle 数据库中，至少需要两个重做日志文件组，每个组可以包含一个或多个重做日志成员。通常情况下，数据库管理员会在创建数据库时按照事先计划创建所需要的重做日志文件组和各个组中的日志文件。在一些特殊情况下（例如，发现 LGWR 进程经常处于等待状态），Oracle 就需要通过手工方式向数据库中添加新的重做日志组或成员，或者改变重做日志文件的名称与位置，以及删除中作日志组或成员。另外，需要注意的是：对于重做日志文件的这些日常维护工作，需要用户具有 ALTER DATABASE 系统权限，接下来就将讲解如何对重做日志文件进行这些日常维护操作。

1. 添加新的重做日志文件组

在 Oracle 数据库的日常管理中，为了防止后台进程 LGWR 等待写入日志组，数据库管理员必须选择合适的日志组个数。增加重做日志文件组可以使用 ALTER DATABASE ADD LOGFILE 语句，下面就来看一个例子。

【例 11-5】 在 system 模式下，向数据库中添加一个新的重做日志文件组，代码及运行结果如下。（实例位置：光盘\MR\源码\第 11 章\11-1）

```
SQL> alter database add logfile
  2 ('D:\OracleFiles\LogFiles\REDO4_A.LOG',
  3 'E:\OracleFiles\LogFiles\REDO4_B.LOG')
  4 size 20M;
数据库已更改。
```

在上面新增的重做日志组中有两个日志成员，它们分别位于不同的磁盘分区，大小均为 20MB，通常情况下，重做日志文件的大小最好在 1～50MB 之间，Oracle 默认的日志文件大小是 50MB。另外，上面的例子中并没有为新创建的重做日志组指定组编号，这种情况下，Oracle 会自动为新建的重做日志组设置编号，一般在当前最大组号之后递增。

如果需要为新创建的重做日志组指定编号，则需要在 ALTER DATABASE ADD LOGFILE 语句后添加 GROUP 关键字，下面来看一个例子。

【例 11-6】 向数据库中添加一个新的重做日志文件组，并指定组编号为 5，代码及运行结果如下。（实例位置：光盘\MR\源码\第 11 章\11-2）

```
SQL> alter database add logfile group 5
  2 ('D:\OracleFiles\LogFiles\REDO5_A.LOG',
  3 'E:\OracleFiles\LogFiles\REDO5_B.LOG')
  4 size 20M;
数据库已更改。
```

使用日志组编号可以更加方便地管理重做日志组，但是日志组编号必须是连续的，不能跳跃，例如，1、3、5、7 这样不连续的编号是不可以的，否则将会耗费数据库控制文件的空间。

如果要创建一个非复用的重做日志文件（即单一日志文件），请看下面示例。

【例 11-7】 向数据库中添加一个单一的重做日志文件，并覆盖已存的同名日志文件，代码如下。

```
SQL> alter database add logfile 'D:\OracleFiles\LogFiles\REDO6.LOG' reuse;
数据库已更改。
```

如果要创建的日志文件已经存在，则必须在 ALTER DATABASE ADD LOGFILE 语句后面使用 REUSE 关键字，这样就可以覆盖已有的操作系统文件。在使用了 REUSE 的情况下，不能再使用 SIZE 子句设置重做日志文件的大小，重做日志文件的大小将由已存在日志文件的大小决定。

2. 创建日志成员文件

如果某个日志组中的所有日志成员都被损坏了，那么当后台进程 LGWR 切换到该日志组时，Oracle 会停止工作，并对该数据库执行不完全恢复，为此数据库管理员需要向该日志组中添加一个或多个日志成员。

为重做日志组添加新的成员，需要使用 ALTER DATABASE ADD LOG MEMBER 语句，下面来看一个例子。

【例 11-8】 为第 4 个重做日志文件组添加一个新的日志文件成员，代码及运行结果如下。(实例位置：光盘\MR\源码\第 11 章\11-3)

```
SQL> alter database add logfile member
  2 'E:\OracleFiles\LogFiles\REDO4_C.LOG' to group 4;
数据库已更改。
```

另外，还可以通过指定重做日志组中其他成员的名称，以确定要添加的新日志成员所属于的重做日志组，下面来看一个例子。

【例 11-9】 通过指定第 5 个重做日志组中的一个成员，来向该组中添加一个新的重做日志文件，代码及运行结果如下。(实例位置：光盘\MR\源码\第 11 章\11-4)

```
SQL> alter database add logfile member
  2 'D:\OracleFiles\LogFiles\REDO1_new.LOG' to ('E:\app\Administrator\oradata\orcl\
REDO01.LOG') ;
数据库已更改。
```

在上面的代码中，需要注意的是：在关键字"to"的左侧是新增加的日志成员的名称，而在其右侧则是要参照的日志成员名称，并且该日志成员的路径需要使用括号括起来。

11.2.3 删除重做日志

在某些情况下，数据库管理员可能需要删除重做日志的某个完整的组，或减少某个日志组中的成员。例如，存放某个日志文件的磁盘被损坏，就需要删除该损坏磁盘的日志文件，以防止 Oracle 将重做记录写入到不可访问的文件中。删除重做日志需要使用 ALTER DATABASE 语句，执行该语句要求用户具有 ALTER DATABASE 系统权限。

1. 删除日志成员

要删除一个日志成员文件，可以使用"ALTER DATABASE DROP LOGFILE MEMBER"语句，下面看一个例子。

【例 11-10】 在 system 模式下，删除"E:\OracleFiles\LogFiles\REDO4_C.LOG"重做日志文件，代码及运行结果如下。(实例位置：光盘\MR\源码\第 11 章\11-5)

```
SQL> alter database drop logfile member
  2 'E:\OracleFiles\LogFiles\REDO4_C.LOG';
数据库已更改。
```

 上面的语句只是在数据字典和控制文件中将重做日志文件成员删除，而对应的物理文件并没有删除，若要删除，可以采取手动删除的方式。

2. 删除日志文件组

如果某个日志文件组不再需要使用，可以将整个日志组删除；或者当日志组大小不合适时，由于已经存在的日志组的大小不能改变，就需要重新建立日志组，在重新建立日志组之前，就需要删除大小不合适的原日志组。删除一个日志组时，其中的成员文件也将被删除。在删除日志组时，必须要注意以下几点：

- 无论日志组中有多少个成员，一个数据库至少需要两个日志组，删除时不能超过这个限制。
- 只能删除处于 INACTIVE 状态的日志组。如果要删除处于 CURRENT 状态的重做日志组，必须执行一个手工切换日志，将它切换到 INACTIVE 状态。

- 如果数据库处于归档模式，在删除重做日志组之前必须确定它已经被归档。

 用户可以通过查询 V$LOG 数据字典视图来查看重做日志文件组的状态以及它们是否已经归档。

若要删除一个重做日志组，需要使用带有 ALTER DATABASE DROP LOGFILE 的语句。下面来看一个例子。

【例 11-11】 删除数据库中编号为 5 的日志组，代码及运行结果如下。（实例位置：光盘\MR\源码\第 11 章\11-6）

```
SQL> alter database drop logfile group 5;
数据库已更改。
```

与删除指定的日志文件相同，删除日志文件组也只是在数据字典和控制文件中将日志文件组的信息删除，而对应的物理文件并没有删除，若要删除，可以采取手动删除的方式。

3. 清空重做日志文件

清空重做日志文件实际上就是将日志文件中的内容清空，这相当于删除原有的日志文件，重新创建新的日志文件。即使数据库只有两个重做日志文件组，甚至要清空的重做日志组处于 CURRENT 状态，也都可以成功执行清空操作。

清空日志文件，需要使用 "ALTER DATABASE CLEAR LOGFILE" 语句，下面来看一个例子。

【例 11-12】 清空数据库中编号为 4 的日志组中所有日志文件的内容，代码及运行结果如下。

```
SQL> alter database clear logfile group 4;
数据库已更改。
```

 如果要清空的重做日志文件组尚未归档，则必须要使用 "ALTER DATABASE CLEAR UNARCHIVED LOGFILE" 语句。

11.2.4 更改重做日志的位置或名称

在重做日志文件创建后，有时候可能需要改变它们的名称或位置。例如，某一个日志文件最初被放置在 D 盘上，由于 D 盘的空间并不足够大，随着应用系统业务量的不断增加，D 盘经常发生剩余空间不足的情况，这时候数据库管理员就需要把 D 盘上的日志文件移动到其他大容量的磁盘分区中，针对这种情况，我们来看一下它的具体实现步骤：

（1）关闭数据库，代码及运行结果如下。

```
SQL> shutdown;
数据库已经关闭。
已经卸载数据库。
ORACLE 例程已经关闭。
```

（2）手动复制源文件到目标位置，甚至可以对复制后的文件进行重命名。

（3）再次启动数据库实例，加载数据库，但不打开数据库，代码及运行结果如下。

```
SQL> startup mount;
ORACLE 例程已经启动。
```

（4）使用 ALTER DATABASE RENAME FILE 语句重新设置重做日志文件的路径及名称，代码及运行结果如下。

```
SQL> alter database rename file
  2 'D:\OracleFiles\LogFiles\REDO1_NEW.LOG',
  3 'D:\OracleFiles\LogFiles\REDO4_A.LOG'
  4 to
  5 'E:\OracleFiles\LogFiles\REDO1_NEWa.LOG',
  6 'E:\OracleFiles\LogFiles\REDO4a.LOG';
数据库已更改。
```

在上面的代码中，关键字"to"上面的两行代码描述源日志文件及其路径，下面的两行代码描述目标日志文件。

（5）打开数据库，代码及运行结果如下。

```
SQL> alter database open;
数据库已更改。
```

（6）打开数据库后，新的重做日志文件的位置和名称将生效，通过查询 V$LOGFILE 字典视图就可以获知数据库现在所使用的重做日志文件。

11.2.5　查看重做日志信息

对于数据库管理员而言，经常查看日志文件是其一项必要的工作内容，用以了解数据库的运行情况。要了解 Oracle 数据库的日志文件信息，可以查询表 11-2 所示的 3 个常用数据字典视图。

表 11-2　　　　　　　　查询日志信息常用的数据字典视图

字典视图	说　　明
V$LOG	显示控制文件中的日志文件信息
V$LOGFILE	日志组内日志成员信息
V$LOG_HISTORY	日志历史信息

在 SQL*Plus 环境中，使用 desc 命令显示 V$LOG 数据字典视图的结构，运行结果如图 11-13 所示。

在上面的运行结果中，用户需要对以下内容进行了解：

● GROUP#：日志文件组编号。
● SEQUENCE#：日志序列号。
● STATUS：日志组的状态，有三种：

图 11-13　V$LOG 数据字典视图的结构

CURRENT、INACTIVE、ACTIVE。

FIRST_CHANGE#：重做日志组上一次写入时的系统变更码（SCN），也称做检查点号。在使用日志文件对数据库进行恢复时，将会用到 SCN。

11.3　管理归档日志文件

Oracle 利用重做日志文件来记录用户对数据库所做的修改，但是重做日志文件是以循环方式使用的，在重新写入重做日志文件时，原来保存的重做记录会被覆盖。为了完整地记录数据库的全部修改过程，Oracle 使用"归档日志文件"来提前一步保存这些即将被覆盖掉的重做日志记录。

11.3.1　日志模式分类

虽然归档日志文件可以保存重做日志文件中即将被覆盖的记录，但它并不是总起作用的，这要看 Oracle 数据库所设置的日志模式，通常 Oracle 有两种日志模式：第一种是非归档日志模式（NOARCHIVELOG），第二种是归档日志模式（ARCHIVELOG）。在非归档日志模式下，原日志文件的内容会被新的日志内容所覆盖；在归档日志模式下，Oracle 会首先对原日志文件进行归档存储，且在归档未完成之前不允许覆盖原有日志。

1. 归档模式（ARCHIVELOG）

在重做日志文件被覆盖之前，Oracle 能够将已经写满的重做日志文件通过复制保存到指定的位置，保存下来的所有重做日志文件被称为"归档重做日志"，这个过程就是"归档过程"。只有数据库处于归档模式时，才会对重做日志文件执行归档操作。另外，归档日志文件中不仅包含了被覆盖的日志文件，还包含重做日志文件使用的顺序号。

当数据库的运行处于归档模式时，具有如下优势：

●　如果发生磁盘介质损坏，则可以使用数据库备份与归档重做日志恢复已经提交的事务，保证不会发生任何数据丢失。

●　如果为当前数据库建立一个备份数据库，通过持续地为备份数据库应用归档重做日志，可以保证源数据库与备份数据库的一致性。

●　利用归档日志文件，可以实现使用数据库在打开状态下创建的备份文件来进行数据库恢复。

在归档模式下，系统后台进程 LGWR 在写入下一个重做日志文件之前，必须等待该重做日志文件完成归档，否则 LGWR 进程将被暂停执行，直到对重做日志文件归档完成。归档操作可以由后台进程 ARCN 自动完成，也可以由数据库管理员手工完成，为了简化操作，通常情况下选择由后台进程 ARCN 自动完成。另外，为了提高归档的速度，可以考虑使用多个 ARCN 进程加速归档的速度。图 11-14 显示了在归档模式下重做日志文件的自动归档过程。

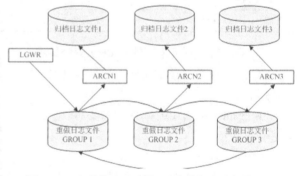

图 11-14　归档模式下重做日志文件的自动归档过程

2. 非归档模式（NOARCHIVELOG）

非归档模式只能用于保护实例故障，而不能保护介质故障，当数据库处于 NOARCHIVELOG 模式时，如果进行日志切换，生成的新内容将直接覆盖掉原来的日志记录。

使用非归档模式具有如下一些特点：

●　当检查点完成之后，后台进程 LGWR 可以覆盖原来的重做日志文件。

●　如果数据库备份后的重做日志内容已经被覆盖掉，那么当出现数据库文件损坏时，只能恢复到最近一次的某个完整备份点，而且这个备份点的时间人工无法控制，甚至可能会有数据丢失。

Oracle 数据库具体应用归档模式还是非归档模式，这个由数据库对应的应用系统来决定。如果任何由于磁盘物理损坏而造成的数据丢失都是不允许的，那么就只能使用归档模式；如果只是强调应用系统的运行效率，而将数据的丢失考虑次之，可以采取非归档模式，但数据库管理员必须经常定时地对数据库进行完整的备份。

11.3.2　管理归档操作

默认情况下，Oracle 数据库处于非归档日志模式，这样重做日志文件中被覆盖掉的日志记录就不会被写入到归档日志文件中。根据 Oracle 数据库对应的应用系统的要求，用户可以把数据库的日志模式切换到归档模式，反之亦可操作。要实现数据库在归档模式与非归档模式之间进行切换，可以使用 ALTER DATABASE ARCHIVELOG 或 NOARCHIVELOG 语句。

1. 日志模式切换

在 Oracle 11g 中，归档日志文件默认情况下存放到快速恢复区所对应的目录（由初始化参数 DB_RECOVERY_FILE_DEST 设定）中，并且会按照特定的格式生成归档日志文件名。如果只想将归档日志文件放在默认的路径下时，那么只需执行 ALTER DATABASE ARCHIVELOG 语句即可。

改变日志操作模式时，用户必须以 SYSDBA 的身份执行相应操作。接下来讲解数据库由非归档模式切换为归档模式的具体操作步骤：

（1）查看当前日志模式

在改变日志模式之前，用户首先应该检查当前日志模式，这个可以通过查询动态性能视图 V$DATABASE 实现，代码及运行结果如下。

```
SQL> select log_mode from v$database;
LOG_MODE
------------
NOARCHIVELOG
```

通过查询结果可以看到，数据库当前处于非归档日志模式（NOARCHIVELOG）。

（2）关闭并重新启动数据库

改变日志操作模式必须在 MOUNT 状态下进行，因此必须先关闭数据库，然后重新装载数据库。，代码及运行结果如下：

```
SQL> shutdown immediate;
数据库已经关闭。
已经卸载数据库。
ORACLE 例程已经关闭。
SQL> startup mount;
ORACLE 例程已经启动。
```

改变日志模式时，关闭数据库不能使用 SHUTDOWN ABORT 命令。

（3）改变日志模式

使用 ALTER DATABASE ARCHIVELOG 语句将数据库切换到归档模式，代码及运行结果如下：

```
SQL> alter database archivelog;
数据库已更改。
```

若是要把归档日志模式改变成非归档日志模式，只需要将 ALTER DATABASE ARCHIVELOG 语句中的 "ARCHIVELOG" 关键字换成 "NOARCHIVELOG" 即可，其他步骤基本相同。

（4）打开数据库

使用 ALTER DATABASE OPEN 语句打开数据库，这时数据库的日志模式就彻底改变了，代码及运行结果如下：

```
SQL> alter database open;
数据库已更改。
```

数据库打开后，用户可以使用 ARCHIVE LOG LIST 命令查看数据库是否处于归档模式。

2. 配置归档进程

如果 Oracle 系统的后台进程 LGWR 经常出现等待的状态，就可以考虑启动多个 ARCN 进程，通过修改系统初始化参数 "LOG_ARCHIVE_MAX_PROCESSES" 就可以调整启动 ARCN 进程数量，来看下面的例子。

【例 11-13】 设置启动 3 个 ARCN 后台系统进程，代码及运行结果如下。

```
SQL> alter system set log_archive_max_processes=3;
系统已更改。
```

 当数据库处于 ARCHIVELOG 模式时，默认情况下 Oracle 会自动启动两个归档日志进程。通过改变初始化参数 LOG_ARCHIVE_MAX_PROCESSES 的值，用户可以动态地增加或减少归档进程的个数。

11.3.3 设置归档文件位置

归档日志文件保存的位置称为归档目标，用户可以为数据库设置多个归档目标，与设置控制文件和重做日志文件一样，不同的归档目标最好位于不同的磁盘中，以缓解归档操作时磁盘的 I/O 瓶颈。

归档目标在初始化参数 LOG_ARCHIVE_DEST_n 中进行设置，其中 n 为 1 到 10 的整数，即可以为数据库指定 1 到 10 个归档目标。在进行归档时，Oracle 会将重做日志文件组以相同的方式归档到每一个归档目标中。在设置归档目标时，可以指定本地机器作为归档目标（LOCATION），也可以选择远程服务器作为归档目标（SERVER），下面分别来看这两种情况。

（1）本地归档目标（LOCATION）

若设置 LOG_ARCHIVE_DEST_n 参数时使用 LOCATION 关键字，则表示指定的归档目标在本地机器上。

【例 11-14】 在本地机器上，建立 4 个归档目标，代码及运行结果如下。

```
SQL> alter system set log_archive_dest_1 = 'location=D:\OracleFiles\archive1';
系统已更改。
SQL> alter system set log_archive_dest_2 = 'location=D:\OracleFiles\archive2';
系统已更改。
SQL> alter system set log_archive_dest_3 = 'location=D:\OracleFiles\archive3';
系统已更改。
SQL> alter system set log_archive_dest_4 = 'location=D:\OracleFiles\archive4';
系统已更改。
```

使用初始化参数 LOG_ARCHIVE_DEST_n 设置归档位置时，还可以指定 OPTIONAL、MANDATORY 或 REOPEN 选项，下面分别进行介绍。

- OPTIONAL：该选项是默认选项，使用该选项时，无论"归档操作"是否执行成功，都可以覆盖重做日志文件。

● MANDATORY：该选项用于强制进行"归档操作"。使用该选项时，只有在归档成功后，重做日志文件才能被覆盖。

● REOPEN：这是一个属性选项，它用于设定重新归档的时间间隔，默认值为 300 秒。但需要注意的是：REOPEN 属性必须跟在 MANDATORY 选项后。

接下来通过一个例子，来看一看这三种选项的用法。

【例 11-15】 在本地机器上，分别使用 OPTIONAL、MANDATORY、REOPEN 和默认选项建立 4 个归档目标，代码及运行结果如下。

```
SQL> alter system set log_archive_dest_1 = 'location=D:\OracleFiles\archive1
optional';
系统已更改。
SQL> alter system set log_archive_dest_2 = 'location=D:\OracleFiles\archive2
mandatory';
系统已更改。
SQL> alter system set log_archive_dest_3 = 'location=D:\OracleFiles\archive3 mandatory
reopen=400';
系统已更改。
SQL> alter system set log_archive_dest_4 = 'location=D:\OracleFiles\archive4';
系统已更改。
```

在使用初始化参数 LOG_ARCHIVE_DEST_n 设置归档位置时，用户还可以使用初始化参数 LOG_ARCHIVE_MIN_SUCCEED_DEST 控制本地成功归档的"最小个数"，如果成功生成的归档日志文件少于"最小个数"，那么重做日志将不能被覆盖，来看下面的例子：

【例 11-16】 在本地机器上，设置最小成功归档数为 3 个，代码及运行结果如下。

```
SQL> alter system set log_archive_min_succeed_dest=3;
系统已更改。
```

上述代码执行后，如果成功生成的归档日志文件少于 3 个，那么重做日志将不能被覆盖。

另外，用户还可以使用初始化参数 LOG_ARCHIVE_DEST_STATE_n 设置归档位置是否可用。如果设置该参数为 ENABLE，则表示激活相应的归档位置；如果设置该参数为 DEFER，则表示禁用相应的归档位置，下面来看一个例子。

【例 11-17】 禁用 log_archive_dest_state_4 对应的归档位置，代码及运行结果如下。

```
SQL> alter system set log_archive_dest_state_4 = defer;
系统已更改。
```

在设置禁用归档位置时，要求参数 LOG_ARCHIVE_DEST_STATE_n 的序号 n 的值要大于 LOG_ARCHIVE_MIN_SUCCE ED_DEST 的参数值，否则将会显示图 11-15 所示的错误提示信息。

图 11-15 禁用归档位置时产生的错误信息

之所以产生错误提示，是因为我们在面设置了 LOG_ARCHIVE_MIN_SUCCEED_DEST 的参数值为 3，而这里设置参数 LOG_ARCHIVE_DEST_STATE_n 的序号 n 值为 2。

如果要激活 log_archive_dest_state_4 对应的归档位置，只需要设置其值为 ENABLE 即可。

（2）远程归档目标（SERVER）

如果在设置 LOG_ARCHIVE_DEST_n 参数时使用了 SERVICE 关键字，则表示归档目标是一个远程服务器，下面看一个例子。

【例 11-18】 建立一个远程归档目标，其目录位置在名称为"MRKJ"的服务器上，代码及运行结果如下。

```
SQL> alter system set log_archive_dest_1='service=MRKJ';
```

在上面的代码中，MRKJ 是一个远程的服务器名。

11.3.4 查看归档日志信息

查看归档日志信息主要有两种方法：一种是使用数据字典和动态性能视图；另一种是使用 ARCHIVE LOG LIST 命令，下面分别进行讲解。

（1）使用数据字典和动态性能视图

常用的各种包含归档信息的数据字典和动态性能视图如表 11-3 所示。

表 11-3 包含归档信息的数据字典和动态性能视图

字典视图	说　明
V$DATABASE	用于查询数据库是否处于归档模式
V$ARCHIVED_LOG	包含控制文件中所有已经归档的日志信息
V$ARCHIVE_DEST	包含所有归档目标信息
V$ARCHIVE_PROCESSES	包含已启动的 ARCN 进程状态信息
V$BACKUP_REDOLOG	包含所有已经备份的归档日志信息

下面通过查询 V$ARCHIVE_DEST 动态性能视图来显示归档目标信息。

【例 11-19】 显示所有的归档目标参数名称，代码及运行结果如下。

```
SQL> select dest_name from v$archive_dest;
```

本例运行结果如图 11-16 所示。

（2）使用 ARCHIVE LOG LIST 命令

在 SQL*Plus 环境中，使用 ARCHIVE LOG LIST 命令可以显示当前数据库的归档信息，如图 11-17 所示。

图 11-16　显示所有的归档目标参数名

图 11-17　显示当前数据库的归档信息

若要在 SQL*Plus 环境中显示归档信息，则必须以 sysdba 的身份进行操作。

11.4 综合实例——向数据库中添加包含 3 个文件的重做日志文件组

本实例实现向数据库中添加一个新的重做日志文件组，该组包含 3 个文件，每个文件大小 20MB，开发步骤如下：

打开 SQL*Plus，以 system 身份登录。登录成功后，在 SQL*Plus 中输入如下代码，实现为数据库添加新的日志文件组，代码及运行结果如下：

```
SQL> alter database add logfile
  2  ('D:\app\oradata\orcl\REDO4A.LOG',
  3  'D:\app\oradata\orcl\REDO4B.LOG',
  4  'D:\app\oradata\orcl\REDO4C.LOG')
  5  size 20M;
数据库已更改。
```

知识点提炼

（1）控制文件是 Oracle 数据库最重要的物理文件之一，每个 Oracle 数据库都必须至少有一个控制文件。

（2）重做日志文件（Redo Log File）通常也称为日志文件，它是保证数据库安全和数据库备份与恢复的文件，是数据库安全和恢复的最基本的保障，管理员可以根据日志文件和数据库备份文件，将崩溃的数据库恢复到最近一次记录日志时的状态。

（3）为了完整地记录数据库的全部修改过程，Oracle 使用"归档日志文件"来提前一步保存这些即将被覆盖掉的重做日志记录。

习　　题

11-1　如何实现创建控制文件。

11-2　如何删除控制文件。

11-3　如何增加日志文件。

11-4　如何删除重做日志文件。

实验：查看并切换日志模式

实验目的

（1）掌握查看日志模式的语法。

（2）掌握如何实现切换日志模式。

实验内容

查看并切换日志模式。

实验步骤

（1）打开 SQL*Plus，以 SYSDBA 身份登录。在 SQL*Plus 中输入如下语句，实现查看当前日志模式。代码及运行结果如下：

```
SQL> select log_mode from v$database;
LOG_MODE
------------
NOARCHIVELOG
```

（2）在 SQL*Plus 中输入如下代码，实现切换数据库日志模式，代码及运行结果如下：

```
SQL> alter database archivelog;
数据库已更改。
```

（3）修改完日志模式后，可以再次查看日志模式，可发现日志模式进行了修改，代码及运行结果如下：

```
SQL> select log_mode from v$database;
LOG_MODE
------------
ARCHIVELOG
```

第 **12** 章
表分区与索引分区

本章要点：
- 了解关于分区技术的简介
- 掌握如何创建表分区
- 理解表分区的策略
- 掌握管理表分区的方法
- 掌握如何创建索引分区
- 掌握管理索引分区的方法

当今，数据库应用系统的规模越来越大，还有海量数据的数据仓库系统，因此，几乎所有的 Oracle 数据库都使用分区功能来提高查询性能，简化数据库的日常管理维护工作。

12.1　分区技术简介

Oracle 是最早支持物理分区的数据库管理系统供应商，表分区的功能是在 Oracle 8.0 版本推出的。分区功能能够改善应用程序的性能、可管理性和可用性，是数据库管理中一个非常关键的技术。尤其在今天，数据库应用系统的规模越来越大，还有海量数据的数据仓储系统，因此，几乎所有的 Oracle 数据库都使用分区功能来提高查询性能，简化数据库的日常管理维护工作。

那么使用分区技术有哪些优点呢？具体如下：
- 减少维护工作量，独立管理每个分区比管理单个大表要轻松得多。
- 增强数据库的可用性，如果表的一个或几个分区由于系统故障而不能使用，而表其余的分区仍然可以使用；如果系统故障只影响表的一部分分区，那么，只有这部分分区需要修复，这就比修复整个大表耗费的时间少许多。
- 均衡 I/O，减少竞争，通过把表的不同分区分配到不同的磁盘来平衡 I/O 改善性能。
- 分区对用户保持透明，最终用户感觉不到分区的存在。
- 提高查询速度：对大表的查询、增加、修改等操作可以分解到表的不同分区中来并行执行，这样就可以加快运行速度，在数据仓库的 TP 查询特别有用。

Oracle 11g 相对于其他低级版本的 Oracle 在分区方面增加了很多功能，具体如下：
- 引入扩展的分区功能。
- Interval 分区。

- 外键分区。
- 虚拟列分区。
- 引入了分区建议器。

分区技术主要包括表分区和索引分区，接下来将对这两个方面的内容进行详细讲解。

12.2　创建表分区

上面介绍了分区技术的优点以及 Oracle 11g 在分区方面所增加的新功能，本节主要对各种表分区的方法进行详细介绍并举例加以说明。

12.2.1　范围分区

创建范围分区的关键字是 "RANGE"，创建该分区后，其中的数据可以根据分区键值指定的范围进行分布，当数据在范围内均匀分布时，性能最好。例如，如果选择一个日期列作为分区键，分区 "AUG-2011" 就会包括所有从 01-AUG-2011 到 31-AUG-2011 之间的分区键值（假设分区的范围是从该月的第一天到该月的最后一天）。

当表结构采用范围分区时，首先要考虑分区的列应该符合范围分区的方法；其次要考虑列的数据值的取值范围；最后要考虑列的边界问题，下面通过若干具体实例来演示范围分区的创建。

【例 12-1】　创建一个商品零售表，然后为该表按照销售日期所在的季度创建 4 个分区，代码及运行结果如下。（实例位置：光盘\MR\源码\第 12 章\12-1）

```
SQL> create table ware_retail_part           --创建一个描述商品零售的数据表
  2  (
  3    id integer primary key,                --销售编号
  4    retail_date date,                      --销售日期
  5    ware_name varchar2(50)                 --商品名称
  6  )
  7  partition by range(retail_date)
  8  (
  9    --2011年第一个季度为par_01分区
 10      partition par_01 values less than(to_date('2011-04-01','yyyy-mm-dd'))
tablespace TBSP_1,
 11    --2011年第二个季度为par_02分区
 12      partition par_02 values less than(to_date('2011-07-01','yyyy-mm-dd'))
tablespace TBSP_1,
 13    --2011年第三个季度为par_03分区
 14      partition par_03 values less than(to_date('2011-10-01','yyyy-mm-dd'))
tablespace TBSP_2,
 15    --2011年第四个季度为par_04分区
 16      partition par_04 values less than(to_date('2012-01-01','yyyy-mm-dd'))
tablespace TBSP_2
 17  );
表已创建。
```

在为商品零售表 ware_retail_part 创建了 4 个范围分区之后，下面向该表中插入若干条记录。

【例 12-2】　向表 ware_retail_part 插入 3 条记录，代码及运行结果如下。

```
SQL> insert into ware_retail_part values(1,to_date('2011-01-20','yyyy-mm-dd'),'
```

平板电脑');

已创建 1 行。

SQL> insert into ware_retail_part values(2,to_date('2011-04-15','yyyy-mm-dd'),'s
智能手机');

已创建 1 行。

SQL> insert into ware_retail_part values(3,to_date('2011-07-25','yyyy-mm-dd'),'s
MP5');

已创建 1 行。

在向 ware_retail_part 表中插入若干条记录之后，用户就可以通过分区表（即进行了分区的数据表）来查询数据了，这种方式的查询速度要比从整个表中查询快得多，使用分区表查看数据的例子如下。

【例 12-3】 查询数据表 ware_retail_part 中分区 par_02 中的全部记录，代码如下。

```
SQL> select * from ware_retail_part partition(par_02);
```

本例运行结果如图 12-1 所示。

另外，Range 分区的字段可以是两个或者多个，来看下面的例子。

图 12-1 查询分区 par_02 中的记录

【例 12-4】 创建一个商品零售表，然后为该表按照销售编号和销售日期的组合创建 3 个分区，代码及运行结果如下。（实例位置：光盘\MR\源码\第 12 章\12-2）

```
SQL> create table ware_retail_part2              --创建一个描述商品零售的数据表
  2  (
  3    id integer primary key,                    --销售编号
  4    retail_date date,                          --销售日期
  5    ware_name varchar2(50)                      --商品名称
  6  )
  7  partition by range(id,retail_date)           --按照销售序号和销售日期分区
  8  (
  9    --第一个分区 par_01
 10    partition par_01 values less than(10000,to_date('2011-12-01','yyyy-mm-dd'))
tablespace TBSP_1,
 11    --第二个分区 par_02
 12    partition par_02 values less than(20000,to_date('2012-12-01','yyyy-mm-dd'))
tablespace TBSP_1,
 13    --第三个分区 par_03
 14    partition par_03 values less than(maxvalue,maxvalue) tablespace TBSP_2
 15  );
```

表已创建。

在上面的例子中，partition by range(id,retail_date)作为分区方法，id 和 retail_date 作为分区键，即按销售编号和销售日期的组合来进行区分；语句 "partition par_01 values less than(10000,to_date ('2011-12-01','yyyy-mm-dd')) tablespace TBSP_1" 表示一个分区的定义，当插入记录的销售日期小于 2011 年 12 月 1 日，并且销售编号小于 10000 时，则将该记录划为分区 par_01 并存放在 TBSP_1 表空间上。

12.2.2 散列分区

HASH 分区，也叫做散列分区，是在列的取值难以确定的情况下采用的分区方法。例如，按照身份证号进行分区，就很难确定身份证号的分区范围。HASH 实际上是一种函数算法，当向表

中插入数据时，系统会自动根据当前分区列的值计算出 HASH 值，然后确定应该将该行存放于哪个表空间中。

HASH 分区通过指定分区编号将数据均匀分布在磁盘设备上，使得这些分区大小一致，这充分降低了 I/O 磁盘争用的情况，但是，对于范围查询或不等式查询起不到优化的作用。

一般，下面几种情况可以采用 HASH 分区。

- HASH 分区可以由 HASH 键来分布。
- DBA 无法获知具体的数据值。
- 数据的分布由 Oracle 处理。
- 每个分区有自己的表空间。

下面通过几个示例来演示如何创建散列分区。

【例 12-5】 创建一个商品零售表，然后将该表 id 列的值根据自身情况散列地存放在指定的两个表空间中，代码及运行结果如下。（实例位置：光盘\MR\源码\第 12 章\12-3）

```
SQL> create table ware_retail_part3              --创建一个描述商品零售的数据表
  2  (
  3    id integer primary key,                    --销售编号
  4    retail_date date,                          --销售日期
  5    ware_name varchar2(50)                     --商品名称
  6  )
  7  partition by hash(id)
  8  (
  9    partition par_01 tablespace TBSP_1,        --创建 par_01 分区
 10    partition par_02 tablespace TBSP_2         --创建 par_02 分区
 11  );
```
表已创建。

在为商品零售表 ware_retail_part3 创建了 2 个 HASH 分区之后，接下来下面向该表中插入一条记录。

【例 12-6】 向表 ware_retail_part3 插入一条记录，代码及运行结果如下。

```
SQL> insert into ware_retail_part3 values(99,to_date('2011-11-11','yyyy-mm-dd'),
'电脑');
```
已创建 1 行。

那么上面插入的记录到底被分配到哪个分区中，用户无法直接判断，这是由 Oracle 系统通过计算 id（这里是 "99"）的 HASH 值，然后系统按照均匀分布的原则自动分配的。下面通过 SELECT 语句来查询该记录所在的分区表，查询结果如图 12-2 所示。

图 12-2 查询记录所在的分区

在上面的若干创建表分区的例子中，都为表分区指定了名称，在 Oracle 11g 中，可以实现由系统自动分配分区名，下面来看一个例子。

【例 12-7】 首先创建一表 person，然后为该表创建 HASH 列分区（分区列为 id），要求创建的两个分区由系统自动生成分区名，并分别放置在表空间 tbsp_1 和 tbsp_2 中，代码及运行结果如下。（实例位置：光盘\MR\源码\第 12 章\12-4）

```
SQL> create table person                         --创建以一个描述个人信息的表
```

```
2  (
3      id number primary key,              --个人的编号
4      name varchar2(20),                  --姓名
5      sex varchar2(2)                     --性别
6  )
7  partition by hash(id)                   --使用 id 作为 hash 分区的键值
8  partitions 2                            --创建两个分区，分区名由系统自动给出
9  store in(tbsp_1,tbsp_2);                --指定两个不同的命名空间
表已创建。
```

说明

上例 HASH 分区表的每个分区保存在不同的表空间中，这样 HASH 数据也就被存放在不同的表空间中。

另外，在创建 HASH 分区表时，用户还可以指定所有分区的初始分配空间，来看下面的例子。

【例 12-8】　首先创建一个表 Goods，然后为该表创建 HASH 列分区（分区列为 id），要求为创建的表分区指定初始化空间，大小为 2048KB，代码及运行结果如下。（实例位置：光盘\MR\源码\第 12 章\12-5）

```
SQL> create table goods                   --定义包含商品信息的表
2  (
3      id number,                          --编号
4      goodname varchar2(50)               --名称
5  )
6  storage(initial 2048k)                  --定义表分区的初始化空间大小为 2048KB
7  partition by hash(id)                   --创建 id 列作为分区键的 hash 表分区
8  (
9    partition par1 tablespace tbsp_1,     --表分区 par1
10   partition par2 tablespace tbsp_2      --表分区 par2
11 );
表已创建。
```

上例指定了各个分区的名字及其所存放的表空间，所有分区的大小都继承表空间的初始分配参数值——2048KB。

12.2.3　列表分区

关键字是 LIST，如果表的某个列的值可以枚举，则可以考虑对表进行列表分区。例如，客户表 clients，那么就可以按照客户所在的省份进行分区，该表的列表分区可以分为 partition shandong（山东省）、partition guangdong（广东省）与 partiton yunnan（云南省）等，下面来看一个例子。

【例 12-9】　首先创建一个用于保存客户信息的表 clients，然后以 province 列为分区键创建列表分区，代码及运行结果如下。（实例位置：光盘\MR\源码\第 12 章\12-6）

```
SQL> create table clients                 --创建客户表
2  (
3      id integer primary key,             --客户编号
4      name varchar2(50),                  --客户名称
5      province varchar2(20)               --客户所在省份
6  )
```

```
 7  partition by list(province)              --以 province 列为分区键创建列表分区
 8  (
 9    partition shandong values('山东省'),    --山东省份区
10    partition guangdong values('广东省'),    --广东省份区
11    partition yunnan values('云南省')        --云南省份区
12  );
```
表已创建。

在为客户表 clients 创建了列表分区之后，接下来下面向该表中插入一条记录。

【例 12-10】 向表 clients 插入一条记录，省份字段的值为"云南省"，代码及运行结果如下。

```
SQL> insert into clients values(19,'东方','云南省');
```
已创建 1 行。

由于上面插入记录的 province 字段的值为"云南省"，所以该记录被存储到名称为"yunnan"的表分区中，下面通过 SELECT 语句来查询"yunnan"这个表分区中的记录，查询结果如图 12-3 所示。

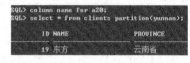

图 12-3　查询"yunnan"这个表分区

12.2.4　组合分区

结合两个数据分区的方法可以成为一个组合分区方法。首先用第一个数据分区方法对表格进行分区，然后再用第二个数据分区方法对每个分区进行二次分区。

Oracle 11g 支持以下的组合分区方案。

- 组合范围—范围分区
- 组合列表—范围分区
- 组合范围—散列分区
- 组合范围—列表分区
- 组合列表—列表
- 组合列表—散列分区

　　目前 Oracle 仅支持对索引组织表（索引和数据一起的表格）进行范围分区、列表分区或散列分区，但不支持对其进行组合分区。

【例 12-11】 首先创建一个保存人员信息的数据表 person2，然后创建 3 个范围分区，每个分区又包含 2 个子分区，子分区没有名字，由系统自动生成，并要求将其分布在 2 个指定的表空间中，代码及运行结果如下。（实例位置：光盘\MR\源码\第 12 章\12-7）

```
SQL>  create table person2            --创建以一个描述个人信息的表
 2  (
 3    id number primary key,          --个人的编号
 4    name varchar2(20),              --姓名
 5    sex varchar2(2)                 --性别
 6  )
 7  partition by range(id)            --以 id 作为分区键创建范围分区
 8  subpartition by hash(name)        --以 name 列作为分区键创建 hash 子分区
 9  subpartitions 2 store in(tbsp_1,tbsp_2)--hash 子分区共有两个，分别存储在两个不同的命名
空间中
```

```
10  (
11      partition par1 values less than(5000),      --范围分区，id小于5000
12      partition par2 values less than(10000),     --范围分区，id小于10000
13      partition par3 values less than(maxvalue)   --范围分区，id不小于10000
14  );
表已创建。
```

该例首先按照范围进行分区，然后对子分区按照 HASH 进行分区，根据 name 列的 HASH 值确定该行分布在 tbsp_1 或 tbsp_2 某个表空间上。

12.2.5　Interval 分区

关键字是 Interval，Interval 分区是 Oracle 11g 版本新引入的分区方法，是范围分区的一种增强功能，可以实现 equi_sized 范围分区的自动化。创建的分区作为元数据，只有最开始的分区是永久分区。随着数据的增加会分配更多的部分，并自动创建新的分区和本地索引。下面来看一个例子。

【例 12-12】　首先创建一个表 saleRecord，然后为该表创建 Interval 分区，代码及运行结果如下。（实例位置：光盘\MR\源码\第 12 章\12-8）

```
SQL> create table saleRecord
  2  (
  3      id number primary key,                    --编号
  4      goodsname varchar2(50),                   --商品名称
  5      saledate date,                            --销售日期
  6      quantity number                           --销售量
  7  )
  8  partition by range(saledate)                  --以销售日期为分区键
  9  interval (numtoyminterval(1,'year'))          --Interval 分区实现按年份进行自动分区
 10  (
 11      --设置分区键值日期小于 2012-01-01
 12      partition par_fist values less than (to_date('2012-01-01','yyyy-mm-dd'))
 13  );
表已创建。
```

在上面代码中，函数 NUMTOYMINTERVAL 的功能是将数字转换成 INTERVAL YEAR TO MONTH 文字（'YEAR' or 'MONTH'）。

说明　进行 Interval 分区的表格有传统的范围部分和自动生成的 Interval 部分。对于已经进行了范围分区的表格，可以通过使用 ALTER TABLE 命令的 SET INTERVAL 选项扩展成为 Interval 分区的表格。

12.3　表分区策略

对表进行分区设计时，首先要考虑和分析分区表中每个分区的数据量，其次要为每个分区创建相应的表空间。

1. 识别大表

一般来说，数据占用存储空间大的表就是大表，系统架构师要做到的就是如何确定哪些表属于大表。如果要在目前运行的系统上进行表数据量分析，那么主要采用 ANALYZE TABLE 语句进行分析，然后查询数据字典获得相应的数据量；如果是一个正在进行需求分析的表，则只能采用估计的方法了。

2. 大表如何分区

大表一般可以按时间分区，例如，如果按照月份分区，则需要为每个月创建一个数据表空间；如果按照季度分区；则一年要创建 4 个表空间；如果要存放 5 年用的表空间，则需要创建 20 个表空间。

3. 分区的表空间规划

分区方法确定后，就要着手创建表空间，创建表空间前要对每个表空间的大小进行估算。如果每个季度的数据为 100MB，则最好创建 120MB 的季度用表空间。另外，还要考虑数据量的增长，如当年的数据每季度是 100MB，则到下一年可能要增长 20%~30%，这些变化都要在表空间的大小上给予考虑。

12.4 管理表分区

当在应用设计中采用分区技术创建表和索引时，数据库管理员需要对分区进行管理，包括经常查看各个有关表空间的存储情况、是否需要增加新的表空间、合并小的分区以及删除不需要的表分区等。

12.4.1 添加表分区

对于已经存在表分区的某个表，如果要添加一个新的表分区，通常使用 ALTER TABLE…ADD PARATITION 语句，下面来看一个例子。

【例 12-13】 在客户信息表 clients 中，添加一个省份为"河北省"的表分区，代码及运行结果如下。（实例位置：光盘\MR\源码\第 12 章\12-9）

```
SQL> alter table clients
  2  add partition hebei values('河北省')
  3  storage(initial 10K next 20k) tablespace tbsp_1
  4  nologging;
表已更改。
```

上面的例子不仅增加了分区"hebei"，而且给增加的分区指定了存储属性。

12.4.2 合并分区

Oracle 可以对表和索引进行分区，也可以对分区进行合并，从而减少散列分区或者复合分区的个数。在合并表分区之后，Oracle 系统将做以下处理：

（1）在合并分区时，HASH 列函数将分区内容分布到一个或多个保留分区中。

（2）原来内容所在的分区完全被清除。

（3）与分区对应的索引也被清除。

（4）将一个或多个索引的本地索引分区标识为不可用（UNSABLE）。

（5）需要对不可用的索引进行重建。

下面将讲解如何合并散列分区和复合分区。

1. 合并散列分区

使用 ALTER TABLE...COALESCE PARTITION 语句可以完成 HASH 列分区的合并，下面来看一个例子。

【例 12-14】　合并 person 分区表中的一个 HASH 分区，代码及运行结果如下。

```
SQL> alter table person coalesce partition;
表已更改。
```

2. 合并复合分区

可以使用 ALTER TABLE ...MODIFY 语句实现将某个子分区的内容重新分配到一个或者多个保留的子分区中，下面来看一个例子。

【例 12-15】　把 person2 分区表中的 par3 分区合并到其他保留的子分区中，代码及运行结果如下。

```
SQL> alter table person2 modify partition par3 coalesce subpartition;
表已更改。
```

12.4.3　删除分区

可以从范围分区或复合分区中删除分区。但是散列分区和复合分区的散列子分区，只能通过合并来达到删除的目的。

1. 删除一个表分区

可以使用 ALTER TABLE...DROP PARTITION 语句删除范围分区和复合分区。删除分区时，该分区的数据也被删除。如果不希望删除数据，则必须采用合并分区的方法，下面来看一个例子。

【例 12-16】　把 ware_retail_part 分区表中的 par_04 分区删除，代码及运行结果如下。

```
SQL> alter table ware_retail_part drop partition par_04;
表已更改。
```

2. 删除有数据和全局索引的表分区

如果分区表中包含了数据，并且在表中定义了一个或者多个全局索引，可以使用 ALTER TABLE...DROP PARTITION 语句删除表分区，这样可以保留全局索引，但是索引会被标识为不可用（UNUSABLE），因而需要重建索引，下面来看一个例子。

【例 12-17】　删除 ware_retail_part 分区表中的 par_04 分区，然后重建索引 ware_index，代码及运行结果如下。

```
SQL> alter table ware_retail_part drop partition par_04;
表已更改。
SQL> alter index ware_index rebuild;
索引已更改。
```

在上面的例子中，如果 ware_index 是范围分区的全局索引，那么就需要重建所有索引的分区，如下面的示例代码：

```
SQL> alter index ware_index rebuild index_01;
SQL> alter index ware_index rebuild index_02;
SQL> alter index ware_index rebuild index_03;
```

3. 使用 DELETE 和 ALTER TABLE...DROP PARTITION 语句

在执行 ALTER TABLE...DROP PARTITION 语句前首先执行 DELETE 语句来删除分区的所有

数据行,然后执行 ALTER TABLE...DROP PARTITION 语句,但是执行 DELETE 语句时需要更新全局索引,下面来看一个例子。

【例 12-18】 首先删除 ware_retail_part 分区表中第四季度的数据,然后再删除第四季度数据对应的 par_04 分区,代码及运行结果如下。

```
SQL> delete from ware_retail_part where retail_date >= to_date('2011-10-01','yyyy-mm-
dd');
已删除 513 行。
SQL> alter table ware_retail_part drop partition par_04;
表已更改。
```

4. 删除具有完整性约束的分区

如果分区的表具有完整性约束,则可以采用以下两种办法。

(1)首先禁止完整性约束,然后执行 ALTER TABLE...DROP PARTITION,最后激活约束,下面来看一个例子。

【例 12-19】 首先禁用 books_1 表的主键约束 BOOK_PK,然后删除 books_1 表的分区 part_01,最后激活 books_1 表的主键约束 BOOK_PK,代码及运行结果如下。

```
SQL> alter table books_1 disable constraints BOOK_PK;
表已更改。
SQL> alter table books_1 drop partition part_01;
表已更改。
SQL> alter table books_1 enable constraints BOOK_PK;
表已更改。
```

(2)首先执行 DELETE 语句删除分区中的行,然后用 ALTER TABLE...DROP PARTITION 语句删除分区,下面来看一个例子。

【例 12-20】 首先删除 books_1 表中 part_01 分区中的所有记录,然后再删除 part_01 分区,代码及运行结果如下。

```
SQL> delete from books_1 where bookno < 1000;
已删除 12 行。
SQL> alter table books_1 drop partition part_01;
表已更改。
```

12.4.4 并入分区

用户可以使用 MERGE PARTITION 语句将相邻的范围分区合并在一起变为一个新的分区:该分区继承原来两个分区的边界;原来的两个分区与相应的索引一起被删除掉;如果被合并的分区非空,则该分区被标识为 UNSABLE;不能对 HASH 分区表执行 MERGE PARTITION 语句。

并入范围分区是将两个以上的分区合并到一个存在的分区中,合并后一般索引要重建。为了便于大家对并入操作的理解,下面来看一个比较完整的例子。

【例 12-21】 首先在 sales 表中创建 4 个范围分区,然后再将第 3 个分区并入到第 4 个分区中,操作步骤及代码如下。(实例位置:光盘\MR\源码\第 12 章\12-10)

(1)首先创建一个销售记录表 sales,然后对该表的记录按照销售日期(即季度)分为 4 个范围分区,代码及运行结果如下:

```
SQL> create table sales              --创建一个销售记录表
  2  (
  3    id number primary key,         --记录编号
```

```
4    goodsname varchar2(10),              --商品名
5    saledate date                        --销售日期
6  )
7  partition by range(saledate)          --按照日期分区
8  (
9    --第一季度数据
10     partition part_sea1 values less than(to_date('2011-04-01','yyyy-mm-dd'))
tablespace tbsp_1,
11    --第二季度数据
12     partition part_sea2 values less than(to_date('2011-07-01','yyyy-mm-dd'))
tablespace tbsp_2,
13    --第三季度数据
14     partition part_sea3 values less than(to_date('2011-10-01','yyyy-mm-dd'))
tablespace tbsp_1,
15    --第四季度数据
16     partition part_sea4 values less than(to_date('2012-01-01','yyyy-mm-dd'))
tablespace tbsp_2
17 );
```
表已创建。

（2）在 sales 表中创建局部索引，代码及运行结果如下：

```
SQL> create index index_3_4 on sales(saledate)
  2  local(
  3  partition part_seal tablespace tbsp_1,
  4  partition part_sea2 tablespace tbsp_2,
  5  partition part_sea3 tablespace tbsp_1,
  6  partition part_sea4 tablespace tbsp_2
  7  );
```
索引已创建。

（3）使用 ALTER TABLE…MERGE PARTITION 语句把第 3 个分区并入到第 4 个分区中，代码及运行结果如下：

```
SQL> alter table sales merge partitions part_sea3,part_sea4 into partition part_sea4;
```
表已更改。

（4）最后重新建立局部索引，代码及运行结果如下：

```
SQL> alter table sales modify partition part_sea4 rebuild unusable local indexes;
```
表已更改。

12.5　创建索引分区

对大数据量索引进行分区同样能够优化应用系统的性能。一般来说，如果索引所对应的表的数据量非常大，例如，几百万甚至上千万条数据，则索引也会占用很大的空间，这时，建议对索引进行分区。

12.5.1　索引分区概述

Oracle 索引分区分为本地索引分区和全局索引分区两种。全局索引不反映基础表的结构，因此，若要分区就只能进行范围分区。而局部索引反映基础表的结构，因此，对表的分区或子分区

進行維護時，系統會自動對本地索引的分區進行維護，而不需要對本地索引的分區進行維護。

12.5.2 本地索引分區

本地索引分區就是使用和分區表同樣的分區鍵進行分區的索引，也就是說，索引分區所採用的列與該表的分區所採用的列是相同的。本地索引分區有如下優點：

- 如果只有一個分區需要維護，則只有一個本地索引受影響。
- 支持分區獨立性。
- 只有本地索引能夠支持單一分區的裝入和卸載。
- 表分區和各自的本地索引可以同時恢復。
- 本地索引可以單獨重建。
- 位圖索引僅由本地索引支持。

若要創建本地索引分區，可以使用 CREATE INDEX…帶 LOCAL 子句。接下來，通過一個實例來講解創建本地索引分區的完整過程。

【例 12-22】 首先創建一個表分區，然後根據這個表分區創建本地索引分區，操作步驟及代碼如下。（實例位置：光盤\MR\源碼\第 12 章\12-11）

（1）準備好所需要的表空間

使用 CREATE TABLESPACE 語句創建 3 個表空間，這 3 個表空間應放在不同的磁盤分區上，分別是 ts_1、ts_2、ts_3，代碼及運行結果如下：

```
SQL> create tablespace ts_1 datafile 'D:\OracleFiles\OracleData\ts1.dbf'
  2  size 10m
  3  extent management local autoallocate;
表空間已創建。
SQL> create tablespace ts_2 datafile 'E:\OracleFiles\OracleData\ts2.dbf'
  2  size 10m
  3  extent management local autoallocate;
表空間已創建。
SQL> create tablespace ts_3 datafile 'F:\OracleFiles\OracleData\ts3.dbf'
  2  size 10m
  3  extent management local autoallocate;
表空間已創建。
```

（2）創建一個存儲學生成績的分區表 studentgrade，該表共有 3 個分區，分別位於表空間 ts_1、ts_2 和 ts_3 上，代碼及運行結果如下：

```
SQL> create table studentgrade
  2  (
  3    id number primary key,        --記錄 id
  4    name varchar2(10),            --學生名稱
  5    subject varchar2(10),         --學科
  6    grade number                  --成績
  7  )
  8  partition by range(grade)
  9  (
 10    --小于 60 分, 不及格
 11    partition par_nopass values less than(60) tablespace ts_1,
 12    --小于 70 分, 及格
 13    partition par_pass values less than(70) tablespace ts_2,
```

```
14      --大于或等于 70 分，优秀
15      partition par_good values less than(maxvalue) tablespace ts_3
16   );
```
表已创建。

（3）接下来，根据表分区创建本地索引分区，与表分区一样，索引分区也是三个分区（p1、p2、p3），代码及运行结果如下：

```
SQL> create index grade_index on studentgrade(grade)
  2  local           --根据表分区创建本地索引分区
  3  (
  4    partition p1 tablespace ts_1,
  5    partition p2 tablespace ts_2,
  6    partition p3 tablespace ts_3
  7  );
```
索引已创建。

（4）最后，用户可以通过查询 DBA_IND_PARTITIONS 视图来查看索引分区信息，代码如下：

```
SQL> select partition_name,tablespace_name from
dba_ind_partitions where index_name = 'GRADE_INDEX';
```
运行结果如图 12-4 所示。

PARTITION_NAME	TABLESPACE_NAME
P1	TS_1
P2	TS_2
P3	TS_3

图 12-4　本地索引分区信息

12.5.3　全局索引分区

全局索引就是没有与分区表有相同分区键的分区索引。当分区中出现许多事务并且要保证所有分区中的数据记录唯一时，采用全局索引分区。

无论表是否采用分区，都可以对表采用全局索引分区。此外，不能对 Cluster 表、位图索引采用全局索引分区。下面通过两个简单的例子来演示全局索引分区的创建。

【例 12-23】　以 books 表的 saleprice 列为索引列和分区键，创建一个范围分区的全局索引，代码及运行结果如下。（实例位置：光盘\MR\源码\第 12 章\12-12）

```
SQL> create index index_saleprice on Books(saleprice)
  2  global partition by range(saleprice)
  3  (
  4    partition p1 values less than (30),
  5    partition p2 values less than (50),
  6    partition p3 values less than (maxvalue)
  7  );
```
索引已创建。

【例 12-24】　以 books 表的 ISBN 列为索引列和分区键，创建一个 HASH 分区的全局索引，代码及运行结果如下。（实例位置：光盘\MR\源码\第 12 章\12-13）

```
SQL> create index index_ISBN on books(ISBN)
  2  global partition by hash(ISBN);
```
索引已创建。

12.6　管理索引分区

对索引分区可以进行删除、重建、重命名等操作，本节介绍与管理索引分区有关的操作，并给出实例说明。

12.6.1　索引分区管理的操作列表

对索引分区进行维护，应该使用 ALTER INDEX 语句，其对应的子句如表 12-1 所示。与表分区不同的是，索引分区分为两种类型，全局索引和本地索引。

表 12-1　　　　　　　　　　对索引分区进行维护的 ALTER TABLE 子句

维护分类	索引类型	范围分区	HASH 或 LIST 分区	组合分区
删除索引分区	全局	DROP PARTITION		
	局部	无效		
重建索引分区	全局	REBUILD PARTITION		
	局部	REBUILD PARTITION		REBUILD SUBPARTITION
更名索引分区	全局	RENAME PARTITION		
	局部	RENAME PARTITION		RENAME SUBPARTITION
分割索引分区	全局	SPLIT PARTITION		
	局部	无效		

12.6.2　索引分区管理的实际操作

在管理索引分区的各种操作中，常用的操作主要包括删除索引分区和重命名索引分区，下面将通过具体的实例来演示这两种管理操作。

1. 删除索引分区

可通过 ALTER INDEX...DROP PARTITION 语句来删除索引分区，例子如下。

【例 12-25】　在 books 表的 index_saleprice 索引中，使用 alter index...drop partition 语句删除其中的索引分区 p2，代码及运行结果如下。

```
SQL> alter index index_saleprice drop partition p2;
索引已更改。
```

对于全局索引分区，不能删除索引的最高分区，否则系统会提示错误。

在删除若干索引分区之后，如果只剩余一个索引分区，则需要对这个分区进行重建，重建分区可以使用 ALTER INDEX...REBUILD PARTITION 语句来实现，例子如下。

【例 12-26】　在 books 表的 index_saleprice 索引中，删除其中的 p2 和 p1 索引分区，然后使用 alter index...rebuild partition 语句重建索引分区 p3，代码及运行结果如下。

```
SQL> alter index index_saleprice drop partition p2;
索引已更改。
SQL> alter index index_saleprice drop partition p1;
索引已更改。
SQL> alter index index_saleprice rebuild partition p3;
索引已更改。
```

2. 重命名索引分区

重命名索引分区与重命名索引的语法格式比较接近，其语法格式如下：

```
alter index index_name
rename partition partition_old_name to partition_new_name;
```

参数说明如下：

- index_name：索引名称。
- partition_old_name：原索引分区名称。
- partition_new_name：新索引分区名称。

下面通过一个例子来演示如何重命名索引分区。

【例 12-27】　在 index_saleprice 索引中，使用 alter index…rename partition 重命名索引分区 p3，代码及运行结果如下。（实例位置：光盘\MR\源码\第 12 章\12-14）

```
SQL> alter index index_saleprice rename partition p3 to p_new;
索引已更改。
```

12.7　综合实例——创建图书表，并按图书编号创建表分区

本实例演示了如何为新建的图书表创建表分区，开发步骤如下：

打开 SQL*Plus，以 system 身份登录。登录成功后，在 SQL*Plus 中输入如下代码创建用户表，代码及运行结果如下：

```
SQL> create table booksell(
  2      bookid number primary key,
  3      bookname varchar2(30),
  4      bookprice float,
  5      bookconcern varchar2(30),
  6      count number)
  7      partition by range(bookid)
  8      (
  9   partition par_01 values less than(10),
 10   partition par_02 values less than(20),
 11   partition par_03 values less than(30),
 12   partition par_04 values less than(40)
 13   );
表已创建。
```

知识点提炼

（1）创建范围分区的关键字是"RANGE"。
（2）HASH 分区，也叫做散列分区，是在列的取值难以确定的情况下采用的分区方法。
（3）列表分区关键字是 LIST，如果表的某个列的值可以枚举，则可以考虑对表进行列表分区。
（4）增加表分区，使用 ALTER TABLE…ADD PARATITION 语句。

（5）可以使用 ALTER TABLE...DROP PARTITION 语句删除范围分区和复合分区。

（6）Oracle 索引分区分为本地索引分区和全局索引分区两种。

习　　题

12-1　如何实现创建表分区。

12-2　如何实现合并分区。

12-3　如何删除分区。

12-4　如何创建索引分区。

实验：为工作表创建索引分区

实验目的

（1）掌握创建索引分区的方法。

（2）灵活使用索引分区。

实验内容

创建工作表，并创建表分区，然后根据这个表分区创建本地索引分区。

实验步骤

（1）打开 SQL*Plus，以 SYSTEM 身份登录。在 SQL*Plus 中输入如下语句，实现创建工作表及表分区。代码及运行结果如下：

```
SQL> CREATE TABLE dbobjs
  2    (OBJECT_ID NUMBER NOT NULL,
  3     OBJECT_NAME varchar2(128),
  4     CREATED DATE NOT NULL
  5     )
  6     PARTITION BY RANGE(CREATED)
  7     (
  8     PARTITION dbobjs_01 VALUES LESS THAN(TO_DATE('01/01/2011','DD/MM/YYYY')),
  9     PARTITION dbobjs_02 VALUES LESS THAN(TO_DATE('01/01/2012','DD/MM/YYYY'))
 10     );
表已创建。
```

（2）根据表分区创建本地索引分区，代码及运行结果如下：

```
SQL> CREATE INDEX dbobjs_idx ON dbobjs(created) LOCAL
  2    (PARTITION dbobjs_01 ,
  3     PARTITION dbobjs_02
  4     );
索引已创建。
```

第 13 章
用户管理与权限分配

本章要点：

- 了解用户与模式的关系
- 掌握如何创建与管理用户
- 掌握如何进行用户权限分配
- 掌握角色的创建与权限分配
- 了解配置资源 PROFILE

在访问 Oracle 数据库时，为了确保数据库的安全性，用户必须提供用户名和密码，然后才能连接到数据库。另外，为了防止合法用户的非法访问，Oracle 提供了权限、角色机制，以防止用户对数据库进行非法操作。

13.1　用户与模式的关系

Oracle 数据库的安全保护流程可以分为 3 个步骤。首先，用户向数据库提供身份识别信息，即提供一个数据库账号。其次，用户还需要证明他们所给出的身份识别信息是有效的，这是通过输入密码来实现的，用户输入的密码经过数据库的核对确认用户提供的密码是否正确。最后，假设密码是正确的，那么数据库认为身份识别信息是可信赖的。此时，数据库将会在基于身份识别信息的基础上确定用户所拥有的权限，即用户可以对数据库执行什么操作。因此，为了确保数据库的安全，首要的问题就是对用户进行管理。

这里所有的用户并不是数据库的操作人员，而是在数据库中定义的一个名称，更准确地说它是账户，只是习惯上称其为用户，它是 Oracle 数据库的基本访问控制机制，当连接到 Oracle 数据库时，操作人员必须提供正确的用户名和密码。

连接到数据库的用户所具有的权限是不同的，Oracle 提供了一些特权用户，例如，SYSDBA 或 SYSOPER，这类用户主要用于执行数据库的维护操作，如启动数据库、关闭数据库、建立数据库，以及执行备份和恢复等操作。SYSDBA 和 SYSOPER 的区别在于：SYSDBA 不仅具备 SYSOPER 的所有权限，而且还可以建立数据库，执行不完全恢复。在 Oracle 11g 中，Oracle 提供了默认的特权用户 SYS，当以特权用户身份登录数据库时，必须带有 AS SYSDBA 或 AS SYSOPER 选项。例如：

```
SQL> connect system/1qaz2wsx as sysdba;
```

已连接。

与用户密切相关的另一个概念是模式，模式也称为方案（Schema）。模式或方案实际上是用户所拥有的数据库对象的集合。在 Oracle 数据库中，对象是以用户来组织的，用户与模式是一一对应的关系，并且两者名称相同。

如图 13-1 所示，SCOTT 用户拥有的所有对象都属于 SCOTT 模式，而 HR 用户拥有的所有对象都属于 HR 模式。

当访问数据库对象时，需要注意如下一些事项：

图 13-1　用户与模式

● 在同一个模式中不能存在同名对象，但是不同模式中的对象名称则可以相同。

● 用户可以直接访问其他模式对象，但如果要访问其他模式对象，则必须具有对该对象的相应访问权限。例如，用户 SCOTT 可以直接查看其模式中的 EMP 表，但如果用户 HR 要查看 SCOTT 模式中的 EMP 表时，则必须在 EMP 表上具有 SELECT 操作的权限。

● 当用户要访问其他模式对象时，必须附加模式名作为前缀。

13.2　创建与管理用户

标识用户是 Oracle 数据库管理的基本要求之一，每一个能够连接到数据库的用户都必须是系统的合法用户。用户想要使用 Oracle 的系统资源（查询数据、创建表等），必须要拥有相应的权限。创建用户并授予权限是 Oracle 系统管理员的基本任务之一。

13.2.1　身份验证

Oracle 为用户账户提供了三种身份验证方法。

● 密码验证

当一个使用密码验证机制的用户试图连接到数据库时，数据库会核实该用户名是否是一个有效的数据库账户，并且提供与该用户在数据库中存储的密码相匹配的密码。

由于用户信息和密码都存储在数据库内部，所以使用密码验证用户也称为数据库验证用户。

● 外部验证

外部验证是指当用户试图连接到数据库时，数据库会核实用户名是否是一个有效的数据库账户，并且确认该用户已经完成了操作系统级别的身份验证。

外部验证用户并不在数据库中存储一个验证密码。

● 全局验证

全局验证是指用户不在数据库中存储验证密码，而是通过一种高级安全选项所提供的身份验证服务来进行的。

在上述的三种验证方式中，密码验证是最常使用的验证方法，也是本章将要详细介绍的。除非特别声明，本书中所创建和使用的用户都是密码验证用户。

另外两种验证一般很少使用，在这里仅简单列出，有兴趣的读者可以查阅 Oracle 的官方文档。

13.2.2　创建用户

要创建一个新的用户（本章均指密码验证用户，以下不再重复），可采用 CREATE USER 命令。其语法格式如下：

```
create user user_name identified by pass_word
[or identified exeternally]
[or identified globally as 'CN=user']
[default tablespace tablespace_default]
[temporary tablespace tablespace_temp]
[quota [integer k[m]] [unlimited] ] on tablesapce_ specify1
[,quota [integer k[m]] [unlimited] ] on tablesapce_ specify2
[,…]…on tablespace_specifyn
[profiles profile_name]
[account lock or account unlock];
```

参数说明如下：

● user_name：用户名，一般为字母数字型和"#"及"_"符号。

● pass_word：用户口令，一般为字母数字型和"#"及"_"符号。

● identified exeternally：表示用户名在操作系统下验证，这种情况下要求该用户必须与操作系统中所定义的用户名相同。

● identified globally as 'CN=user'：表示用户名由 Oracle 安全域中心服务器验证，CN 名字表示用户的外部名。

● [default tablespace tablespace_default]：表示该用户在创建数据对象时使用的默认表空间。

● [temporary tablespace tablespace_temp]：表示该用户所使用的临时表空间。

● [quota [integer K[M]] [unlimited]] on tablespace_specify1：表示该用户在指定表空间中允许占用的最大空间。

● [profiles profile_name]：资源文件的名称。

● [account lock or account unlock]：用户是否被加锁，默认情况下是不加锁的。

下面将通过若干具体的实例来演示如何创建数据库用户。

（1）创建用户，并指定默认表空间和临时表空间。

【例 13-1】　创建一个 mr 用户，口令为 mrsoft，并设置默认的表空间为 users，临时表空间为 temp 的用户，代码及运行结果如下。（实例位置：光盘\MR\源码\第 13 章\13-1）

```
SQL> create user mr identified by mrsoft
  2  default tablespace users
  3  temporary tablespace temp;
```

用户已创建。

（2）创建用户，并配置其在指定表空间上的磁盘限额。

有时，为了避免用户在创建表和索引对象时占用过多的空间，可以配置用户在表空间上的磁盘限额。在创建用户时，可通过 QUOTA xxxM ON tablespace_ specify 子句配置指定表空间的最大可用限额，下面来看一个例子。

【例 13-2】 创建一个用户 east，口令为 mrsoft，默认表空间为 users，临时表空间为 temp 的用户，并指定该用户在 tbsp_1 表空间上最多可使用的大小为 10MB，代码及运行结果如下。（实例位置：光盘\MR\源码\第 13 章\13-2）

```
SQL> create user east identified by mrsoft
  2 default tablespace users
  3 temporary tablespace temp
  4 quota 10m on tbsp_1;
```

用户已创建。

说明

　　如果要禁止用户使用某个表空间，则可以通过 quota 关键字设置该表空间的使用限额为 0。

（3）创建用户，并配置其在指定表空间上不受限制

如果要设置用户在指定表空间上不受限制，可以使用 QUOTA UNLIMITED ON tablespace_specify 子句，下面来看一个例子。

【例 13-3】 创建一个用户名为 df，口令为 mrsoft，临时表空间为 temp，默认表空间为 tbsp_1，并且该用户使用 tbsp_1 表空间不受限制，代码及运行结果如下。（实例位置：光盘\MR\源码\第 13 章\13-3）

```
SQL> create user df identified by mrsoft
  2 default tablespace tbsp_1
  3 temporary tablespace temp
  4 quota unlimited on tbsp_1;
```

用户已创建。

在创建完用户之后，需要注意以下几点：

- 如果建立用户时不指定 DEFAULT TABLESPACE 子句，Oracle 会将 SYSTEM 表空间作为用户默认表空间。

- 如果建立用户时不能指定 TEMPORARY TABLESPACE 子句，Oracle 会将数据库默认临时表空间作为用户的临时表空间。

- 初始建立的用户没有任何权限，所以为了使用户可以连接到数据库，必须授权其 CREATE SESSION 权限，关于用户的权限设置会在后面的小节中讲解。

- 如果建立用户时没有为表空间指定 QUOTA 子句，那么用户在特定表空间上的配额为 0，用户将不能在相应的表空间上建立数据对象。

- 初始建立的用户没有任何权限，不能执行任何数据库操作。

13.2.3　修改用户

用户创建完后，管理员可以对用户进行修改，包括修改用户口令，改变用户默认表空间、临时表空间、磁盘配额及资源限制等。修改用户的语法与创建的用户的语法基本相似，只是把创建用户语法中的 "CREATE" 关键字替换成 "ALTER" 罢了，具体语法这里不再介绍，详情请参考创建用户的基本语法。下面将结合实例来讲解几种常见的修改用户参数的情况。

- 修改用户的磁盘限额

如果 DBA 在创建用户时，指定了用户在某个表空间的磁盘限额，那么经过一段时间，该用户使用该表空间已经达到了 DBA 所设置的磁盘限额时，Oracle 系统就会显示图 13-2 所示的错误提示。

```
ORA-01536:SPACE QUOTA EXCEEDED FOR TABLESPACE 'TBSP_1'
```

图 13-2　达到磁盘限额的提示

图 13.2 表示该用户使用的资源已经超出了限额，DBA 需要为该用户适当增加资源，下面就来看一个为用户增加表空间限额的例子。

【例 13-4】　修改用户 east 在表空间上的磁盘限额为 20MB（原始为 10MB，现增加 10MB），代码及运行结果如下。

```
SQL> alter user east quota 20m on tbsp_1;
```

用户已更改。

● 修改用户的口令

用户的口令在使用一段时间之后，根据系统安全的需要或在 PROFILE 文件（资源配置文件）中设置的规定，用户必须要修改口令，下面来看一个例子。

【例 13-5】　修改用户 east 的新口令为 123456（原始为 mrsoft），代码及运行结果如下。

```
SQL> alter user east identified by 123456;
```

用户已更改。

● 解锁被锁住的用户

Oracle 默认安装完成后，为了安全起见，很多用户处于 LOCKED 状态，如图 13-3 所示的下部分，DBA 可以对 LOCKED 状态的用户解除锁定，下面来看一个例子。

【例 13-6】　使用 alter user 命令解除被锁定的账户 SH，代码及运行结果如下。

```
SQL> alter user SH account unlock;
用户已更改。
```

图 13-3　查询用户的状态

13.2.4　删除用户

删除用户是通过 DROP USER 语句完成的。删除用户后，Oracle 会从数据字典中删除用户、方案及其所有对象方案，语法如下：

```
drop user user_name[cascade];
```

参数说明如下：

● user_name：要删除的用户名。

● cascade：级联删除选项，如果用户包含数据库对象，则必须加 CASCADE 选项，此时连同该用户所拥有的对象一起删除。

下面通过一个实例来演示如何删除一个用户。

【例 13-7】　使用 drop user 语句删除用户 df，并连同该用户所拥有的对象一起删除，代码及运行结果如下。

```
SQL> drop user df cascade;
```

用户已删除。

13.3 用户权限管理

在成功创建用户之后，仅表示该用户在 Oracle 系统中进行了注册，这样的用户不能连接到数据库，更谈不上进行查询、建表等操作了。要使该用户能够连接到 Oracle 系统并使用 Oracle 的资源，如查询表的数据、创建自己的表结构等，必须让具有 DBA 角色的用户对该用户进行授权。

13.3.1 权限简介

根据系统管理方式的不同，在 Oracle 数据库中将权限分为两大类：系统权限和对象权限。

系统权限是在系统级对数据库进行存取和使用的机制，例如，用户是否能够连接到数据库系统（SESSION 权限），执行系统级的 DDL 语句（如 CREAT、ALTER、和 DROP）等。

对象权限是指某一个用户对其他用户的表、视图、序列、存储过程、函数、包等的操作权限。不同类型的对象具有不同的对象权限，对于某些模式对象，例如，簇、索引、触发器、数据库连接等没有相应的实体权限，这些权限由系统权限进行管理。

13.3.2 授权操作

在 Oracle 11g 中含有 200 多种系统特权，并且所有这些系统特权均被列举在 SYSTEM_PRIVILEGE_MAP 数据目录视图中。授权操作使用 GRANT 命令，其语法格式如下：

```
grant sys_privi | role to user | role | public [with admin option];
```

参数说明如下：

- sys_privi：表示 Oracle 系统权限，系统权限是一组约定的保留字。例如，若能够创建表，则为 "CREATE TABLE"。
- role：角色，关于角色会在后面小节中介绍。
- user：具体的用户名，或者是一系列的用户名。
- public：保留字，代表 Oracle 系统的所有用户。
- with admin option：表示被授权者可以再将权限授予另外的用户。

在学习完上面的语法之后，下面通过两个例子来演示如何给用户授权系统权限。

【例 13-8】　为用户 east 授予连接和开发系统权限，并尝试使用 east 连接数据库，代码及运行结果如下。（实例位置：光盘\MR\源码\第 13 章\13-4）

```
SQL> connect system/1qaz2wsx;
已连接。
SQL> grant connect,resource to east;

授权成功。

SQL> connect east/123456;
```

已连接。

在上面的代码中,使用 east 连接数据库后,Oracle 显示"已连接",这说明给 east 授予"connect"的权限是成功的。另外,如果想要 east 将这两个权限可以传递给其他的用户,则需要在 grant 语句中使用"with admin option"关键字,下面来看另外一个例子。

【例 13-9】　在创建用户 dongfang 和 xifang 后,首先 system 将创建 session 和创建 table 的权限授权给 dongfang,然后 dongfang 再将这两个权限传递给 xifang,最后通过 xifang 这个用户创建一个数据表,代码及运行结果如下。(实例位置:光盘\MR\源码\第 13 章\13-5)

```
SQL> create user dongfang identified by mrsoft
  2  default tablespace users
  3  quota 10m on users;

用户已创建。

SQL> create user xifang identified by mrsoft
  2  default tablespace users
  3  quota 10m on users;

用户已创建。

SQL> grant create session,create table to dongfang with admin option;

授权成功。

SQL> connect dongfang/mrsoft;
已连接。
SQL> grant create session,create table to xifang;

授权成功。

SQL> connect xifang/mrsoft;
已连接。
SQL> create table tb_xifang
  2  ( id number,
  3    name varchar2(20)
  4  );

表已创建。
```

13.3.3　回收系统权限

一般用户若被授予过高的权限就可能给 Oracle 系统带来安全隐患。作为 Oracle 系统的管理员,应该能够查询当前 Oracle 系统各个用户的权限,并且能够使用 REVOKE 命令撤销用户的某些不需要的系统权限,REVOKE 命令的语法格式如下:

```
revoke sys_privi | role from user | role | public;
```

参数说明如下:

- sys_privi:系统权限或角色。
- role:角色。

- user：具体的用户名，或者是一系列的用户名。
- public：保留字，代表 Oracle 系统所有的用户。

在学习完上面的语法之后，下面通过两个例子来演示如何回收用户的系统授权。

【例 13-10】 撤销 east 用户的 resource 系统权限，代码及运行结果如下。（实例位置：光盘 \MR\源码\第 13 章\13-6）

```
SQL> connect system/1qaz2wsx;
已连接。
SQL> revoke resource from east;

撤销成功。
```

如果数据库管理员用 GRANT 命令给用户 A 授予系统权限是带有 WITH ADMIN OPTION 选项，则该用户 A 有权将系统权限再次授予另外的用户 B。在这种情况下，如果数据库管理员使用 REVOKE 命令撤销 A 用户的系统权限，则用户 B 的系统权限仍然有效。

举例如下。

【例 13-11】 首先撤销用户 dongfang 的 create table 权限，然后尝试是否还可以通过用户 xifang 创建数据表（注：是 dongfang 将 create table 权限传递给 xifang），代码及运行结果如下。

```
SQL> revoke create table from dongfang;

撤销成功。

SQL> connect xifang/mrsoft;
已连接。
SQL> create table tb_xifang_2
  2  ( id number,
  3    name varchar2(10)
  4  );

表已创建。
```

13.3.4 对象授权

与将系统权限授予用户基本相同，授予对象权限给用户或角色也使用 GRANT 命令，其语法格式如下：

```
Grant obj_privi | all column on schema.object to user | role | public [with grant option]
| [with hierarchy option];
```

参数说明如下：

- obj_privi：表示对象的权限，可以是 ALTER、EXECUTE、SELECT、UPDATE 和 INSERT 等。
- role：角色名。
- user：被授权的用户名。
- with grant option：表示被授权者可再将系统权限授予其他的用户。
- with hierarchy option：在对象的子对象（在视图上再建立视图）上授权给用户。

在学习完上面的语法之后，下面通过一个例子来演示如何授予对象权限给用户。

【例 13-12】 给用户 xifang 授予 select、insert、delete 和 update 表 soctt.emp 的权限，代码及

运行结果如下。（实例位置：光盘\MR\源码\第 13 章\13-7）

```
SQL> grant select,insert,delete,update on scott.emp to xifang;
```

授权成功。

13.3.5　回收对象权限

要从用户或角色中撤销对象权限，仍然要使用 REVOKE 命令，其语法格式如下：

```
revoke obj_privi | all on schema.object from user | role | public cascade constraints;
```

参数说明如下：

- obj_privi：表示对象的权限。
- public：保留字，代表 Oracle 系统的所有权限。
- cascade constraints：表示有关联关系的权限也被撤销。

在学习完上面的语法之后，下面通过一个例子来演示如何回收对象权限。

【例 13-13】　从 xifang 用户撤销 scott.emp 表的 update 和 delete 权限，代码及运行结果如下。（实例位置：光盘\MR\源码\第 13 章\13-8）

```
SQL> connect system/1qaz2wsx;
已连接。
SQL> revoke delete,update on scott.emp from xifang;

撤销成功。
```

如果数据库管理员 GRANT 命令给用户 A 授予对象权限时带有 WITH GRANT OPTION 选项，则该用户 A 有权将权限再次授予另外的用户 B。在这种情况下，如果数据库管理员用 REVOKE 命令撤销 A 用户的对象权限时，用户 B 的对象权限也被撤销。由此可见，在进行系统权限回收和进行对象权限回收时，效果是不同的。

13.3.6　查询用户与权限

用户被授予的系统权限或对象权限都被记录在 Oracle 的数据字典里，了解某个用户被授予哪些系统权限和对象权限是确保应用系统安全的重要工作。表 13-1 是 Oracle 11g 用于存放用户、系统权限、对象权限有关的数据字典。

表 13-1　　　　　　　　　　　　　　　数据字典

数据字典表	说　　明
DBA_USERS	数据库用户基本信息表
DBA_SYS_PRIVS	已授予用户或角色的系统权限
DBA_TAB_PRIVS	数据库对象上的所有权限
USER_SYS_PRIVS	登录用户可以查看自己的系统权限
ROLE_SYS_PRIVS	登录用户查看自己的角色
ALL_TABLES	用户自己可以查询的基表信息
USER_TAB_PRIVS	用户自己将哪些基表权限授予哪些用户
ALL_TAB_PRIVS	哪些用户给自己授权

13.4　角色管理

从前面介绍中我们知道，Oracle 的权限设置十分复杂，权限分类也很多，很细，就系统权限而言，在 Oracle 11g 中超过了 200 种。这就为数据库管理员正确有效地管理数据库权限带来了困难，而角色就是简化权限管理的一种数据库对象。

13.4.1　角色简介

角色是一个独立的数据库实体，它包括一组权限。也就是说，角色是包括一个或者多个权限的集合，它并不被哪个用户所拥有。角色可以被授予任何用户，也可以从用户中将角色收回。

使用角色可以简化权限的管理，可以仅用一条语句就能从用户那里授予或回收权限，而不必对用户一一授权。使用角色还可以实现权限的动态管理，例如，随着应用的变化可以增加或者减少角色的权限，这样通过改变角色的权限，就实现了改变多个用户的权限。

角色、用户及权限是一组关系密切的对象，既然角色是一组权限的集合，那么，它只有被授予某个用户才能有意义，可以用图 13-4 所示的图形来帮助我们理解角色、用户及权限的关系。

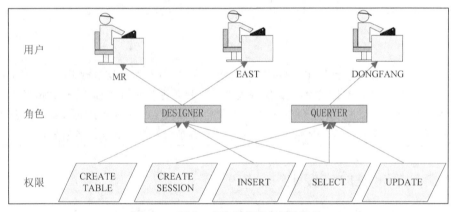

图 13-4　用户、角色及权限之间的关系

从图 13-4 中可以看出，作为 Oracle 的数据库管理员，在创建和管理用户时，必须理解 Oracle 的权限与角色的关系。在复杂的大型应用系统中，要求对应用系统功能进行分类，从而形成角色的雏形，再使用 CREATE ROLE 语句将其创建成为角色；最后根据用户工作的分工，将不同的角色（包括系统预定义的角色）授予各类用户。如果应用系统的规模很小，用户数也不多，则可以直接将应用的权限授予用户，即使是这样，用户也必须对 Oracle 系统的预定义角色有所了解，因为一个用户至少被授予一个以上的预定义角色时才能使用 ORACLE 系统资源。

另外，在创建角色时，可以为角色设置应用安全性。角色的安全性通过为角色设置口令进行保护，必须提供正确的口令才允许修改或设置角色。

13.4.2　预定义角色

所谓系统预定义角色是指在数据库安装完成后由系统自动创建的一些常用角色，这些角色已经由系统授予了相应的系统权限，可以由数据库管理员直接使用。一旦将这些角色授予用户以后，用户便具有了角色中所包含的系统权限。

下面列出的这几个系统预定义角色是最常被用到的。

- CONNECT
- RESOURCE
- DBA
- EXP_FULL_DATABASE
- IMP_FULL_DATABASE

角色 CONNECT，RESOURCE 及 DBA 主要用于数据库管理，这 3 个角色之间相互没有包含关系（有些系统权限可能有重叠）。数据库管理员需要分别授予 CONNECT，RESOURCE 和 DBA 角色。对于一般的数据库开发人员，则需要授予 CONNECT，RESOURCE 角色。

角色 IMP_FULL_DATABASE 和 EXP_FULL_DATABASE 分别用于操作数据库的导入或导出工具，例如，操作数据库工具 EXPDP，IMPDP，或者系统的 EXP，IMP。在使用这些工具进行整个数据库的导出与导入工作时，需要具备这两个角色。

Oracle 11g 中部分预定义角色的权限说明如表 13-2 所示。

表 13-2　　　　　　　　　　　　　部分常用预定义角色的权限说明

角色名	包含权限
CONNECT	ALTER SESSION CREATE CLUSTER CREATE DATABASE LINK CREATE SEQUENCE CREATE SESSION CREATE SYNONYM CREATE TABLE CRATE VIEW
RESOURCE	CREATE CLUSTER CREATE INDEXTYPE CREATE OPERATOR CREATE PROCEDURE CREATE SEQUENCE CREATE TABLE CREATE TRIGGER CREATE TYPE
DBA	所有权限，不受限制
EXP_FULL_DATABASE	SELECT ANY TABLE BACKUP ANY TABLE EXECUTE ANY PROCEDURE EXECUTE ANY TYPE ADMINISTER RESOURCE MANAGER
IMP_FULL_DATABASE	EXECUTE_CATALOG_ROLE SELECT_CATALOG_ROLE

不同版本的 Oracle 预定义的角色不一样多，但都可以从 DBA_ROLES 数据字典中查询到，下面通过该数据字典来看一下 Oracle 11g 的预定义系统角色有哪些。

【例 13-14】 使用 select 语句查询 dba_roles 数据字典中的角色信息，代码如下。

```
SQL> set pagesize 50;
SQL> select * from dba_roles;
```

本例运行结果如图 13-5 所示，从输出中可以看到，Oracle 11g 的预定义系统角色在 50 个以上。

ROLE	PASSWORD	AUTHENTICAT
CONNECT	NO	NONE
RESOURCE	NO	NONE
DBA	NO	NONE
SELECT_CATALOG_ROLE	NO	NONE
EXECUTE_CATALOG_ROLE	NO	NONE
DELETE_CATALOG_ROLE	NO	NONE
EXP_FULL_DATABASE	NO	NONE
IMP_FULL_DATABASE	NO	NONE
LOGSTDBY_ADMINISTRATOR	NO	NONE
DBFS_ROLE	NO	NONE
AQ_ADMINISTRATOR_ROLE	NO	NONE
AQ_USER_ROLE	NO	NONE
DATAPUMP_EXP_FULL_DATABASE	NO	NONE
DATAPUMP_IMP_FULL_DATABASE	NO	NONE
ADM_PARALLEL_EXECUTE_TASK	NO	NONE
GATHER_SYSTEM_STATISTICS	NO	NONE
JAVA_DEPLOY	NO	NONE
RECOVERY_CATALOG_OWNER	NO	NONE
SCHEDULER_ADMIN	NO	NONE
HS_ADMIN_SELECT_ROLE	NO	NONE
HS_ADMIN_EXECUTE_ROLE	NO	NONE
HS_ADMIN_ROLE	NO	NONE
GLOBAL_AQ_USER_ROLE	GLOBAL	GLOBAL
OEM_ADVISOR	NO	NONE
OEM_MONITOR	NO	NONE
WM_ADMIN_ROLE	NO	NONE
JAVAUSERPRIV	NO	NONE
JAVAIDPRIV	NO	NONE
JAVASYSPRIV	NO	NONE
JAVADEBUGPRIV	NO	NONE
EJBCLIENT	NO	NONE
JMXSERVER	NO	NONE
JAVA_ADMIN	NO	NONE
CTXAPP	NO	NONE
XDBADMIN	NO	NONE
XDB_SET_INVOKER	NO	NONE
AUTHENTICATEDUSER	NO	NONE
XDB_WEBSERVICES	NO	NONE
XDB_WEBSERVICES_WITH_PUBLIC	NO	NONE
XDB_WEBSERVICES_OVER_HTTP	NO	NONE
ORDADMIN	NO	NONE
OLAPI_TRACE_USER	NO	NONE
OLAP_XS_ADMIN	NO	NONE
OWB_USER	NO	NONE
OLAP_DBA	NO	NONE

图 13-5 Oracle 预定义的系统角色

13.4.3 创建角色与授权

如果系统预定义的角色不符合用户需要，那么，数据库管理员可以创建更多的角色，创建用户自定义角色可以使用 CREATE ROLE 语句来实现，其语法格式如下：

```
create role role_name [ not identified | identified by [password] | [exeternally] |
[globally]];
```

参数说明如下：

● role_name：角色名。

- identified by password：角色口令。
- identified by exeternally：表示角色名在操作系统下验证。
- identified globally：表示用户是由 Oracle 安全域中心服务器来验证，此角色由全局用户来使用。

在学习完上面的语法之后，下面通过一个例子来演示如何创建角色。

【例 13-15】 创建一个名为 designer 的角色，该角色的口令为 123456，代码及运行结果如下。（实例位置：光盘\MR\源码\第 13 章\13-9）

```
SQL> connect system/1qaz2wsx;
已连接。
SQL> create role designer identified by 123456;

角色已创建。
```

一旦角色创建完成，就可以对角色进行授权，给角色授权也是使用 GRANT...TO 语句来实现的。如果系统管理员具有 GRANT_ANY_PRVILEGE 权限，就可以对某个角色进行授权。例如，授权 CREATE SESSION，CREATE SYNONYM，CREATE VIEW 等，下面来看一个例子。

【例 13-16】 给 designer 角色授予 create view 和 create table 权限，代码及运行结果如下。

```
SQL> grant create view,create table to designer;

授权成功。
```

在角色获得了权限之后，就可以把这个有使用价值的角色授予给某个用户了。把角色授予给某个用户仍然使用 GRANT...TO 语句来实现，来看下面的例子。

【例 13-17】 把 designer 角色授权给用户 dongfang，代码及运行结果如下。

```
SQL> grant designer to dongfang;

授权成功。
```

13.4.4 管理角色

在学习过管理用户（包括创建、修改、删除等操作）之后，再学习如何管理角色就相对简单多了，因为这二者之间有很多相似之处，这里仅通过一些简单实例来对角色的管理进行说明。

- 查看角色所包含的权限

查看角色权限通常使用 ROLE_SYS_PRIVS 数据字典，来看下面的例子。

【例 13-18】 查询角色 designer 被授予的权限有哪些，代码及运行结果如下。

```
SQL> select * from role_sys_privs where role = 'DESIGNER';
本例运行结果如图 13-6 所示。
```

图 13-6 查询指定角色的权限

- 修改角色密码

修改角色密码包括取消角色密码和修改角色密码两种情况，可以使用 ALTER ROLE 语句来实现，来看下面的例子。

【例 13-19】 首先取消 designer 角色的密码，然后再重新给该角色设置一个密码，代码及运行结果如下。

```
SQL> alter role designer not identified;
```

角色已丢弃。

```
SQL> alter role designer identified by mrsoft;
```

角色已更改。

- 设置当前用户要生效的角色

角色的生效是一个什么概念呢？假设用户 a 有 b1，b2，b3 三个角色，那么，如果 b1 未生效，则 b1 所包含的权限对于 a 来讲是不拥有的，只有角色生效了，角色内的权限才作用于用户，最大可生效角色数由参数 MAX_ENABLED_ROLES 设定；用户登录后，Oracle 将所有直接赋值给用户的权限和用户默认角色中的权限赋给用户。设置角色生效可使用 SET ROLE 语句，来看下面的例子。

【例 13-20】 创建一个无需密码验证的角色 queryer，然后设置该角色生效，接下来再设置带有密码的角色 designer 也生效，代码及运行结果如下。

```
SQL> create role queryer;
```

角色已创建。

```
SQL> set role queryer;
```

角色集。

```
SQL> set role designer identified by mrsoft;
```

角色集。

 如果要设置带有密码的角色生效，则必须在 SET ROLE 语句后面使用"IDENTIFIED BY"关键字指定角色的密码。

- 删除角色

删除角色很简单，使用 DROP ROLE 语句即可实现，来看下面的例子。

【例 13-21】 使用 drop role 语句删除角色 queryer，代码及运行结果如下。

```
SQL> drop role queryer;
```

角色已删除。

删除角色后，原来拥有该角色的用户将不再拥有该角色，相应的权限也将失去。

13.4.5 角色与权限查询

创建角色和用户以后，给角色和用户授予的权限被记录在 Oracle 数据字典里，作为 Oracle 数据库管理员，需要了解角色被授予了哪些权限及用户被授予了哪些权限和角色，从而对这个数据库的所有用户进行全面的管理，表 13-3 所示的是 Oracle 11g 用于存放用户、角色及权限的相关数据字典。

表 13-3　　　　　　　　　　　　相关的数据字典及其说明

数据字典	说　明
DBA_COL_PIRVS	数据库列上的所有权限
DBA_ROLE_PRIVS	显示已经授予用户或其他角色的角色
DBA_TAB_PRIVS	数据库对象上的所有权限
DBA_SYS_PRIVS	已授予用户或角色的系统权限

下面来看几个查询角色与权限的例子。

【例 13-22】　查询 HR 用户被授予的系统角色，代码如下。

```
SQL> select granted_role,default_role from dba_role_privs
  2 where grantee = 'HR';
```

本例运行结果如图 13-7 所示。

在某个模式下，如果用户要确定当前会话中的所有有效角色，可以通过 SESSION_ROLE 数据字典来查询。

图 13-7　HR 具有的系统角色

【例 13-23】　在 scott 模式下，查询当前用户的所有有效角色，代码如下。

```
SQL> connect scott/1qaz2wsx;
已连接。
SQL> select * from session_roles;
```

本例运行结果如图 13-8 所示。

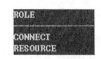

图 13-8　SCOTT 用户的有效角色

13.5　资源配置 PROFILE

访问 Oracle 数据库时，必须提供用户名和密码，然后才能连接到数据库。为了防止其他人员窃取用户密码，DBA 必须充分考虑用户密码的安全性，以防止非法人员连接到数据库执行非法操作。对于大型数据库管理系统而言，数据库用户众多，并且不同用户担负着不同的管理任务，为了有效地利用服务器资源，还应该限制不同用户的资源占用。

13.5.1　PROFILE 简介

PROFILE 作为用户配置文件，它是密码限制、资源限制的命名集合。PROFILE 文件作为 Oracle 安全策略的重要组成部分，利用它可以对数据库用户进行基本的资源限制，并且可以对用户的密码进行管理。

在安装数据库时，Oracle 会自动建立名为 DEFAULT 的默认配置文件。如果没有为新创建的用户指定 DEFAULT 文件，Oracle 将自动为它指定 DEFAULT 配置文件。初始的 DEFAULT 文件没有进行任何密码和资源限制。使用 PROFILE 文件时需要注意如下事项。

- 建立用户时，如果不指定 PROFILE 选项，Oracle 会自动将 DEFAULT 分配给相应的数据库用户。

- 建立 PROFILE 文件时，如果只设置了部分密码和资源限制选项，其他选项会自动使用默认值，即使 DEFAULT 文件中有相应选项的值。

● 使用 PROFILE 管理密码时，密码管理选项总是处于被激活状态，但是如果使用 PROFILE 管理资源，必须要激活资源限制。

● 一个用户只能分配一个 PROFILE 文件。如果要同时管理用户的密码和资源，那么在建立 PROFILE 时应该同时指定密码和资源选项。

13.5.2　使用 PROFILE 管理密码

当操作人员要连接到 Oracle 数据库时，需要提供用户名和密码。对于黑客或某些人而言，他们可能通过猜测或反复实验来破解密码。为了加强密码的安全性，可以使用 PROFILE 文件管理密码。PROFILE 文件提供了一些密码管理选项，它们提供了强大的密码管理功能，从而确保密码的安全。为了实现密码限制，必须首先建立 PROFILE 文件。建立 PROFILE 文件是使用 CREATE PROFILE 语句完成的，一般情况下，该语句是由 DBA 执行的，如果要以其他用户身份建立 PROFILE 文件，则要求该用户必须具有 CREATE PROFILE 系统权限。

使用 PROFILE 文件可以实现如下四种密码管理：账户锁定、密码的过期时间、密码历史和密码的复杂度。

1. 账户锁定

账户的锁定策略是指用户在连续输入多少次错误密码后，Oracle 会自动锁定用户的账户，并且可以规定账户的锁定时间。Oracle 为锁定账户提供了以下两个参数。

● FAILED_LOGIN_ATEMPTS

该参数限制用户在登录到 Oracle 数据库时允许失败的次数。一旦某个用户尝试登陆数据库的次数超过该值，则系统将该用户账户锁定。

● PASSWORD_LOCK_TIME

该参数用于指定账户被锁定的天数。

【例 13-24】　创建的 profile 文件，要求设置连续失败次数为 5，超过该次数后，账户将被锁定 7 天，然后使用 alter user 语句将 profile 文件（即 lock_account）分配给用户 dongfang，代码及运行结果如下。（实例位置：光盘\MR\源码\第 13 章\13-10）

```
SQL> create profile lock_account limit
  2  failed_login_attempts 5
  3  password_lock_time 7;
```

配置文件已创建

```
SQL> alter user dongfang profile lock_account;
```

用户已更改。

在建立 lock_account 文件并将该文件分配给用户 dongfang 后，如果以用户 dongfang 身份连接到数据库，并且连续连接失败 5 次后，Oracle 将自动锁定该用户账户。此时，即使为用户 dongfang 提供了正确的密码，也无法连接到数据库。

在建立 lock_account 文件时，由于指定 password_lock_time 的参数为 7，所以账户锁定天数达到 7 天后，Oracle 会自动解锁账户。

如果建立 PROFILE 文件时没有提供该参数，将自动使用默认值 UNLIMITED，这种情况下，需要 DBA 手动解锁用户账户。

2. 密码的过期时间

密码的过期时间是指强制用户定期修改自己的密码，当密码过期后，Oracle 会随时提醒用户修改密码。密码宽限期是指密码到期之后的宽限使用时间。默认情况下，建立用户并为其提供密码之后，密码会一直生效。为了防止其他人员破解用户账户的密码，可以强制普通用户定期改变密码。为了将强制用户定期修改密码，Oracle 提供了如下参数。

- PASSWORD_LIFE_TIME

该参数用于设置用户密码的有效时间，单位为天数。超过这一段时间，用户必须重新设置口令。

- PASSWORD_GRACE_TIME

该参数用于设置口令失效的"宽限时间"。如果口令到达 PASSWORD_LIFE_TIME 设置的失效时间，设置宽限时间后，用户仍然可以继续使用一段时间。

为了强制用户定期修改密码，两者应该同时进行设置，下面来看一个例子。

【例 13-25】　下面创建一个 profile 文件（即 password_lift_time），并设置用户的密码有效期为 30 天，密码宽限期为 3 天，然后使用 alter user 语句将 profile 文件（即 password_lift_time）分配给用户 dongfang，代码及运行结果如下。（实例位置：光盘\MR\源码\第 13 章\13-11）

```
SQL> create profile password_lift_time limit
  2  password_life_time 30
  3  password_grace_time 3;

配置文件已创建。

SQL> alter user dongfang profile password_lift_time;

用户已更改。
```

在上面的实例中，如果用户 dongfang 在 30 天之内没有修改密码，则 Oracle 会显示图 13-9 所示的警告信息。

ORA-28002:THE PASSWORD WILL EXPIRE WITHIN 3 DAYS

图 13-9　密码过期提示

若果用户在 30 天内没有修改密码，那么在第 31 天、第 32 天、第 33 天连接时，仍然会显示类似的警告信息。如果在 33 天内仍然没有修改密码，那么当第 34 天连接时，Oracle 会强制用户修改密码，否则不允许连接到数据库。

3. 密码历史

密码历史是用于控制账户密码的可重复使用次数或可重用时间。使用密码历史参数后，Oracle 会将密码修改信息存放到数据字典中。这样，当修改密码时，Oracle 会对新、旧密码进行比较，以确保用户不会重用过去已经用过的密码。关于密码历史有如下两个参数。

- PASSWORD_REUSE_TIME

该参数指定密码可重用的时间，单位为天。

- PASSWORD_REUSE_MAX

该参数设置口令在能够被重新使用之前，必须改变的次数。

在使用密码历史选项时，只能使用其中的一个参数，并将另一个参数设置为 UNLIMITED。

4. 密码复杂度

在 PROFILE 文件中，可以通过指定的函数来强制用户的密码必须具有一定的复杂度。例如，强制用户的密码不能与用户名相同。使用校验函数验证用户密码的复杂度时，只需要将这个函数的名称指定给 PROFILE 文件中的 PASSWORD_VERIFY_FUNCTION 参数，Oracle 就会自动使用该函数对用户的密码和格式进行验证。

在 Oracle 11g 中，验证密码复杂度功能有新的改进。在$ORACLE_HOME/rdbms/admin 目录下创建了一个新的密码验证文件 UTLPWDMG.SQL，其中，不仅提供了先前的验证函数 VERIFY_FUNCTION，还提供了一个新建的 VERIFY_FUNCTION_11G 函数。

13.5.3 使用 PROFILE 管理资源

在大而复杂的多用户数据库环境中，因为用户众多，所以系统资源可能会成为影响性能的主要瓶颈，为了有效地利用系统资源，应该根据用户所承担任务的不同为其分配合理资源。PROFILE 不仅可用于管理用户密码，还可以用于管理用户资源。需要注意，如果是使用 PROFILE 管理资源，必须将 RESOURCE_LIMIT 参数设置为 TRUE，以激活资源限制。由于该参数是动态参数，所以可以使用 ALTER SYSTEM 语句进行修改，下面来看一个例子。

【例 13-26】 首先使用 show 命令查看 RESOURCE_LIMIT 参数的值，然后使用 alter system 命令修改该参数的值为 true，从而激活资源限制，代码及运行结果如下。（实例位置：光盘\MR\源码\第 13 章\13-12）

```
SQL> show parameter resource_limit;

NAME                     TYPE           VALUE
--------------------     -----------    ------
resource_limit           boolean        FALSE
SQL> alter system set resource_limit=true;
```

系统已更改。

利用 PROFILE 配置文件，可以对以下系统资源进行限制：

- CPU 时间：为了防止无休止地使用 CPU 时间，限制用户每次调用时使用的 CPU 时间以及在一次会话期间所使用的 CPU 时间。
- 逻辑读：为了防止过多使用系统的 I/O 操作，限制每次调用即会话时读取的逻辑数据块数目。
- 用户的并发会话数。
- 会话空闲的限制：当一个会话空闲的时间达到了限制值时，当前事务被回滚，会话被终止并且所占用的资源被释放。
- 会话可持续的时间：如果一个会话的总计连接时间达到了该限制值，当前事务被回滚，会话被终止并释放所占用的资源。
- 会话所使用的 SGA 空间限制。

当一个会话或 SQL 语句占用的资源超过 PROFILE 文件中的限制时，Oracle 将终止并回退当前的事务，然后向用户返回错误的信息，如果受到的限制是会话级的，在提交或回退事务后，用户会话将被终止；而受到调用级限制时，用户会话还能够继续进行，只是当前执行的 SQL 语句将被终止。下面是 PROFILE 文件中对各种资源限制的参数。

● SESSION_PER_USER：用户可以同时连接的会话数量。如果用户的连接数达到该限制，则试图登录时将产生一条错误信息。

● CPU_PER_SESSION：限制用户在一次数据库会话期间可以使用的 CPU 时间，单位为百分之一秒。当达到该时间值后，系统就会终止该会话。如果用户还需要执行操作，则必须重建立连接。

● CUP_PER_CALL：该参数限制用户每条 SQL 语句所能使用的 CPU 时间，参数值是一个整数，单位为百分之一秒。

● LOGICAL_READS_PER_SESSION：限制每个会话所能读取的数据块数量，包括从内存中读取的数据块和从磁盘中读取的数据块。

● CONNECT_TIME：限制每个用户连接到数据库的最长时间，单位为分钟，当连接时间超出该设置时，该连接将被终止。

● IDLE_TIME：该参数限制每个用户会话连接到数据库的最长空闲时间。超过该空闲时间的会话，系统会终止该会话。

13.5.4　维护 PROFILE 文件

在 Oracle 数据库中，PROFILE 文件也是一种数据资源。DBA 也可以使用相应的语句对其进行管理，包括修改配置文件、删除配置文件、激活或禁用配置文件。

1. 修改 PROFILE 文件

在创建 PROFILE 文件之后，还可以使用 ALTER PROFILE 语句修改其中的资源参数和密码参数，来看下面的例子。

【例 13-27】　对 password_lift_time 文件（即 PROFILE 文件）的资源限制参数进行修改，代码及运行结果如下。（实例位置：光盘\MR\源码\第 13 章\13-13）

```
SQL> alter profile password_lift_time limit
  2  cpu_per_session 20000
  3  sessions_per_user 10
  4  cpu_per_call 500
  5  password_life_time 180
  6  failed_login_attempts 10;

配置文件已更改。
```

对配置文件所做的修改只有在用户开始新的会话时才会生效。

2. 删除 PROFILE 文件

使用 DROP PROFILE 语句可以删除 PROFILE 文件。如果要删除的配置文件已经被指定给了用户，则必须在 DROP PROFILE 语句中使用 CASCADE 关键字，来看下面的例子。

【例 13-28】　删除被分配给 dongfang 这个用户的 password_lift_time 配置文件，代码及运行结果如下。

```
SQL> drop profile password_lift_time cascade;
```

配置文件已删除。

 如果为用户指定的配置文件被删除，则 Oracle 将自动为用户重新指定 DEFAULT 配置文件。

13.5.5 显示 PROFILE 信息

在 PROFILE 文件被创建后，其信息被存储在数据字典中。通过查询这些数据字典，可以了解 PROFILE 文件的信息。

1. 显示用户的资源配置信息

建立或修改用户时，可以为用户分配 PROFILE 文件，如果没有为用户分配 PROFILE 文件，Oracle 会自动将 DEFAULT 分配给用户。通过查询数据字典视图 DBA_USERS，可以显示用户使用的 PROFILE 文件，下面来看一个例子。

【例 13-29】 显示用户的 DONGFANG 所使用的 PROFILE 文件，代码及运行结果如下。

```
SQL> select profile from dba_users where username='DONGFANG';

PROFILE
------------------------
LOCK_ACCOUNT
```

2. 显示指定 PROFILE 文件的资源配置信息

建立或修改 PROFILE 文件时，Oracle 将会把 PROFILE 参数存放在数据字典中。通过查询 DBA_PROFILES，可以显示 PROFILE 的密码限制、资源限制信息，下面来看一个例子。

【例 13-30】 显示 RESOURCE_LIMIT 文件的密码和资源限制信息，代码及运行结果如下。

```
SQL> column limit for a20;
SQL> select resource_name,resource_type,limit
  2  from dba_profiles
  3  where profile = 'LOCK_ACCOUNT';
```

本例运行结果如图 13-10 所示。

RESOURCE_NAME	RESOURCE	LIMIT
COMPOSITE_LIMIT	KERNEL	DEFAULT
SESSIONS_PER_USER	KERNEL	DEFAULT
CPU_PER_SESSION	KERNEL	DEFAULT
CPU_PER_CALL	KERNEL	DEFAULT
LOGICAL_READS_PER_SESSION	KERNEL	DEFAULT
LOGICAL_READS_PER_CALL	KERNEL	DEFAULT
IDLE_TIME	KERNEL	DEFAULT
CONNECT_TIME	KERNEL	DEFAULT
PRIVATE_SGA	KERNEL	DEFAULT
FAILED_LOGIN_ATTEMPTS	PASSWORD	5
PASSWORD_LIFE_TIME	PASSWORD	DEFAULT
RESOURCE_NAME	RESOURCE	LIMIT
PASSWORD_REUSE_TIME	PASSWORD	DEFAULT
PASSWORD_REUSE_MAX	PASSWORD	DEFAULT
PASSWORD_VERIFY_FUNCTION	PASSWORD	DEFAULT
PASSWORD_LOCK_TIME	PASSWORD	7
PASSWORD_GRACE_TIME	PASSWORD	DEFAULT

已选择16行。

图 13-10 显示 RESOURCE_LIMIT 文件的信息

13.6 综合实例——创建开发者角色

本实例演示了如何使用 Oracle 提供的图形化管理工具创建适合开发者使用的角色，由于开发者必须能够创建、修改和删除他们的应用程序使用的 schema 对象，因此需要为开发者提供表 13-4

所示的系统权限。

表 13-4　　　　　　　　　　　　　为开发者角色提供的系统权限

权限名称	说　明
CREATE TABLE	允许用户在其模式中创建、修改和删除表格
CREATE VIEW	允许用户在其模式中创建、修改和删除视图
CREATE PROCEDURE	允许用户在其模式中创建、修改和删除存储过程
CREATE TRIGGER	允许用户在其模式中创建、修改和删除触发器
CREATE SEQUENCE	允许用户在其模式中创建、修改和删除序列
CREATE SYNONYM	允许用户在其模式中创建、修改和删除同义词

假设角色名称是 APPDEV，其创建步骤如下：

（1）打开 Oracle Enterprise Manager，如图 13-11 所示。

图 13-11　Oracle Enterprise Manager

（2）在图 13-11 中，输入具有管理角色权限的账户，例如 system，以及密码，单击"登录"按钮。

（3）成功登录之后，单击页面上方的"服务器"选项卡，如图 13-12 所示。

图 13-12　服务器选项卡

（4）单击"安全性"下方的"角色"连接，如图 13-13 所示。

图 13-13　角色页面内容

（5）在图 13-13 中，单击右侧的"创建"按钮，在一般信息的"名称"栏中输入"APPDEV"，如图 13-14 所示。

图 13-14　输入角色名称

（6）在图 13-14 中，单击"系统权限"选项卡，如图 13-15 所示。

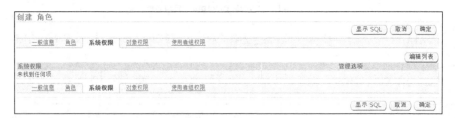

图 13-15　系统权限选项卡

（7）在图 13-15 中，单击右侧的"编辑列表"选项卡，选择表 13-4 中列出的权限，如图 13-16 所示。

图 13-16　修改系统权限

（8）在图 13-16 中，单击"确定"按钮，显示如图 13-17 所示的界面，单击"确定"按钮完成角色创建。

图 13-17　显示系统权限

说明　　读者可以单击图 13-17 中的"显示 SQL"按钮，显示创建当前角色所使用的 SQL 语句。

知识点提炼

（1）要创建一个新的用户（本章均指密码验证用户，以下不再重复），可采用 CREATE USER 命令。

（2）修改用户的语法与创建用户的语法基本相同，只不过使用的是 ALTER USER 命令。

（3）删除用户是通过 DROP USER 语句完成的。删除用户后，Oracle 会从数据字典中删除用户、方案及其所有对象方案。

（4）在 Oracle 11g 中含有 200 多种系统特权，并且所有这些系统特权均被列举在 SYSTEM_PRIVILEGE_MAP 数据目录视图中。授权操作使用 GRANT 命令。

（5）要从用户或角色中撤销对象权限，使用 REVOKE 命令。

（6）创建用户自定义角色可以使用 CREATE ROLE 语句来实现。

（7）PROFILE 是用户配置文件，它是密码限制、资源限制的命名集合。

习　　题

13-1　如何实现创建用户并为之分配权限。

13-2　如何实现回收用户权限。

13-3　如何创建角色。

13-4　如何实现角色与权限的查询操作。

实验：创建开发者用户

实验目的

（1）掌握使用图形化界面工具创建开发者用户。
（2）掌握使用命令创建用户。

实验内容

在本章 13.6 节综合实例基础上，创建开发者用户。

实验步骤

（1）打开 Oracle Enterprise Manager，如图 13-18 所示。

图 13-18　Oracle Enterprise Manager

（2）在图 13-18 中，输入具有管理用户权限的账户，例如 system，以及密码，单击"登录"按钮。

（3）成功登录之后，单击页面上方的"服务器"选项卡，如图 13-19 所示。

图 13-19　服务器选项卡

（4）单击"安全性"下方的"用户"连接，如图 13-20 所示。

图 13-20 用户页面内容

（5）在图 13-20 中，单击"创建"按钮，显示如图 13-21 所示的用户创建界面。

图 13-21 创建用户页面内容

（6）在图 13-21 中的"一般信息"选项卡中的"名称"中输入 MR，"概要文件"选择 DEFAULT，"验证"选择口令，"输入口令"和"确认口令"中输入 MRSOFT，不选择"口令即刻失效"，"默认表空间"选择 USERS，"临时表空间"选择 TEMP，"状态"选择"未锁定"，如图 13-22 所示。

（7）在图 13-22 中，单击"角色"选项卡，增加在 13.6 节中创建的"APPDEV"角色，如图 13-23 所示。

图 13-22　输入信息的用户页面内容

图 13-23　管理用户角色

（8）在图 13-23 中，单击"限额"选项卡，为 USERS 表空间增加 10MB 限额，单击"确定"按钮完成用户创建。

图 13-24　管理用户配额

　　读者可以单击图 13-24 中的"显示 SQL"按钮，显示创建当前用户所使用的 SQL 语句。

第 14 章
数据导出和导入

本章要点：

■ 了解关于 EXPDP 和 IMPDP 的概述
■ 掌握如何使用 EXPDP 导出数据
■ 掌握如何使用 IMPDP 导入数据
■ 掌握如何使用 SQL*Loader 工具加载数据

在 Oracle 11g 中，对数据库进行逻辑备份或数据转储，也就是对数据库实施导入/导出操作时，既可以使用常规的 EXP/IMP 客户端程序，也可以使用在 Oracle 10g 中开始引入的功能强大的数据泵技术：IMPDP/EXPDP。

14.1　EXPDP 和 IMPDP 概述

数据泵导出使用工具 EXPDP 将数据库对象的元数据（对象结构）或数据导出到转储文件中。而数据泵导入则是使用工具 IMPDP 将转储文件中的元数据及其数据导入到 Oracle 数据库中。假设 EMP 表被意外删除，那么可以使用 IMPDP 工具导入 EMP 的结构信息和数据。

使用数据泵导出或导入数据时，可以获得如下好处。

● 数据泵导出与导入可以实现逻辑备份和逻辑恢复。通过使用 EXPDP，可以将数据库对象备份到转储文件中；当表被意外删除或其他误操作时，可以使用 IMPDP 将转储文件中的对象和数据导入到数据库中。

● 数据泵导出和导入可以在数据库用户之间移动对象。例如，使用 EXPDP 可以将 SCOTT 模式中的对象导出并存储在转储文件中，然后再使用 IMPDP 将转储文件中的对象导入到其他数据库模式中。

● 使用数据泵导入可以在数据库之间移动对象。

● 数据泵可以实现表空间的转移，即将一个数据库的表空间转移到另一个数据库中。

在 Oracle 11g 中，进行数据导入或导出操作时，既可以使用传统的导出导入工具 EXP 和 IMP，也可以使用数据泵 EXPDP 和 IMPDP。但是，由于工具 EXPDP 和 IMPDP 的速度优于 EXP 和 IMP，所以建议在 Oracle 11g 中使用 EXPDP 执行数据导出，并使用工具 IMPDP 执行数据导入。

14.2 EXPDP 导出数据

Oracle 提供的 EXPDP 可以将数据库对象的元数据或数据导出到转储文件中，EXPDP 可以导出表、用户模式、表空间和全数据库 4 种数据。

14.2.1 执行 EXPDP 命令

EXPDP 是服务器端工具，这意味着该工具只能在 Oracle 服务器端使用，而不能在 Oracle 客户端使用。通过在命令提示符窗口中输入 EXPDP HELP 命令，可以查看 EXPDP 的帮助信息，如图 14-1 所示，读者从中可以看到如何调用 EXPDP 导出数据。

图 14-1 查看 EXPDP 的帮助信息

数据泵导出包括导出表、导出模式、导出表空间和导出全数据库 4 种模式。需要注意，EXPDP 工具只能将导出的转储文件存放在 DIRECTORY 对象对应的 OS 目录中，而不能直接指定转储文件所在的 OS 目录。因此，使用 EXPDP 工具时，必须首先建立 DIRECTORY 对象，并且需要为数据库用户授予使用 DIRECTORY 对象的权限，下面来看一个例子。

【例 14-1】 创建一个 DIRECTORY 对象，并为 SCOTT 用户授予了使用该目录的权限，代码及运行结果如下。(实例位置：光盘\MR\源码\第 14 章\14-1)

```
SQL> create directory dump_dir as 'd:\dump';

目录已创建。

SQL> grant read,write on directory dump_dir to scott;
```

授权成功。

1. 导出表

导出表是指将一个或多个表的结构及其数据存储到转储文件中。普通用户只能导出自身模式中的表，如果要导出其他模式中的表，则要求用户必须具有 EXP_FULL_DATABASE 角色或 DBA 角色。在导出表时，每次只能导出一个模式中的表，来看下面的例子。

【**例 14-2**】　导出 scott 模式中的 dept 和 emp 表，代码如下。（实例位置：光盘\MR\源码\第 14 章\14-2）

```
C:\>expdp scott/1qaz2wsx directory=dump_dir dumpfile=tab.dmp tables=emp,dept
```

本例运行结果如图 14-2 所示。

```
Export: Release 11.2.0.1.0 - Production on 星期六 1月 7 11:55:15 2012

Copyright (c) 1982, 2009, Oracle and/or its affiliates.  All rights reserved.

连接到: Oracle Database 11g Enterprise Edition Release 11.2.0.1.0 - Production
With the Partitioning, OLAP, Data Mining and Real Application Testing options
启动 "SCOTT"."SYS_EXPORT_TABLE_01": scott/******** directory=dump_dir dumpfile=
tab.dmp tables=emp,dept
正在使用 BLOCKS 方法进行估计...
处理对象类型 TABLE_EXPORT/TABLE/TABLE_DATA
使用 BLOCKS 方法的总估计: 128 KB
处理对象类型 TABLE_EXPORT/TABLE/TABLE
处理对象类型 TABLE_EXPORT/TABLE/GRANT/OWNER_GRANT/OBJECT_GRANT
处理对象类型 TABLE_EXPORT/TABLE/INDEX/INDEX
处理对象类型 TABLE_EXPORT/TABLE/CONSTRAINT/CONSTRAINT
处理对象类型 TABLE_EXPORT/TABLE/INDEX/STATISTICS/INDEX_STATISTICS
处理对象类型 TABLE_EXPORT/TABLE/CONSTRAINT/REF_CONSTRAINT
处理对象类型 TABLE_EXPORT/TABLE/TRIGGER
处理对象类型 TABLE_EXPORT/TABLE/INDEX/FUNCTIONAL_AND_BITMAP/INDEX
处理对象类型 TABLE_EXPORT/TABLE/INDEX/STATISTICS/FUNCTIONAL_AND_BITMAP/INDEX_STA
TISTICS
处理对象类型 TABLE_EXPORT/TABLE/STATISTICS/TABLE_STATISTICS
. . 导出了 "SCOTT"."DEPT"                          6.046 KB       9 行
. . 导出了 "SCOTT"."EMP"                           9.031 KB      15 行
已成功加载/卸载了主表 "SCOTT"."SYS_EXPORT_TABLE_01"
******************************************************************************
SCOTT.SYS_EXPORT_TABLE_01 的转储文件集为:
  D:\DUMP\TAB.DMP
作业 "SCOTT"."SYS_EXPORT_TABLE_01" 已于 11:55:26 成功完成
```

图 14-2　导出表

上述命令将 emp 和 dept 表的相关信息存储到转储文件 tab.dmp 中，并且该转储文件位于 dump_dir 目录对象所对应的磁盘目录中。

2. 导出模式

导出模式是指将一个或多个模式中的所有对象结构及数据存储到转储文件中。导出模式时，要求用户必须具有 DBA 角色或 EXP_FULL_DATABASE 角色，下面来看一个例子。

【**例 14-3**】　导出 scott 和 hr 模式中的所有对象，代码如下。（实例位置：光盘\MR\源码\第 14 章\14-3）

```
C:\>expdp system/1qaz2wsx directory = dump_dir dumpfile=schema.dmp schemas = scott,hr
```

本例运行结果如图 14-3 所示。

图 14-3　导出模式中的对象

执行上面的语句，将在 scott 模式和 hr 模式中的所有对象存储到转储文件 schema.dmp 中。并且该转储文件位于 dump_dir 目录对象所对应的磁盘目录中。

3. 导出表空间

导出表空间是指将一个或多个表空间中的所有对象及数据存储到转储文件中。导出表空间要求用户必须具有 DBA 角色或 EXP_FULL_DATABASE 角色，下面来看一个例子。

【例 14-4】　导出表空间 tbsp_1，代码如下。（实例位置：光盘\MR\源码\第 14 章\14-4）

```
C:\>expdp system/1qaz2wsx directory = dump_dir dumpfile = tablespace.dmp tablespaces = tbsp_1
```

本例运行结果如图 14-4 所示。

图 14-4　导出表空间

4．导出全数据库

导出全数据库是指将数据库中的所有对象及数据存储到转储文件中，导出数据库要求用户必须具有 DBA 角色或 EXP_FULL_DATABASE 角色。需要注意，导出数据库时，不会导出 SYS、ORDSYS、ORDPLUGINS、CTXSYS、MDSYS、LBACSYS 以及 XDB 等模式中的对象，下面来看一个例子。

【例 14-5】　导出整个数据库，代码如下。(实例位置：光盘\MR\源码\第 14 章\14-5)

```
C:\>expdp system/1qaz2wsx directory=dump_dir dumpfile=fulldatabase.dmp full=y
```

14.2.2　EXPDP 命令参数

在调用 EXPDP 工具导出数据时，可以为该工具附加多个命令行参数。事实上，只要通过在命令提示符窗口中输入 EXPDP HELP 命令，就可以了解 EXPDP 各个参数的信息。下面将介绍 EXPDP 工具的常用命令行参数及其作用。

1．CONTENT

该参数用于指定要导出的内容，默认值为 ALL，语法如下：

```
Content={all | data_only | metadata_only}
```

- all：将导出对象定义及其所有数据。
- data_only：只导出对象数据。
- metadata_only：只导出对象定义。

下面来看一个例子：

【例 14-6】　只导出 scott 模式中对象数据，代码如下。(实例位置:光盘:MR\源码\第 14 章\14-6)

```
C:\>expdp scott/1qaz2wsx directory=dump_dir dumpfile=content.dmp content=data_only
```

2．QUERY

该参数用于指定过滤导出数据的 WHERE 条件。语法如下：

```
query=[schema.] [table_name:] query_clause
```

- schema：用于指定模式名。
- table_name：用于指定表名。
- query_clause：用于指定条件限制子句。

需要注意，query 参数不能与 connect=metadata_only、extimate_only、transprot_tablespaces 等参数同时使用，下面来看一个例子。

【例 14-7】　在 dept 表中，导出部门编号为 10 的数据，代码如下。(实例位置：光盘\MR\源码\第 14 章\14-7)

```
C:\>expdp scott/1qaz2wsx directory=dump_dir dumpfile=query.dmp tables=dept query=
'where deptno=10'
```

3．DIRECTORY

该参数指定转储文件和日志文件所在的目录。语法如下：

```
directory=directory_object
```

其中，directory_object 用于指定目录对象的名称。需要注意，目录对象是使用 create directory 语句建立的对象，而不是普通的磁盘目录。

4．DUMPFILE

该参数用于指定转储文件的名称，默认名称为 expdat.dmp。语法如下：

```
dumpfile=[directory_object:]file_name[,…]
```

- director_object：用于指定目录对象名。
- file_name：用于指定转储文件名。

如果不指定 directory_object，导出工具会自动使用 driectory 选项指定的目录对象。

5. FULL

该参数用于指定数据库模式导出，默认为 N。语法如下：

`full={y | n}`

当设置该选项为 y 时，表示执行数据库导出。

执行数据库导出时，数据库用户必须具有 EXP_FULL_DATABASE 角色或 DBA 角色。

6. LOGFILE

该参数用于指定导出日志文件的名称，默认名称为 export.log。语法如下：

`logfile=[directory_object:]file_name`

7. STATUS

该参数用于指定显示导出作业进程的详细状态，默认值为 0，语法如下：

`status=integer`

integer 用于指定显示导出作业状态的时间间隔，单位为秒。指定该参数后，每隔特定时间间隔会显示作业完成的百分比。

8. TABLES

该参数用于指定表模式导出。语法如下：

`Tables=[schema_name.]table_name[:partition_name][,…]`

- schema_name：用于指定模式名。
- table_name：用于指定要导出的表名。
- partition_name：用于指定要导出的分区名。

9. TABLESPACES

该参数用于指定要导出的表空间列表。

14.3 IMPDP 导入数据

IMPDP 是服务器端的工具，该工具只能在 Oracle 服务器端使用，不能在 Oracle 客户端使用。与 EXPDP 相似，数据泵导入时，其转储文件被存储在 DIRECTORY 对象所对应的磁盘目录中，而不能直接指定转储文件所在的磁盘目录。

14.3.1 执行 IMPDP 命令

与 EXPDP 类似，调用 IMPDP 时只需要在命令提示符窗口中输入 IMPDP 命令即可。同样，IMPDP 也可以进行 4 种类型的导入操作：导入表、导入用户模式、导入表空间和导入全数据库。

1. 导入表

导入表是指将存放在转储文件中的一个或多个表的结构及数据装载到数据库中，导入表是使用 TABLES 参数完成的。普通用户只可以将表导入到自己的模式中，但如果以其他用户身份导入表，则要求该用户必须具有 IMP_FULL_DATABASE 角色和 DBA 角色。导入表时，既可以将表导入到源模式中，也可以将表导入到其他模式中，下面来看一个例子。

【例 14-8】　将表 dept、emp 导入到 SYSTEM 模式中，代码如下。（实例位置：光盘\MR\源码\第 14 章\14-8）

```
C:\>impdp system/1qaz2wsx directory=dump_dir dumpfile=tab.dmp tables=scott.dept,
scott.emp remap_schema=scott:system
```

如果要将表导入到其他模式中，则必须指定 REMAP_SCHEMA 参数。

2. 导入模式

导入模式是指将存放在转储文件中的一个或多个模式的所有对象装载到数据库中，导入模式时需要使用 SCHEMAS 参数。普通用户可以将对象导入到其自身模式中，但如果以其他用户身份导入模式时，则要求该用户必须具有 IMP_FULL_DATABASE 角色或 DBA 角色。导入模式时，既可以将模式的所有对象导入到源模式中，也可以将模式的所有对象导入到其他模式中，下面来看一个例子。

【例 14-9】　将 scott 模式中的所有对象导入到 system 模式中，代码如下。（实例位置：光盘\MR\源码\第 14 章\14-9）

```
C:\>impdp system/1qaz2wsx directory=dump_dir dumpfile=schema.dmp schemas=scott remap
_schema=scott:system;
```

3. 导入表空间

导入表空间是指将存放在转储文件中的一个或多个表空间中的所有对象装载到数据库中，导入表空间时需要使用 TABLESPACE 参数。

【例 14-10】　将 tbsp_1 表空间中的所有对象都导入到当前数据库中，代码如下。（实例位置：光盘\MR\源码\第 14 章\14-10）

```
C:\>impdp system/1qaz2wsx directory=dump_dir dumpfile=tablespace.dmp tablespaces=
tbsp_1
```

4. 导入全数据库

导入全数据库是指将存放在转储文件中的所有数据库对象及相关数据装载到数据库中，导入数据库是使用 FULL 参数设置的，下面来看一个例子。

【例 14-11】　从 fulldatabase.dmp 文件中导入全数据库，代码如下。（实例位置：光盘\MR\源码\第 14 章\14-11）

```
C:\>impdp system/1qaz2wsx directory=dump_dir dumpfile=fulldatabase.dmp full=y
```

如果导出转储文件时，要求用户必须具有 EXP_FULL_DATABASE 角色或 DBA 角色，则导入数据库时，要求用户必须具有 IMP_FULL_DATABASE 角色或 DBA 角色。

14.3.2　IMPDP 命令参数

同样，在调用 IMPDP 工具导入数据时，也可以为该工具附加多个命令行参数。通过在命令提示符窗口中输入 IMPDP HELP 命令，就可以了解 IMPDP 的各个参数信息。其中，大部分参数与 EXPDP 的参数相同。本节将主要介绍 IMPDP 所特有的参数。

1. REMAP_SCHEMA

该参数用于将源模式中的所有对象装载到目标模式中，如法如下：

```
remap_schema=source_schema:target_schema
```

- source_schema：源模式。
- target_schema：目标模式。

2. REMAP_TABLESPACE

该参数用于指定导入时更改表空间名称。在 10g 版本出现以前，这一操作非常复杂。首先，因为没有写操作权限，必须移除原始表空间的限额，然后再设置表空间。在导入过程中，原始表空间中的对象可以存储在设置后的表空间中。当任务完成后，必须进行将表空间恢复到原来的状态。在 10g 中导入时，REMAP_TABLESPACE 参数的设置大大简化了该操作，这样只需要对目标表空间进行限额，而不需要其他条件。语法如下：

```
remap_tablespace=source_tablespace:target_tablespace
```

- source_tablespace：源表空间。
- target_tablespace：目标表空间。

3. SQLFILE

在 IMPDP 中使用该参数时，可以从 DMP 文件中提取对象的 DDL 语句，以便之后使用。该参数用于指定将导入的 DDL 操作写入到 SQL 脚本中。语法如下：

```
sqlfile=[directory_object:]file_name
```

file_name 表示包含 DDL 语句的文件。实际上，IMPDP 只是从 DMP 文件中提取对象的 DDL 语句，这样 IMPDP 并不把数据导入数据库中，只是创建 DDL 语句文件，下面来看一个例子。

【例 14-12】　向 scott 模式中导入 test.sql 文件中的 DDL 语句，代码如下。（实例位置：光盘\MR\源码\第 14 章\14-12）

```
C:\ impdp scott/1qaz2wsx directory=dump_dir dumpfile=sqlfile.dmp sqlfile=test.sql
```

4. TABLE_EXISTS_ACTION

该参数用于指定当表已经存在时导入作业要执行的操作，默认为 SKIP。

```
table_exists_action={skip | append | truncate | replace}
```

- skip：导入作业会跳过已存在表处理下一个对象。
- append：会追加数据。
- truncate：导入作业会截断表，然后为其追加新数据。
- replace：导入作业会删除已存在表，然后重建表追加数据。

5. TRANSPORT_DATAFILES

该参数用于指定移动空间时要被导入到目标数据库的数据文件，语法如下：

```
Transport_datafiles=datafile_name
```

datafile_name 用于指定被复制到目标数据库的数据文件，下面来看一个例子：

【例 14-13】　向当前数据库中导入 test.dbf 数据文件，代码如下。（实例位置：光盘\MR\源码

\第 14 章\14-13)

```
C:\>impdp system/1qaz2wsx directory=dump dumpfile=tran_datafiles.dmp transport_
datafiles='d:\OracleData\test.dbf'
```

14.4　SQL* Loader 工具

上面介绍的数据泵和 EXP/IMP 工具仅可以实现一个 Oracle 数据库与另一个 Oracle 数据库之间的数据传输，而 SQL*Loader 工具则可以实现将外部数据或其他数据库中的数据添加到 Oracle 数据库中，例如，将 ACCESS 中的数据加载到 Oracle 数据库中。

14.4.1　SQL* Loader 概述

Oracle 提供的数据加载工具 SQL*Loader 可以将外部文件中的数据加载到 Oracle 数据库，SQL*Loader 支持多种数据类型（如日期型、字符型、数据字符等），即可以将多种数据类型加载到数据库。

使用 SQL*Loader 导入数据时，必须编辑一个控制文件（.CTL）和一个数据文件（.DAT）。控制文件用于描述要加载的数据信息，包括数据文件名、数据文件中数据的存储格式、文件中的数据要存储到哪一个字段、哪些表和列要加载数据、数据的加载方式等。

根据数据的存储格式，SQL*Loader 所使用的数据文件可以分为两种，即固定格式存储的数据和自由格式存储的数据。固定格式存储的数据按一定规律排序，控制文件通过固定长度将数据分割。自由格式存储的数据则是由规定的分隔符来区分不同字段的数据。

在使用 SQL*Loader 加载数据时，可以使用系统提供的一些参数控制数据加载的方法。调用 SQL*Loader 的命令为 SQLLDR，SQLLDR 命令的形式如下：

```
C:\> sqlldr
```

执行该命令后，会屏幕中输出该命令的用法和有效的关键字，如图 14-5 所示。

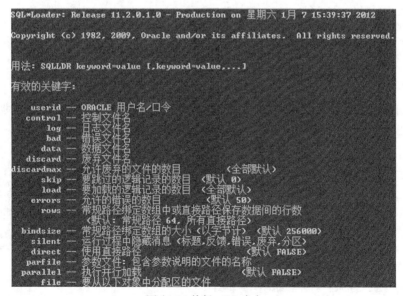

图 14-5　执行 sqlldr 命令

14.4.2 加载数据

使用 SQL*Loader 加载数据的关键是编写控制文件，控制文件决定要加载的数据格式。根据数据文件的格式，控制文件也分为自由格式与固定格式，本小节将对如何使用 SQL*Loader 工具加载"自由格式"与"固定格式"的数据进行详细讲解。

1. 自由格式加载

如果要加载的数据没有一定格式，则可以使用自由格式加载，控制文件将用分隔符将数据分割为不同字段中的数据，下面来看一个例子。

【例 14-14】 使用自由格式加载 TXT 文件，代码及操作步骤如下。（实例位置：光盘\MR\源码\第 14 章\14-14）

（1）创建一个表 student，用以存储要加载的数据，代码及运行结果如下：

```
SQL> create table student
  2  (stuno number(4),
  3  stuname varchar2(20),
  4  sex varchar2(4),
  5  old number(4)
  6  );
```

表已创建。

（2）制作一份文本数据，存储到 student.txt 文件中，文本数据如下：

```
1001    东方    男    30
1002    开心    女    25
1003    JACK    男    23
1004    ROSE    女    20
```

（3）编辑控制文件 stduent.ctl，确定加载数据的方式，控制文件的代码如下：

```
load data
  infile 'd:\data\student.txt'
  into table student
  (stuno position(01:04) integer external,
   stuname position(11:14) char,
   sex position(21:22) char,
   old position(29:30) integer external
  )
```

在上面的代码中，infile 指定源数据文件，into table 指定添加数据的目标基本表，还可以使用关键字 append 表示向表中追加数据，或使用关键字 replace 覆盖表中原来的数据。加载工具通过 position 控制数据的分割，以便将分割后的数据添加到表的各个列中。

（4）调用 SQL*Loader 加载数据

在命令行中设置控制文件名，以及运行后产生的日志信息文件。

```
C:\>sqlldr system/1qaz2wsx control=d:\
data\student.ctl log=d:\data\stu_log
```

（5）加载数据后，用户可以连接到 SQL* Plus，查看 student 数据表，查看其是否有数据记录，本例查询后的运行结果如图 14-6 所示。

图 14-6 查看 student 表

2．固定格式加载数据

如果数据文件中的数据是按一定规律排列的，可以使用固定格式加载，控制文件通过数据的固定长度将数据分割。

Excel 保存数据的一种格式为"CSV（逗号分隔符）"，该文件类型通过指定的分隔符隔离各列的数据，这就为通过 SQL*Loader 工具加载 Excel 中的数据提供了可能，下面来看一个例子。

【例 14-15】　通过 SQL*Loader 加载 EXCEL 文件中的数据，代码及操作步骤如下。（实例位置：光盘\TM\sl\14\15）

（1）打开 EXCEL，输入如图 14-7 所示的数据。

	A	B	C	D
1	1005	east	女	26
2	1006	west	男	25
3	1007	happy	男	24
4	1008	mary	女	20

图 14-7　向 EXCEL 表格输入数据

（2）保存 EXCEL 文件为 persons.csv，注意保存文件的格式为"CSV（逗号分隔）"。

（3）创建一个与 EXCEL 表格中数据对应的表 persons，代码及运行结果如下：

```
SQL> create table persons
  2  (code number(4),
  3  name varchar2(20),
  4  sex varchar2(4),
  5  old number(4)
  6  );

表已创建。
```

（4）编辑一个控制文件 persons.ctl，其代码如下：

```
load data
infile 'd:\data\persons.csv'
append into table persons
fields terminated by ','
(code,name,sex,old)
```

其中，fields terminated by 指定数据文件中的分隔符为逗号"，"，数据的加载方式为 append，表示在表中追加新数据。

（5）调用 SQL*Loader 来加载数据，代码如下：

```
C:\>sqlldr system/1qaz2wsx control=d:\data\persons.ctl
```

（6）加载数据后，用户可以连接到 SQL*Plus，查看 persons 数据表，查看是否有数据，本例查询后的运行结果如图 14-8 所示。

```
SQL> select * from persons;

    CODE NAME                 SEX      OLD
    ---- ----                 ---      ---
    1005 east                 女        26
    1006 west                 男        25
    1007 happy                男        24
    1008 mary                 女        20
```

图 14-8　查询 persons 表

14.5 综合实例——使用 EXPDP 工具导出 HR 模式中的 employees 表

在使用数据库的过程当中,出于安全性的需要,会定期备份数据库中的数据。使用 EXPDP 命令可以实现多种不同的备份功能。本实例将演示使用该命令导出 HR 模式中的 employees 表功能,其实现过程如下。

 在开始本实例之前,需要解除 hr 用户的锁定状态,并将密码设置为 hr。

(1)使用 system 用户登录 SQL Plus,创建保存导出文件的文件夹,代码及运行结果如下。
```
SQL> create directory dump_dir as 'd:\dump';
```

目录已创建。

(2)为 hr 用户提供对 dump_dir 文件夹读写的权限,代码及运行结果如下。
```
SQL> grant read, write on directory dump_dir to hr;
```

授权成功。

(3)运行 expdp 命令,将 hr 模式下的 employees 表导出到本地 employees.dmp 文件,代码如下。
```
C:\Users\kira>expdp hr/hr directory=dump_dir dumpfile=employees.dmp tables=employees
```
运行上述代码后,会显示如图 14-9 所示的结果。

图 14-9 expdp 命令输出结果

知识点提炼

（1）数据泵导出使用工具 EXPDP 将数据库对象的元数据（对象结构）或数据导出到转储文件中。而数据泵导入则是使用工具 IMPDP 将转储文件中的元数据及其数据导入到 Oracle 数据库中。

（2）EXPDP 命令的 DIRECTORY 参数用于指定导入文件所在的文件夹。

（3）EXPDP 命令的 DUMPFILE 参数用于指定导入文件的名称。

（4）IMPDP 命令的 SQLFILE 参数用于从 DMP 文件中提取对象的 DDL 语句，以便之后使用。

（5）SQL*Loader 工具可以实现将外部数据或其他数据库中的数据添加到 Oracle 数据库中。

习　　题

14-1　EXPDP 命令可以导出哪些类型的数据？

14-2　EXPDP 命令的 CONTENT 参数有何用途？

14-3　IMPDP 命令可以导入哪些类型的数据？

14-4　IMPDP 命令的 SQLFILE 参数有何用途？

14-5　如何使用 SQL*Loader 工具？

14-6　参考 Oracle 公司提供的 Oracle Database Utilities 文档，深入学习 EXPDP 和 IMPDP 命令的使用。

实验：导入数据表

实验目的

（1）熟悉 IMPDP 命令的用法。

（2）掌握使用 IMPDP 命令导入数据。

实验内容

使用 IMPDP 工具将导出的 employees 表导入到 SCOTT 模式中。

实验步骤

（1）使用 system 用户登录 Oracle Enterprise Manager，选择"服务器"/"用户"，编辑 scott 用户属性，新增"IMP_FULL_DATABASE"和"DBA"角色，如图 14-10 所示。

图 14-10　为 scott 用户增加角色

（2）在图 14-10 中，单击"应用"按钮完成角色的添加。

（3）打开 DOS 控制台，输入如下代码完成数据表的导入。

```
C:\Users\kira>impdp scott/tiger directory=dump_dir dumpfile=employees.dmp tables= hr.
employees remap_schema=hr:scott
```

第15章
Oracle 闪回技术与系统调优

本章要点：

- 了解关于闪回技术的简介
- 掌握如何实现闪回数据库
- 掌握如何实现闪回数据表
- 掌握如何实现闪回丢弃
- 了解其他方面的闪回技术
- 了解如何调整初始化参数
- 掌握系统全局区的优化
- 掌握排序区的优化

闪回技术（Flashback）是从 Oracle 9i 版本的闪回查询开始的，后来在 Oracle 10g 的版本中得到具体应用，并在 Oracle 11g 中得到增强。除了前面介绍的物理和逻辑上的管理功能之外，还需要用户针对数据库所在环境的硬件配置及应用的规模等进行 Oracle 参数的调整，以便 Oracle 实例的运行处于相对良好的状态，本章还介绍 Oracle 的内存调整。

15.1 闪回技术简介

为了使 Oracle 数据库能够从任何的逻辑操作中迅速恢复，Oracle 推出了闪回技术。该技术首先以闪回查询（Flashback Query）出现在 Oracle 9i 版本中，后来在 Oracle 10g 中对该技术进行了全面扩展，提供了闪回数据库、闪回删除、闪回表、闪回事务及闪回版本查询等功能，在 Oracle 11g 中，Oracle 继续对该技术进行了改进和增强，增加了闪回数据归档的功能。

在 Oracle 11g 中，闪回技术包括以下各项。

- 闪回数据库技术：闪回数据库特性允许复原整个数据库到某个时间点，从而撤销自该时间以来的所有更改。闪回数据库主要利用闪回日志检索数据块的旧版本，同时它也依赖归档重做日志完全地恢复数据库，不用复原数据文件和执行传统的介质恢复。
- 闪回表技术：使用该特性，可以确保数据表能够被恢复到之前的某一个时间点上。
- 闪回丢弃技术：类似于操作系统的垃圾回收站，可以从其中恢复被 DROP 掉的表或索引，该功能基于撤销数据。

● 闪回版本查询技术：通过该功能，可以看到特定的表在某个时间段内所进行的任何修改操作。

● 闪回事务查询技术：使用该特性，可以在事务级别上检查数据库的任何改变，大大方便了对数据库的性能优化、事务审计及错误诊断等操作。该功能基于撤销数据。

● 闪回数据归档技术：通过该技术可以查询指定对象的任何时间点（只要满足保护策略）的数据，而且不需要使用 UNDO，在有审计需要的环境下，或者是安全性特别重要的高可用数据库中，是一个非常好的特性。缺点是如果该表变化很频繁，则对空间的要求可能很高。

15.2　闪回数据库

闪回数据库能够使数据库迅速回滚到以前的某个时间或某个 SCN（系统更改号）上，这对于数据库从逻辑错误中恢复特别有用，而且也是大多数逻辑损害时恢复数据库的最佳选择。该功能不基于撤销数据，而是基于闪回日志。

使用闪回数据库恢复比使用传统的恢复方法要快得多，这是因为恢复不再受到数据库大小的影响。也就是说，传统的恢复时间（MTTR）是由所需重建的数据文件的大小和所要应用的归档日志的大小所决定的，而使用闪回数据库恢复，其恢复时间是由恢复过程中需要备份的变化的数据量，而不是数据文件和归档日志大小决定。闪回数据库由恢复写入器（RVWR）后台进程和闪回数据库日志组成。如果要启用闪回数据库功能，RVWR 进程也要启动。

15.2.1　闪回恢复区配置

只要使用闪回技术操作数据，就必须首先建立闪回恢复区。闪回恢复区是一块用来集中存储所有与数据库恢复相关文件的存储区域，它为数据恢复提供了一个集中化的存储空间，这在很大程度上减小了管理开销。

配置闪回恢复区是一个很简单的过程，只需要在初始化参数文件中指定恢复区的位置（参数 DB_RECOVERY_FILE_DEST）和大小（参数 DB_RECOVERY_FILE_DEST_SIZE）即可，通常使用 ALTER SYSTEM 语句来实现配置闪回恢复区，下面来看一个关于配置闪回恢复区的例子。

【例 15-1】　将闪回恢复区的大小设置为 4GB，代码及运行结果如下。（实例位置：光盘\MR\源码\第 15 章\15-1）

```
SQL> alter system set db_recovery_file_dest_size=4g scope=both;

系统已更改。
```

如果要停用闪回恢复区，只要将参数 DB_RECOVERY_FILE_DEST（描述闪回恢复区位置）的值清空即可。

15.2.2　闪回数据库配置

在配置闪回恢复区之后，若要启用闪回数据库功能，还要需要进一步的配置，主要包括以下 3 点：

- 设置数据库必须运行在归档模式下（ARCHIVELOG）。
- 通过数据库参数 DB_FLASHBACK_RETENTION_TARGET，指定可以在多长时间内闪回数据库。
- 需要在 MOUNT 状态下使用 ALTER DATABASE FLASHBACK ON 命令启动闪回数据库功能。

下面通过具体的实例演示如何启动闪回数据库的功能。

【例 15-2】　代码及操作步骤如下。（实例位置：光盘\MR\源码\第 15 章\15-2）

（1）以 DBA 身份登录系统，代码及运行结果如下：

```
SQL> connect system/1qaz2wsx as sysdba;
```

已连接。

（2）查询当前实例是否为归档模式，代码如下：

```
SQL> archive log list;
```

本例运行结果如图 15-1 所示。

图 15-1　查询归档模式

（3）从上面的查询结果中可以看出，当前实例为"非归档模式"，所以需要将数据库改为归档模式下运行，并且打开 FLASHBACK 功能，代码及运行结果如下：

```
SQL> shutdown immediate;
数据库已经关闭。
已经卸载数据库。
ORACLE 例程已经关闭。
SQL> startup mount;
ORACLE 例程已经启动。

Total System Global Area  535662592 bytes
Fixed Size                  1375792 bytes
Variable Size             352322000 bytes
Database Buffers          156160768 bytes
Redo Buffers                5804032 bytes
数据库装载完毕。
SQL> alter database archivelog;
```

数据库已更改。

（4）设置参数 db_flashback_retention_target 为希望的值，单位为分钟，本例设置为 5 天，1440 乘以 5 等于 7200，代码及运行结果如下：

```
SQL> alter system set db_flashback_retention_target = 7200;
```

系统已更改。

（5）启动闪回数据库，将数据库值为 open 状态，代码及运行结果如下：

```
SQL> alter database flashback on;
```

数据库已更改。

```
SQL> alter database open;
```

数据库已更改。

（6）查看更改后的归档模式，代码如下：

```
SQL> archive log list;
```

本例运行结果如图 15-2 所示。

图 15-2　查询归档模式

15.2.3　闪回数据库技术应用

Oracle 11g 的 flashback 命令可以对表级进行恢复，也可以对数据库级进行恢复，要对数据库级进行恢复，就要用到 flashback database 命令，其语法如下：

```
flashback [standby] database <database_name>
{to [scn| timestamp] <exp> | to before [scn | timestamp] <exp>};
```

- standby：指定恢复备用的数据库到某个 SCN 或某个时间点上。
- to scn<exp>：指定一个系统改变号 scn。
- to berore scn<exp>：恢复到之前的 scn。
- to timestatmp：需要恢复的时间表达式。
- to before timestamp：恢复数据库到之前的时间表达式。

FALSHBACK 语句既可以在 SQL>下使用，也可以在 RMAN>中使用，还可以在 OEM 中使用，下面给出一个具体实例。

【例 15-3】　使用闪回数据库完成到某个 SCN 的恢复，代码及操作步骤如下。（实例位置：光盘\MR\源码\第 15 章\15-3）

（1）首先，查询 v$flashback_database_log 视图获得 oldest_flashback_scn 的值，代码如下：

```
SQL> connect system/1qaz2wsx sydba;

已连接。

SQL> select oldest_flashback_scn,oldest_flashback_time from v$flashback_database_
log;
```

本例运行结果如图 15-3 所示。

（2）关闭数据库，并在 mount 模式下启动数据库，代码及运行结果如下：

OLDEST_FLASHBACK_SCN	OLDEST_FLASHBA
	3866472 09-1月 -12

图 15-3　获得 oldest_flashback_scn 的值

```
SQL> shutdown immediate;
数据库已经关闭。
已经卸载数据库。
ORACLE 例程已经关闭。

SQL> startup mount;
ORACLE 例程已经启动。

Total System Global Area  535662592 bytes
Fixed Size                  1375792 bytes
Variable Size             352322000 bytes
Database Buffers          156160768 bytes
Redo Buffers                5804032 bytes
```

数据库装载完毕。

（3）使用 flashback database 闪回数据库到 scn 3866472，代码及运行结果如下：

```
SQL> flashback database to scn 3866472;
```

闪回完成。

（4）最后，用 resetlogs 打开数据库，代码及运行结果如下：

```
SQL> alter database open resetlogs;
```

数据库已更改。

15.3　闪回表

闪回表是一种能够恢复表或设置表到过去某个特定的时间点而又不需要进行不完全恢复的闪回技术。使用闪回表时，所有的相关对象都能够得到恢复。闪回表技术是基于撤销数据来实现的，因此，要想闪回表到过去某个时间点上，必须确保与撤销表空间有关的参数设置合理。与撤销表空间相关参数有 UNDO_MANAGEMENT、UNDO_TABLESPACE 与 UNDO_RETENTION。

15.3.1　闪回表命令的语法

为了让读者对闪回表命令有一个完整的了解，下面给出其语法格式，并对相关参数进行说明：

```
flashback table [schema.]<table_name>
to
{
[before drop [rename to table] |
[scn | timestamp] expr [enable | disable] triggers];
}
```

- schema：模式名，一般为用户名。
- timestamp：系统时间戳，包含年月日时分秒。
- scn：系统更改号，可从 flashback_transaction_query 数据字典中查到，例如，flashback table employe to scn 2694538。
- enable triggers：表示触发器恢复以后为 enable 状态，而默认状态为 disable 状态。
- to before drop：表示恢复到删除之前。
- rename to table：表示更换表名。

15.3.2　闪回表的应用

从 flashback table 命令的语法中能够看出，闪回表技术可以恢复到之前的某个时间戳、SCN 号或之前的任何 drop 动作，下面来看一个例子。

【例 15-4】　首先创建样例表，然后再删除某些行，最后用 flashback table 命令恢复数据，代码及操作步骤如下。（实例位置：光盘\MR\源码\第 15 章\15-4）

（1）在 SCOTT 模式下创建一个样例表 dept2，代码及运行结果如下：

```
SQL> connect scott/1qaz2wsx;
```

已连接。

```
SQL> create table dept2 as select * from dept;
```

表已创建。

（2）使用 select 语句查询 dept2 中的数据，代码如下：

```
SQL> select * from dept2;
```

本例运行结果如图 15-4 所示。

（3）设置在 SQL*Plus 环境下开启时间显示，然后使用 delete 语句删除 deptno=38 的数据记录（即最后一行记录），并提交数据库，代码及运行结果如下：

图 15-4　查询 dept2 表

```
SQL> set time on
16:33:15 SQL> delete from dept2 where deptno = 38;
```

已删除 1 行。

```
16:33:28 SQL> commit;
```

提交完成。

 　这时候，如果我们再使用 select 语句查询 dept2 表，会发现 deptno=38 的记录不存在了。

（4）记录 delete 数据时的时间为"2012-01-09 16:33:15"，然后使用"flashback table"语句进行数据恢复，代码及运行结果如下：

```
16:33:53 SQL> alter table dept2 enable row movement;
```

表已更改。

```
16:36:43 SQL> flashback table dept2 to timestamp to_timestamp('2012-01-09 16:33:15','
yyyy-mm-dd hh24:mi:ss');
```

闪回完成。

（5）再次通过 select 语句查询 dept2 表，我们会发现 deptno=38 的记录又回来了，这说明我们通过闪回表技术恢复了被删除且提交的数据行。

15.4　闪回丢弃

闪回丢弃是将被丢弃的数据库对象及其相关联对象的复制保存在回收站中，以便在必要时能够及时恢复这些对象。在回收站被清空以前，被丢弃的对象并没有从数据库中删除，这就使得数据库能够恢复被意外或误操作而删除的表。

15.4.1　回收站简介

回收站是所有丢弃表及其相关联对象的逻辑存储容器，当一个表被丢弃时候（DROP），回收站会将该表及其相关联的对象存储在回收站中。存储在回收站中的表的相关联对象包括索引、约束、触发器、嵌套表、大的二进制对象（LOB）段和 LOB 索引段。

Oracle 回收站将用户所做的 DROP 操作记录在一个系统表里，即将被删除的对象写到一个数据字典中，当确认不再需要被删除的对象时，可以使用 PURGE 命令对回收站进行清除。

为了避免被删除表与同类对象名称的重复，被删除的表（以及相应对象）在放入回收站以后，Oracle 系统对被删除的对象名做了转换，其名称转换格式如下：

```
BIN$globalUID$version
```

● globalUID 是一个全局唯一的、24 个字符长的标识对象，它是 Oracle 内部使用的标识，对用户来说没有任何实际意义，该标识与对象未删除前的名称没有关系。

● $version 是 Oracle 数据库分配的版本号。

15.4.2　回收站的应用

如果要对 DROP 过的表进行恢复操作，用户可以使用下面格式的语句：

```
flashback table table_name to before drop;
```

为了帮助大家理解回收站在使用过程中的具体操作过程，下面通过一个实例来讲解回收站的详细操作步骤。

【例 15-5】　本例给出数据准备、删除表、查看回收站信息、恢复及查询恢复后的情况，代码及操作步骤如下。（实例位置：光盘\MR\源码\第 15 章\15-5）

（1）连接 Oracle 数据库到 SCOTT 模式下，代码及运行结果如下：

```
SQL> connect scott/1qaz2wsx;

已连接。
```

（2）准备数据，创建 dept 表的拷贝 dept_copy 表，代码及运行结果如下：

```
SQL> create table dept_copy as select
* from dept;

表已创建。
```

（3）在数据字典 tab 中查看 dept_copy 表的信息，代码如下：

```
SQL> select * from tab;
```

本例运行结果如图 15-5 所示。

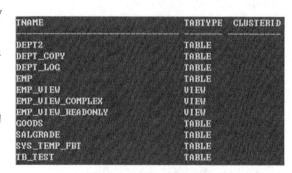

图 15-5　查询 tab 数据字典

（4）drop 表 dept_copy，代码及运行结果如下：

```
SQL> drop table dept_copy;

表已删除。
```

当 dept_copy 表被删除后，在数据库回收站里变成了 BIN$h+5J9NOQT9SX+3onBU7gUQ ==$0,version 是 0。

（5）查看 user_recyclebing 回收站，可以看到删除的 dept_copy 表对应的记录，代码如下：

```
SQL> select object_name,original_name from user_recyclebin;
```

本例运行结果如图 15-6 所示。

（6）利用 user_recyclebin 中的记录，使用 flashback 命令从回收站恢复 dept_copy 表，代码及运行结果如下：

```
SQL> flashback table dept_copy to before
drop;
```

闪回完成。

（7）最后，我们再次查询 tab 数据字典表时，会发现 dept_copy 表又回来了。

图 15-6　查询回收站信息

15.5　其他闪回技术

除了前面讲解的 3 种常用闪回技术之外，还有闪回版本查询、闪回事务查询、闪回数据归档等技术，下面对这些闪回技术进行介绍。

15.5.1　闪回版本查询

Oracle 的闪回版本查询功能提供了一个审计行改变的查询功能，它能找到所有已经提交了的行的记录。借助此特殊功能，用户可以清楚看到何时执行了何种操作。使用该功能，可以很轻松地实现对应用系统的审计，而没有必要使用细粒度的审计功能或 LOGMNR 了。

闪回版本查询功能依赖于 AUM（Automatic Undo Management），AUM 是指采用撤销表空间记录增、删、改数据的方法。

要使用"闪回版本查询"实现对数据行改变的记录进行查询，主要采用 SELECT 语句带 flashback_query 子句实现，Flashback_query 子句的语法格式如下：

```
select <column1>,…from <table>
…
version between [scn | timestamp]
[<expr> | maxvalue] and <expr> | minvalue]
| as of [scn | timestamp ] <expr>;
```

● as of：表示恢复单个版本。
● scn：系统更改号。
● timestamp：系统时间戳。

15.5.2　闪回事务查询

闪回事务查询是一种诊断工具，帮助识别数据库发生的事务级变化，可以用于事务审计的数据分析。通过闪回事务分析，可以识别在一个特定的时间段内所发生的所有变化，也可以对数据库表进行事务级恢复。

闪回事务查询的基础是依赖于撤销数据，它也是利用初始化参数 UNDO_RETENTION 来确定已经提交的撤销数据在数据库中的保存时间。

另外，我们在前面介绍的 flashback version query 可以实现审计一段时间内表的所有改变，但是这仅仅是发现在某个时间段内所做过的操作，对于错误的事务还不能进行撤销处理。而 flashback transaction query 可实现撤销处理，因为可以从 flashback_transaction_query 视图中获得事务的历史操作及撤销语句，也就是说，我们可以审计一个事务到底做了什么，也可以撤销一个已经提交的事务。

15.5.3 闪回数据归档

Oracle 11g 为 FLASHBACK 家族又带来一个新的成员：FLASHBACK DATAARCHIVE（闪回数据归档技术）。该技术与上面所说的诸多闪回技术在实现机制上是不同的（除了闪回数据库外，其他闪回技术都是依赖于 UNDO 撤销数据），它通过将变化的数据存储到创建的闪回归档区中，从而与 UNDO 区别开来，这样就可以通过为闪回归档区单独设置存储策略，使得可以闪回到指定时间之前的旧数据而不影响 UNDO 策略。并且，可以根据需要指定哪些数据库对象需要保存历史变化数据，而不是将数据库中所有对象的变化数据都保存下来，这样就可以极大地减少空间需要。

　flashback data archive 并不是记录数据库的所有变化，而只是记录了指定表的数据变化。所以 flashback data archive 是针对对象的保护，是对 flashback database 的有利补充。

通过"闪回数据归档技术"可以查询指定对象的任何时间点的数据，而且不需要利用 UNDO，这在有审计需要，或者安全性特别高的环境中的可用数据库中是一个非常好的特性。缺点是如果该表变化很频繁，那么对空间的要求很高。

闪回数据归档区是闪回数据归档的历史数据存储区域，在一个系统中，可以有一个默认的闪回数据归档区，也可以创建其他闪回数据归档区。

每一个闪回数据归档区都可以有一个唯一的名称，同时，每一个闪回数据归档区都对应了一定的数据保留策略。例如，可以配置归档区 FLASHBACK_DATA_ARCHIVE_1 中的数据保留期为 2 年，而归档区 FLASHBACK_DATA_ARCHIVE_2 的数据保留期为 100 天或更短。以后如果将表放到对应的闪回数据归档区，那就按照该归档区的保留策略来保存历史数据。

15.6 调整初始化参数

在 Oracle 数据库系统中起到调节作用的参数叫初始化参数，在 Oracle 8i 及以前的版本中，这些初始化参数记录在 INITsid.ora 文件中；而 Oracle 9i/10g/11g 中将这些参数记录在 SPFILEsid.ora 二进制文件中。本节将介绍初始化参数的分类和主要系统调优参数，数据库管理员根据实际情况的需要适当调整这些初始化参数，可以到达优化 Oracle 系统的目的。

15.6.1 Oracle 初始化参数分类

Oracle 11g 的初始化参数分为基本参数和高级参数两类。基本参数是一组可调整的参数，如 CONTROL_FILES，DB_BLOCK_SIZE，PROCESSES 等；高级参数是一组精细调整的参数，如共享服务器 SHARED_SERVERS 等。此外，按照与环境的关系，还可以将参数分为以下几种：
- 起源参数，由另外的参数计算得到，这些参数的值不需要在参数文件中改变或指定。

- 带 GC 前缀的全局高速缓存参数,即全局高速缓存,这些参数通常在多个实例并行的环境下使用。
- 与操作系统有关的参数,如参数 DB_FILE_MULTIBLOCK_READ_COUNT 与主机的操作系统对磁盘的 I/O 有关。
- 可变参数,与系统的性能有关。部分可变参数用来设置容量限制,但不影响 Oracle 系统性能。
- 异类服务参数,可用于设置网关的参数,如使用 DBMS_HS 包等。

15.6.2　主要系统调优参数介绍

Oracle 11g 的初始化参数存放在初始化参数文件 SPFILE 中。SPFILE 是一个二进制文件,只能由 Oracle 系统进行读写,如果要对其中的参数进行修改,可将所修改的参数写到 SPFILE 文件中或仅使当前 Oracle 实例有效而不必写到初始化文件中。在 Oracle 11g 中,与系统优化有关的主要初始化参数如表 15-1 所示。

表 15-1　　　　　　　　　Oracle 11g 的主要系统优化参数

参数	说　　明
buffer_pool_keep	保留池大小 (从 DB_BLOCK_BUFFERS 分配)。目的是将对象保留在内存中,以减少 I/O
buffer_pool_recycle	循环池大小 (从 DB_BLOCK_BUFFERS 分配)。目的是使用对象后将其清除,以便重复使用内存
control_file_record_keep_time	控制文件中可重新使用部分中的记录必须保留的最短时间 (天数)
cursor_space_for_time	在一个游标引用共享 SQL 区时,确定将 SQL 区保留在共享池中还是从中按过期作废处理
db_block_buffers	缓冲区高速缓存中 Oracle 块的数量,该参数会显著影响一个例程的 SGA 总大小
db_keep_cache_size	指定 KEEP 缓冲池中的缓冲区数,KEEP 缓冲池中的缓冲区大小是主要块大小 (即 db_block_size 定义的块大小)
db_recycle_cache_size	指定 RECYCLE 缓冲池的大小,RECYCLE 池中的缓冲区大小是主要块大小
java_max_sessionspace_size	以字节为单位,指定可供在服务器中运行的 Java 程序所使用的最大内存量。它用于存储每次数据库调用的 Java 状态。如果用户的会话持续时间 Java 状态超过了该值,则该会话会由于内存不足而终止
java_pool_size	以字节为单位,指定 Java 存储池的大小,它用于存储 Java 的方法和类定义在共享内存中的表示法,以及在调用结束时移植到 Java 会话空间的 Java 对象
large_pool_size	指定大型池的分配堆的大小,它可被共享服务器用作会话内存,用作并行执行的消息缓冲区以及用作 RMAN 备份和恢复的磁盘 I/O 缓冲区
log_buffer	以字节为单位,指定在 LGWR 将重做日志条目写入重做日志文件之前,用于缓存这些条目的内存量。重做条目保留对数据库块所作更改的一份记录。如果该值大于 65536,就能减少重做日志文件 I/O,特别是在有长时间事务处理或大量事务处理的系统上

续表

参数	说　明
log_checkpoint_interval	指定在出现检查点之前，必须写入重做日志文件中的 OS 块 (而不是数据库块) 的数量。无论该值如何，在切换日志时都会出现检查点。较低的值可以缩短例程恢复所需的时间，但可能导致磁盘操作过量
log_checkpoint_timeout	指定距下一个检查点出现的最大时间间隔 (秒数)。将该时间值指定为 0，将禁用以时间为基础的检查点。较低的值可以缩短例程恢复的时间，但可能导致磁盘操作过量
max_dump_file_size	指定每个跟踪文件的最大大小。如果担心跟踪文件会占用太多空间，可更改该限制。如果转储文件可以达到操作系统允许的最大大小，请将该值指定为 "无限制"
object_cache_max_size_percent	指定会话对象的高速缓存增长可超过最佳高速缓存大小的百分比，最大大小等于最佳大小加上该百分比与最佳大小的乘积。如果高速缓存大小超过了这个最大大小，系统就会尝试将高速缓存缩小到最佳大小
optimizer_index_caching	调整基于成本的优化程序的假定值，即在缓冲区高速缓存中期望用于嵌套循环联接的索引块的百分比。它将影响使用索引的嵌套循环联接的成本。将该参数设置为一个较高的值，可以使嵌套循环联接相对于优化程序来说成本更低
optimizer_index_cost_adj	在考虑太多或太少索引访问路径的情况下，可以用来优化优化程序的性能。该值越低，优化程序越容易选择一个索引。也就是说，如果将该值设置为 50，索引访问路径的成本就是正常情况下的一半
query_rewrite_enabled	启用或禁用对实体化视图的查询重写。一个特定实体化视图只在如下条件下启用：会话参数和单独实体化视图均已启用，并且基于成本的优化已启用
read_only_open_delayed	用于加速某些操作，如：启动一个很大的数据库而其中大多数数据存储在只读的表空间中。如果设置为 TRUE，从表空间中读取数据时，将首先访问只读表空间中的数据文件
shared_pool_reserved_size	指定要为较大连续共享池内存请求而保留的空间，以避免由碎片引起的性能下降。该池的大小应符合这样的条件，能存储为防止对象从共享池刷新而普遍要求的所有大型过程和程序包
shared_pool_size	以字节为单位，指定共享池的大小。共享池包含：共享游标，存储的过程,控制结构和并行执行消息缓冲区等对象。较大的值能改善多用户系统的性能
sort_area_size	SORT_AREA_SIZE 以字节为单位，指定排序所使用的最大内存量。排序完成后，各行将返回，并且内存将释放。增大该值可以提高大型排序的效率，如果超过了该内存量，将使用临时磁盘段

　　在进行系统优化时，可以使用 ALTER SYSTEM 或 ALTER SESSION 命令来修改这些系统优化参数。用 ALTER SYSTEM 所修改的参数会影响到整个数据库实例；而用 ALTER SESSION 命令修改的参数只影响该会话。另外，如果想要查看这些系统优化参数的值，可以使用 SHOW PARAMETERS 命令。

15.7　系统全局区（SGA）优化

虽然 Oracle 11g 增加了内存的自动调整，但这里我们还是要详细介绍 Oracle 内存的调整方法与技巧，因为这个更具有针对性和实用性。

15.7.1　理解内存分配

每一个 Oracle 版本都对内存有特别的要求，一般在安装说明资料中可以找到该版本对内存的最低要求。Oracle 的存储信息参数是指对内存和硬盘的要求。但是，内存的存储速度比硬盘要快 8～10 倍，因而，用内存来存放数据更能满足快速请求的要求。但是，内存资源一般比硬盘珍贵，而且内存的配置也是有限的，所以，调整内存的分配以有效利用内存是 DBA 的一项重要工作。

由于 Oracle 内存要求与应用程序有关，所以，一般内存的调整是在应用程序和 SQL 语句做完调整后进行的。但是，如果在应用程序和 SQL 语句调整前就调整了内存分配，那么，在修改完应用程序和 SQL 语句后仍需要对 Oracle 内存结构进行再调整。

另外，建议用户在调整 I/O 前先调整内存分配。调整内存分配以建立 Oracle 进行 I/O 操作所必需的内存总量。

15.7.2　调整日志缓冲区

数据库在运行过程中，不可避免地要遇到各种可能导致数据块损坏的情况。例如，突然断电、Oracle 或者操作系统的程序 bug 导致数据库内部逻辑结构损坏、磁盘介质损坏等，都有可能造成数据库崩溃，从而导致数据丢失。

为了避免或修复这些状况所导致的数据丢失现象，Oracle 引入了日志缓冲区和日志文件的概念。所谓日志，就是将数据库中所有用于改变数据块的操作都原原本本地记录下来。这些改变数据块的操作不仅包括对数据表的 DML 操作或对数据字典的 DDL 操作，还包括对索引的改变、对回滚段数据块的改变、对临时表空间的临时段的改变等。只有将数据中所有的变化都记录下来，当发生数据库损坏时，才能够从损坏时的那一点开始，将之后数据库中的变化重新运用一遍，从而达到完整恢复数据库的目的。

既然是要记录，那就必然引出一个问题，即如何记录这些变化？这里介绍两种方式。

第一种是使用逻辑的记录方式，也就是用描述性的语句记录整个变化过程。例如，对某个 UPDATE 更新操作来说，可以记录为两条语句：DELETE 旧值及 INSERT 新值。这种方式的优点是节省空间，因为对每个操作只需记录几条逻辑语句即可。但是缺点也很明显，一旦需要进行恢复，就会非常消耗资源。设想一下，某个 UPDATE 操作更新了非常多的数据块，由于缓冲区的内存有限，很多脏数据块都已经写入了数据文件。但是更新快结束时，突然发生断电，所做的更新丢失。那么重新启动实例时，Oracle 需要应用日志文件里的记录，于是重新发出 DELETE 旧值及 INSERT 新值的语句。这个过程需要重新查找数据文件中符合条件的数据块，然后再筛选来进行更新，这将非常消耗时间，而且会占用大量的缓冲区。

第二种方式是使用物理记录方式，也就是将每个数据块改变前的镜像和改变后的镜像都记录下来，这种方式的优点是恢复速度快，直接根据日志文件里所记录的数据块地址和内容更新数据

文件中对应的数据块。但是缺点也很明显，即占用很大的磁盘空间。

　　而 Oracle 在记录日志的方式上，采用了逻辑和物理相结合的方式。也就是说，Oracle 针对每个数据块，记录了插入某个值或删除某个值的描述语句。假如某个 UPDATE 更新了 50 个数据块，则 Oracle 会针对每个数据块记录一对 DELETE 旧值和 INSERT 新值的语句，共有 50 对这样的描述语句。通过这种方式，Oracle 获得了物理记录方式的快速恢复的优点，同时又获得了逻辑记录方式的节省空间的优点。

　　为了临时存放所产生的日志信息，Oracle 在 SGA 中开辟了一块内存区域——日志缓冲区（log buffer），当满足一定条件后，Oracle 会使用名为 LGWR 的后台进程将日志缓冲区中的日志信息写入联机日志文件里。

　　使用初始化参数 log_buffer 可以设置日志缓冲区的大小，单位字节。日志缓冲区会进一步细分为多个块，每个块的大小与操作系统块的大小相同，标准上都是 512 字节，用户可以使用下面的方式来获得日志缓冲区的块大小。

　　【例 15-6】　查询当前 Oracle 实例的日志缓冲区大小，代码如下。

```
SQL> select distinct lebsz as 日志缓冲区大小 from x$kccle;
```

本例运行结果如图 15-7 所示。

图 15-7　日志缓冲区大小

　　日志缓冲区只是日志信息临时存放的区域，这块区域是有限的，而且其中的每个块都是能够循环使用的。这就说明，日志缓冲区中的内容必须要写入磁盘的文件里，才能永久保留下来，才能在数据库崩溃时能够用来进行恢复，这个文件叫做联机日志文件。在每个日志缓冲区的日志块被重用之前，其内容必然已经被写入了磁盘上的联机日志文件中。

　　联机日志文件就是日志缓冲区的完全拷贝，组成日志文件的每个日志块的内容都来自于日志缓冲区的日志块，每个日志缓冲区中的日志块都对应到日志文件中的一个日志块。日志缓冲区中的日志块按照发生的先后顺序，放入联机日志文件。由于日志文件在故障恢复中的重要性，建议至少使用两个日志文件组成一个日志文件组。同一个日志文件组中的日志文件内容相同，因为日志缓冲区中的日志块同时会写入日志文件组中的每个日志文件中。每个数据库必须至少拥有两个日志文件组，这是由于只要数据库不停地运行，就会不断产生日志信息，不断写入联机日志文件。我们不可能让联机日志文件无限大，也不可能放置无限多的联机日志文件，所以联机日志文件必须是循环使用的，在若干日志文件中轮流写入。一个日志文件写满后转换到另外一个日志文件继续写的过程叫做日志切换。

　　当一个联机日志文件写满时，可以选择将其归档为脱机日志文件，通常叫做归档日志文件。归档即拷贝，归档的过程也就是将写满的联机日志文件拷贝到预先指定的目录的过程。只有当一个联机日志文件完成归档后，该联机日志文件才能被再次循环使用。

　　可以说，日志缓冲区和日志文件存在的唯一目的是保证被修改的数据不会丢失。反过来，也就是为了在数据库崩溃时，可以用来将数据库恢复到崩溃时的时间点上。即只有将被修改的数据块的日志信息写入了联机日志文件后，该被修改的数据块才可以说是安全的。如果日志信息在没有被写入日志文件时发生了实例崩溃，这时对数据的修改仍将丢失。由此可以看出，将日志缓冲区中的日志信息写入日志文件是一个多么重要的过程,这个过程是由一个名为 LGWR 的后台进程完成的。LGWR 承担了维护系统数据完整性的任务，保证了数据在任何情况下都不会丢失。

　　触发 LGWR 进程并将日志缓冲区中的日志信息写入联机日志文件，通常在以下几种情况下发生：

　　（1）前台进程触发，包括两种情况。最显而易见的一种情况就是用户发出 COMMIT 或

ROLLBACK 语句进行提交时，需要触发 LGWR 将内存里的日志信息写入联机日志文件，因为提交过的数据必须被保护而不被丢失；另一种情况是在日志缓冲区中找不到足够的内存放置日志信息时，会自动触发 LGWR 进程将一些日志信息写入联机日志文件后，从而释放空间。

（2）每隔 3 秒钟，LGWR 启动一次。

（3）在 DBWR 启动时，如果发现脏数据块所对应的重做条目还没有写入联机日志文件，则 DBWR 触发 LGWR 进程并等待 LGWR 写完后才会继续。

（4）日志信息的数量达到整个日志缓冲区的 1/3 时，自动触发 LGWR。

（5）日志信息的数量达到 1MB 时，自动触发 LGWR。

（6）发生日志切换时，自动触发 LGWR。

15.7.3　调整共享池

共享池中的主要组件有以下三个。

- 库缓存（library cache）：主要缓存共享 SQL 和 PL/SQL 语句的相关信息。
- 数据字典缓存（data dictionary cache）：缓存数据字典表（如 DBA_TABLES、DBA_USERS 等）的信息，用于解释权限、表结构等。
- UGA（user globa area）：在共享服务器模式下，当没有配置大池时（即 larger_pool_size=0），UGA 会占用共享池（shared pool）的空间。

SGA 中除了 shared pool 外，还有高速数据缓冲区（data buffer cache）、重做日志缓冲区（redo log buffer）和大型池，大型池通常在使用 RMAN 备份并查询共享服务器时进行配置。

由于库缓存和数据字典缓存的缺失（miss）所引起的操作时间往往比 SGA 中其他组件的高速缓存缺失（cache miss）多，因此，在 SGA 中首先应该考虑调整 shared pool。调整 shared pool 时，应该首先集中在库缓存上，因为库缓存的大小和数据字典缓存的大小没有单独设置，而是 Oracle 自动按照一定的算法在 shared pool 中进行分配的，而按照 Oracle 的内存空间分配的算法，如果库缓存的命中率高，那么数据字典缓存的命中率也会较高，库缓存的命中率高而数据字典缓存的命中率低的情况十分少见。

如果共享池很小，就会消耗很多 CPU 资源并且容易引起竞争；如果把共享池设置为很大，也不一定是好事，为什么呢？当把共享池配置很大时，就会消耗很多内存资源，那么其他组件能够使用的内存资源就少，另外，当共享池很大时，缓冲的内容就会很多，此时查找将变得缓慢了。

调整共享池主要包括三个方面：库缓存、数据字典缓存、对话信息。用于 Oracle 管理共享池中数据的算法，使得数据字典缓存中的数据比库缓存中的数据在内存中存留的时间较长，因此，只要把库缓存调整成可以接受的命中率，就能提高数据字典缓存的命中率。

检查、调整库缓存可以通过动态性能视图 V$LIBRARYCACHE 查询实例启动后所有库缓存的活动。通过查询 V$LIBRARYCACHE 可以反映库缓存在调用阶段的不命中情况，来看下面的例子。

【例 15-7】　通过 V$LIBRARYCACHE 动态性能视图来查询当前实例的库缓存在调用阶段的"请求存取数"和"不命中数"，代码如下。

```
SQL> select sum(pins) 请求存取数,sum(reloads) 不命中数
  2  from v$librarycache;
```

本例运行结果如图 15-8 所示。

在上面的例子中，pins 列显示在库缓存中执行的次数；reloads

图 15-8　库缓存的不命中情况

列显示在执行阶段库缓存的不命中数目。

一般来说，库高速缓存总不命中数与总存取数之比应当接近零，本书约为 0.291%，这说明库高速缓存命中率还是比较高的。当该比率如果接近或大于 1%，就应当立即采取措施减少这种不命中，通常有以下两种方法：

（1）增加初始化参数 shared_pool_size 的值，提高库高速缓存中可用的内存数量，同时为了取得好的效果，还要增加初始化参数 open_cursors 的值，以提高对话允许的光标数。需要注意的是：为库缓存分配太多的内存可能引起调页或交换。

（2）写等价的 SQL 语句，尽可能让 SQL 语句和 PL/SQL 块共享一个 SQL 区，以减少库缓存的不命中。SQL 语句或 PL/SQL 块的文本每一个字符都必须等价，包括大小写和空格。

在检查、调整数据字典高速缓存并确认数据库达到一种相对"稳定的状态"之后，就可以通过动态性能视图 V$ROWCACHE 查询数据字典高速缓存的活动情况，该数据字典反映了数据字典高速缓存的使用和有效率，下面来看一个例子。

【例 15-8】　通过 V$ROWCACHE 动态性能视图查询当前实例的数据字典高速缓存在调用阶段的"请求存取数"和"不命中数"，代码如下。

```
SQL> select sum(gets) 请求存取数,sum(getmisses) 不
命中数
  2  from v$rowcache;
```

本例运行结果如图 15-9 所示。

图 15-9　数据字典高速缓存的不命中情况

在上面的例子中，gets 列显示请求相应项的总数；getmisses 列显示造成高速缓存不命中的数据请求数。

一般来说，数据字典高速缓存总不命中数与总存取数之比应当接近零，本例为 6.985%，说明数据字典高速缓存命中率比较高，该比率如果大于 10%，甚至在应用过程中该比率还在增长时，就应当立即通过增加初始化参数 shared_pool_size 的值，以提高数据字典高速缓存可用的内存数量，从而减少这种不命中。

检查、调整对话信息占用共享池的大小，多线程服务器允许进程共享内存和连接，能支持大量用户同时访问数据库。使用多线程服务器结构时，需要将共享池设置得大一些以容纳对话信息。可以通过动态性能视图 V$SESSTAT 和 V$STATNAME 查询 Oracle 收集对话信息使用的总内存统计，下面来看两个例子。

【例 15-9】　显示当前分配给所有会话的内存数，代码如下。

```
SQL> select sum(value)|| ' 字节' as 当前分配给所有会话
的内存数
  2  from v$sesstat,v$statname
  3  where name = 'session uga memory' and
v$sesstat.statistic#=v$statname.statistic#;
```

本例运行结果如图 15-10 所示。

图 15-10　当前所有会话的内存数

值 session uga memory 用于显示分配给对话的内存字节数。

【例 15-10】　显示曾经分配给所有会话的最大内存数，代码如下。

```
SQL> select sum(value)|| ' 字节' as 曾经分配给所有会话的最大内存数
  2  from v$sesstat,v$statname
```

```
3  where name='session uga memory max' and v$sesstat.statistic#=V$statname.statistic#;
```
本例运行结果如图 15-11 所示。

图 15-11　曾经分配给所有会话的内存数

值 session uga memory max 用于显示分配给对话的最大内存数。

在上面两个例子的结果中，第二个的结果（10181996）比第一个的（5560884）大，但第二个结果能够更好地估计共享内存的大小，除非所有对话几乎在同一时间达到最大分配。如果共享池不够，可以通过增加初始化参数 shares_pool_size 的值扩大共享池的大小。

15.7.4　调整数据库缓冲区

Oracle 启动后不断地收集和统计数据存取的情况，并将其存放在动态性能视图 V$SYSSTAT 中，其中有以下几项统计。

- dblock gets：该统计值为数据请求的总数。
- consistent gets：该统计值为通过对内存缓冲区存取即能满足的请求数。
- physical reads：该统计值为磁盘文件存取的总数。

下面通过一个例子来查看以上这 3 项数据库缓冲区的信息。

【例 15-11】　查询一段时间内 V$SYSSTAT 表中的统计信息，代码如下。

```
SQL> select name,value from v$sysstat where
name in('db block gets','consistentgets','
 physical reads');
```

本例运行结果如图 15-12 所示。

NAME	VALUE
db block gets	21838
consistent gets	235888
physical reads	12468

图 15-12　统计数据存取的情况

计算缓冲区高速缓存的命中率可以使用 "1-(physical reads/(db block gets+consistent gets))" 这个公式。根据本例中查询出的统计数据，计算出缓冲区高速缓存的存取命中率为 95.162%，这说明本例的命中率很高，说明缓冲区高速缓存够用，性能良好，如果高速缓存大到足以容纳最经常存取的数据，在保持高命中率的前提下，可以通过适当减少初始化参数 db_block_buffers 值减少高速缓存的大小，从而可将省出来的内存用于其他 Oracle 内存结构。如果命中率低于 70%，性能就会造成下降，这时应该立即通过增加初始化参数 db_block_buffers 的值（最大值为 65535），来扩大缓冲区高速缓存的大小。

15.7.5　SGA 调优建议

经过上述对 Oracle 内存结构分配的调整，可以再次对库缓存、数据字典高速缓存和缓冲区高速缓存的性能做出评估。如果有可能减少某种结构的内存消耗，就可以考虑给其他结构多分配一些内存，以得到增加可用内存的好处。但要注意，经过调整后的 Oracle 内存结构，如果使 SGA 过大或不能全部填入主存，就可能使操作系统引起过度调整页或分配，从而降低性能。

在重新分配内存的过程中，如果发现要取得 Oracle 最佳内存结构十分困难，就需要考虑花费资金，通过在计算机中增加更多的内存进一步改进性能。

15.8　排序区优化

排序区为有排序要求的 SQL 语句提供内存空间。系统使用专用的内存区域进行数据排序，这部分空间就是排序区。在 Oracle 数据库中，用户数据的排序可使用两个区域，一个是内存排序区，另一个是磁盘临时段，系统优先使用内存排序区进行排序。如果内存不够，Oracle 会自动使用磁盘临时表空间进行排序，为了提高数据库排序的速度，建议尽量使用内存排序区，而不使用临时段。参数 sort_area_size 用来设置排序区大小。

如果增大排序区则会提高大规模排序的性能，因为可以借此在查询处理期间在内存中执行排序。排序区的大小十分重要，因为某时用于每个连接的排序区仅有一个。此 init.ora 参数的默认值通常为 6~8 个数据块的大小，此值通常主要用于 OLTP 操作，但应该将其增大，以便执行决策支持操作、大批量操作，或者大量索引相关操作（例如，重新创建索引）。执行上述类型的操作时，应该调整下列 init.ora 参数（当前已设置为 8KB 数据块的大小）：

```
sort_area_size = 65535
sort_area_retained_size = 65535
```

15.8.1　排序区与其他内存区的关系

大池（large pool）用于数据库备份和恢复工具，例如，RMAN 等备份工具。large pool 的大小由参数 large_pool_size 确定，关于查询和修改该参数，请看下面的例子。

【例 15-12】　查看和修改参数 large_pool_size 的值，代码及运行结果如下。

```
SQL> show parameter large_pool_size;

NAME                          TYPE          VALUE
----------------------        -----------   -------
large_pool_size               big integer   16M

SQL> alter system set large_pool_size=32m;
```

系统已更改。

Java 池主要用于 java 语言的开发，一般来说不低于 20MB。其大小由 java_pool_size 确定，可以动态调整。

15.8.2　理解排序活动

排序是 SQL 语法中的一个很小的方面，但却很重要，在 Oracle 的调整中，它常常被忽略。当使用 CREATE INDEX,ORDER BY 或 GROUP BY 语句时，Oracle 数据库将自动执行排序的操作。通常，在以下情况 Oracle 会进行排序操作。

- 在创建索引时。
- 使用 Order by 的 SQL 语句。

- 使用 Group by 的 SQL 语句。
- 进行 table join 时，由于现有索引的不足而导致 SQL 优化器调用 MERGE SORT。

当在 Oracle 实例中建立起一个 SESSION 时，在内存中就会为该 SESSION 分配一个私有的排序区域。如果该连接是一个专用连接，那么就会根据 init.ora 中 sort_area_size 参数的大小在内存中分配一个 PGA（Program Global Area）。如果连接是通过多线程服务器建立的，那么排序的空间就在 large_pool 中分配。然而，对所有的 session 用做排序的内存量都必须是一致的，不能为需要更大排序的操作分配额外的排序区域。因此，设计者必须做出平衡，在分配足够的排序区域以避免发生大的排序任务时出现磁盘排序的同时，对于那些并不需要进行很大排序的任务，就会出现浪费。当然，当排序的空间需求超出了 sort_area_size 参数所设置的大小时，将会在 TEMP 表空间中分页进行磁盘排序。磁盘排序要比内存排序大概慢 14000 倍。

私有排序区域的大小是由 init.ora 中的 sort_area_size 参数决定的。每个排序所占用的大小由 init.ora 中的 sort_area_retained_size 参数决定。当排序不能在分配的空间中完成时，就会使用磁盘排序方式，即在 Oracle 实例中的临时表空间中进行。

磁盘排序的开销是很大的，主要有以下几个原因。首先，与内存排序相比，磁盘排序特别慢，而其磁盘排序会消耗临时表空间中的资源。其次，Oracle 必须分配缓冲池以保持临时表空间中的块。无论何时，内存排序都比磁盘排序好，磁盘排序将会使任务变慢，并且会影响 Oracle 实例当前任务的执行。此外，过多的磁盘排序会使空闲缓存的等待（free buffer waits）值变得很高，从而令其他任务的数据块从缓冲区中移走。

15.8.3　专用模式下排序区的调整

对 PGA 内存的管理和分配，很大程度上依赖于服务模式。表 15-2 显示了不同模式下，PGA 内存不同部分的分配的异同。

表 15-2　　　　　　　　　　　　　　　　不同部分的分配

内存区	专有服务
会话内存	私有的
永久区所在区域	PGA
SELECT 语句的运行区所在区域	PGA
DML/DDL 语句的运行区所在区域	PGA

（1）sort_area_size

Oracle 在做排序操作（比如，ORDER BY、GROUP BY）时，需要从工作区中分配一定内存区域对数据记录做内存排序。排序完成后，且数据返回前，Oracle 会释放这部分内存。sort_area_size 指定了这部分内存的大小（但在设置 pga_aggregate_target 参数之后，该参数就无效了）。

除非在共享服务模式下，一般不推荐设置该参数，而推荐使用 pga_aggregate_target 进行 PGA 内存自动管理。如果需要设置此参数，可以考虑设置在 1~3MB。

Oracle 也许会为一个查询分配多个排序区。通常情况下，一条语句只有 1、2 个排序操作，但是对于复杂语句，可能存在多个排序操作，每个排序操作都有自己的排序区。因此，语句的复杂性也影响到每个进程 PGA 内存的大小。

（2）sort_area_retained_size

该参数与 sort_area_size 配合使用。它指定了在排序操作完成后，继续保留用户全局区 UGA 内存的最大大小，以维护内存中的排序，直到所有数据行被返回后才释放（上面提到，sort_area_size 的内存在排序完成、数据行返回之前被释放）回 UGA（注意：释放回 UGA，而不会被操作系统回收）。

sort_area_retained_size 在共享服务模式中是从 SGA 中分配的（因为此时 UGA 从 SGA 中分配），在专用服务模式中是从 PGA 中分配的，而 soft_area_size 无论在哪种模式下都从 PGA 中分配。

同样，设置了 pga_aggregate_target 后，该参数无效。

在专用连接方式中，每一个连接到数据库服务器的客户端请求，服务器都会与客户端之间建立连接，该连接专门用于处理该客户端的所有请求，直到用户主动断开连接或网络出现中断。

当连接处于空闲时，后台进程 PMON 每隔一段时间，就会测试用户的连接状况，如果连接已断开，PMON 会清理现场，释放相关的资源。专用连接相当于一对一的连接，能够快速响应用户的请求。当然，连接时，首先要创建 PGA（Program global area），参数 pga_aggregate_target 决定可以由所有服务器进程使用的内存的总量，参数 workarea_size_policy 决定采用手动管理还是自动管理，下面来看两个例子。

【例 15-13】　查看所有服务器进程使用的内存的总量，代码如下。

```
SQL> show parameter pga_aggregate_target;
```
本例运行结果如图 15-13 所示。

图 15-13　查看进程使用的内存的总量

【例 15-14】　查看 PGA 采用的管理方式，代码如下。

```
SQL> show parameter workarea_size_policy;
```
本例运行结果如图 15-14 所示。

图 15-14　查看 PGA 的管理方式

PGA 由三部分构成，其中有可以配置的 sort_area_size 参数，它用于设置会话信息及堆栈空间，下面来查看一下该参数的值。

【例 15-15】　查看会话信息及堆栈空间的大小，代码如下。

```
SQL> show parameter sort_area_size;
```
本例运行结果如图 15-15 所示。

图 15-15　查看会话信息及堆栈空间大小

如果排序的数据量比较大，排序空间不够用，这时 Oracle 就可以通过专用算法，对数据进行分段，分段后的数据转移到临时表空间中，在临时表空间中进行排序，完成后，再合在一起，返回给请求的用户。这就是大排序使用临时表空间的原因。

在专用连接中，连接所需要的资源全部在 PGA 中分配。该内存区指定连接私有，其他进程不能访问。

专用连接采用一对一的连接方式，能很快响应用户的请求，但是，如果连接的用户太多时，由于要对每一个连接分配资源，因此，连接数受硬件限制比较大。为了克服这种情况，Oracle 提出了共享连接的连接方法，即用一个服务器的进程响应多个用户连接。与专用连接有连接时才创建 PGA 不同，共享连接当实例一启动，就分配指定数量的服务器进程，所有用户的连接，以排队的方式由分配器指定给服务器进程，其他进程排队等待。只要用户的请求执行完，就会马上断开连接，分配器会把空闲的服务器进程分配给其他排除的进程。

采用共享连接可以有效提高服务器资源的利用率，但是一个分配器只支持一种协议，每个分配器有自己的排队队列，请求的任务完成后，由分配器将操作结果返回给相应的用户进程。共享连接的建立，需要 Oracle 的监听进程、分配器、共享服务器进程才能共同完成一个连接的创建，所以连接的分配也需要一定的时间和资源。

15.8.4　共享模式下排序区的调整

前面介绍了两种连接的创建方法和管理方法，在理想情况下，对于长事务或大事务，使用专用连接，可以有效提高系统的性能，减少用户等待和事务的排队，提高系统的利用率。对于超短事务和短事务、小事务，使用专用连接，而对于网站等，可以使用共享连接。

在共享连接中，sort_area_size 将在 SGA 的 large_pool 中分配。

那么，能不能在 OLTP（联机事务处理）系统中使用共享连接呢？如果能使用，能不能提高性能呢？

一般而言，OLTP 系统有较多的长事务和大事务，如用户的某几步操作必须作为一个事务。这会发生怎样的情况呢？

分析首先有一个前提，那就是用户请求数要大于共享服务器进程数，否则，减去分配器管理性能的支出数，共享连接的性能可能要低于专用连接。

如果用户请求数大于共享服务器进程数，那么就有请求在排队，假定目前一个共享服务器进程正在执行一个长事务，那么请求队列就要一直等待，直到当前的事务结束。从用户请求的角度看，相应的时间加长了。

共享连接和长事务是背道而驰的，长事务的共享连接会造成 shared 进程的严重排队，造成性能的严重下降。例如，500 个 request 共享 100 个共享进程，每个 shared 进程在同一时间内只能处理一个 request，也就是说 100 个进程在同一时间内只能处理 100 个 request，如果一个 request 需要很长的处理，就会造成其他请求的严重排队。

shared 进程要求客户端的每个 request 要特别的快，如果客户端的一个 request 占了很长时间，那么其他 request 就不得不一直等待，共享就没有意义了。由此可以看出，如果在有大事务和长事务的 OLTP 系统中，系统会比原来更慢。

总体来说，共享连接和专用连接各有所长，关键是能适用于自己应用的连接方式。

15.9　综合实例——使用闪回丢弃还原表

在日常开发中，使用闪回技术来还原误删除表格非常常用。本实例将演示在 HR 模式下创建 employees 表的一个副本，然后 drop 掉，最后尝试使用闪回丢弃将其还原。其步骤如下：

（1）连接 Oracle 数据库到 HR 模式下，代码及运行结果如下：

```
SQL> connect hr/hr;
```

已连接。

（2）准备数据，创建 employees 表的拷贝 employees2 表，代码及运行结果如下：

```
SQL> create table employees2 as select
* from employees;
```

表已创建。

（3）在数据字典 tab 中查看 employees2 表的信息，代码如下：

```
SQL> select * from tab;
```

本例运行结果如图 15-16 所示。

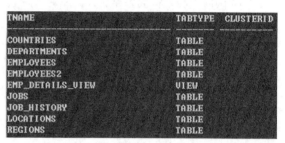

图 15-16　查询 tab 数据字典

（4）drop 表 employees2，代码及运行结果如下：

```
SQL> drop table employees2;
```

表已删除。

当 employees2 表被删除后，在数据库回收站里变成了 BIN$ACRm6/bJTruABTyGj9uvYg== $0,version 是 0。

（5）查看 user_recyclebing 回收站，可以看到删除的 employees2 表对应的记录，代码如下：

```
SQL> select object_name,original_name from user_recyclebin;
```

本例运行结果如图 15-17 所示。

图 15-17　查询回收站信息

（6）利用 user_recyclebin 中的记录，使用 flashback 命令从回收站恢复 employees2 表，代码及运行结果如下：

```
SQL> flashback table employees2 to before drop;
```

闪回完成。

（7）最后，我们再次查询 tab 数据字典表时，会发现 employees2 表又回来了。

知识点提炼

（1）为了使 Oracle 数据库能够从任何的逻辑操作中迅速恢复，Oracle 推出了闪回技术。

（2）闪回数据库能够使数据库迅速回滚到以前的某个时间或某个 SCN（系统更改号）上，这对于数据库从逻辑错误中恢复特别有用，而且也是大多数逻辑损害时恢复数据库的最佳选择。

（3）闪回恢复区是一块用来集中存储所有与数据库恢复相关文件的存储区域，它为数据恢复提供了一个集中化的存储空间，这在很大程度上减小了管理开销。

（4）闪回表是一种能够恢复表或设置表到过去某个特定的时间点而又不需要进行不完全恢复的闪回技术。

（5）闪回丢弃是将被丢弃的数据库对象及其相关联对象的复制保存在回收站中，以便在必要时能够及时恢复这些对象。在回收站被清空以前，被丢弃的对象并没有从数据库中删除，这就使得数据库能够恢复被意外或误操作而删除的表。

（6）Oracle 11g 的初始化参数分为基本参数和高级参数两类。基本参数是一组可调整的参数，如 CONTROL_FILES,DB_BLOCK_SIZE,PROCESSES 等；高级参数是一组精细调整的参数，如共享服务器 SHARED_SERVERS 等。

（7）所谓日志，就是将数据库中所有用于改变数据块的操作都原原本本地记录下来。这些改变数据块的操作不仅包括对数据表的 DML 操作或对数据字典 DDL 操作，还包括对索引的改变、对回滚段数据块的改变、对临时表空间的临时段的改变等。

（8）排序区为有排序要求的 SQL 语句提供内存空间。系统使用专用的内存区域进行数据排序，这部分空间就是排序区。在 Oracle 数据库中，用户数据的排序可使用两个区域，一个是内存排序区，另一个是磁盘临时段，系统优先使用内存排序区进行排序。

习　题

15-1　在 Oracle11g 中，闪回技术包含哪些内容？

15-2　如何设置闪回恢复区大小？

15-3　如何启动闪回数据库？

15-4　如何闪回表？

15-5　如何使用闪回丢弃？

15-6　通过谷歌查询其他闪回技术的使用，并了解其缺陷。

15-7　通过表 15-1 熟悉 Oracle11g 中主要系统优化参数。

15-8　如何查询日志缓冲区大小？

实验：清除插入的记录

实验目的

（1）熟悉创建表格的相关语法。

（2）掌握 flashback table 命令。

实验内容

创建一个样例表 test，然后向其中插入 3 行记录，最后尝试使用 flashback table 命令清除插入的记录。

实验步骤

（1）在 HR 模式下创建一个样例表 test，代码及运行结果如下：

```
SQL> connect hr/hr;
已连接。
SQL> create table test (name varchar2(20), job varchar2(50));

表已创建。
```

（2）设置在 SQL*Plus 环境下开启时间显示，向 test 表中增加 3 条数据，使用 select 语句查询 test 中的数据，代码及运行结果如下：

```
SQL> set time on;
17:02:15 SQL> insert into test values('111', 'hr');

已创建 1 行。


17:02:22 SQL> insert into test values('222', 'xp');

已创建 1 行。
```

```
17:02:25 SQL> insert into test values('333', 'ceo');
已创建 1 行。
```

本例运行结果如图 15-18 所示。

图 15-18　查询 test 表

（3）记录 insert 数据时的时间为 "2012-06-18 17:02:25"，然后使用 "flashback table" 语句进行数据恢复，代码及运行结果如下：

```
17:02:39 SQL> alter table test enable row movement;

表已更改。


17:06:28 SQL> flashback table test to timestamp to_timestamp('2012-06-18 17:02:2
5', 'yyyy-mm-dd hh24:mi:ss');

闪回完成。
```

（4）再次通过 select 语句查询 test 表，我们会发现表格已经被清空了。

第16章
综合案例——企业人事管理系统

本章要点：

- Oracle 数据库的管理企业数据
- 企业人事管理系统的软件结构和业务流程
- 如何利用 Hibernate 建立持久层
- Swing 中表格行选取事件的使用方法
- Swing 中树状结构的使用和维护，例如维护公司结构树
- Swing 中选取并显示图片的方法

企业的发展不仅需要技术的竞争，市场的竞争，服务的竞争，还需要人才的竞争，并且人才的竞争已成为市场竞争中一个重要的环节。优秀人才的引入将给企业的发展注入新鲜的血液，带给企业巨大的发展空间。所以，吸引人才，留住人才就成为了企业人事管理的一个重要课题。要想留住人才不仅需要企业具有良好的发展前景，更重要的是企业要有一个健全的管理体制，这不仅能节省企业大量的人力和物力，还可以提高企业的经济效益，从而带动企业快速发展。

16.1 需求分析

飞速发展的技术变革和创新，以及迅速变化的差异化顾客需求等新竞争环境的出现，使得越来越多的组织通过构筑自身的人事竞争力来维持生存并促进持续发展。在"以人为本"观念的熏陶下，企业人事管理在组织中的作用日益突出。但是，人员的复杂性和组织的特有性使得企业人事管理成为难题。基于这个时代背景，企业人事管理便成为企业管理的重要内容。企业人事管理系统的功能全面、操作简单，可以快速地为员工建立电子档案，并且便于修改、保存和查看，并且实现了无纸化存档，为企业节省了大量资金和空间。通过企业人事管理系统，还可以实现对企业员工的考勤管理、奖惩管理、培训管理、待遇管理和快速生成待遇报表。

16.2 总体设计

16.2.1 系统目标

根据企业对人事管理的要求，本系统需要实现以下目标。

- 操作简单方便、界面简洁大方。
- 方便、快捷的档案管理。
- 简单实用的考勤和奖惩管理。
- 简单实用的培训管理。
- 针对企业中不同的待遇标准，实现待遇账套管理。
- 简单明了的账套维护功能。
- 方便、快捷的账套人员设置。
- 功能强大的待遇报表功能。
- 系统运行稳定、安全可靠。

16.2.2　构建开发环境

1. 程序开发环境

- 开发环境：Eclipse 3.7.2
- 开发语言：Java
- 后台数据库：Oracle11g R2
- 开发平台：Windows 7 旗舰版
- 系统框架：Hibernate3

2. 新建 Oracle 数据库

本系统在开发过程中，需要使用新建的数据库 DBSQL，下面介绍使用 DBCA 创建数据库的步骤。

（1）打开"开始"菜单，选择"Database Control"/"配置和移植工具"/"Database Configuration Assistant"，如图 16-1 所示。

（2）在打开 DBCA 后，显示如图 16-2 所示的 DBCA 欢迎界面，单击"下一步"按钮。

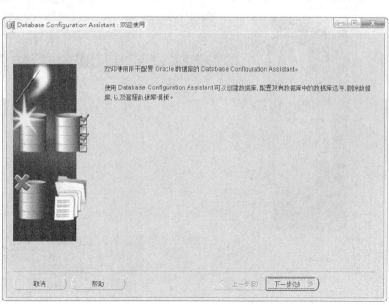

图 16-1　Oracle 菜单项界面　　　　　　　　图 16-2　DBCA 欢迎界面

（3）在图 16-3 中，选择"创建数据库"，单击"下一步"按钮。

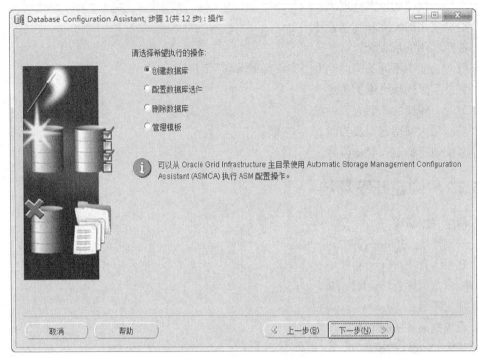

图 16-3　操作选项界面

（4）在图 16-4 中，选择模板为"一般用途或事物处理"，单击"下一步"按钮。

图 16-4　选择模板类型界面

（5）在图 16-5 中，输入"全局数据库名"为"DBSQL"，单击"下一步"按钮。

图 16-5　数据库标识界面

（6）在图 16-6 所示的管理选项界面，使用默认设置，单击"下一步"按钮。

图 16-6　管理选项界面

（7）在图 16-7 所示的数据库身份证明界面，选择"所有账户使用同一管理口令"，并输入密码，单击"下一步"按钮。

图 16-7　数据库身份证明界面

（8）在图 16-8 所示的数据库文件所在位置界面，使用默认设置，单击"下一步"按钮。

图 16-8　数据库文件所在位置

（9）在图 16-9 所示的恢复配置界面，使用默认设置，单击"下一步"按钮。

图 16-9 恢复配置界面

（10）在图 16-10 所示的数据库内容界面使用默认配置，单击"下一步"按钮。

图 16-10 数据库内容界面

（11）在图 16-11 所示的初始化参数界面，使用默认设置，单击"下一步"按钮。

图 16-11　初始化参数界面

（12）在图 16-12 所示的数据库存储界面使用默认设置，单击"下一步"按钮。

图 16-12　数据库存储界面

（13）在图 16-13 所示的创建选项界面，使用默认设置，单击"完成"按钮。

图 16-13　创建选项界面

（14）在图 16-14 中，单击"确定"按钮，显示如图 16-15 所示的进度界面。

图 16-14　确认窗体界面

图 16-15　数据库创建进度界面

3. 创建开发者用户

在创建完 DBSQL 数据库后，需要新建一个用户供开发者使用。为了简单起见，使用命令行来完成，其步骤如下：

（1）运行 DOS 控制台，输入如下代码：

```
C:\Users\kira>sqlplus system/justice@dbsql as sysdba;
```

此时会登录到 SQL Plus 中。

（2）在成功登录后，输入如下代码新建用户。

```
SQL> create user personnel_manage identified by personnel_manage;
```

说明

在完成新建用户后，需要为其增加创建表格、视图等权限。

16.2.3　系统功能结构

企业人事管理系统主要包括人事管理和待遇管理两大功能模块，用来提供对企业员工的人事和待遇管理；以及系统的辅助功能模块，包括系统维护和用户管理，用来提供对系统的维护和系统安全；企业人事管理系统还包含一个系统工具模块，用来快速运行系统中的常用工具，例如，系统计算器和 Excel 表格等。

人事管理模块包含的子模块有档案管理、考勤管理、奖惩管理和培训管理。其中，档案管理模块用来维护员工的基本信息，包括档案信息、职务信息和个人信息。其中，档案信息包括员工的照片。档案信息只可以添加和修改，不可以删除，因为员工档案将作为企业的永久资源和历史记录进行保存。在维护员工档案时，可以通过企业结构树快速查找员工。考勤管理模块用来记录员工的考勤信息，例如，迟到、请假、加班等。奖惩管理模块用来记录员工的奖惩信息，例如，因为某事情奖励或惩罚员工。培训管理模块用来记录对员工的培训信息。

待遇管理模块包含的子模块有账套管理、人员设置和统计报表。其中，账套管理模块用来建立和维护账套。所谓账套，就是对不同员工采用不同的待遇标准。例如，对已经签订劳动合同的员工和处于试用期的员工的基本工资是不同的，针对这种情况可以分别建立一个试用期账套和合同工账套。这里假设处于试用期的员工的基本工资为 2000 元，而已经签订劳动合同的员工的基本工资为 3000 元，则可以分别将试用期账套和合同工账套中的基本工资项设为 2000 元和 3000 元。账套中的部分项目可以用于考勤管理模块的考勤项目。人员设置模块用来设置对员工采用前面建立的哪个账套，即采用哪个待遇标准，如果没有适合的账套，则可以继续建立新的账套。统计报表模块将以表格的形式统计员工的待遇情况，这里将用到在考勤管理和奖惩管理模块填写的数据，可以按月、季度、半年和年统计。

系统维护模块包含的子模块有企业架构、基本资料和初始化系统。其中，企业架构模块用来维护企业的组织结构，企业架构将以树状结构显示；基本资料模块用来维护职务种类、用工形式、账套项目、考勤项目、民族和籍贯信息；初始化系统模块用来对系统进行初始化，在正式使用前需要对系统进行初始化。

用户管理模块包含的子模块有新增用户和修改密码。其中，新增用户模块用来添加和维护系统的管理员，包括冻结和删除管理员，该模块只有超级管理员有权使用；修改密码模块用来为当前登录用户修改登录密码。

系统工具模块包含的功能有打开计算器、打开 Word 和打开 Excel，以方便用户快速地打开这3 个常用的系统工具。

企业人事管理系统的功能结构如图 16-16 所示。

图 16-16　企业人事管理系统功能结构

16.2.4　业务流程图

企业人事管理系统的业务流程如图 16-17 所示。

图 16-17　人事管理系统的业务流程图

16.3　数据库设计

在开发应用程序时，对数据库的操作是必不可少的，而一个数据库的设计优秀与否，将直接影响到软件的开发进度和性能，所以对数据库的设计就显得尤为重要。数据库的设计要根据程序的需求及其功能制定，如果在开发软件之前不能很好地设计数据库，在开发过程中将反复修改数据库，这将严重影响开发进度。

16.3.1　数据库概要说明

企业人事管理系统的需求主要包括对人事档案的管理，其中，包括档案信息、职务信息和个人信息；人事考勤、奖惩、培训的管理，并且考勤和奖惩信息将体现到待遇统计当中；待遇管理，还要针对企业的现实需求，要求企业人事管理系统支持多账套功能。

16.3.2 数据库 E-R 图

数据库设计是系统设计过程中的重要组成部分，它是通过管理系统的整体需求而制定的，数据库设计的好坏直接影响到系统的后期开发。下面对本系统中具有代表性的数据库设计进行详细说明。

在开发企业人事管理系统时，最重要的是人事档案信息。本系统将档案信息又分为档案信息、职务信息和个人信息，由于信息多而复杂，这里只给出关键的信息。档案信息表 E-R 图如图 16-18 所示。

图 16-18　档案信息表 E-R 图

本系统提供了人事考勤记录和人事奖惩记录功能，这里只给出人事考勤信息表的 E-R 图，如图 16-19 所示。

根据企业人事管理中的现实需求，本系统提供了多账套管理功能，通过这一功能，可以很方便地对各种类型的员工实施不同的待遇标准。账套信息表的 E-R 图如图 16-20 所示。

图 16-19　考勤信息表 E-R 图　　　　图 16-20　账套信息表 E-R 图

每个账套都要包含多个账套项目，这些账套中的项目可以有零个或多个是不同的，区别是每个账套项目的金额是不同的。账套项目信息表的 E-R 图如图 16-21 所示。

建立多账套是为了实现对员工按照不同的待遇标准进行管理，所以要将员工设置到不同的账套中，即表示对该员工实施相应的待遇标准。账套设置信息表的 E-R 图如图 16-22 所示。

图 16-21　账套项目信息表 E-R 图　　　　图 16-22　账套设置信息表 E-R 图

16.3.3　数据表结构

数据库概念设计中已经分析了档案、考勤和账套等主要的数据实体对象，这些实体对象是数据表结构的基本模型，最终的数据模型都要实施到数据库中，形成整体的数据结构。可以使用 PowerDesigner 工具完成这个数据库的建模，其模型结构如图 16-23 所示。

图 16-23　企业人事管理系统数据库模型

16.4　公共模块设计

公共模块的设计是软件开发的一个重要组成部分，它既起到了代码重用的作用，又起到了规范代码结构的作用，尤其在团队开发的情况下，是解决重复编码的最好方法，这样对软件的后期维护也起到了积极的作用。

16.4.1 编写 Hibernate 配置文件

在 Hibernate 配置文件中包含两方面的内容，一方面是连接数据库的基本信息，例如连接数据库的驱动程序、URL、用户名、密码等；另一方面是 Hibernate 的配置信息，例如配置数据库使用的方言、持久化类映射文件等，还可以配置是否在控制台输出 SQL 语句，以及是否对输出的 SQL 语句进行格式化和添加提示信息等。本系统使用的 Hibernate 配置文件的关键代码如下：

```
<!-- 配置数据库的驱动类 -->
<property name="connection.driver_class">
    oracle.jdbc.driver.OracleDriver
</property>
<!-- 配置数据库的连接路径 -->
<property name="connection.url">
    jdbc:oracle:thin:@127.0.0.1:1521:DBSQL
</property>
<!-- 配置数据库的连接用户名 -->
<property name="connection.username">personnel_manage</property>
<!-- 配置数据库的连接密码，这里密码为空，在这种情况下也可以省略该行配置代码 -->
<property name="connection.password">personnel_manage</property>
<!-- 配置数据库使用的方言 -->
<property name="dialect">
    org.hibernate.dialect.OracleDialect
</property>
<!-- 配置在控制台显示 SQL 语句 -->
<property name="show_sql">true</property>
<!-- 配置对输出的 SQL 语句进行格式化 -->
<property name="format_sql">true</property>
<!-- 配置在输出的 SQL 语句前面添加提示信息 -->
<property name="use_sql_comments">true</property>
<!-- 配置持久化类映射文件 -->
<mapping resource="com/mwq/hibernate/mapping/TbDept.hbm.xml" />
<mapping resource="com/mwq/hibernate/mapping/TbPersonalInfo.hbm.xml" />
<mapping resource="com/mwq/hibernate/mapping/TbNativePlace.hbm.xml" />
<mapping resource="com/mwq/hibernate/mapping/TbBringUpContent.hbm.xml" />
<mapping resource="com/mwq/hibernate/mapping/TbReckoningList.hbm.xml" />
<mapping resource="com/mwq/hibernate/mapping/TbManager.hbm.xml" />
<mapping resource="com/mwq/hibernate/mapping/TbRewardsAndPunishment.hbm.xml" />
<mapping resource="com/mwq/hibernate/mapping/TbAccountItem.hbm.xml" />
<mapping resource="com/mwq/hibernate/mapping/TbDutyInfo.hbm.xml" />
<mapping resource="com/mwq/hibernate/mapping/TbReckoning.hbm.xml" />
<mapping resource="com/mwq/hibernate/mapping/TbTimecard.hbm.xml" />
<mapping resource="com/mwq/hibernate/mapping/TbNation.hbm.xml" />
<mapping resource="com/mwq/hibernate/mapping/TbRecord.hbm.xml" />
<mapping resource="com/mwq/hibernate/mapping/TbReckoningInfo.hbm.xml" />
<mapping resource="com/mwq/hibernate/mapping/TbAccessionForm.hbm.xml" />
<mapping resource="com/mwq/hibernate/mapping/TbDuty.hbm.xml" />
<mapping resource="com/mwq/hibernate/mapping/TbBringUpOntent.hbm.xml" />
```

在上面的代码中，show_sql 属性用来配置是否在控制台输出 SQL 语句，默认为 false，即不输出；建议在调试程序时将该属性以及 format_sql 和 use_sql_comments 属性同时设置为 true，这

在这里还针对 Hibernate 的特点,实现了两个具有特殊功能的方法,一个是用来过滤关联对象集合的方法,另一个是用来批量删除记录的方法。下面只介绍这两个方法和一个删除单个对象的方法,其他参见光盘源代码。

下面的方法是用来过滤一对多关联中 Set 集合中的对象的方法,这是 Hibernate 提供的一个非常实用的集合过滤功能,通过该功能可以从关联集合中检索出符合指定条件的对象,检索条件可以是所有合法的 HQL 语句,具体代码如下:

```
public List filterSet(Set set, String hql) {
    Session session = HibernateSessionFactory.getSession();// 获得 Session 对象
    // 通过 session 对象的 createFilter() 方法按照 hql 条件过滤 set 集合
    Query query = session.createFilter(set, hql);
    List list = query.list();                      // 执行过滤,返回值为 List 型结果集
    return list;                                   // 返回过滤结果
}
```

下面的方法用来删除指定持久化对象,具体代码如下:

```
public boolean deleteObject(Object obj) {
    boolean isDelete = true;                       // 默认删除成功
    Session session = HibernateSessionFactory.getSession();   // 获得 Session 对象
    Transaction tr = session.beginTransaction();          // 开启事务
    try {
        session.delete(obj);                       // 删除指定持久化对象
        tr.commit();                               // 提交事务
    } catch (HibernateException e) {
        isDelete = false;                          // 删除失败
        tr.rollback();                             // 回退事务
        e.printStackTrace();
    }
    return isDelete;
}
```

下面的方法用来批量删除对象,通过这种方法删除对象,每次只需要执行一条 SQL 语句。具体代码如下:

```
public boolean deleteOfBatch(String hql) {
    boolean isDelete = true;                       // 默认删除成功
    Session session = HibernateSessionFactory.getSession(); // 获得 Session 对象
    Transaction tr = session.beginTransaction(); // 开启事务
    try {
        Query query = session.createQuery(hql);   // 预处理 HQL 语句,获得 Query 对象
        query.executeUpdate();                     // 执行批量删除
        tr.commit();                               // 提交事务
    } catch (HibernateException e) {
        isDelete = false;                          // 删除失败
        tr.rollback();                             // 回退事务
        e.printStackTrace();
    }
    return isDelete;
}
```

16.4.4 创建用于特殊效果的部门树对话框

在系统中有多处需要填写部门，如果通过 JComboBox 组件提供部门列表，则不能够体现出企业的组织架构，用户在使用过程中也不是很直观和方便，因此开发了一个用于特殊效果的部门树对话框，例如，在新建档案时需要填写部门，利用该对话框实现的效果如图 16-24 所示。

图 16-24　用于特殊效果的部门树对话框

用户在填写部门时，只需要单击文本框后的按钮，就会弹出一个用来选取部门的部门树对话框，并且这个对话框显示在文本框和按钮的正下方，通过这种方法实现对部门的选取，对于用户将更加直观和方便。

从图 16-24 可以看出，这里用来选取部门的部门树对话框不需要提供标题栏，并且建议令这个对话框阻止当前线程，这样做的好处是可以强制用户选取部门，并且可以及时地销毁对话框，释放其占用的资源。实现这两点的具体代码如下：

```
setModal(true);          //设置对话框阻止当前线程
setUndecorated(true);    //设置对话框不提供标题栏
```

下面开始创建部门树。首先创建树节点对象，包括根节点及其子节点，并将子节点添加到上级节点中，然后利用根节点对象创建树模型对象，最后利用树模型对象创建树对象。当树节点超过一定数量时，树结构的高度可能大于对话框的高度，所以要将部门树放在滚动面板当中。具体代码如下：

```
//创建滚动面板
final JScrollPane scrollPane = new JScrollPane();
getContentPane().add(scrollPane, BorderLayout.CENTER);
TbDept company = (TbDept) dao.queryDeptById(1);
//创建部门树的根节点
DefaultMutableTreeNode root = new DefaultMutableTreeNode(company.getName());
Set depts = company.getTbDepts();
for (Iterator deptIt = depts.iterator(); deptIt.hasNext();) {
    TbDept dept = (TbDept) deptIt.next();
    //创建部门树的二级子节点
    DefaultMutableTreeNode deptNode = new DefaultMutableTreeNode(dept.getName());
    root.add(deptNode);
    Set sonDepts = dept.getTbDepts();
    for (Iterator sonDeptIt = sonDepts.iterator(); sonDeptIt.hasNext();) {
        TbDept sonDept = (TbDept) sonDeptIt.next();
        //创建部门树的叶子节点
        deptNode.add(new DefaultMutableTreeNode(sonDept.getName()));
    }
}
DefaultTreeModel treeModel = new DefaultTreeModel(root); //利用根节点对象创建树模型对象
tree = new JTree(treeModel);                             //利用树模型对象创建树对象
scrollPane.setViewportView(tree);                        //将部门树放到滚动面板中
```

在通过构造方法创建部门树对话框时，需要传入要填写部门的文本框对象，这样在捕获树节点被选中的事件后会自动填写部门名称。用来捕获树节点被选中事件的具体代码如下：

```
tree.addTreeSelectionListener(new TreeSelectionListener() {  //捕获树节点被选中的事件
```

```
public void valueChanged(TreeSelectionEvent e) {
    TreePath treePath = e.getPath();                        //获得被选中树节点的路径
    DefaultMutableTreeNode node = (DefaultMutableTreeNode) treePath
            .getLastPathComponent();                        //获得被选中树节点的对象
    if (node.getChildCount() == 0) {                        //被选中的节点为叶子节点
        textField.setText(node.toString());                //将选中节点的名称显示到
文本框中
    } else {                                                //被选中的节点不是叶子节点
        JOptionPane.showMessageDialog(null, "请选择所在的具体部门",
                "错误提示", JOptionPane.ERROR_MESSAGE);
        return;
    }
    dispose();                                              //销毁部门树对话框
}
});
```

16.4.5　创建通过部门树选取员工的面板和对话框

在系统中有多处需要通过部门树选取员工，其中一处是在主窗体中，其他的均在对话框中，所以这里需要单独实现一个通过部门树选取员工的面板，然后将面板添加到主窗体或对话框中，从而实现代码的最大重用。最终实现的对话框效果如图 16-25 所示，当选中左侧部门树中的相应部门时，在右侧表格中将列出该部门及其子部门的所有员工。

图 16-25　"按部门查找员工"对话框

下面实现面板类 DeptAndPersonnelPanel，首先创建表格，在创建表格时，可以通过向量初始化表格，也可以通过数组初始化表格。具体代码如下：

```
tableColumnV = new Vector<String>();                        //创建表格列名向量
String tableColumns[] = new String[] { "序号", "档案编号", "姓名", "性别", "部门", "职
务" };
for (int i = 0; i < tableColumns.length; i++) {             //添加表格列名
    tableColumnV.add(tableColumns[i]);
}
tableValueV = new Vector<Vector<String>>();                 //创建表格值向量
showAllRecord();                                            //默认显示所有档案
tableModel = new DefaultTableModel(tableValueV, tableColumnV); //创建表格模型对象
table = new JTable(tableModel);                             //创建表格对象
personnalScrollPane.setViewportView(table);                //将表格添加到滚动面板中
```

然后为部门树添加节点选取事件处理代码，当选取的为根节点时，将显示所有档案，当选取的为子节点时，将显示该部门的档案，否则显示选中部门包含子部门的所有档案。具体代码如下：

```
tree.addTreeSelectionListener(new TreeSelectionListener() {
    public void valueChanged(TreeSelectionEvent e) {
        TreePath path = e.getPath();                        //获得被选中树节点的路径
```

```
        tableValueV.removeAllElements();                        //移除表格中的所有行
        if (path.getPathCount() == 1) {                         //选中树的根节点
            showAllRecord();                                    //显示所有档案
        } else {                                                //选中树的子节点
            //获得选中部门的名称
            String deptName = path.getLastPathComponent().toString();
            //检索指定部门对象
            TbDept selectDept = (TbDept) dao.queryDeptByName(deptName);
            Iterator sonDeptIt = selectDept.getTbDepts().iterator();
            if (sonDeptIt.hasNext()) {                          //选中树的二级节点
                while (sonDeptIt.hasNext()) {
                    //显示选中部门所有子部门的档案
                    showRecordInDept((TbDept) sonDeptIt.next());
                }
            } else {                                            //选中树的叶子节点
                showRecordInDept(selectDept);                   //显示选中部门的档案
            }
        }
        tableModel.setDataVector(tableValueV, tableColumnV);
    }
});
```

下面实现对话框类 DeptAndPersonnelDialog，在对话框中提供 3 个按钮，用户可以通过“全选”按钮选择表格中的所有档案，也可以用鼠标点选指定档案，然后单击“添加”按钮，将选中的档案记录添加到指定向量中，添加结束后单击“退出”按钮。需要注意的是，在单击“退出”按钮时并没有销毁对话框，只是将其变为不可见，在调用对话框的位置获得选中档案信息之后才销毁对话框。

负责捕获“添加”按钮事件的具体代码如下：

```
final JButton addButton = new JButton();
addButton.addActionListener(new ActionListener() {              //捕获按钮被按下的事件
    public void actionPerformed(ActionEvent e) {
        int[] rows = table.getSelectedRows();                   //获得选中行的索引
        int columnCount = table.getColumnCount();               //获得表格的列数
        for (int row = 0; row < rows.length; row++) {
            //创建一个向量对象，代表表格的一行
            Vector<String> recordV = new Vector<String>();
            for (int column = 0; column < columnCount; column++) {
                //将表格中的值添加到向量中
                recordV.add(table.getValueAt(rows[row], column).toString());
            }
            selectedRecordV.add(recordV);         //将代表选中行的向量添加到另一个向量中
        }
    }
});
addButton.setText("添加");                                       //设置按钮的名称
```

16.5　系统主要模块开发

本节将对企业人事管理系统的几个主要功能模块实现时用到的主要技术及实现过程进行详细讲解。

16.5.1　主窗体设计

主窗体是软件系统的一个重要组成部分，是提供人机交互的一个必不可少的操作平台。通过主窗体，用户可以打开与系统相关的各个子操作模块，完成对软件的操作和使用；另外通过主窗体，用户还可以快速掌握本系统的基本功能。

企业人事管理系统的主窗体效果如图 16-26 所示，窗体的左侧为系统的功能结构导航，窗体的上方为系统常用功能的快捷按钮。

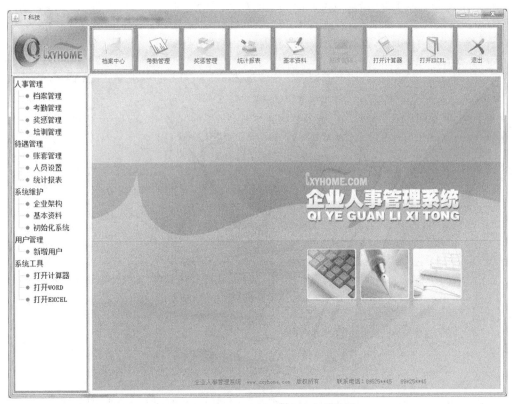

图 16-26　企业人事管理系统主窗体效果

1. 技术分析

在主窗体左侧，有一个导航栏。它包含了本系统的主要功能。该导航栏是通过树组件实现的，在这里不显示树的根节点，并且打开软件时树结构是展开的，还设置在叶子节点折叠和展开时均不采用图标。

在主窗体上方，有一个工具栏。它为常用的系统子模块提供了快捷按钮，通过这些按钮，用户可以快速地进入系统中常用的子模块。这里通过按钮来调用各个工具。

2. 实现过程

（1）导航栏

下面的代码将通过树节点对象创建一个树结构，最后创建一个树模型对象。

```
DefaultMutableTreeNode root = new DefaultMutableTreeNode("root") //创建树的根节点
//创建树的一级子节点
DefaultMutableTreeNode personnelNode = new DefaultMutableTreeNode("人事管理");
    //创建树的叶子节点并添加到一级子节点
personnelNode.add(new DefaultMutableTreeNode("档案管理"));
personnelNode.add(new DefaultMutableTreeNode("考勤管理"));
personnelNode.add(new DefaultMutableTreeNode("奖惩管理"));
personnelNode.add(new DefaultMutableTreeNode("培训管理"));
root.add(personnelNode);                                    //向根节点添加一级子节点
DefaultMutableTreeNode treatmentNode = new DefaultMutableTreeNode("待遇管理");
treatmentNode.add(new DefaultMutableTreeNode("账套管理"));
treatmentNode.add(new DefaultMutableTreeNode("人员设置"));
treatmentNode.add(new DefaultMutableTreeNode("统计报表"));
root.add(treatmentNode);
DefaultMutableTreeNode systemNode = new DefaultMutableTreeNode("系统维护");
systemNode.add(new DefaultMutableTreeNode("企业架构"));
systemNode.add(new DefaultMutableTreeNode("基本资料"));
systemNode.add(new DefaultMutableTreeNode("初始化系统"));
root.add(systemNode);
DefaultMutableTreeNode userNode = new DefaultMutableTreeNode("用户管理");
//当record为null时，说明是通过默认用户登录的，此时只能新增用户，不能修改密码
if (record == null) {
    userNode.add(new DefaultMutableTreeNode("新增用户"));
} else {                                               //否则为通过管理员登录
    String purview = record.getTbManager().getPurview();
    if (purview.equals("超级管理员")) {//只有当管理员的权限为"超级管理员"时，才有权新增用户
        userNode.add(new DefaultMutableTreeNode("新增用户"));
    }
    //只有通过管理员登录时才有权修改密码
    userNode.add(new DefaultMutableTreeNode("修改密码"));
}
root.add(userNode);
DefaultMutableTreeNode toolNode = new DefaultMutableTreeNode("系统工具");
toolNode.add(new DefaultMutableTreeNode("打开计算器"));
toolNode.add(new DefaultMutableTreeNode("打开 WORD"));
toolNode.add(new DefaultMutableTreeNode("打开 EXCEL"));
root.add(toolNode);
DefaultTreeModel treeModel = new DefaultTreeModel(root);//通过树节点对象创建树模型对象
```

下面的代码将利用创建的树模型对象创建一个树对象，并设置树对象的相关绘制属性。

```
tree = new JTree(treeModel);                           //通过树模型对象创建树对象
```

```
        tree.setBackground(Color.WHITE);                      //设置树的背景色
          tree.setRootVisible(false);                         //设置不显示树的根节点
        tree.setRowHeight(28);                                //设置各节点的高度为 28 像素
        Font font = new Font("宋体", Font.BOLD, 16);
        tree.setFont(font);                                   //设置节点的字体样式
        //创建一个树的绘制对象
        DefaultTreeCellRenderer renderer = new DefaultTreeCellRenderer();
        renderer.setClosedIcon(null);                         //设置节点折叠时不采用图标
        renderer.setOpenIcon(null);                           //设置节点展开时不采用图标
        tree.setCellRenderer(renderer);                       //将树的绘制对象设置到树中
        int count = root.getChildCount();                     //获得一级节点的数量
        for (int i = 0; i < count; i++) {                     //遍历树的一级节点
            //获得指定索引的一级节点对象
            DefaultMutableTreeNode node = (DefaultMutableTreeNode) root.getChildAt(i);
            TreePath path = new TreePath(node.getPath());     //获得节点对象的路径
            tree.expandPath(path);                            //展开该节点
        }
        tree.addTreeSelectionListener(new TreeSelectionListener() {// 捕获树的选取事件
            @Override
            public void valueChanged(TreeSelectionEvent e) {
                rightPanel.removeAll();
                TreePath treePath = e.getPath();
                if (treePath.getPathCount() == 2) {
                    rightPanel.add(backgroundLabel, BorderLayout.CENTER);
                } else {
                    String selectedNode = treePath.getLastPathComponent().toString();
                    String
parentNode = treePath.getParentPath().getLastPathComponent().toString();
                    if (parentNode.equals("人事管理")) {
                        System.out.println("人事管理");
                        if (selectedNode.equals("档案管理")) {
                            rightPanel.add(new RecordSelectedPanel(rightPanel),
BorderLayout.CENTER);
                        } else if (selectedNode.equals("考勤管理")) {
                            rightPanel.add(new TimecardPanel(), BorderLayout.CENTER);
                        } else if (selectedNode.equals("奖惩管理")) {
                            rightPanel.add(new RewardsAndPunishmentPanel(),
BorderLayout.CENTER);
                        } else {// 人事培训管理
                            rightPanel.add(new BringUpSelectedPanel(rightPanel), BorderLayout.
CENTER);
                        }
                    } else if (parentNode.equals("待遇管理")) {
                        System.out.println("待遇管理");
                        if (selectedNode.equals("账套管理")) {
                            rightPanel.add(new CriterionSetPanel(), BorderLayout.CENTER);
                        } else if (selectedNode.equals("人员设置")) {
                            rightPanel.add(new PersonnelSetPanel(), BorderLayout.CENTER);
```

```
            } else {// 统计报表
                rightPanel.add(new ReportFormsPanel(), BorderLayout.CENTER);
            }
        } else if (parentNode.equals("系统维护")) {
            System.out.println("系统维护");
            if (selectedNode.equals("企业架构")) {
                rightPanel.add(new FrameworkPanel(), BorderLayout.CENTER);
            } else if (selectedNode.equals("基本资料")) {
                rightPanel.add(new DataPanel(), BorderLayout.CENTER);
            } else {// 系统初始化
                int i = JOptionPane.showConfirmDialog(null, "确定要初始化系统？", "友
情提示", JOptionPane.YES_NO_OPTION, JOptionPane.QUESTION_MESSAGE);
                if (i == 0) {
                    dao.initTimecard();
                    dao.initBringUpOntent();
                    dao.initBringUpContent();
                    dao.initRewardsAndPunishment();
                    dao.initReckoningInfo();
                    dao.initReckoningList();
                    dao.initReckoning();
                    dao.initDutyInfo();
                    dao.initPersonalInfo();
                    dao.initManager();
                    dao.initRecord();
                    dao.initDept();
                    dao.initDuty();
                    dao.initNation();
                    dao.initNativePlace();
                    dao.initAccessionForm();
                    dao.initAccountItem();
                    String clueOn[] = new String[] { "    系统初始化完成！", "    系统将
重新启动，您首先需要通过默认用户登录，", "然后通过“人事管理”->“档案管理”添加人事档案，",
                        "其次通过“用户管理”->“新增用户”添加系统管理", "员，最后通过新
添加的管理员登录！", "    需要注意的是，只有第一个被添加的管理员为", "超级管理员，具有“新增用户”的权
限！" };
                    JOptionPane.showMessageDialog(null, clueOn, "友情提示",
JOptionPane.INFORMATION_MESSAGE);
                    dispose();
                    new PersonnelManage();
                }
            }
        } else if (parentNode.equals("用户管理")) {
            System.out.println("用户管理");
            if (selectedNode.equals("新增用户")) {
                AddUserPanel addUserPanel = new AddUserPanel();
                addUserPanel.setRecord(record);
                rightPanel.add(addUserPanel, BorderLayout.CENTER);
            } else {// 修改密码
                rightPanel.removeAll();
                SwingUtilities.updateComponentTreeUI(rightPanel);
```

```
            UpdatePasswordDialog updatePasswordDialog = new UpdatePasswordDialog ();
                updatePasswordDialog.setRecord(record);
                updatePasswordDialog.setVisible(true);
            }
        } else {
            if (Desktop.isDesktopSupported()) {
                Desktop desktop = Desktop.getDesktop();
                File file = null;
                try {
                    if (selectedNode.equals("打开计算器")) {
                        Runtime runtime = Runtime.getRuntime();
                        runtime.exec("calc.exe");
                    } else if (selectedNode.equals("打开 WORD")) {
                        file = new File("src/office/new.doc");
                        desktop.open(file);
                    } else {// 打开 EXCEL
                        file = new File("src/office/new.xls");
                        desktop.open(file);
                    }
                } catch (Exception e1) {
                    JOptionPane.showMessageDialog(null, "很抱歉，未能打开您请求的系统工
具! ", "友情提示", JOptionPane.INFORMATION_MESSAGE);
                    return;
                }
            }
        }
        SwingUtilities.updateComponentTreeUI(rightPanel);
    }
});
leftPanel.add(tree);                                        //将树添加到面板组件中
}
```

在上面的代码中，setRootVisible(boolean b)方法用于设置是否显示树的根节点，默认
为显示根节点，即默认为 true；如果设置为 false，则不显示树的根节点。

（2）工具栏

下面的代码将创建一个用来添加快捷按钮的面板，并且为面板设置了边框，面板的布局管理
器为水平箱式布局。

```
final JPanel buttonPanel = new JPanel();                    //创建工具栏面板
final GridLayout gridLayout = new GridLayout(1, 0); //创建一个水平箱式布局管理器对象
gridLayout.setVgap(6);                                      //箱的垂直间隔为 6 像素
gridLayout.setHgap(6);                                      //箱的水平间隔为 6 像素
buttonPanel.setLayout(gridLayout);              //设置工具栏面板采用的布局管理器为箱式布局
buttonPanel.setBackground(Color.WHITE);                    //设置工具栏面板的背景色
buttonPanel.setBorder(new TitledBorder(null, "",TitledBorder.DEFAULT_JUSTIFICATION,
        TitledBorder.DEFAULT_POSITION, null, null));       //设置工具栏面板采用的边框样式
topPanel.add(buttonPanel, BorderLayout.CENTER);            //将工具栏面板添加到上级面板中
```

工具栏提供了用来快速打开"档案管理"、"考勤管理"、"奖惩管理"、"统计报表"、"基本资料"和"修改密码"子模块的按钮，以及"打开计算器"和"打开 Excel"两个打开常用系统工具的按钮，还有一个用来快速退出系统的"退出"按钮。这些快捷按钮的实现代码基本相同，所以这里只给出"档案管理"快捷按钮的实现代码。具体代码如下：

```
final JButton recordShortcutKeyButton = new JButton();//创建进入"档案管理"的快捷按钮
//为按钮添加事件监听器，用来捕获按钮被点击的事件
recordShortcutKeyButton.addActionListener(new ActionListener() {
    public void actionPerformed(ActionEvent e) {
        rightPanel.removeAll();                         //移除内容面板中的所有内容
        rightPanel.add(new RecordSelectedPanel(rightPanel),
                BorderLayout.CENTER);                   //将档案管理面板添加到内容面板中
        SwingUtilities.updateComponentTreeUI(rightPanel);    //刷新内容面板中的内容
    }
});
recordShortcutKeyButton.setText("档案管理");
buttonPanel.add(recordShortcutKeyButton);
```

在实现"修改密码"按钮时，需要判断当前的登录用户，如果用户是通过系统的默认用户登录的，则不允许修改密码，需要把"修改密码"按钮设置为不可用。具体代码如下：

```
final JButton updatePasswordShortcutKeyButton = new JButton();
if (record == null)       //当 record 为 null 时，说明是通过默认用户登录的，此时不能修改密码
    updatePasswordShortcutKeyButton.setEnabled(false);   //在这种情况下设置按钮为不可用
updatePasswordShortcutKeyButton.addActionListener(new ActionListener() {
    public void actionPerformed(ActionEvent e) {
        rightPanel.removeAll();
        SwingUtilities.updateComponentTreeUI(rightPanel);
        //创建用来修改密码的对话框
        UpdatePasswordDialog dialog = new UpdatePasswordDialog();
        dialog.setRecord(record);                    //将当前登录管理员的档案对象传入对话框
        dialog.setVisible(true);                     //设置对话框为可见的，即显示对话框
    }
});
updatePasswordShortcutKeyButton.setText("修改密码");
buttonPanel.add(updatePasswordShortcutKeyButton);
```

通过 java.awt.Desktop 类的 open(File file)方法，可以运行系统中的其他软件，例如运行系统计算器。为了方便用户使用系统计算器和 Excel，本系统提供了"打开计算器"和"打开 Excel"两个按钮。这两个按钮的实现代码基本相同，下面将以打开系统计算器为例，讲解如何在 Java 程序中打开其他软件。具体代码如下：

```
final JButton counterShortcutKeyButton = new JButton();
counterShortcutKeyButton.addActionListener(new ActionListener() {
    public void actionPerformed(ActionEvent e) {
        Desktop desktop = Desktop.getDesktop();                //获得当前系统对象
        File file = new File("C:/WINDOWS/system32/calc.exe");//创建一个系统计算器对象
        try {
            desktop.open(file);                                //打开系统计算器
        } catch (Exception e1) {                               //当打开失败时，弹出提示信息
            JOptionPane.showMessageDialog(null, "很抱歉，未能打开系统自带的计算器！",
                    "友情提示", JOptionPane.INFORMATION_MESSAGE);
```

```
                return;
            }
        }
    });
counterShortcutKeyButton.setText("打开计算器");
buttonPanel.add(counterShortcutKeyButton);
```

最后，创建一个用来快速退出系统的"退出"按钮。具体代码如下：

```
final JButton exitShortcutKeyButton = new JButton();
exitShortcutKeyButton.addActionListener(new ActionListener() {
    public void actionPerformed(ActionEvent e) {
        System.exit(0);        //退出系统
    }
});
exitShortcutKeyButton.setText("退出");
buttonPanel.add(exitShortcutKeyButton);
```

16.5.2　人事管理模块设计

人事管理模块是企业人事管理系统的灵魂，是其他模块的基础，所以能否合理设计人事管理模块，对系统的整体设计和系统功能的开发将起到十分重要的作用。

人事管理模块包含档案管理、考勤管理、奖惩管理和培训管理 4 个子模块。

档案管理模块用来建立和修改员工档案，当进入档案管理模块时，将看到图 16-27 所示界面。

图 16-27　员工档案列表界面

单击"新建员工档案"按钮或在表格中选中要修改的员工档案后单击"修改员工档案"按钮，将打开如图 16-28 所示界面，在该界面可以建立或修改员工档案，并且可以设置员工照片，填写完成后单击"保存"按钮保存员工档案。

图 16-28　填写档案信息界面

考勤管理和奖惩管理用来填写相关记录，这些记录信息将体现在统计报表模块中，例如，在这里给某员工填写一次迟到考勤，在做统计报表时将根据其采用的账套在其待遇中扣除相应的金额。这两个模块的实现思路基本相同，在这里只给出考勤管理界面，如图 16-29 所示。

图 16-29　考勤管理界面

培训管理用来记录对员工的培训信息，如图 16-30 所示，选中培训记录后单击"查看"按钮可以查看具体的培训人员。

序号	培训名称	培训对象	参训人数	培训时间	培训地点	培训内容	培训单位	培训讲师
1	入职培训	新聘员工	5	2007-01-13…	单位会议室	入职基本培训	本单位	马先生
2	倾诚大厦项目培训	相关人员	5	2007-01-14…	单位会议室	倾诚大厦项目…	本单位	马先生

图 16-30　培训列表界面

1．技术分析

在开发该模块时，需要处理大量用户输入的信息。处理用户输入信息的第一步是检查用户输入信息的合法性。如果是利用常规方法去验证每个组件接收到的数据，将耗费大量的时间和代码。对于这种情况，可以利用 Java 的反射机制先进行简单的验证，例如，不允许为空的验证，然后再针对特殊的数据进行具体的验证，例如，日期型数据。

在建立员工档案时需要支持上传员工照片的功能。如果想支持这一功能，必须了解两项关键技术，一是如何弹出用来选取照片的对话框，二是如何将照片文件上传到指定的位置。用来选取照片的对话框可以通过 javax.swing.JFileChooler 类实现，还可以通过实现 javax.swing.filechooser.FileFilter 接口，对指定路径中的文件进行过滤，令照片选取对话框中只显示照片文件。实现上传照片功能需要通过 java.io.File、java.io.FileInputStream 和 java.io.FileOutputStream 类联合实现。

在考勤管理和奖惩管理模块，既可以直接在员工下拉列表框中选取考勤或奖惩的员工，也可以先选取员工所在的部门，对员工下拉列表框中的可选项进行筛选，然后再选取具体的员工。要实现这一功能，需要实现组件之间的联动，即当选取部门时，将间接控制员工下拉列表框的变化；同样在选取员工下拉列表框时，也要间接控制部门组件的变化，即在部门组件中要显示员工所在的部门。可以通过捕获各个组件的事件完成这一功能，例如，通过 java.awt.event.ItemListener 监听器捕获下拉列表框中被选中的事件，通过 javax.swing.event.TreeSelectionListener 监听器捕获树节点被选中的事件。

2. 实现过程

在开发人事管理模块时，主要是突破技术分析中的几个技术点，掌握这几个技术点后，就可以顺利地实现人事管理模块了。

（1）实现上传员工照片功能

在开发上传员工照片功能时，首先是确定显示照片的载体。在 Swing 中可以通过 JLable 组件显示照片，在该组件中也可以显示文字。在本系统中如果已上传照片则显示照片，否则显示提示文字。具体代码如下：

```java
photoLabel = new JLabel();                                    //创建用来显示照片的对象
photoLabel.setHorizontalAlignment(SwingConstants.CENTER);     //设置照片或文字居中显示
photoLabel.setBorder(new TitledBorder(null, "", TitledBorder.DEFAULT_JUSTIFICATION,
        TitledBorder.DEFAULT_POSITION, null, null));          //设置边框
photoLabel.setPreferredSize(new Dimension(120, 140));         //设置显示照片的大小
if (UPDATE_RECORD == null || UPDATE_RECORD.getPhoto() == null) {//新建档案或未上传照片
    photoLabel.setText("双击添加照片");                        //显示文字提示
} else {                                                      //修改档案并且已上传照片
    //获得指定路径的绝对路径
    URL url = this.getClass().getResource("/personnel_photo/");
    //组织员工照片的存放路径
    String photo = url.toString().substring(5) + UPDATE_RECORD.getPhoto();
    photoLabel.setIcon(new ImageIcon(photo));                 //创建照片对象并显示
}
```

然后是确定如何弹出供用户选取照片的对话框。可以通过按钮捕获用户上传照片的请求，也可以通过 JLable 组件自己捕获该请求，即为 JLable 组件添加鼠标监听器，当用户双击该组件时，弹出供用户选取照片的对话框，本系统采用的是后者。Swing 提供了一个用来选取文件的对话框类 JFileChooser，当执行 JFileChooser 类的 showOpenDialog()方法时将弹出文件选取对话框，如图 16-31 所示。该方法返回 int 型值，用来区别用户执行的操作。当返回值为静态常量 APPROVE_OPTION 时，表示用户选取了照片，在这种情况下将选中的照片显示到 JLable 组件中。具体代码如下：

```java
photoLabel.addMouseListener(new MouseAdapter() {              //添加鼠标监听器
    public void mouseClicked(MouseEvent e) {
        if (e.getClickCount() == 2) {                         //判断是否为双击
            JFileChooser fileChooser = new JFileChooser();    //创建文件选取对话框
            fileChooser.setFileFilter(new FileFilter() {      //为对话框添加文件过滤器
                public String getDescription() {              //设置提示信息
                    return "图像文件（.jpg;.gif）";
                }
                public boolean accept(File file) {            //设置接受文件类型
                    if (file.isDirectory())
                        return true;                          //为文件夹则返回 true
                    String fileName = file.getName().toLowerCase();
                    if (fileName.endsWith(".jpg") ||
fileName.endsWith (".gif"))
                        return true; //为 JPG 或 JIF 格式文件则返回 true
                    return false;//即不显示在文件选取对话框中
```

```
                    }
                });
                    //弹出选取对话框并接收用户的处理信息
            int i = fileChooser.showOpenDialog(getParent());
            if (i == fileChooser.APPROVE_OPTION) {        //用户选取了照片
                File file = fileChooser.getSelectedFile();  //获得用户选取的文件对象
                if (file != null) {
                    ImageIcon icon = new ImageIcon(file
                            .getAbsolutePath());           //创建照片对象
                    photoLabel.setText(null);              //取消提示文字
                    photoLabel.setIcon(icon);              //显示照片
                }
            }
        }
    }
});
```

图 16-31　选取照片对话框界面

最后就是在保存档案信息时将照片上传到指定路径下，上传到指定路径下的照片名称将修改为档案编号，但是因为可以上传两种格式的图片，为了记录图片格式，还是要将照片名称保存到数据库中。具体代码如下：

```
if (photoLabel.getIcon() != null) {              //查看是否上传照片
    //通过选中图片的路径创建文件对象
    File selectPhoto = new File(photoLabel.getIcon().toString());
    //获得指定路径的绝对路径
    URL url = this.getClass().getResource("/personnel_photo/");
    //组织文件路径
    StringBuffer uriBuffer = new StringBuffer(url.toString());
    String selectPhotoName = selectPhoto.getName();
    int i = selectPhotoName.lastIndexOf(".");
    uriBuffer.append(recordNoTextField.getText());
    uriBuffer.append(selectPhotoName.substring(i));
```

```
try {
    //创建上传文件对象
    File photo = new File(new URL(uriBuffer.toString()).toURI());
    record.setPhoto(photo.getName());              //将图片名称保存到数据库
    if (!photo.exists()) {                         //如果文件不存在则创建文件
        photo.createNewFile();
    }
    InputStream inStream = new FileInputStream(selectPhoto); //创建输入流对象
    OutputStream outStream = new FileOutputStream(photo);    //创建输出流对象
    int readBytes = 0;                             //读取字节数
    byte[] buffer = new byte[10240];               //定义缓存数组
    //从输入流读取数据到缓存数组中
    while ((readBytes = inStream.read(buffer, 0, 10240)) != -1) {
        outStream.write(buffer, 0, readBytes); //将缓存数组中的数据输出到输出流
    }
    outStream.close();                             //关闭输出流对象
    inStream.close();                              //关闭输入流对象
} catch (Exception e) {
    e.printStackTrace();
}
}
```

（2）实现组件联动功能

在开发考勤功能时，实现了部门和员工组件之间的联动功能，如果用户直接单击"考勤员工"下拉列表框，在下拉列表框中将显示所有员工，如图 16-32 所示，这是因为在初始化"考勤员工"下拉列表框时，添加的是所有员工。具体代码如下：

图 16-32 直接单击"考勤员工"下拉菜单界面

```
personnalComboBox = new JComboBox();                        //创建下拉列表框对象
personnalComboBox.addItem("请选择");                        //添加提示项
Iterator recordIt = dao.queryRecord().iterator();          //检索所有员工
while (recordIt.hasNext()) {                                //通过循环添加到下拉列表框中
    TbRecord record = (TbRecord) recordIt.next();
    personnalComboBox.addItem(record.getRecordNumber() + "  " + record.getName());
}
```

当用户选中考勤员工后，在"所在部门"文本框将填入选中员工所在的部门，实现这一功能是通过捕获下拉列表框选项状态发生改变的事件。具体代码如下：

```
//捕获下拉列表框选项状态发生改变的事件
personnalComboBox.addItemListener(new ItemListener() {
    public void itemStateChanged(ItemEvent e) {
        if (e.getStateChange() == ItemEvent.SELECTED) { //查看是否是由选中当前项触发的
            String selectedItem = (String) e.getItem(); //获得选中项的内容
```

```
                    //当选中项为"请选择"时,设置部门文本框为空
                if (selectedItem.equals("请选择")) {
                    inDeptTextField.setText(null);
                } else {                        //否则设置部门文本框为选中员工所在的部门
                    TbRecord record = (TbRecord) dao.queryRecordByNum(selectedItem.
substring (0, 6));

    inDeptTextField.setText(record.getTbDutyInfo().getTbDept().getName());
                }
            }
        }
    });
```

在上面的代码中,itemStateChanged 事件当在下拉列表框的选中项发生改变时被触发。getStateChange()方法返回一个 int 型值,当返回值等于静态常量 ItemEvent.DESELECTED 时,表示此次事件是由取消原选中项触发的;当返回值等于静态常量 ItemEvent.SELECTED 时,表示此次事件是由选中当前项触发的。getItem()方法可以获得触发此次事件的选项的内容。

如果用户先选中考勤员工所在的部门,例如,选中"经理办公室",再单击"考勤员工"下拉列表框,在下拉列表框中将显示选中部门的所有员工,如图 16-33 所示。这是因为在捕获按钮事件弹出部门选取对话框时,根据用户选取的部门对"考勤员工"下拉列表框进行了处理。具体代码如下:

```
    final JButton inDeptTreeButton = new JButton();        //创建按钮对象
    inDeptTreeButton.addActionListener(new ActionListener() {      //捕获按钮事件
        public void actionPerformed(ActionEvent e) {
            //创建部门选取对话框
            DeptTreeDialog deptTree = new DeptTreeDialog(inDeptTextField);
            deptTree.setBounds(375, 317, 101, 175);        //设置部门选取对话框的显示位置
            deptTree.setVisible(true);                     //弹出部门选取对话框
            //检索选中的部门对象
            TbDept dept = (TbDept) dao.queryDeptByName(inDeptTextField.getText());
            personnalComboBox.removeAllItems();            //清空下拉列表框中的所有选项
            personnalComboBox.addItem("请选择");            //添加提示项
            //通过 Hibernate 的一对多关联获得与该部门关联的职务信息对象
            Iterator dutyInfoIt = dept.getTbDutyInfos().iterator();
            while (dutyInfoIt.hasNext()) {                 //遍历职务信息对象
                TbDutyInfo dutyInfo = (TbDutyInfo) dutyInfoIt.next();//获得职务信息对象
                //通过 Hibernate 的一对一关联获得与职务信息对象关联的档案信息对象
                TbRecord tbRecord = dutyInfo.getTbRecord();
                personnalComboBox.addItem(tbRecord.getRecordNumber() + "  " + tbRecord.
getName());
            }
        }
    });
    inDeptTreeButton.setText("...");
```

图 16-33 选中部门后再单击"考勤员工"下拉列表框界面

（3）通过 Java 反射验证数据是否为空

在添加培训记录时，所有的培训信息均不允许为空，并且都是通过文本框接收用户输入信息的，在这种情况下可以通过 Java 反射验证数据是否为空，当为空时弹出提示信息，并令为空的文本框获得焦点。具体代码如下：

```
//通过 Java 反射机制获得类中的所有属性
Field[] fields = BringUpOperatePanel.class.getDeclaredFields();
for (int i = 0; i < fields.length; i++) {           //遍历属性数组
    Field field = fields[i];                        //获得属性
    //只验证 JtextField 类型的属性
    if (field.getType().equals(JTextField.class)) {
        field.setAccessible(true);                  //如果设为 true 则允许访问私有属性
        JTextField textField = null;
        try {
            //获得本类中的对应属性
            textField = (JTextField) field.get(BringUpOperatePanel.this);
        } catch (Exception e) {
            e.printStackTrace();
        }
        if (textField.getText().equals("")) {  //查看该属性是否为空
            String infos[] = { "请将培训信息填写完整! ","所有信息均不允许为空! " };
            JOptionPane.showMessageDialog(null, infos, "友情提示", JOptionPane.
INFORMATION_MESSAGE);
            textField.requestFocus(); //令为空的文本框获得焦点
            return;
        }
    }
}
```

在上面的代码中，getDeclaredFields 方法返回一个 Field 型数组，在数组中包含调用类的所有属性，包括公共、保护、默认（包）访问和私有字段，但不包括继承的字段。getType()方法返回一个 Class 对象，它标识了此属性的声明类型。BringUpOperatePanel.this 代表本类。

16.5.3　待遇管理模块设计

待遇管理功能是企业人事管理系统的主要功能之一，该功能需要建立在人事管理功能的基础上，例如，人事管理中的考勤管理和奖惩管理在待遇管理中将用到。

待遇管理模块包含账套管理、人员设置和统计报表 3 个子模块。

账套管理模块用来建立和维护账套信息，包括建立、修改和删除账套，以及为账套添加项目和修改金额，或者从账套中删除项目。首先需要建立一个账套，"新建账套"对话框如图 16-34 所示，其中，账套说明用来详细介绍该账套的适用范围。

然后为新建的账套添加项目，"添加项目"对话框如图 16-35 所示，选中要添加的项目后单击"添加"按钮。

图 16-34 "新建账套"对话框界面

图 16-35 添加项目对话框界面

最后修改新添加项目的金额,"修改金额"对话框如图 16-36 所示,输入项目金额后单击"确定"按钮。

图 16-36 "修改金额"对话框界面

人员设置模块用来设置每个账套具体适合的人员,在这里将用到通过部门树选取员工的对话框。

统计报表模块用来生成员工待遇统计报表,可以生成月、季、半年和年报表,如图 16-37 所示。当生成月报表时,可以选择统计的年和月;当生成季报表时,可以选择统计的年和季度;当生成半年报表时,可以选择统计的年以及上半年或下半年;当生成年报表时,则只可以选择统计的年。

图 16-37 生成统计报表的种类

1. 技术分析

在实现修改账套项目金额的功能时,通常情况下是通过 JDialog 对话框实现,但是因为只需要接收一条修改金额的信息,所以在这里也可以通过 JOptionPane 提示框实现,这样在实现功能的前提下可以少创建一个类,提高了代码的可读性。

在开发应用程序时,充分使用提示对话框也是一个不错的选择,既可以帮助用户使用系统,又可以保证系统的安全运行。

2. 实现过程

在开发账套管理模块时,首先需要建立一个账套,通过弹出对话框获得账套名称和账套说明,将新建的账套添加到左侧的账套表格中,并设置为选中行,还要同步刷新右侧的账套项目表格。具体代码如下:

```
final JButton addSetButton = new JButton();
addSetButton.addActionListener(new ActionListener() {
    public void actionPerformed(ActionEvent e) {
        if (needSaveRow == -1) {          //没有需要保存的账套
            CreateCriterionSetDialog createCriterionSet = new
CreateCriterion SetDialog();
            createCriterionSet.setBounds((width - 350) / 2, (height - 250) / 2, 350,
```

```
250);
                        //弹出"新建账套"对话框，接收账套名称和账套说明
                        createCriterionSet.setVisible(true);
                        if (createCriterionSet.isSubmit()) {      //单击"确定"按钮
                            //获得账套名称
                            String name = createCriterionSet.getNameTextField().getText();
                            //获得账套说明
                            String explain = createCriterionSet.getExplainTextArea().getText();
                            needSaveRow = leftTableValueV.size();//将新建账套设置为需要保存的账套
                            //创建代表账套表格行的向量对象
                            Vector<String> newCriterionSetV = new Vector<String>();
                            newCriterionSetV.add(needSaveRow + 1 + "");  //添加账套序号
                            newCriterionSetV.add(name);                  //添加账套名称
                            //将向量对象添加到左侧的账套表格中
                            leftTableModel.addRow(newCriterionSetV);
                                //设置新建账套为选中行
                            leftTable.setRowSelectionInterval(needSaveRow, needSaveRow);
                            textArea.setText(explain);                   //设置账套说明
                            TbReckoning reckoning = new TbReckoning();   //创建账套对象
                            reckoning.setName(name);                     //设置账套名称
                            reckoning.setExplain(explain);               //设置账套说明
                            reckoningV.add(reckoning);                   //将账套对象添加到向量中
                            refreshItemAllRowValueV(needSaveRow);    //同步刷新右侧的账套项目表格
                        }
                    } else {                                //有需要保存的账套，弹出提示保存对话框
                        JOptionPane.showMessageDialog(null, "请先保存账套: " + leftTable.
getValueAt(needSaveRow, 1),
                            "友情提示", JOptionPane.INFORMATION_MESSAGE);
                    }
                }
            });
        addSetButton.setText("新建账套");
```

然后为新建的账套添加项目，通过弹出对话框获得用户添加的项目，因为需要通过弹出对话框中的表格对象获得选中项目的信息，所以在完成添加项目之前不能销毁添加项目对话框对象，而是将其设置为不可见的，添加完成后才能销毁，并且需要判断新添加项目在账套中是否已经存在。具体代码如下：

```
public void addItem(int leftSelectedRow) {
    AddAccountItemDialog addAccountItemDialog = new AddAccountItemDialog();
    addAccountItemDialog.setBounds((width - 500) / 2, (height - 375) / 2, 500, 375);
    addAccountItemDialog.setVisible(true);          //弹出"添加项目"对话框
    JTable itemTable = addAccountItemDialog.getTable();  //获得对话框中的表格对象
    int[] selectedRows = itemTable.getSelectedRows();    //获得选中行的索引
    if (selectedRows.length > 0) {                       //有新添加的项目
        needSaveRow = leftSelectedRow;                   //设置当前账套为需要保存的账套
        //将选中行设置为新添加项目的第一行
        int defaultSelectedRow = rightTable.getRowCount();
```

```
        TbReckoning reckoning = reckoningV.get(leftSelectedRow);//获得选中账套的对象
        for (int i = 0; i < selectedRows.length; i++) {//通过循环向账套中添加项目
            //获得项目名称
            String name = itemTable.getValueAt(selectedRows[i], 1).toString();
            //获得项目单位
            String unit = itemTable.getValueAt(selectedRows[i], 2).toString();
            Iterator<TbReckoningInfo> reckoningInfoIt = reckoning
                    .getTbReckoningInfos().iterator();      //遍历账套中的现有项目
            boolean had = false;                        //默认在现有项目中不包含新添加的项目
            while (reckoningInfoIt.hasNext()) {             //通过循环查找是否存在
                TbAccountItem accountItem = reckoningInfoIt.next().getTbAccountItem
();//获得已有的项目对象
                if (accountItem.getName().equals(name) && accountItem.getUnit().
equals(unit)) {
                    had = true;                         //存在
                    break;                              //跳出循环
                }
            }
            if (!had) {                                 //如果没有则添加
                //创建账套信息对象
                TbReckoningInfo reckoningInfo = new TbReckoningInfo();
                TbAccountItem accountItem = (TbAccountItem) dao
                        .queryAccountItemByNameUnit(name, unit);//获得账套项目对象
                //建立账套信息之间的关联
                accountItem.getTbReckoningInfos().add(reckoningInfo);
                reckoningInfo.setTbAccountItem(accountItem); //建立账套信息之间的关联
                reckoningInfo.setMoney(0);              //设置项目金额为 0
                reckoningInfo.setTbReckoning(reckoning); //建立从账套信息到账套的关联
                //建立从账套到账套信息的关联
                reckoning.getTbReckoningInfos().add(reckoningInfo);
            }
        }
        refreshItemAllRowValueV(leftSelectedRow);       //同步刷新右侧的账套项目表格
        //设置选中行
        rightTable.setRowSelectionInterval(defaultSelectedRow,
defaultSelectedRow);
        addAccountItemDialog.dispose();                 //销毁"添加项目"对话框
    }
}
```

下面为添加的项目修改金额，否则是不允许保存的，因为默认项目金额为 0，这是没有意义的。这里是通过 JOptionPane 提示框获得修改后的金额，之后还要判断用户输入的金额是否符合要求，首要条件是数字，这里还要求必须为 1 ~ 999999 之间的整数。具体代码如下：

```
public void updateItemMoney(int leftSelectedRow, int rightSelectedRow) {
    String money = null;
    done: while (true) {
        money = JOptionPane.showInputDialog(null, "请填写"
                + rightTable.getValueAt(rightSelectedRow, 1) + "的"
                + rightTable.getValueAt(rightSelectedRow, 3) + "金额：",
```

```
                                "修改金额", JOptionPane.INFORMATION_MESSAGE);
          if (money == null) {                          //用户单击"取消"按钮
             break done;                                //取消修改
          } else {                                      //用户单击"确定"按钮
             if (money.equals("")) {//未输入金额，弹出提示对话框
                  JOptionPane.showMessageDialog(null, "请输入金额！", "友情提示",
                       JOptionPane.INFORMATION_MESSAGE);
             } else {//输入了金额
                  //金额必须在 1~999999 之间
                  Pattern pattern = Pattern.compile("[1-9][0-9]{0,5}");
                  Matcher matcher = pattern.matcher(money); //正则表达式判断是否符合要求
                  if (matcher.matches()) {//符合要求
                      needSaveRow = leftSelectedRow; //设当前账套为需要保存的账套
                      //修改项目金额
                      rightTable.setValueAt(money, rightSelectedRow, 4);
                      int nextSelectedRow = rightSelectedRow + 1; //默认存在下一行
                      if (nextSelectedRow < rightTable.getRowCount()) {//存在下一行
                          rightTable.setRowSelectionInterval(nextSelectedRow,
nextSelectedRow);
                      }
                      String name = rightTable.getValueAt(rightSelectedRow,
1).toString();            //获得项目名称
                      String unit = rightTable.getValueAt(rightSelectedRow,
2).toString();            //获得项目单位
                      //获得选中账套的对象
                      TbReckoning reckoning = reckoningV.get(leftSelectedRow);
                      Iterator reckoningInfoIt = reckoning.getTbReckoningInfos()
.iterator();              //遍历项目
                      while (reckoningInfoIt.hasNext()) {      //通过循环查选中项目
                          TbReckoningInfo reckoningInfo = (TbReckoningInfo)
reckoningInfoIt.next();
                          TbAccountItem accountItem =
reckoningInfo.getTbAccountItem();
                          if (accountItem.getName().equals(name) && accountItem.
getUnit().equals(unit)) {
                              reckoningInfo.setMoney(new Integer(money));//修改金额
                              break;                  //跳出循环
                          }
                      }
                      break done;                      //修改完成
                  } else {                             //不符合要求，弹出提示对话框
                      String infos[] = { "金额输入错误，请重新输入！", "金额必须为 0~999999
之间的整数！" };
                      JOptionPane.showMessageDialog(null, infos, "友情提示",
                          JOptionPane.INFORMATION_MESSAGE);
                  }
             }
          }
```

```
        }
    }
```

在上面的代码中，showMessageDialog()方法用来弹出提示某些消息的提示框，消息的类型可以为错误（ERROR_MESSAGE）、消息（INFORMATION_MESSAGE）、警告（WARNING_MESSAGE）、问题（QUESTION_MESSAGE）或普通（PLAIN_MESSAGE）。

最后开发统计报表，首先判断报表类型，然后根据报表类型组织报表的起止时间。下面是生成季度报表的代码：

```
String quarter = quarterComboBox.getSelectedItem().toString();//获得报表季度
if (quarter.equals("第一")) {
    reportForms(year + "-1-1", year + "-3-31");              //生成报表
} else if (quarter.equals("第二")) {
    reportForms(year + "-4-1", year + "-6-30");              //生成报表
} else if (quarter.equals("第三")) {
    reportForms(year + "-7-1", year + "-9-30");              //生成报表
} else {                                                     //第四季度
    reportForms(year + "-10-1", year + "-12-31");            //生成报表
}
```

下面的代码负责在生成报表时向表格中添加员工的关键信息，初始实发金额为 0。

```
TbRecord record = (TbRecord) recordIt.next();               //获得档案对象
Vector recordV = new Vector();                              //创建与档案对象对应的向量
recordV.add(num++);                                         //添加序号
recordV.add(record.getRecordNumber());                     //添加档案编号
recordV.add(record.getName());                             //添加姓名
recordV.add(record.getSex());                              //添加性别
TbDutyInfo dutyInfo = record.getTbDutyInfo();
recordV.add(dutyInfo.getTbDept().getName());               //添加部门
recordV.add(dutyInfo.getTbDuty().getName());               //添加职务
int salary = 0;                                            //初始实发金额为 0
```

下面的代码负责在生成报表时计算员工的奖惩金额，通过 Hibernate 的关联得到的是员工的所有奖惩，需要通过集合过滤功能进行过滤，检索符合条件的奖惩信息。具体代码如下：

```
Set rewAndPuns = record.getTbRewardsAndPunishmentsForRecordId();
String types[] = new String[] { "奖励", "惩罚" };
for (int i = 0; i < types.length; i++) {
    String filterHql = "where this.type='" + types[i] + "' and ( ( startDate between
'" + reportStartDateStr
            + "' and '" + reprotEndDateStr + "' or endDate between '" +
reportStartDateStr
            + "' and '" + reprotEndDateStr + "' ) or ( '" + reportStartDateStr
            + "' between startDate and endDate and '" + reprotEndDateStr
            + "' between startDate and endDate ) )";     //组织用来过滤集合的 HQL 语句
    List list = dao.filterSet(rewAndPuns, filterHql);    //过滤奖惩记录
    if (list.size() > 0) {                               //存在奖惩
        column += 1;                                     //列索引加 1
        int money = 0;                                   //初始奖惩金额为 0
        for (Iterator it = list.iterator(); it.hasNext();) {
```

```
        TbRewardsAndPunishment rewAndPun = (TbRewardsAndPunishment) it.next();
        money += rewAndPun.getMoney();                    //累加奖惩金额
    }
    recordV.add(money);                                   //添加奖惩金额
    if (i == 0)                                           //奖励
        salary += money;                                  //计算实发金额
    else                                                  //惩罚
        salary -= money;                                  //计算实发金额
} else {
    recordV.add("—");                                     //没有奖励或惩罚
}
}
```

16.5.4　系统维护模块设计

系统维护模块用来维护系统的基本信息，例如，企业架构信息和常用的职务种类、用工形式等信息，另外在该模块还提供了对系统进行初始化的功能。

系统维护模块包含企业架构、基本资料和初始化系统 3 个子模块。

图 16-38　企业架构主界面

企业架构模块用来维护企业的组织结构信息，包括修改公司及部门的名称，添加或删除部门。企业架构主界面效果如图 16-38 所示。

可以选中公司或部门后单击“修改名称”按钮，修改公司或部门的名称。如果修改的是公司名称，将弹出如图 16-39 所示界面；如果修改的是部门名称，将弹出如图 16-40 所示界面。

图 16-39　修改公司名称界面

图 16-40　修改部门名称界面

也可以为公司或部门添加子部门。如果是在公司下添加子部门，则选中公司节点；如果是在公司所属部门下添加子部门，则选中所属部门，然后单击“添加子部门”按钮，将弹出如图 16-41 所示界面，在二级部门下不能再包含子部门，如果试图在该级部门下建立子部门，将弹出如图 16-42 所示提示框。

图 16-41　为公司或一级部门添加子部门界面

图 16-42　不允许在二级部门下添加子部门界面

还可以选中部门节点后单击"删除该部门"按钮删除选中的部门,在删除之前将弹出如图 16-43
所示提示框。需要注意的是,公司节点不允许删除,如果试图删除公司,将弹出如图 16-44 所示
提示框。

图 16-43 询问是否删除部门界面

图 16-44 提示公司不允许删除界面

基本资料模块用来维护系统中的基本信息,例如,职务种类、账套项目等,如图 16-45 所示。

序号	名称	类型	单位
1	基本工资	发放	月
2	加班	发放	次
3	迟到	扣除	次
4	早退	扣除	次
5	养老保险	扣除	月
6	医疗保险	扣除	月

图 16-45 维护基本资料界面

初始化系统模块用来对系统进行初始化,用户在使用系统之前,或者是想清空系统中的数据,
可以通过该功能实现。不过在对系统进行初始化之前,一定要弹出一个如图 16-46 所示的提示框
询问是否初始化,这样会增加系统的安全性,因为可能是用户不小心点到的。初始化完成后,将
弹出如图 16-47 所示的提示框,该提示框的内容为本系统的使用步骤。

图 16-46 询问是否初始化系统界面

图 16-47 初始化完成后弹出的提示框界面

1. 技术分析

维护企业架构是该模块的技术难点。因为企业架构是一个树状结构,所以需要通过 Swing 中
的 JTree 组件完成。对企业架构的维护主要包括修改公司或部门的名称、设立新部门或取消现有
部门,这对于 JTree 组件,就是修改节点名称、添加新节点或删除现有节点。为了实现上述对树
节点的操作,还需要一些其他的操作 JTree 组件的知识,例如,如何获得选中树节点的路径,如

何获得选中树节点的对象，如何展开指定的树节点等。

2. 实现过程

维护企业架构是该模块的技术难点，所以在这里只介绍企业架构模块的实现过程。

首先实现修改名称的功能，分为修改公司名称和修改部门名称。在修改公司名称之前弹出提示询问是否真的修改，在修改部门名称时则不询问，直接弹出消息框供用户输入新名称。修改时需要分两步实现，第一步是修改系统界面的企业架构树，第二步是修改持久化对象，并持久化到数据库中。具体代码如下：

```java
final JButton updateButton = new JButton();
updateButton.addActionListener(new ActionListener() {
    public void actionPerformed(ActionEvent e) {
        TreePath selectionPath = tree.getSelectionPath();
        TbDept selected = null;
        String newName = null;
        if (selectionPath.getPathCount() == 1) {            //修改公司名称
            int i = JOptionPane.showConfirmDialog(null, "确定要修改贵公司的名称？",
                    "友情提示", JOptionPane.YES_NO_OPTION);    //弹出提示框
            if (i == 0) {                                   //修改（单击"是"按钮）
                String infos[] = { "请输入贵公司的新名称：", "修改公司名称", "请输入贵公
司的新名称！" };
                newName = getName(infos);          //获得修改后的名称
                if (newName != null)
                    selected = company;                    //修改的为公司名称
            }
        } else {                                           //修改部门名称
            String infos[] = { "请输入部门的新名称：", "修改部门名称", "请输入部门的新名称！
" };
            newName = getName(infos);              //获得修改后的名称
            if (newName != null) {
                selected = company;                        //选中部门的所属部门
                Object[] paths = selectionPath.getPath();  //选中部门节点的路径对象
                for (int i = 1; i < paths.length; i++) {        //遍历选中节点路径
                    Iterator deptIt = selected.getTbDepts().iterator();
                    //通过循环查找选中节点路径对应的部门
                    finded: while (deptIt.hasNext()) {
                        TbDept dept = (TbDept) deptIt.next();
                        if (dept.getName().equals(paths[i].toString())) {
                            selected = dept;            //找到选中节点路径对应的部门
                            break finded;               //跳出到指定位置
                        }
                    }
                }
            }
        }
        if (selected != null) {
            DefaultMutableTreeNode treeNode = (DefaultMutableTreeNode)
selection Path. getLastPathComponent();             //获得选中节点对象
            treeNode.setUserObject(newName);                //修改节点名称
```

```
                            treeModel.reload();                              //刷新树结构
                            tree.setSelectionPath(selectionPath);            //设置节点为选中状态
                            selected.setName(newName);                       //修改部门对象
                            dao.updateObject(company);                       //将修改持久化到数据库
                            HibernateSessionFactory.closeSession();          //关闭数据库连接
                        }
                    }
                });
                updateButton.setText("修改名称");
```

在上面的代码中，getSelectionPath()方法可以获得选中节点的路径对象，通过该对象可以获得选中节点的相关信息，例如，选中节点对象、选中节点级别等。getPathCount()方法可以获得选中节点的级别，当返回值为1时，代表选中的为树的根节点，为2时则代表选中的是树的直属子节点。getPath()方法可以获得选中节点路径包含的节点对象，返回值为 Object 型的数组。

然后实现添加部门的功能。只允许在公司及其直属部门下添加部门，在获得用户输入的要添加部门的名称之后，需要判断在其所属部门中是否存在该部门，如果存在则弹出提示，否则添加到系统界面的企业架构树中，并持久化到数据库。具体代码如下：

```
final JButton addButton = new JButton();
addButton.addActionListener(new ActionListener() {
    public void actionPerformed(ActionEvent e) {
        TreePath selectionPath = tree.getSelectionPath();
        int pathCount = selectionPath.getPathCount();     //获得选中节点的级别
        had: if (pathCount == 3) {                         //选中的为 3 级节点
            JOptionPane.showMessageDialog(null, "很抱歉，在该级部门下不能再包含子
部门! ",
                        "友情提示", JOptionPane.WARNING_MESSAGE);
        } else {                                           //选中的为 1 级或 2 级节点
            String infos[] = { "请输入部门名称: ", "添加新部门", "请输入部门名称! " };
            String newName = getName(infos);               //获得新部门的名称
            if (newName != null) {                         //创建新部门
                DefaultMutableTreeNode   parentNode   =   (DefaultMutableTreeNode)
selectionPath.getLastPathComponent();   //获得选中部门节点对象
                //获得该部门包含子部门的个数
                int childCount = parentNode.getChildCount();
                for (int i = 0; i < childCount; i++) {//查看新创建的部门是否已经存在
                    TreeNode childNode = parentNode.getChildAt(i);
                    if (childNode.toString().equals(newName)) {
                        JOptionPane.showMessageDialog(null, "该部门已经存在! ",
                                "友情提示", JOptionPane.WARNING_MESSAGE);
                        break had;                 //已经存在，跳出到指定位置
                    }
                }
                DefaultMutableTreeNode   childNode   =   new   DefaultMutableTreeNode
(newName);//创建部门节点
                //插入新部门到选中部门的最后
                treeModel.insertNodeInto(childNode, parentNode, childCount);
                tree.expandPath(selectionPath);             //展开指定路径中的尾节点
```

```
                    TbDept selected = company;              //默认选中的为 1 级节点
                    if (pathCount == 2) {                    //选中的为 2 级节点
                        //获得选中节点的名称
                        String selectedName = selectionPath.getPath()[1].toString();
                        //创建公司直属部门的迭代器对象
                        Iterator deptIt = company.getTbDepts().iterator();
                        finded: while (deptIt.hasNext()) { //遍历公司的直属部门
                            TbDept dept = (TbDept) deptIt.next();
                            //查找与选中节点对应的部门
                            if (dept.getName().equals(selectedName)) {
                                selected = dept;            //设置为选中部门
                                break finded;               //跳出循环
                            }
                        }
                    }
                    TbDept sonDept = new TbDept();           //创建新部门对象
                    sonDept.setName(newName);                //设置部门名称
                    sonDept.setTbDept(selected);             //建立从新部门到所属部门的关联
                    selected.getTbDepts().add(sonDept);//建立从所属部门到新部门的关联
                    dao.updateObject(company);               //将新部门持久化到数据库
                    HibernateSessionFactory.closeSession();//关闭数据库连接
                }
            }
        }
    });
    addButton.setText("添加子部门");
```

在上面的代码中，getChildCount()方法可以获得包含子节点的个数。getChildAt(int childIndex)方法用来获得指定索引位置的子节点，索引从 0 开始。insertNodeInto(MutableTreeNode newChild, MutableTreeNode parent, int index)方法用来将新创建的子节点 newChild 插入到父节点 parent 中索引为 index 的位置。

最后实现删除现有部门的功能。公司节点不允许删除，如果试图删除公司节点，将弹出不允许删除的提示，在删除部门之前也将弹出提示框询问是否确定删除，如果确定删除，则从系统界面的企业架构树中删除选中部门，并持久化到数据库中。具体代码如下：

```
    final JButton delButton = new JButton();
    delButton.addActionListener(new ActionListener() {
        public void actionPerformed(ActionEvent e) {
            TreePath selectionPath = tree.getSelectionPath();
            int pathCount = selectionPath.getPathCount();          //获得选中节点的级别
            if (pathCount == 1) {                                //选中的为1级节点，即公司节点
                JOptionPane.showMessageDialog(null, "公司节点不能删除！", "友情提示",
                        JOptionPane.WARNING_MESSAGE);
            } else {                                        //选中的为 2 级或 3 级节点，即部门节点
                DefaultMutableTreeNode treeNode = (DefaultMutableTreeNode)
selection Path.getLastPathComponent();              //获得选中部门节点对象
                int i = JOptionPane.showConfirmDialog(null, "确定要删除该部门: "
```

```
                                    + treeNode, "友情提示", JOptionPane.YES_NO_OPTION);
                if (i == 0) {                            //删除
                    treeModel.removeNodeFromParent(treeNode);        //删除选中节点
                    tree.setSelectionRow(0);              //选中根（公司）节点
                    TbDept selected = company;            //选中部门的所属部门
                    Object[] paths = selectionPath.getPath();   //选中部门节点的路径对象
                    int lastIndex = paths.length - 1;     //获得最大索引
                    for (int j = 1; j <= lastIndex; j++) {    //遍历选中节点路径
                        Iterator deptIt = selected.getTbDepts().iterator();
                        //通过循环查找选中节点路径对应的部门
                        finded: while (deptIt.hasNext()) {
                            TbDept dept = (TbDept) deptIt.next();
                            if (dept.getName().equals(paths[j].toString())) {
                                if (j == lastIndex)          //为选中节点
                                    selected.getTbDepts().remove(dept);//删除选中部门
                                else                         //为所属节点
                                    selected = dept;
                                break finded;                //跳出到指定位置
                            }
                        }
                    }
                    dao.updateObject(company);             //同步删除数据库
                    HibernateSessionFactory.closeSession();//关闭数据库连接
                }
            }
        }
    });
    delButton.setText("删除该部门");
```

在上面的代码中，removeNodeFromParent(MutableTreeNode node)方法用来从树模型中移除指定节点。setSelectionRow(int row)方法用来设置选中的行，树的根节点为第 0 行。例如，A 为树的根节点，a1 和 a2 为 A 的子节点，s 为 a1 的子节点，如果 a1 节点处于合并状态，则 a2 为第 2 行；如果 a1 节点处于展开状态，则 a2 为第 3 行。

16.6　程序打包与安装

16.6.1　打包

Java Swing 应用程序在开发完成后，可以将其制作成 JAR 包进行发布，其步骤如下：

（1）在 Eclipse IDE 中右键单击需要打包的项目，如图 16-48 所示。

（2）在图 16-48 中，选择"导出(O)…"，如图 16-49 所示。

图 16-48　Eclipse 弹出式菜单

图 16-49　文件导出对话框

（3）在图 16-49 中，选择 Java 文件夹中的"可运行的 JAR 文件"，单击"下一步(N)>"按钮，如图 16-50 所示。

（4）在图 16-50 中，"启动配置"选择"PersonnelManage"，"导出目标"选择"D:\PersonnelManage.jar"，如图 16-51 所示。

图 16-50　可运行 JAR 文件导出对话框

图 16-51　可运行 JAR 文件导出对话框

（5）在图 16-51 中，单击"完成(F)"按钮完成打包。

16.6.2 安装

由于 JAR 文件可以直接运行，不需要安装。本程序仅需要用户在电脑中安装 Oracle11g R2 数据库，然后导入数据库即可。